环球网校

2025

二级建造师执业资格考试

应试教材

建设工程
法规及相关知识

建造师考试研究院　编

哈爾濱工業大學出版社
HARBIN INSTITUTE OF TECHNOLOGY PRESS

内 容 简 介

本书根据二级建造师执业资格考试大纲编写，分为十章，即建设工程基本法律知识、建筑市场主体制度、建设工程许可法律制度、建设工程发承包法律制度、建设工程合同法律制度、建设工程安全生产法律制度、建设工程质量法律制度、建设工程环境保护和历史文化遗产保护法律制度、建设工程劳动保障法律制度和建设工程争议解决法律制度。本书的主要特点：有本章导学、知识点精讲、名师点拨、实战演练，有课程兑换、题库兑换等板块，讲练并重。

本书主要面向从事工程类相关专业职务工作，有一定的专业基础和实践经验，对二级建造师执业资格考试缺少知识梳理和系统学习的考生，可作为二级建造师执业资格考试学习的复习备考用书。

图书在版编目（CIP）数据

建设工程法规及相关知识 / 建造师考试研究院编．哈尔滨 ：哈尔滨工业大学出版社，2024．8．--（二级建造师执业资格考试应试教材）．-- ISBN 978－7－5767－1596－5（2024.9 重印）

Ⅰ．D922．297

中国国家版本馆 CIP 数据核字第 2024MX1439 号

建设工程法规及相关知识

JIANSHE GONGCHENG FAGUI JI XIANGGUAN ZHISHI

策划编辑　王桂芝
责任编辑　陈雪巍
出版发行　哈尔滨工业大学出版社
社　　址　哈尔滨市南岗区复华四道街 10 号　邮编 150006
传　　真　0451－86414749
网　　址　http://hitpress.hit.edu.cn
印　　刷　三河市中晟雅豪印务有限公司
开　　本　787 mm×1 092 mm　1/16　印张 27　字数 674 千字
版　　次　2024 年 8 月第 1 版　2024 年 9 月第 2 次印刷
书　　号　ISBN 978－7－5767－1596－5
定　　价　89.00 元

编者寄语

亲爱的考生：

如何备考二级建造师执业资格考试中的“建设工程法规及相关知识”科目，我们一起浅谈一下。

★死记硬背不可取

“建设工程法规及相关知识”科目主要考查法律条文，需要学会灵活运用，这就需要我们理解法律条文的含义。法律条文的作用是解决生活中的矛盾，其来源于生活，我们可以借助生活中的实例理解法律条文。理解是前提，记忆是辅助。

★只听不练假把式

听课是我们备考的第一步。但实践出真知，课听得再多，不一定真的掌握。通过做题可以对所学知识进行检验，查漏补缺，及时巩固。

★细节决定成败

“建设工程法规及相关知识”科目的难点在于对法律条文中关键词的考查，尤其是相应的“判断型”选择题。书中提到的“应当/可以”“或/且”“分别/共同”等，在做题时要多加注意。

★大可不必“刨根问底”

“建设工程法规及相关知识”科目考试只是为了培养项目的管理者“懂法”，不是司法考试，不需要对法律条文深入研究。考生在备考时，对于法律条文浅尝辄止即可，过度解读反而会给备考带来不利影响。学习“建设工程法规及相关知识”科目，最好的法则就是“别犟”，怎么讲就怎么理解，讲什么就记什么。

学习不是一蹴而就的事情，需要我们循序渐进，逐步积累。基础不牢，地动山摇！话不多说，时间宝贵，希望这本书对您的备考有所帮助，助您顺利通过二级建造师执业资格考试。

建造师考试研究院

目　　录

第一章

建设工程基本法律知识

本章导学

本章包括“建设工程法律基础”“建设工程物权制度”“建设工程知识产权制度”“建设工程侵权责任制度”“建设工程税收制度”“建设工程行政法律制度”“建设工程刑事法律制度”七节内容。本章内容在考试大纲的基础上，参照《中华人民共和国民法典》（以下简称《民法典》）、《中华人民共和国著作权法》（以下简称《著作权法》）、《中华人民共和国商标法》（以下简称《商标法》）、《中华人民共和国增值税暂行条例》（以下简称《增值税暂行条例》）等进行编写，内容涉及面广而深，在考试中分值占比较大。学习时建议结合生活实例了解法律名词，进行理解记忆，对法律条文要活学活用，切忌死记硬背。本章重难点主要集中在“建设工程物权制度”“建设工程侵权责任制度”及“建设工程税收制度”，应予以掌握。

第一节 建设工程法律基础

法律体系是一个国家法律规范的总和。中国特色社会主义法律体系，是中国特色社会主义永葆本色的法治根基，是中国特色社会主义创新实践的法治体现，是中国特色社会主义兴旺发达的法治保障。它的形成，是中国社会主义民主法治建设的一个重要里程碑，体现了改革开放和社会主义现代化建设的伟大成果，具有重大的现实意义和深远的历史意义。法律体系包括法律、行政法规、地方性法规三个层次，由宪法及宪法相关法、民法商法、行政法、经济法、社会法、刑法、诉讼与非诉讼程序法七个部分构成。

知识点 1 法的形式

法的形式，以往也被称为法的渊源，主要是指法律创立方式和外部表现为何种法律文件形式。当代中国法的形式主要有宪法、法律、行政法规、地方性法规、自治条例和单行条例、部门规章、地方政府规章等，具体内容见表 1-1-1。

表 1-1-1 法的形式

形式	制定机关	举例
宪法	全国人民代表大会	《中华人民共和国宪法》（以下简称《宪法》）
法律	全国人民代表大会及其常务委员会	××法
行政法规	国务院	××条例
地方性法规	省、自治区、直辖市和设区的市的人民代表大会及其常务委员会	地名＋条例
自治条例和单行条例	民族自治地方的人民代表大会	
部门规章	国务院各部、委员会、中国人民银行、审计署和具有行政管理职能的直属机构以及法律规定的机构	××规定、办法、实施细则
地方政府规章	省、自治区、直辖市和设区的市、自治州的人民政府	地名＋规定、办法、实施细则

关于法律，《中华人民共和国立法法》（以下简称《立法法》）规定，全国人民代表大会和全国人民代表大会常务委员会根据宪法规定行使国家立法权。全国人民代表大会制定和修改刑事、民事、国家机构的和其他的基本法律。全国人民代表大会常务委员会制定和修改除应当由全国人民代表大会制定的法律以外的其他法律；在全国人民代表大会闭会期间，对全国人民代表大会制定的法律进行部分补充和修改，但是不得同该法律的基本原则相抵触。全国人民代表大会可以授权全国人民代表大会常务委员会制定相关法律。

下列事项只能制定法律：

（1）国家主权的事项。

（2）各级人民代表大会、人民政府、监察委员会、人民法院和人民检察院的产生、组织和职权。

（3）民族区域自治制度、特别行政区制度、基层群众自治制度。

（4）犯罪和刑罚。

（5）对公民政治权利的剥夺、限制人身自由的强制措施和处罚。

（6）税种的设立、税率的确定和税收征收管理等税收基本制度。

（7）对非国有财产的征收、征用。

（8）民事基本制度。

（9）基本经济制度以及财政、海关、金融和外贸的基本制度。

（10）诉讼制度和仲裁基本制度。

（11）必须由全国人民代表大会及其常务委员会制定法律的其他事项。

上述规定的事项尚未制定法律的，全国人民代表大会及其常务委员会有权作出决定，授权国务院可以根据实际需要，对其中的部分事项先制定行政法规，但是有关犯罪和刑罚、对公民政治权利的剥夺和限制人身自由的强制措施和处罚、司法制度等事项除外。

实战演练

［2024 真题·多选］ 根据《立法法》，下列事项中，只能制定法律的有（　　）。

A. 民族区域自治制度　　B. 税收基本制度

C. 犯罪和刑罚　　D. 属于国务院行政管理职权的事项

E. 限制人身自由的强制措施和处罚

［解析］《立法法》规定，下列事项只能制定法律：①国家主权的事项；②各级人民代表大会、人民政府、监察委员会、人民法院和人民检察院的产生、组织和职权；③民族区域自治制度、特别行政区制度、基层群众自治制度（选项 A 正确）；④犯罪和刑罚（选项 C 正确）；⑤对公民政治权利的剥夺、限制人身自由的强制措施和处罚（选项 E 正确）；⑥税种的设立、税率的确定和税收征收管理等税收基本制度（选项 B 正确）；⑦对非国有财产的征收、征用；⑧民事基本制度；⑨基本经济制度以及财政、海关、金融和外贸的基本制度；⑩诉讼制度和仲裁基本制度；⑪必须由全国人民代表大会及其常务委员会制定法律的其他事项。

［答案］ ABCE

［2023 真题·多选］ 根据《立法法》，我国法的形式有（　　）。

A. 法律　　B. 行政法规

C. 习惯法　　D. 判例

E. 自治条例和单行条例

［解析］ 在我国，习惯法、宗教法、判例不是法的形式。

［答案］ ABE

知识点 2　法的效力层级

一、宪法至上

《立法法》规定，宪法具有最高的法律效力，一切法律、行政法规、地方性法规、自治条例和单行条例、规章都不得同宪法相抵触。

二、上位法优于下位法

《立法法》规定，法律的效力高于行政法规、地方性法规、规章。行政法规的效力高于地方性法规、规章。

地方性法规的效力高于本级和下级地方政府规章。省、自治区的人民政府制定的规章的效力高于本行政区域内的设区的市、自治州的人民政府制定的规章。

自治条例和单行条例依法对法律、行政法规、地方性法规作变通规定的，在本自治地方适用自治条例和单行条例的规定。经济特区法规根据授权对法律、行政法规、地方性法规作变通规定的，在本经济特区适用经济特区法规的规定。

部门规章之间、部门规章与地方政府规章之间具有同等效力，在各自的权限范围内施行。

法的效力层级如图 1-1-1 所示。

宪法 → 法律 → 行政法规 → 地方性法规 → （本级/下级）地方政府规章
行政法规 → 部门规章

图 1-1-1　法的效力层级

三、特殊情况

根据《立法法》，需要由有关机关作出裁决的特殊情况见表 1-1-2。

表 1-1-2　需要由有关机关作出裁决的特殊情况

<table>
<tr><td rowspan="3">同一机关制定</td><td colspan="2">新的与旧的不一致</td><td>适用新的</td></tr>
<tr><td colspan="2">特别的与一般的不一致</td><td>适用特别的</td></tr>
<tr><td colspan="2">新的一般与旧的特别不一致</td><td>不适用新的也不适用特别的，谁制定谁裁决</td></tr>
<tr><td rowspan="4">不同机关制定</td><td rowspan="2">地方性法规与部门规章不一致</td><td rowspan="2">国务院提出意见</td><td>认为适用地方性法规的，适用地方性法规</td></tr>
<tr><td>认为适用部门规章的，提请全国人民代表大会常务委员会裁决</td></tr>
<tr><td colspan="2">A 部门规章与 B 部门规章不一致</td><td rowspan="2">国务院裁决</td></tr>
<tr><td colspan="2">部门规章与地方政府规章不一致</td></tr>
<tr><td colspan="4">根据授权制定的法规与法律规定不一致，不能确定如何适用时，由全国人民代表大会常务委员会裁决</td></tr>
</table>

实战演练

［**经典例题·单选**］关于法的效力层级的说法中，正确的是（　　）。

A. 当一般规定与特别规定不一致时，优先适用一般规定

B. 地方性法规的效力高于本级地方政府规章

C. 特殊情况下，法律、法规可以违背宪法

D. 行政法规的法律地位仅次于宪法

［解析］特别法优于一般法，是指公法权力主体在实施公权力行为中，当一般规定与特别规定不一致时，优先适用特别规定，选项A错误。任何法律、法规都必须遵循宪法而产生，无论是维护社会稳定、保障社会秩序，还是规范经济秩序，都不能违背宪法的基本准则，选项C错误。行政法规的法律地位和法律效力仅次于宪法和法律，高于地方性法规和部门规章，选项D错误。

［答案］B

［经典例题·单选］关于上位法与下位法法律效力的说法中，正确的是（　　）。

A.《中华人民共和国招标投标法实施条例》高于《招标公告发布暂行办法》

B.《建设工程质量管理条例》高于《中华人民共和国建筑法》

C.《建筑业企业资质管理规定》高于《外商投资建筑业企业管理规定》

D.《建设工程勘察设计管理条例》高于《城市房地产开发经营管理条例》

［解析］在我国法律体系中，法律的效力仅次于宪法而高于其他法的形式。行政法规的法律地位和法律效力仅次于宪法和法律，高于地方性法规和部门规章。

［答案］A

［2021真题·多选］法的形式的含义包括（　　）。

A. 法律规范的内部表现形式

B. 法律规范的时间效力

C. 法律规范创制机关的性质及级别

D. 法律规范的效力等级

E. 法律规范的地域效力

［解析］法的形式包括4层含义：①法律规范创制机关的性质及级别；②法律规范的外部表现形式；③法律规范的效力等级；④法律规范的地域效力。

［答案］CDE

［2020真题·多选］关于法的效力层级的说法，正确的有（　　）。

A. 宪法至上

B. 新法优于旧法

C. 一般法优于特别法

D. 任何机关和个人不得裁决法律适用情况

E. 上位法优于下位法

［解析］特别法优于一般法，选项C错误。一些特殊情况，如“对同一事项的新的一般规定与旧的特别规定不一致”“部门规章之间对同一事项的规定不一致”等需要由有关机关裁决，选项D错误。

［答案］ABE

知识点 3　备案审查

《立法法》规定，行政法规、地方性法规、自治条例和单行条例、规章应当在公布后的30日内依照表1-1-3的规定报有关机关备案。

表 1-1-3 备案审查相关规定

	备案对象	备案机关
备案	行政法规	全国人民代表大会常务委员会
	地方性法规、自治条例和单行条例	全国人民代表大会常务委员会＋国务院
	部门规章	国务院
	地方政府规章	国务院＋本级人民代表大会常务委员会
		设区的市、自治州的人民政府制定的规章还需报省、自治区的人民代表大会常务委员会＋人民政府
审查	认为行政法规、地方性法规、自治条例和单行条例同宪法、法律相抵触的，可以提请全国人民代表大会常务委员会审查	

实战演练

[**2022 真题·多选**] 关于立法备案的说法，正确的有（　　）。

A. 设区的市的地方性法规由省、自治区的人民代表大会常务委员会报送备案

B. 自治条例、单行条例报送备案时，应当说明对上位法作出变通的情况

C. 行政法规由国务院报全国人民代表大会备案

D. 部门规章报国务院备案

E. 根据授权制定的法规应当报授权决定规定的机关备案

[**解析**] 行政法规报全国人民代表大会常务委员会备案，选项 C 错误。

[**答案**] ABDE

第二节　建设工程物权制度

知识点 1 物权的种类

《民法典》规定，民事主体依法享有物权。物权是权利人依法对特定的物享有直接支配和排他的权利，包括所有权、用益物权和担保物权，见表 1-2-1。

物包括不动产和动产。

表 1-2-1 物权的种类

种类	概述
所有权	所有权人依法对自己的不动产或者动产享有占有、使用、收益和处分的权利
	(1) 占有权就是对所有物事实上的控制权，事实上的控制权（即占有权）是所有权的基本，没有占有权，其他三项权能的行使都会受到影响； (2) 使用权和收益权完全脱离，彼此独立。使用是为了获取物的使用价值，而收益是为了获取物的价值； (3) 处分权是财产所有人对其财产在法律规定的范围内最终处理的权利，即决定财产在事实上或法律上命运的权利。处分权是所有权四项权能的核心，是财产所有人最基本的权利。处分权在多数情况下由所有人享有

续表

种类	概述
用益物权	用益物权人对他人所有的不动产或者动产依法享有占有、使用和收益的权利
	包括土地承包经营权、建设用地使用权、宅基地使用权、居住权和地役权
担保物权	担保物权人在债务人不履行到期债务或者发生当事人约定的实现担保物权的情形，依法享有就担保财产优先受偿的权利，但是法律另有规定的除外
	包括抵押权、质权、留置权

实战演练

［2024 真题·多选］下列权利中，属于用益物权的有（　　）。

A. 留置权　　B. 宅基地使用权

C. 地役权　　D. 占有权

E. 土地承包经营权

［解析］用益物权包括土地承包经营权、建设用地使用权、宅基地使用权、居住权和地役权。

［答案］BCE

［2020 真题·多选］物权的种类包括（　　）。

A. 所有权　　B. 占有

C. 不当得利　　D. 担保物权

E. 用益物权

［解析］物权包括所有权、用益物权、担保物权。

［答案］ADE

［经典例题·多选］关于所有权的说法，正确的有（　　）。

A. 财产所有权的权能包括占有权、使用权、收益权、处分权

B. 收益因使用而产生，因此要享有收益权必享有使用权

C. 占有权只能由所有权人享有

D. 处分权是所有人最基本的权利，是所有权内容的核心

E. 使用权是所有人所享有的一项独立权能

［解析］选项 B 错误，收益权往往与使用权联系在一起，但是，收益权本身是一项独立的权能，而使用权并不能包括收益权。选项 C 错误，占有权可以根据所有权人的意志和利益分离出去，由非所有权人享有。

［答案］ADE

知识点 2 建设用地使用权

《民法典》规定，建设用地使用权人依法对国家所有的土地享有占有、使用和收益的权利，有权利用该土地建造建筑物、构筑物及其附属设施。

一、建设用地使用权的设立

《民法典》规定，建设用地使用权可以在土地的地表、地上或者地下分别设立。

设立建设用地使用权，可以采取出让或者划拨等方式。

通过招标、拍卖、协议等出让方式设立建设用地使用权的，当事人应当采用书面形式订立建设用地使用权出让合同。

设立建设用地使用权的，应当向登记机构申请建设用地使用权登记。建设用地使用权自登记时设立。登记机构应当向建设用地使用权人发放权属证书。

建设用地使用权人应当合理利用土地，不得改变土地用途；需要改变土地用途的，应当依法经有关行政主管部门批准。

二、建设用地使用权的转让、互换、出资、赠与或者抵押

《民法典》规定，建设用地使用权人有权将建设用地使用权转让、互换、出资、赠与或者抵押，但是法律另有规定的除外。

建设用地使用权转让、互换、出资、赠与或者抵押的，当事人应当采用书面形式订立相应的合同。使用期限由当事人约定，但是不得超过建设用地使用权的剩余期限。

建设用地使用权转让、互换、出资或者赠与的，应当向登记机构申请变更登记。

建设用地使用权转让、互换、出资或者赠与的，附着于该土地上的建筑物、构筑物及其附属设施一并处分。

建筑物、构筑物及其附属设施转让、互换、出资或者赠与的，该建筑物、构筑物及其附属设施占用范围内的建设用地使用权一并处分。

三、建设用地使用权的续期

《民法典》规定，住宅建设用地使用权期限届满的，自动续期。续期费用的缴纳或者减免，依照法律、行政法规的规定办理。

非住宅建设用地使用权期限届满后的续期，依照法律规定办理。该土地上的房屋以及其他不动产的归属，有约定的，按照约定；没有约定或者约定不明确的，依照法律、行政法规的规定办理。

建设用地使用权消灭的，出让人应当及时办理注销登记。登记机构应当收回权属证书。

实战演练

[**2019真题·单选**] 关于建设用地使用权的说法，正确的是（ ）。

A. 建设用地使用权存在于国家所有和集体所有的土地上

B. 建设用地使用权的设立可以采取转让方式

C. 建设用地使用权流转时，附着于该土地上的建筑物、构筑物及其附属设施应一并处分

D. 建设用地使用权期限届满的，自动续期

[**解析**] 选项A错误，建设用地使用权只能存在于国家所有的土地上。选项B错误，设立建设用地使用权，可以采取出让或者划拨等方式。选项D错误，住宅建设用地使用权期限届满的，自动续期。

［答案］C

［2021 真题·多选］关于建设用地使用权的说法，正确的有（　　）。

A. 建设用地使用权可以在土地的地表、地上或者地下分别设立

B. 建设用地使用权，可以采取出让或者划拨等方式

C. 建设用地使用权人应当合理利用土地，不得改变土地用途

D. 建设用地使用权只能存在于国家所有的土地上

E. 建设用地使用权消灭的，该土地使用权人应当及时办理注销登记

［解析］建设用地使用权人应当合理利用土地，不得改变土地用途；需要改变土地用途的，应当依法经有关行政主管部门批准。言外之意，经过批准即可改变用途，选项 C 错误。建设用地使用权消灭的，出让人应当及时办理注销登记，登记机构应当收回权属证书，选项 E 错误。

［答案］ABD

［经典例题·多选］关于建设用地使用权的说法中，正确的有（　　）。

A. 建设用地使用权自合同生效时设立

B. 建设用地使用权可以在土地的地表、地上或者地下分别设立

C. 建设用地使用权人将建设用地使用权转让，可以采用口头约定的形式

D. 建设用地使用权可以与附着于土地上的建筑物、构筑物及其附属设施分别处分

E. 住宅建设用地使用权期限届满的，自动续期

［解析］建设用地使用权自登记时设立，选项 A 错误。建设用地使用权人将建设用地使用权转让，应采用书面形式，选项 C 错误。建设用地使用权应与附着于土地上的建筑物、构筑物及其附属设施一并处分，选项 D 错误。

［答案］BE

知识点 3　居住权

根据《民法典》，居住权人有权按照合同约定，对他人的住宅享有占有、使用的用益物权，以满足生活居住的需要。

设立居住权，当事人应当采用书面形式订立居住权合同。

设立居住权的，应当向登记机构申请居住权登记。居住权自登记时设立。

居住权不得转让、继承。设立居住权的住宅不得出租，但是当事人另有约定的除外。

居住权期限届满或者居住权人死亡的，居住权消灭。居住权消灭的，应当及时办理注销登记。

知识点 4　地役权

《民法典》规定，地役权人有权按照合同约定，利用他人的不动产，以提高自己的不动产的效益。他人的不动产为供役地，自己的不动产为需役地。

一、地役权的设立

(1)《民法典》规定，设立地役权，当事人应当采用书面形式订立地役权合同。地役权合同一般包括下列条款：①当事人的姓名或者名称和住所；②供役地和需役地的位置；③利

用目的和方法；④地役权期限；⑤费用及其支付方式；⑥解决争议的方法。

(2)《民法典》规定，地役权自地役权合同生效时设立。当事人要求登记的，可以向登记机构申请地役权登记；未经登记，不得对抗善意第三人。

土地上已经设立土地承包经营权、建设用地使用权、宅基地使用权等用益物权的，未经用益物权人同意，土地所有权人不得设立地役权。

二、地役权的变动

《民法典》规定，地役权不得单独转让。土地承包经营权、建设用地使用权等转让的，地役权一并转让，但是合同另有约定的除外。

地役权不得单独抵押。土地经营权、建设用地使用权等抵押的，在实现抵押权时，地役权一并转让。

需役地以及需役地上的土地承包经营权、建设用地使用权等部分转让时，转让部分涉及地役权的，受让人同时享有地役权。

供役地以及供役地上的土地承包经营权、建设用地使用权等部分转让时，转让部分涉及地役权的，地役权对受让人具有法律约束力。

实战演练

[经典例题·单选] 甲在乙拥有使用权的土地上设立地役权并办理了登记，乙将自己的土地使用权转让给丙。下列说法正确的是（　　）。

A. 甲的地役权因办理登记而设立　　B. 乙转让土地使用权应经甲同意

C. 土地所有权人设立地役权不必经乙同意　　D. 甲的地役权对丙具有约束力

[解析] 地役权自地役权合同生效时设立，选项A错误。供役地以及供役地上的土地承包经营权、建设用地使用权等部分转让时，转让部分涉及地役权的，地役权对受让人具有法律约束力，选项B错误、选项D正确。土地上已设立土地承包经营权、建设用地使用权、宅基地使用权等用益物权的，未经用益物权人同意，土地所有权人不得设立地役权，选项C错误。

[答案] D

[经典例题·单选] 甲公司与乙公司的院落相邻，甲为方便自己车辆进出，遂与乙约定：甲借用乙院内道路通行，期限20年，甲一次性支付给乙50万元补偿费。双方签订合同并办理了地役权登记。2年后，甲拟定了下列方案，其中符合《民法典》规定的是（　　）。

A. 甲拟将全部房产所有权及土地使用权转让给丙，自己保留地役权

B. 甲拟单独将地役权转让给丁物业公司

C. 甲拟将房产所有权及土地使用权和地役权一并转让给丙

D. 甲拟将房产所有权及土地使用权转让给丙，而将地役权转让给丁

[解析] 地役权不得单独转让，选项B错误。土地承包经营权、建设用地使用权等转让的，地役权一并转让，但合同另有约定的除外。地役权不得单独抵押。土地经营权、建设用地使用权等抵押的，在实现抵押权时，地役权一并转让，选项A、D错误。

［答案］C

［**2018 真题·多选**］关于地役权的说法，正确的有（　　）。

A. 需役地上的用益物权转让时，受让人同时享有地役权

B. 地役权的设立是为了提高供役地的使用效率

C. 地役权未经登记不得对抗需役地人

D. 地役权由需役地人单方设立

E. 地役权属于用益物权

［**解析**］选项 B 错误，地役权是指为使用自己不动产的便利或提高其效益而按照合同约定利用他人不动产的权利。选项 C 错误，地役权自地役权合同生效时设立。当事人要求登记的，可以向登记机构申请地役权登记；未经登记，不得对抗善意第三人。选项 D 错误，设立地役权，当事人应当采取书面形式订立地役权合同。

［答案］AE

知识点 5 担保物权

一、一般规定

根据《民法典》，担保物权的一般规定如下：

（1）担保物权包括抵押权、质权、留置权。

（2）债权人在借贷、买卖等民事活动中，为保障实现其债权，需要担保的，可以依照《民法典》和其他法律的规定设立担保物权。第三人为债务人向债权人提供担保的，可以要求债务人提供反担保。反担保适用《民法典》和其他法律的规定。

（3）设立担保物权，应当依照《民法典》和其他法律的规定订立担保合同。担保合同包括抵押合同、质押合同和其他具有担保功能的合同。担保合同是主债权债务合同的从合同。主债权债务合同无效的，担保合同无效，但是法律另有规定的除外。

担保合同被确认无效后，债务人、担保人、债权人有过错的，应当根据其过错各自承担相应的民事责任。

➤ **名师点拨**：主合同有效，担保合同不一定有效；主合同无效，担保合同可以另外约定有效。

（4）担保物权的担保范围包括主债权及其利息、违约金、损害赔偿金、保管担保财产和实现担保物权的费用。当事人另有约定的，按照其约定。

（5）第三人提供担保，未经其书面同意，债权人允许债务人转移全部或者部分债务的，担保人不再承担相应的担保责任。

（6）被担保的债权既有物的担保又有人的担保的，债务人不履行到期债务或者发生当事人约定的实现担保物权的情形，债权人应当按照约定实现债权；没有约定或者约定不明确，债务人自己提供物的担保的，债权人应当先就该物的担保实现债权；第三人提供物的担保的，债权人可以就物的担保实现债权，也可以请求保证人承担保证责任。

（7）有下列情形之一的，担保物权消灭：①主债权消灭；②担保物权实现；③债权人放弃担保物权；④法律规定担保物权消灭的其他情形。

（8）担保与反担保的关系如图 1-2-1 所示。

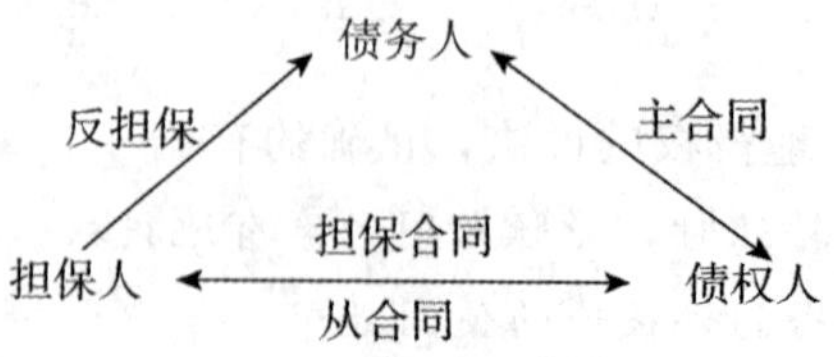

图 1-2-1　担保与反担保的关系

实战演练

［2019 真题·多选］关于担保的说法，正确的有（　　）。

A. 担保是用益物权的一种

B. 担保的目的是保障特定债权的实现

C. 主合同有效，担保合同有效

D. 主合同无效，担保合同可以另外约定有效

E. 反担保不适用《民法典》的规定

［解析］选项 A 错误，用益物权是用益物权人对他人所有的不动产或者动产依法享有占有、使用和收益的权利。用益物权包括土地承包经营权、建设用地使用权、宅基地使用权、居住权和地役权。而担保则是为了确保债务履行而设立的一种法律关系。担保物权包括抵押权、质权、留置权。选项 C 错误，主合同有效，担保合同不一定有效。选项 E 错误，反担保适用《民法典》的规定。

［答案］BD

二、抵押权

（一）抵押权的法律概念

根据《民法典》，为担保债务的履行，债务人或者第三人不转移财产的占有，将该财产抵押给债权人的，债务人不履行到期债务或者发生当事人约定的实现抵押权的情形，债权人有权就该财产优先受偿。提供抵押财产的债务人或者第三人为抵押人，债权人为抵押权人，提供担保的财产为抵押财产。

（二）抵押物的相关规定

抵押物分为可以抵押的物和不可以抵押的物，其相关规定见表 1-2-2。

表 1-2-2　抵押物的相关规定

<table>
<tr><th>抵押物</th><th colspan="2">相关规定</th></tr>
<tr><td rowspan="4">可以抵押的物（有权处分）</td><td rowspan="2">不动产</td><td>债务人或者第三人有权处分的下列财产可以抵押：
（1）建筑物和其他土地附着物；
（2）建设用地使用权；
（3）海域使用权；
（4）正在建造的建筑物</td></tr>
<tr><td>抵押权自登记时设立</td></tr>
<tr><td rowspan="2">动产</td><td>债务人或者第三人有权处分的下列财产可以抵押：
（1）生产设备、原材料、半成品、产品；
（2）正在建造的船舶、航空器；
（3）交通运输工具</td></tr>
<tr><td>抵押权自抵押合同生效时设立</td></tr>
</table>

续表

抵押物	相关规定
不可以抵押的物（无权处分）	下列财产不得抵押： （1）土地所有权； （2）宅基地、自留地、自留山等集体所有土地的使用权，但法律规定可以抵押的除外； （3）学校、幼儿园、医疗机构等为公益目的成立的非营利法人的教育设施、医疗卫生设施和其他公益设施； （4）所有权、使用权不明或者有争议的财产； （5）依法被查封、扣押、监管的财产； （6）法律、行政法规规定不得抵押的其他财产

（三）其他规定

1. 不得单独抵押

以建筑物抵押的，该建筑物占用范围内的建设用地使用权一并抵押。以建设用地使用权抵押的，该土地上的建筑物一并抵押。抵押人未依据规定一并抵押的，未抵押的财产视为一并抵押。

乡镇、村企业的建设用地使用权不得单独抵押。以乡镇、村企业的厂房等建筑物抵押的，其占用范围内的建设用地使用权一并抵押。

建设用地使用权抵押后，该土地上新增的建筑物不属于抵押财产。该建设用地使用权实现抵押权时，应当将该土地上新增的建筑物与建设用地使用权一并处分。但是，新增建筑物所得的价款，抵押权人无权优先受偿。

2. 抵押的效力

（1）抵押权设立前，抵押财产已经出租并转移占有的，原租赁关系不受该抵押权的影响。

（2）抵押期间，抵押人可以转让抵押财产。抵押财产转让的，抵押权不受影响。抵押人转让抵押财产的，应当及时通知抵押权人。抵押权人能够证明抵押财产转让可能损害抵押权的，可以请求抵押人将转让所得的价款向抵押权人提前清偿债务或者提存。转让的价款超过债权数额的部分归抵押人所有，不足部分由债务人清偿。

（3）抵押权不得与债权分离而单独转让或者作为其他债权的担保。债权转让的，担保该债权的抵押权一并转让，但是法律另有规定或者当事人另有约定的除外。

（4）抵押人的行为足以使抵押财产价值减少的，抵押权人有权请求抵押人停止其行为；抵押财产价值减少的，抵押权人有权请求恢复抵押财产的价值，或者提供与减少的价值相应的担保。抵押人不恢复抵押财产的价值，也不提供担保的，抵押权人有权请求债务人提前清偿债务。

3. 抵押权的实现

抵押权人可以放弃抵押权或者抵押权的顺位。抵押权的变更未经其他抵押权人书面同意的，不得对其他抵押权人产生不利影响。

同一财产既设立抵押权又设立质权的，拍卖、变卖该财产所得的价款按照登记、交付的时间先后确定清偿顺序。

同一财产向两个以上债权人抵押的，拍卖、变卖抵押物所得的价款按照以下规定清偿：

（1）抵押权已经登记的，按照登记的时间先后确定清偿顺序。

（2）抵押权已经登记的先于未登记的受偿。

（3）抵押权未登记的，按照债权比例清偿。

实战演练

[2021 真题・单选] 关于抵押权的说法，正确的是（　　）。

A. 以动产抵押的，抵押权自合同生效时设立

B. 抵押权可以与债权分离而单独转让

C. 同一财产向两个以上债权人抵押，抵押权未登记的，拍卖抵押财产所得的价款按照抵押合同订立的顺序清偿

D. 同一财产向两个以上债权人抵押的，拍卖抵押财产所得的价款按照登记的债权比例清偿

[解析] 选项 B 错误，抵押权与其担保的债权同时存在，抵押权不得与债权分离而单独转让或者作为其他债权的担保。选项 C 错误，抵押权未登记的，按照债权比例清偿。选项 D 错误，抵押权已经登记的，按照登记的时间先后确定清偿顺序。

[答案] A

[2020 真题・多选] 下列财产抵押时，抵押权自抵押合同生效时设立的有（　　）。

A. 原材料　　B. 交通运输工具

C. 建设用地使用权　　D. 生产设备

E. 正在建造的建筑物

[解析] 以动产抵押的，抵押权自抵押合同生效时设立；未经登记，不得对抗善意第三人。

[答案] ABD

三、质权

（一）质权的法律概念

质权是指债务人或者第三人将其动产或权利移交债权人占有，将该动产或权利作为债权担保的权利。

债务人或者第三人为出质人，债权人为质权人，移交的动产或权利为质物。

（二）质权的分类

质权分为动产质权和权利质权，具体内容如图 1-2-2 所示，

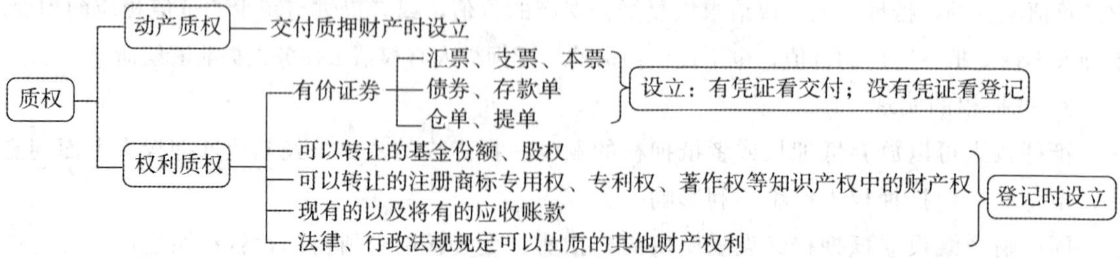

图 1-2-2　质权的分类

（三）其他规定

根据《民法典》，质权的其他规定如下：

（1）质权人有权收取质押财产的孳息，但是合同另有约定的除外。

（2）质权人在质权存续期间，未经出质人同意，擅自使用、处分质押财产，造成出质人损害的，应当承担赔偿责任。

（3）质权人负有妥善保管质押财产的义务；因保管不善致使质押财产毁损、灭失的，应当承担赔偿责任。

质权人的行为可能使质押财产毁损、灭失的，出质人可以请求质权人将质押财产提存，或者请求提前清偿债务并返还质押财产。

（4）知识产权中的财产权出质后，出质人不得转让或者许可他人使用，但是出质人与质权人协商同意的除外。

（5）应收账款出质后，不得转让，但是出质人与质权人协商同意的除外。

实战演练

［2022 真题·多选］下列权利中，可以出质的有（　　）。

A. 支票

B. 仓单

C. 存款单

D. 海域使用权

E. 土地所有权

［解析］选项 D 错误，海域使用权可以抵押但不能质押。选项 E 错误，土地所有权不得进行担保。

［答案］ABC

［经典例题·多选］关于质权的说法，正确的有（　　）。

A. 质权包括动产质权和权利质权

B. 动产质权自出质人交付质权财产时设立

C. 权利质权自权利凭证交付质权人时设立

D. 质权人无权收取质押财产的孳息

E. 质权人负有妥善保管质押财产的义务

［解析］选项 C 错误，以汇票、本票、支票、债券、存款单、仓单、提单出质的，质权自权利凭证交付质权人时设立；没有权利凭证的，质权自办理出质登记时设立。选项 D 错误，质权人有权收取质押财产的孳息，但是合同另有约定的除外。

［答案］ABE

四、留置权

《民法典》规定，债务人不履行到期债务，债权人可以留置已经合法占有的债务人的动产，并有权就该动产优先受偿。前述债权人为留置权人，占有的动产为留置财产。

债权人留置的动产，应当与债权属于同一法律关系，但是企业之间留置的除外。

法律规定或者当事人约定不得留置的动产，不得留置。

留置财产为可分物的，留置财产的价值应当相当于债务的金额。

留置权人负有妥善保管留置财产的义务；因保管不善致使留置财产毁损、灭失的，应当承担赔偿责任。

留置权人有权收取留置财产的孳息。

留置财产折价或者拍卖、变卖后，其价款超过债权数额的部分归债务人所有，不足部分由债务人清偿。

同一动产上已经设立抵押权或者质权，该动产又被留置的，留置权人优先受偿。

➢ **名师点拨：** 抵押权、质权和留置权的区分见表 1-2-3。

表 1-2-3 抵押权、质权、留置权的区分

项目	特点
抵押权	(1) 不转移占有抵押物； (2) 对象为动产、不动产
质权	(1) 转移占有质押物； (2) 对象为动产、权利
留置权	(1) 无需约定，法律直接规定； (2) 财产需与合同有直接关系； (3) 留置物为已被合法占有的动产

实战演练

[**2018 真题 · 单选**] 关于留置的说法，正确的是（　　）。

A. 留置权属于债权

B. 债权人不负责保管留置物

C. 建设工程合同可以适用留置权

D. 留置权基于法定而产生

[**解析**] 选项 A 错误，留置权属于物权中的担保物权。选项 B 错误，留置权人负有妥善保管留置物的义务。选项 C 错误，留置适用于动产，建设工程合同主要针对的是不动产。

[**答案**] D

知识点 6 占有

占有是指人对物在事实上的控制和支配。对物具有实际控制和支配权的人是占有人，其是占有法律关系的主体。

一、占有的分类

根据《民法典》及其他民法理论，占有的分类见表 1-2-4。

表 1-2-4 占有的分类

分类依据	类型	内容
是否有权	有权占有	土地承包经营权人对承包地的占有，承租人在租赁期内对租赁物的占有
	无权占有	拾得人或借用人对遗失物或借用物的占有，承租人在租赁关系消灭后对租赁物的占有

续表

分类依据	类型	内容
是否知情	善意占有	占有人不知道或者不应当知道自己的占有是无权占有
	恶意占有	占有人知道或者应当知道自己的占有是无权占有
是否以所有的意思	自主占有	占有人以所有的意思对物进行的占有，主要包括：占有人确实对物具有所有权；占有人误认为自己对物具有占有权；占有人故意将他人之物据为己有
	他主占有	占有人非以所有的意思对物进行的占有。如承租人、保管人等对保管物、租赁物的占有，施工单位对施工场地的占有
是否对标的物直接占有	直接占有	占有人直接对标的物进行管领和控制，如出租人为直接占有人
	间接占有	基于一定的法律关系进行管领和控制，而不直接对标的物进行事实上的控制，如出租人对房屋的占有

二、占有的相关规定

《民法典》规定，基于合同关系等产生的占有，有关不动产或者动产的使用、收益、违约责任等，按照合同约定；合同没有约定或者约定不明确的，依照有关法律规定。

占有人因使用占有的不动产或者动产，致使该不动产或者动产受到损害的，恶意占有人应当承担赔偿责任。

不动产或者动产被占有人占有的，权利人可以请求返还原物及其孳息；但是，应当支付善意占有人因维护该不动产或者动产支出的必要费用。

占有的不动产或者动产毁损、灭失，该不动产或者动产的权利人请求赔偿的，占有人应当将因毁损、灭失取得的保险金、赔偿金或者补偿金等返还给权利人；权利人的损害未得到足够弥补的，恶意占有人还应当赔偿损失。

占有的不动产或者动产被侵占的，占有人有权请求返还原物；对妨害占有的行为，占有人有权请求排除妨害或者消除危险；因侵占或者妨害造成损害的，占有人有权依法请求损害赔偿。占有人返还原物的请求权，自侵占发生之日起1年内未行使的，该请求权消灭。

实战演练

[经典例题·单选] 甲遗失一部相机，乙拾得后放在办公桌抽屉内，并张贴了招领启事。丙盗走该相机，卖给了不知情的丁，丁出质于戊。对此，下列说法错误的是（　　）。

A. 乙对相机的占有属于无权占有

B. 丙对相机的占有属于他主占有

C. 丁对相机的占有属于自主占有

D. 戊对相机的占有属于直接占有

[解析] 选项A正确，乙对拾得的相机的占有属于无权占有。选项B错误、选项C正确，丙盗走该相机是将相机据为己有，属于自主占有；不知情的丁从丙处购买相机，是以获取相机的所有权为目的，属于自主占有。选项D正确，戊对相机的占有属于直接占有，即占有人直接对标的物进行管领和控制。

[答案] B

知识点 7 物权的设立、变更、转让、消灭

《民法典》规定，不动产物权的设立、变更、转让和消灭，应当依照法律规定登记。动产物权的设立和转让，应当依照法律规定交付。

一、不动产登记

（一）效力

《民法典》规定，不动产物权的设立、变更、转让和消灭，经依法登记，发生效力；未经登记，不发生效力，但是法律另有规定的除外。依法属于国家所有的自然资源，所有权可以不登记。

当事人签订买卖房屋的协议或者签订其他不动产物权的协议，为保障将来实现物权，按照约定可以向登记机构申请预告登记。预告登记后，未经预告登记的权利人同意，处分该不动产的，不发生物权效力。预告登记后，债权消灭或者自能够进行不动产登记之日起 90 日内未申请登记的，预告登记失效。

（二）登记机构

（1）不动产登记，由不动产所在地的登记机构办理。国家对不动产实行统一登记制度。统一登记的范围、登记机构和登记办法，由法律、行政法规规定。

根据《民法典》，不动产登记机构的职责与不得有行为见表 1-2-5。

表 1-2-5　不动产登记机构的职责与不得有行为

登记机构应当履行下列职责	登记机构不得有下列行为
（1）查验申请人提供的权属证明和其他必要材料； （2）就有关登记事项询问申请人； （3）如实、及时登记有关事项； （4）法律、行政法规规定的其他职责	（1）要求对不动产进行评估； （2）以年检等名义进行重复登记； （3）超出登记职责范围的其他行为

（2）权利人、利害关系人可以申请查询、复制不动产登记资料，登记机构应当提供。

（3）当事人提供虚假材料申请登记，造成他人损害的，应当承担赔偿责任。

因登记错误，造成他人损害的，登记机构应当承担赔偿责任。登记机构赔偿后，可以向造成登记错误的人追偿。

（三）不动产登记簿与不动产权属证书

（1）不动产登记簿是物权归属和内容的根据。不动产登记簿由登记机构管理。

（2）不动产权属证书是权利人享有该不动产物权的证明。不动产权属证书记载的事项，应当与不动产登记簿一致；记载不一致的，除有证据证明不动产登记簿确有错误外，以不动产登记簿为准。

（3）权利人、利害关系人认为不动产登记簿记载的事项错误的，可以申请更正登记。

二、动产交付

《民法典》规定，动产物权的设立和转让，自交付时发生效力，但是法律另有规定的除外。

船舶、航空器和机动车等的物权的设立、变更、转让和消灭，未经登记，不得对抗善意

第三人。

动产物权设立和转让前，权利人已经占有该动产的，物权自民事法律行为生效时发生效力。

动产物权设立和转让前，第三人占有该动产的，负有交付义务的人可以通过转让请求第三人返还原物的权利代替交付。

动产物权转让时，当事人又约定由出让人继续占有该动产的，物权自该约定生效时发生效力。

三、其他规定

《民法典》规定，因人民法院、仲裁机构的法律文书或者人民政府的征收决定等，导致物权设立、变更、转让或者消灭的，自法律文书或者征收决定等生效时发生效力。

因继承取得物权的，自继承开始时发生效力。

因合法建造、拆除房屋等事实行为设立或者消灭物权的，自事实行为成就时发生效力。

处分依照规定享有的不动产物权，依照法律规定需要办理登记的，未经登记，不发生物权效力。

实战演练

[2024 真题·单选] 预告登记后，未经预告登记的权利人同意，处分该不动产的，产生的法律效果是（　　）。

A. 不发生物权效力

B. 预告登记失效

C. 权利人善意取得不动产物权

D. 通知预告登记人后，可以产生不动产物权变动的效果

[解析] 当事人签订买卖房屋的协议或者签订其他不动产物权的协议，为保障将来实现物权，按照约定可以向登记机构申请预告登记。预告登记后，未经预告登记的权利人同意，处分该不动产的，不发生物权效力。预告登记后，债权消灭或者自能够进行不动产登记之日起 90 日内未申请登记的，预告登记失效。

[答案] A

[2024 真题·单选] 不动产物权的转让，自（　　）发生效力。

A. 物权合同成立时　　B. 物权合同生效时

C. 受让人实际占有不动产时　　D. 依法登记时

[解析] 不动产物权的设立、变更、转让和消灭，经依法登记，发生效力；未经登记，不发生效力，但是法律另有规定的除外。

[答案] D

[2022 真题·单选] 某施工企业因工作需要购买一辆二手机动车，施工企业取得该机动车物权的时间是（　　）。

A. 订立机动车买卖合同时　　B. 交付行驶证时

C. 交付车辆时　　D. 进行过户登记时

［解析］《民法典》规定，动产物权的设立和转让，自交付时发生效力，但法律另有规定的除外。船舶、航空器和机动车等的物权的设立、变更、转让和消灭，未经登记，不得对抗善意第三人。选项D中“登记”只是机动车转移物权的对抗要件，而非“成立”要件。

［答案］C

［2019 真题·多选］关于不动产物权设立的说法，正确的有（　　）。

A. 不动产物权变动未经登记，不影响当事人之间订立的消灭不动产物权合同的效力

B. 依法属于国家所有的自然资源，所有权可以不登记

C. 不动产物权登记由不动产所在地的登记机构办理

D. 不动产物权的设立属自愿登记

E. 不动产物权自合同成立时设立

［解析］当事人之间订立有关设立、变更、转让和消灭不动产物权的合同，除法律另有规定或者当事人另有约定外，自合同成立时生效；未办理物权登记的，不影响合同效力。依法属于国家所有的自然资源，所有权可以不登记。不动产登记，由不动产所在地的登记机构办理。不动产物权的设立、变更、转让和消灭，应当依照法律规定登记，自记载于不动产登记簿时发生效力。经依法登记，发生效力；未经登记，不发生效力，但法律另有规定的除外。

［答案］ABC

知识点 8　物权的保护

《民法典》规定，物权受到侵害的，权利人可以通过和解、调解、仲裁、诉讼等途径解决。

物权的保护规定见表 1-2-6。

表 1-2-6　物权的保护规定

一般规定	侵害物权，造成权利人损害的，权利人可以依法请求损害赔偿，也可以依法请求承担其他民事责任	
具体规定	归属、内容发生争议	请求确认权利
	无权占有	请求返还原物
	妨害或者可能妨害物权	请求排除妨害或者消除危险
	造成不动产或者动产毁损	请求修理、重作、更换或者恢复原状
对于物权保护方式，可以单独适用，也可以根据权利被侵害的情形合并适用		

实战演练

［2021 真题·单选］关于物权的说法，正确的是（　　）。

A. 物权包括所有权、债权、用益物权和担保物权

B. 用益物权包括对自己所有的财产享有使用和收益权利

C. 依法属于国家所有的自然资源，所有权可以不登记

D. 物权保护方式，只能单独适用

[解析] 选项A错误，物权包括所有权、用益物权和担保物权，没有债权。选项B错误，用益物权是用益物权人对他人所有的不动产或者动产依法享有占有、使用和收益的权利。选项D错误，对于物权保护方式，可以单独适用，也可以根据权利被侵害的情形合并适用。

[答案] C

[经典例题·单选] 关于物权保护的说法，正确的是（　　）。

A. 物权受到侵害的，权利人不能通过和解方式解决

B. 侵害物权造成权利人损害的，权利人既可以请求损害赔偿，也可以请求承担其他民事责任

C. 无权占有不动产或动产的，权利人应请求确认权利

D. 物权的归属、内容发生争议的，利害关系人应当请求返还原物

[解析] 物权受到侵害的，权利人可以通过和解方式解决，选项A错误。无权占有不动产或动产的，权利人可以请求返还原物，选项C错误。因物权的归属、内容发生争议的，利害关系人可以请求确认权利，选项D错误。

[答案] B

第三节　建设工程知识产权制度

知识产权是基于创造成果和工商标记依法产生的权利的统称。最主要的三种知识产权是著作权、专利权和商标权，其中专利权与商标权也被统称为工业产权。

知识产权法律制度通过赋予智力成果的创造者以排他性使用权和转让权的方式，创造出了一种前所未有的财产权形式。

《民法典》规定，知识产权是权利人依法就下列客体享有的专有的权利：①作品；②发明、实用新型、外观设计；③商标；④地理标志；⑤商业秘密；⑥集成电路布图设计；⑦植物新品种；⑧法律规定的其他客体。

知识点 1　专利权制度

一、概念

专利权是指国家根据发明人或设计人的申请，以向社会公开发明创造的内容以及发明创造对社会具有符合法律规定的利益为前提，根据法定程序在一定期限内授予发明人或设计人对其发明创造享有的独占权。

二、保护对象

《中华人民共和国专利法》（以下简称《专利法》）保护对象为发明创造，发明创造是指发明、实用新型和外观设计。

发明是指对产品、方法或者其改进所提出的新的技术方案。

实用新型是指对产品的形状、构造或者其结合所提出的适于实用的新的技术方案。

外观设计是指对产品的整体或者局部的形状、图案或者其结合以及色彩与形状、图案的结合所作出的富有美感并适于工业应用的新设计。

三、授予专利权的条件

根据《专利法》，授予专利权的条件有：

(1) 授予专利权的发明和实用新型，应当具备新颖性、创造性和实用性。

新颖性是指该发明或者实用新型不属于现有技术，也没有任何单位或者个人就同样的发明或者实用新型在申请日以前向国务院专利行政部门提出过申请，并记载在申请日以后公布的专利申请文件或者公告的专利文件中。

创造性是指与现有技术相比，该发明具有突出的实质性特点和显著的进步，该实用新型有实质性特点和进步。

实用性是指该发明或者实用新型能够制造或者使用，并且能够产生积极效果。

(2) 授予专利权的外观设计，应当不属于现有设计（即新颖性），也没有任何单位或者个人就同样的外观设计在申请日以前向国务院专利行政部门提出过申请，并记载在申请日以后公告的专利文件中。

➤ **名师点拨**：结合《专利法》中外观设计的概念，外观设计的申请条件应满足：①新颖性；②富有美感；③适合于工业应用。

四、专利的申请

国务院专利行政部门收到专利申请文件之日为申请日。如果申请文件是邮寄的，以寄出的邮戳日为申请日。

五、专利权的独占性

《专利法》规定：发明和实用新型专利权被授予后，除本法另有规定的以外，任何单位或者个人未经专利权人许可，都不得实施其专利，即不得为生产经营目的制造、使用、许诺销售、销售、进口其专利产品，或者使用其专利方法以及使用、许诺销售、销售、进口依照该专利方法直接获得的产品。

外观设计专利权被授予后，任何单位或者个人未经专利权人许可，都不得实施其专利，即不得为生产经营目的制造、许诺销售、销售、进口其外观设计专利产品。

任何单位或者个人实施他人专利的，应当与专利权人订立实施许可合同，向专利权人支付专利使用费。被许可人无权允许合同规定以外的任何单位或者个人实施该专利。

六、专利权的生效

发明专利申请经实质审查没有发现驳回理由的，由国务院专利行政部门作出授予发明专利权的决定，发给发明专利证书，同时予以登记和公告。发明专利权自公告之日起生效。

七、专利权的期限

《专利法》规定，发明专利权的期限为 20 年，实用新型专利权的期限为 10 年，外观设计专利权的期限为 15 年，均自申请日起计算。

实战演练

[**2023真题·单选**] 根据《专利法》，授予外观设计专利权的特有条件是（ ）。

A. 新颖性 B. 创造性

C. 实用性 D. 富有美感

[**解析**] 除了新颖性外，外观设计还应当具备富有美感和适于工业应用两个条件。授予专利权的发明和实用新型，应当具备新颖性、创造性和实用性。

[**答案**] D

知识点 2 商标权制度

一、概述

商标是用以识别和区分商品或者服务来源的标志。《商标法》规定，任何能够将自然人、法人或者其他组织的商品与他人的商品区别开的标志，包括文字、图形、字母、数字、三维标志、颜色组合和声音等，以及上述要素的组合，均可以作为商标申请注册。

商标权，就是注册商标专用权，是指商标注册人对注册商标独占的排他的使用权。《商标法》规定，经商标局核准注册的商标为注册商标，包括商品商标、服务商标和集体商标、证明商标；商标注册人享有商标专用权，受法律保护。

➤ **名师点拨**：《商标法》中集体商标、证明商标注册和管理的特殊事项，由国务院工商行政管理部门规定。学习时不做记忆要求。

自然人、法人或者其他组织在生产经营活动中，对其商品或者服务需要取得商标专用权的，应当向商标局申请商标注册。不以使用为目的的恶意商标注册申请，应当予以驳回。

两个以上的自然人、法人或者其他组织可以共同向商标局申请注册同一商标，共同享有和行使该商标专用权。

商标专用权的内容只包括财产权，注册商标权人对注册商标主要享有以下权利：

（一）专有使用权

专有使用权是商标权最重要的内容，是商标权中最基本的核心权利。它的法律特征为：商标权人可在核定的商品上独占性地使用核准的商标，并通过使用获得其他合法权益。专有使用权具有相对性，只能在法律规定的范围内使用。

（二）禁止权

禁止权是指注册商标所有人有权禁止他人未经其许可，在同一种或者类似商品或服务项目上使用与其注册商标相同或近似的商标。专有使用权和禁止权是商标权的两个方面。

（三）许可权

许可权是指注册商标所有人通过签订许可使用合同，许可他人使用其注册商标的权利。许可使用是商标权人行使其权利的一种方式。

（四）转让权

转让是指注册商标所有人按照一定的条件，依法将其商标权转让给他人所有的行为。

同时，商标设计者对其设计的商标享有发表权、署名权、修改权等人身权，受《著作权法》保护。

二、商标专用权的保护对象

《商标法》规定，注册商标的专用权，以核准注册的商标和核定使用的商品为限，即商标专用权的保护对象为核准注册的商标。

三、注册商标的续展、变更、转让和使用许可

（一）注册商标的续展

《商标法》规定，注册商标的有效期为10年，自核准注册之日起计算。

注册商标有效期满，需要继续使用的，商标注册人应当在期满前12个月内按照规定办理续展手续；在此期间未能办理的，可以给予6个月的宽展期。每次续展注册的有效期为10年，自该商标上一届有效期满次日起计算。期满未办理续展手续的，注销其注册商标。

（二）注册商标的变更

《商标法》规定，注册商标需要变更注册人的名义、地址或者其他注册事项的，应当提出变更申请。

（三）注册商标的转让

《商标法》规定，转让注册商标的，转让人和受让人应当签订转让协议，并共同向商标局提出申请。受让人应当保证使用该注册商标的商品质量。

转让注册商标的，商标注册人对其在同一种商品上注册的近似的商标，或者在类似商品上注册的相同或者近似的商标，应当一并转让。

转让注册商标经核准后，予以公告。受让人自公告之日起享有商标专用权。

（四）注册商标的使用许可

《商标法》规定，商标注册人可以通过签订商标使用许可合同，许可他人使用其注册商标。许可人应当监督被许可人使用其注册商标的商品质量。被许可人应当保证使用该注册商标的商品质量。

经许可使用他人注册商标的，必须在使用该注册商标的商品上标明被许可人的名称和商品产地。

许可他人使用其注册商标的，许可人应当将其商标使用许可报商标局备案，由商标局公告。商标使用许可未经备案不得对抗善意第三人。

四、商标使用的管理

《商标法》规定，商标注册人在使用注册商标的过程中，自行改变注册商标、注册人名义、地址或者其他注册事项的，由地方工商行政管理部门责令限期改正；期满不改正的，由商标局撤销其注册商标。

注册商标成为其核定使用的商品的通用名称或者没有正当理由连续3年不使用的，任何单位或者个人可以向商标局申请撤销该注册商标。

实战演练

［**2021 真题·单选**］下列使用注册商标的情形中，应当承担行政责任的是（　　）。

A. 自行改变注册商标的

B. 改变注册商标的注册人名义、地址或者其他注册事项的

C. 转让注册商标的

D. 连续 2 年停止使用注册商标的

［**解析**］按照《商标法》的规定，商标注册人在使用注册商标的过程中，自行改变注册商标、注册人名义、地址或者其他注册事项的，由地方工商行政管理部门责令限期改正；期满不改正的，由商标局撤销其注册商标。注册商标成为其核定使用的商品的通用名称或者没有正当理由连续 3 年不使用的，任何单位或者个人可以向商标局申请撤销该注册商标。

［**答案**］A

［**2021 真题·多选**］关于商标专用权的说法，正确的有（　　）。

A. 商标专用权是商标所有人对其设计的商标所享有的具体权利

B. 商标专用权包括使用权和禁止权两个方面

C. 注册商标的有效期为 10 年，自核准注册之日起计算

D. 商标专用权人可以将商标连同企业或者商誉同时转让

E. 商标专用权的内容包括财产权和人身权

［**解析**］选项 A 错误，商标专用权是指商标所有人对注册商标所享有的具体权利。选项 B 正确，商标专用权包括使用权和禁止权两个方面。选项 C 正确，注册商标的有效期为 10 年，自核准注册之日起计算。选项 D 正确，商标专用权人可以将商标连同企业或者商誉同时转让，也可以将商标单独转让。选项 E 错误，同其他知识产权不同，商标专用权的内容只包括财产权，商标设计者的人身权受《著作权法》保护。

［**答案**］BCD

知识点 3　著作权制度

一、著作权的概念

著作权是指自然人、法人或者其他组织对文学、艺术和科学作品享有的财产权利和精神权利的总称。根据《著作权法》，著作权即版权。

二、著作权的保护对象

《著作权法》所称的作品，是指文学、艺术和科学领域内具有独创性并能以一定形式表现的智力成果，包括：①文字作品；②口述作品；③音乐、戏剧、曲艺、舞蹈、杂技艺术作品；④美术、建筑作品；⑤摄影作品；⑥视听作品；⑦工程设计图、产品设计图、地图、示意图等图形作品和模型作品；⑧计算机软件；⑨符合作品特征的其他智力成果。

其中，建设工程活动中常见的著作权作品见表 1-3-1。

表 1-3-1 建设工程活动中常见的著作权作品

作品类型	内容
文字作品	招标文件、投标文件等以文字形式表现的作品
建筑作品	《中华人民共和国著作权法实施条例》规定的以建筑物或者构筑物形式表现的有审美意义的作品
图形作品	《中华人民共和国著作权法实施条例》规定的为施工、生产绘制的工程设计图、产品设计图，以及反映地理现象、说明事物原理或者结构的地图、示意图等作品
计算机软件	计算机程序及其有关文档

➤ **知识拓展**：《著作权法》规定，不受其保护的对象如下：①法律、法规，国家机关的决议、决定、命令和其他具有立法、行政、司法性质的文件，及其官方正式译文；②单纯事实消息；③历法、通用数表、通用表格和公式。

三、著作权人及其权利

（一）著作权人

根据《著作权法》，著作权人包括：

（1）作者。

（2）其他依照《著作权法》享有著作权的自然人、法人或者非法人组织。

（二）著作权人的权利

根据《著作权法》，著作权包括下列人身权和财产权：

（1）人身权包括：发表权、署名权、修改权、保护作品完整权。

（2）财产权包括：复制权、发行权、出租权、展览权、表演权、放映权、广播权、信息网络传播权、摄制权、改编权、翻译权、汇编权及应当由著作权人享有的其他权利。

四、著作权归属

《著作权法》规定，著作权属于作者，另有规定的除外。创作作品的自然人是作者。

根据作品的创作目的及承担的法律责任，作品分为单位作品、职务作品、委托作品。

（一）单位作品

由法人或者非法人组织主持，代表法人或者非法人组织意志创作，并由法人或者非法人组织承担责任的作品，法人或者非法人组织视为作者。

（二）职务作品

自然人为完成法人或者非法人组织工作任务所创作的作品是职务作品，著作权由作者享有，但法人或者非法人组织有权在其业务范围内优先使用。作品完成两年内，未经单位同意，作者不得许可第三人以与单位使用的相同方式使用该作品。

有下列情形之一的职务作品，作者享有署名权，著作权的其他权利由法人或者非法人组织享有，法人或者非法人组织可以给予作者奖励：

（1）主要是利用法人或者非法人组织的物质技术条件创作，并由法人或者非法人组织承担责任的工程设计图、产品设计图、地图、示意图、计算机软件等职务作品。

（2）报社、期刊社、通讯社、广播电台、电视台的工作人员创作的职务作品。

（3）法律、行政法规规定或者合同约定著作权由法人或者非法人组织享有的职务作品。

（三）委托作品

受委托创作的作品，著作权的归属由委托人和受托人通过合同约定。合同未作明确约定或者没有订立合同的，著作权属于受托人。

五、权利的保护期

《著作权法》规定，作者的署名权、修改权、保护作品完整权的保护期不受限制。

自然人的作品，其发表权、复制权、发行权、出租权、展览权、表演权、放映权、广播权、信息网络传播权、摄制权、改编权、翻译权、汇编权等权利的保护期为作者终生及其死亡后 50 年，截止于作者死亡后第 50 年的 12 月 31 日；如果是合作作品，截止于最后死亡的作者死亡后第 50 年的 12 月 31 日。

法人或者非法人组织的作品、著作权（署名权除外）由法人或者非法人组织享有的职务作品，其发表权的保护期为 50 年，截止于作品创作完成后第 50 年的 12 月 31 日；复制权、发行权、出租权、展览权、表演权、放映权、广播权、信息网络传播权、摄制权、改编权、翻译权、汇编权等权利的保护期为 50 年，截止于作品首次发表后第 50 年的 12 月 31 日，但作品自创作完成后 50 年内未发表的，不再受《著作权法》保护。

六、计算机软件著作权

《计算机软件保护条例》规定，计算机软件（以下简称软件），是指计算机程序及其有关文档。

软件著作权人，是指对软件享有著作权的自然人、法人或者其他组织。

软件著作权人享有的权利包括：发表权；署名权；修改权；复制权；发行权；出租权；信息网络传播权；翻译权；应当由软件著作权人享有的其他权利。

（一）权利的归属

《计算机软件保护条例》规定，软件著作权属于软件开发者，另有规定的除外。如无相反证明，在软件上署名的自然人、法人或者其他组织为开发者。

不同主体开发的软件，其著作权的归属不同，具体见表 1-3-2。

表 1-3-2　软件著作权的归属

<table>
<tr><th>软件</th><th colspan="3">著作权归属</th></tr>
<tr><td rowspan="3">合作开发的软件</td><td colspan="3">由合作开发者签订书面合同约定</td></tr>
<tr><td rowspan="2">无书面合同或者合同未作明确约定的</td><td>可以分割使用的</td><td>开发者对各自开发的部分可以单独享有著作权</td></tr>
<tr><td>不能分割使用的</td><td>由各合作开发者共同享有</td></tr>
<tr><td rowspan="2">接受委托开发的软件</td><td colspan="3">由委托人与受托人签订书面合同约定</td></tr>
<tr><td>无书面合同或者合同未作明确约定的</td><td colspan="2">由受托人享有</td></tr>
</table>

续表

软件	著作权归属	
国家机关下达任务开发的软件	由项目任务书或者合同规定	
	项目任务书或者合同未作明确规定的	由接受任务的法人或者其他组织享有

（二）权利的期限

《计算机软件保护条例》规定，软件著作权自软件开发完成之日起产生。

自然人的软件著作权，保护期为自然人终生及其死亡后 50 年，截止于自然人死亡后第 50 年的 12 月 31 日；软件是合作开发的，截止于最后死亡的自然人死亡后第 50 年的 12 月 31 日。

法人或者其他组织的软件著作权，保护期为 50 年，截止于软件首次发表后第 50 年的 12 月 31 日，但软件自开发完成之日起 50 年内未发表的，《计算机软件保护条例》不再保护。

（三）权利的限制

《计算机软件保护条例》规定，软件的合法复制品所有人享有下列权利：

（1）根据使用的需要把该软件装入计算机等具有信息处理能力的装置内；

（2）为了防止复制品损坏而制作备份复制品。这些备份复制品不得通过任何方式提供给他人使用，并在所有人丧失该合法复制品的所有权时，负责将备份复制品销毁；

（3）为了把该软件用于实际的计算机应用环境或者改进其功能、性能而进行必要的修改；但是，除合同另有约定外，未经该软件著作权人许可，不得向任何第三方提供修改后的软件。

为了学习和研究软件内含的设计思想和原理，通过安装、显示、传输或者存储软件等方式使用软件的，可以不经软件著作权人许可，不向其支付报酬。

实战演练

［**2024 真题·单选**］关于著作权的说法，正确的是（　　）。

A. 单位作品的著作权归单位法定代表人所有

B. 自然人的作品，其发表权、使用权和获得报酬权的保护期，为作者终生

C. 自然人的软件著作权，保护期为自然人终生及其死亡后 50 年

D. 法人或者非法人组织的作品，其署名权的保护期为 50 年

［**解析**］选项 A 错误，由法人或者非法人组织主持，代表法人或者非法人组织意志创作，并由法人或者非法人组织承担责任的作品，法人或者非法人组织视为作者。单位作品的著作权完全归单位所有。选项 B、D 错误，自然人的作品，其发表权、使用权和获得报酬权的保护期，截止于作者死亡后第 50 年的 12 月 31 日，如果是合作作品，截止于最后死亡的作者死亡后第 50 年的 12 月 31 日；法人或者非法人组织的作品、著作权（署名权除外）由法人或者非法人组织享有的职务作品，其发表权、使用权和获得报酬权的保护期为 50 年，截止于作品首次发表后第 50 年的 12 月 31 日，但作品自创作完成后 50 年内未发表的，不再受《著作权法》保护。

［答案］C

［2024 真题 · 单选］工程师张某在本职工作范围内，利用单位的物质技术条件，创作完成一项由单位承担责任的工程设计图。根据《著作权法》，关于该设计图著作权的说法，正确的是（　　）。

A. 由单位单独享有

B. 由张某与单位协商决定

C. 由张某享有，单位在业务范围内有 2 年优先使用权

D. 由张某享有署名权，单位享有著作权的其他权利

［解析］在建设工程活动中，有些作品属于职务作品。自然人为完成法人或者非法人组织工作任务所创作的作品是职务作品。职务作品与单位作品在形式上的区别在于，单位作品的作者是单位，而职务作品的作者是自然人个人。一般情况下，职务作品的著作权由作者享有，但法人或者非法人组织有权在其业务范围内优先使用。作品完成 2 年内，未经单位同意，作者不得许可第三人以与单位使用的相同方式使用该作品。《著作权法》规定，有下列情形之一的职务作品，作者享有署名权，著作权的其他权利由法人或者非法人组织享有，法人或者非法人组织可以给予作者奖励：①主要是利用法人或者非法人组织的物质技术条件创作，并由法人或者非法人组织承担责任的工程设计图、产品设计图、地图、示意图、计算机软件等职务作品；②报社、期刊社、通讯社、广播电台、电视台的工作人员创作的职务作品；③法律、行政法规规定或者合同约定著作权由法人或者其他非法人组织享有的职务作品。

［答案］D

第四节　建设工程侵权责任制度

知识点 1　侵权责任主体

一、侵权行为的认定

（1）行为人因过错侵害他人民事权益造成损害的，应当承担侵权责任。依照法律规定推定行为人有过错，其不能证明自己没有过错的，应当承担侵权责任。

（2）行为人造成他人民事权益损害，不论行为人有无过错，法律规定应当承担侵权责任的，依照其规定。

（3）被侵权人对同一损害的发生或者扩大有过错的，可以减轻侵权人的责任。

（4）损害是因受害人故意造成的，行为人不承担责任。

（5）损害是因第三人造成的，第三人应当承担侵权责任。

（6）自愿参加具有一定风险的文体活动，因其他参加者的行为受到损害的，受害人不得请求其他参加者承担侵权责任；但是，其他参加者对损害的发生有故意或者重大过失的除外。

（7）受害人采取的措施不当造成他人损害的，应当承担侵权责任。

二、侵权责任的承担

（1）侵权行为危及他人人身、财产安全的，被侵权人有权请求侵权人承担停止侵害、排除妨碍、消除危险等侵权责任。

（2）二人以上共同实施侵权行为，造成他人损害的，应当承担连带责任。

连带责任——找谁都行。

①连带债务人每一方都有清偿全部债务的义务。

②债权人可以向任一债务人要求任意比例的债务。

③连带债务人在履行了全部债务后，其他债务人与债权人的债务关系结束。

④履行债务超过其应承担份额的债务人，有权向其他债务人追偿。

⑤连带债务人之间签订的协议对债权人无效，只在内部有效。

（3）教唆、帮助他人实施侵权行为的，应当与行为人承担连带责任。教唆、帮助无民事行为能力人、限制民事行为能力人实施侵权行为的，应当承担侵权责任；该无民事行为能力人、限制民事行为能力人的监护人未尽到监护职责的，应当承担相应的责任。

（4）二人以上实施危及他人人身、财产安全的行为，其中一人或者数人的行为造成他人损害，能够确定具体侵权人的，由侵权人承担责任；不能确定具体侵权人的，行为人承担连带责任。

（5）二人以上分别实施侵权行为造成同一损害，每个人的侵权行为都足以造成全部损害的，行为人承担连带责任。【A或B＝全部损害，连带】

（6）二人以上分别实施侵权行为造成同一损害，能够确定责任大小的，各自承担相应的责任；难以确定责任大小的，平均承担责任。【A＋B＝全部损害，按份】

知识点 2 损害赔偿

根据《民法典》，损害赔偿的相关规定如下：

（1）侵害他人造成人身损害的，应当赔偿医疗费、护理费、交通费、营养费、住院伙食补助费等为治疗和康复支出的合理费用，以及因误工减少的收入。造成残疾的，还应当赔偿辅助器具费和残疾赔偿金；造成死亡的，还应当赔偿丧葬费和死亡赔偿金。因同一侵权行为造成多人死亡的，可以以相同数额确定死亡赔偿金。

（2）侵害他人人身权益造成财产损失的，按照被侵权人因此受到的损失或者侵权人因此获得的利益赔偿；被侵权人因此受到的损失以及侵权人因此获得的利益难以确定，被侵权人和侵权人就赔偿数额协商不一致，向人民法院提起诉讼的，由人民法院根据实际情况确定赔偿数额。

（3）侵害他人财产的，财产损失按照损失发生时的市场价格或者其他合理方式计算。

（4）故意侵害他人知识产权，情节严重的，被侵权人有权请求相应的惩罚性赔偿。

（5）受害人和行为人对损害的发生都没有过错的，依照法律的规定由双方分担损失。

（6）损害发生后，当事人可以协商赔偿费用的支付方式。协商不一致的，赔偿费用应当一次性支付；一次性支付确有困难的，可以分期支付，但是被侵权人有权请求提供相应的担保。

实战演练

[**2024 真题·单选**] 关于侵权损害赔偿的说法，正确的是（　　）。

A. 侵害他人造成他人死亡的，仅需赔偿死亡赔偿金

B. 二人以上共同实施侵权行为，造成他人损害的，应当由主要责任人承担责任

C. 二人以上分别实施侵权行为造成同一损害的，应当平均承担责任

D. 二人以上依法承担连带责任的，权利人有权请求部分或者全部连带责任人承担责任

[**解析**] 选项 A 错误，侵害他人造成人身损害的，应当赔偿医疗费、护理费、交通费、营养费、住院伙食补助费等为治疗和康复支出的合理费用，以及因误工减少的收入。造成残疾的，还应当赔偿辅助器具费和残疾赔偿金；造成死亡的，还应当赔偿丧葬费和死亡赔偿金。选项 B 错误，二人以上共同实施侵权行为，造成他人损害的，应当承担连带责任。选项 C 错误，二人以上分别实施侵权行为造成同一损害，每个人的侵权行为都足以造成全部损害的，行为人承担连带责任。分别侵权承担按份责任，二人以上分别实施侵权行为造成同一损害，能够确定责任大小的，各自承担相应的责任；难以确定责任大小的，平均承担责任。选项 D 正确，《民法典》规定，二人以上依法承担连带责任的，权利人有权请求部分或者全部连带责任人承担责任。

[**答案**] D

知识点 3　产品责任

关于产品责任，《民法典》规定如下：

（1）因产品存在缺陷造成他人损害的，生产者应当承担侵权责任。

（2）因产品存在缺陷造成他人损害的，被侵权人可以向产品的生产者请求赔偿，也可以向产品的销售者请求赔偿。

产品缺陷由生产者造成的，销售者赔偿后，有权向生产者追偿。因销售者的过错使产品存在缺陷的，生产者赔偿后，有权向销售者追偿。

（3）因运输者、仓储者等第三人的过错使产品存在缺陷，造成他人损害的，产品的生产者、销售者赔偿后，有权向第三人追偿。

（4）因产品缺陷危及他人人身、财产安全的，被侵权人有权请求生产者、销售者承担停止侵害、排除妨碍、消除危险等侵权责任。

（5）产品投入流通后发现存在缺陷的，生产者、销售者应当及时采取停止销售、警示、召回等补救措施；未及时采取补救措施或者补救措施不力造成损害扩大的，对扩大的损害也应当承担侵权责任。

依据上述规定采取召回措施的，生产者、销售者应当负担被侵权人因此支出的必要费用。

（6）明知产品存在缺陷仍然生产、销售，或者没有依据前条规定采取有效补救措施，造成他人死亡或者健康严重损害的，被侵权人有权请求相应的惩罚性赔偿。

实战演练

[**2024 真题·单选**] 某批冷冻海鲜由甲公司生产，乙公司运输，丙公司销售。因乙公司运输车辆冷藏设备故障造成该批海鲜变质，张某从丙公司购买食用后中毒。根据《民法典》，下列说法正确的是（　　）。

A. 张某只能向甲公司请求赔偿

B. 张某只能向乙公司请求赔偿

C. 张某只能向丙公司请求赔偿

D. 张某既可以向甲公司，也可以向丙公司请求赔偿

[**解析**] 因产品存在缺陷造成他人损害的，被侵权人可以向产品的生产者请求赔偿，也可以向产品的销售者请求赔偿。

[**答案**] D

[**2024 真题·多选**] 关于产品责任的说法，正确的有（　　）。

A. 因产品存在缺陷造成他人损害的，生产者应当承担侵权责任

B. 因产品存在缺陷造成他人损害的，被侵权人可以向产品的生产者请求赔偿，也可以向产品的销售者请求赔偿

C. 因运输者、仓储者等第三人的过错使产品存在缺陷，造成他人损害的，产品的生产者、销售者赔偿后，有权向第三人追偿

D. 产品投入流通后发现存在缺陷的，生产者、销售者未及时采取补救措施或者补救措施不力造成损害扩大的，对扩大的损害无须承担侵权责任

E. 因产品缺陷危及他人人身、财产安全的，被侵权人有权请求生产者、销售者承担停止侵害、排除妨碍、消除危险等侵权责任

[**解析**] 选项 D 错误，产品投入流通后发现存在缺陷的，生产者、销售者应当及时采取停止销售、警示、召回等补救措施；未及时采取补救措施或者补救措施不力造成损害扩大的，对扩大的损害也应当承担侵权责任。

[**答案**] ABCE

知识点 4 建筑物和物件损害责任

关于建筑物和物件损害责任，《民法典》规定如下：

（1）建筑物、构筑物或者其他设施倒塌、塌陷造成他人损害的，由建设单位与施工单位承担连带责任，但是建设单位与施工单位能够证明不存在质量缺陷的除外。建设单位、施工单位赔偿后，有其他责任人的，有权向其他责任人追偿。

因所有人、管理人、使用人或者第三人的原因，建筑物、构筑物或者其他设施倒塌、塌陷造成他人损害的，由所有人、管理人、使用人或者第三人承担侵权责任。

（2）建筑物、构筑物或者其他设施及其搁置物、悬挂物发生脱落、坠落造成他人损害，所有人、管理人或者使用人不能证明自己没有过错的，应当承担侵权责任。所有人、管理人或者使用人赔偿后，有其他责任人的，有权向其他责任人追偿。

（3）禁止从建筑物中抛掷物品。从建筑物中抛掷物品或者从建筑物上坠落的物品造成他

人损害的，由侵权人依法承担侵权责任；经调查难以确定具体侵权人的，除能够证明自己不是侵权人的外，由可能加害的建筑物使用人给予补偿。可能加害的建筑物使用人补偿后，有权向侵权人追偿。

物业服务企业等建筑物管理人应当采取必要的安全保障措施防止上述规定情形的发生；未采取必要的安全保障措施的，应当依法承担未履行安全保障义务的侵权责任。发生上述规定的情形的，公安等机关应当依法及时调查，查清责任人。

(4) 堆放物倒塌、滚落或者滑落造成他人损害，堆放人不能证明自己没有过错的，应当承担侵权责任。

(5) 在公共道路上堆放、倾倒、遗撒妨碍通行的物品造成他人损害的，由行为人承担侵权责任。公共道路管理人不能证明已经尽到清理、防护、警示等义务的，应当承担相应的责任。

(6) 因林木折断、倾倒或者果实坠落等造成他人损害，林木的所有人或者管理人不能证明自己没有过错的，应当承担侵权责任。

(7) 在公共场所或者道路上挖掘、修缮安装地下设施等造成他人损害，施工人不能证明已经设置明显标志和采取安全措施的，应当承担侵权责任。

窨井等地下设施造成他人损害，管理人不能证明尽到管理职责的，应当承担侵权责任。

实战演练

[2024 真题·单选] 关于从建筑物中抛掷物品致人损害责任承担的说法，正确的是（　　）。

A. 由物业服务企业承担侵权责任

B. 由侵权人和物业服务企业共同承担侵权责任

C. 由建筑物的所有使用人共同给予补偿

D. 难以确定具体侵权人的，由可能加害的建筑物使用人给予补偿

[解析] 禁止从建筑物中抛掷物品。从建筑物中抛掷物品或者从建筑物上坠落的物品造成他人损害的，由侵权人依法承担侵权责任（选项 A、B 错误）；经调查难以确定具体侵权人的，除能够证明自己不是侵权人的外，由可能加害的建筑物使用人给予补偿（选项 C 错误、选项 D 正确）。可能加害的建筑物使用人补偿后，有权向侵权人追偿。

[答案] D

[2022 真题·单选] 广告公司受施工企业委托制作并安装的广告牌致行人损害，关于民事责任承担的说法，正确的是（　　）。

A. 施工企业承担赔偿责任，广告公司承担补充赔偿责任

B. 广告公司承担赔偿责任，施工企业承担补充赔偿责任

C. 施工企业承担赔偿责任，但其有权向广告公司追偿

D. 广告公司承担赔偿责任，施工企业不承担责任

[解析] 建筑物、构筑物或者其他设施及其搁置物、悬挂物发生脱落、坠落造成他人损害，所有人、管理人或者使用人不能证明自己没有过错的，应当承担侵权责任。所有人、管理人或者使用人赔偿后，有其他责任人的，有权向其他责任人追偿。

[答案] C

[2024 真题 · 多选] 关于建筑物倒塌致人损害责任承担的说法，正确的有（　　）。

A. 由施工单位独立承担责任

B. 由建设单位独立承担责任

C. 由建设单位与施工单位承担连带责任

D. 建设单位与施工单位能够证明建筑物不存在质量缺陷的，不承担责任

E. 因建筑物所有人的原因造成建筑物倒塌的，由所有人承担责任

[解析] 建筑物、构筑物或者其他设施倒塌、塌陷造成他人损害的，由建设单位与施工单位承担连带责任，但是建设单位与施工单位能够证明不存在质量缺陷的除外。因所有人、管理人、使用人或者第三人的原因，建筑物、构筑物或者其他设施倒塌、塌陷造成他人损害的，由所有人、管理人、使用人或者第三人承担侵权责任。

[答案] CDE

第五节　建设工程税收制度

知识点 1　企业增值税

《增值税暂行条例》规定：在中华人民共和国境内销售货物或者加工、修理修配劳务，销售服务、无形资产、不动产以及进口货物的单位和个人，为增值税的纳税人，应当依照本条例缴纳增值税。我国将增值税的纳税人分为一般纳税人和小规模纳税人。

一、征税范围

根据《增值税暂行条例》，增值税的征税范围包括：①销售货物；②加工、修理修配劳务；③销售服务、无形资产、不动产；④进口货物。

《中华人民共和国增值税暂行条例实施细则》规定，单位或者个体工商户的下列行为，视同销售货物：

（1）将货物交付其他单位或者个人代销。

（2）销售代销货物。

（3）设有两个以上机构并实行统一核算的纳税人，将货物从一个机构移送其他机构用于销售，但相关机构设在同一县（市）的除外。

（4）将自产或者委托加工的货物用于非增值税应税项目。

（5）将自产、委托加工的货物用于集体福利或者个人消费。

（6）将自产、委托加工或者购进的货物作为投资，提供给其他单位或者个体工商户。

（7）将自产、委托加工或者购进的货物分配给股东或者投资者。

（8）将自产、委托加工或者购进的货物无偿赠送其他单位或者个人。

二、税率

2019 年 3 月 20 日，财政部、税务总局、海关总署联合发布的《关于深化增值税改革有

关政策的公告》明确指出，“增值税一般纳税人发生增值税应税销售行为或者进口货物，原适用16%税率的，税率调整为13%；原适用10%税率的，税率调整为9%。”

具体来说，自2019年起，增值税税率调整为：

（1）纳税人销售货物、劳务、有形动产租赁服务或者进口货物，除本条第（2）项、第（4）项、第（5）项另有规定外，税率为13%。

（2）纳税人销售交通运输、邮政、基础电信、建筑、不动产租赁服务，销售不动产，转让土地使用权，销售或者进口下列货物，税率为9%：

①粮食等农产品、食用植物油、食用盐。

②自来水、暖气、冷气、热水、煤气、石油液化气、天然气、二甲醚、沼气、居民用煤炭制品。

③图书、报纸、杂志、音像制品、电子出版物。

④饲料、化肥、农药、农机、农膜。

⑤国务院规定的其他货物。

（3）纳税人销售服务、无形资产，除本条第（1）项、第（2）项、第（5）项另有规定外，税率为6%。

（4）纳税人出口货物，税率为零；但是，国务院另有规定的除外。

（5）境内单位和个人跨境销售国务院规定范围内的服务、无形资产，税率为零。

税率的调整，由国务院决定。

《增值税暂行条例》规定，纳税人兼营不同税率的项目，应当分别核算不同税率项目的销售额；未分别核算销售额的，从高适用税率。

三、税额计算

（一）一般计税方法

应纳税额计算公式：

应纳税额＝当期销项税额—当期进项税额

当期销项税额小于当期进项税额不足抵扣时，其不足部分可以结转下期继续抵扣。

《增值税暂行条例》规定，下列项目的进项税额不得从销项税额中抵扣：

（1）用于简易计税方法计税项目、免征增值税项目、集体福利或者个人消费的购进货物、劳务、服务、无形资产和不动产。

（2）非正常损失的购进货物，以及相关的劳务和交通运输服务。

（3）非正常损失的在产品、产成品所耗用的购进货物（不包括固定资产）、劳务和交通运输服务。

（4）国务院规定的其他项目。

（二）简易计税方法

小规模纳税人发生应税销售行为，实行按照销售额和征收率计算应纳税额的简易办法，并不得抵扣进项税额。应纳税额计算公式：

应纳税额＝销售额×征收率

小规模纳税人增值税征收率为3%，国务院另有规定的除外。

四、税收减免

《增值税暂行条例》规定，下列项目免征增值税：

（1）农业生产者销售的自产农产品。

（2）避孕药品和用具。

（3）古旧图书。

（4）直接用于科学研究、科学试验和教学的进口仪器、设备。

（5）外国政府、国际组织无偿援助的进口物资和设备。

（6）由残疾人的组织直接进口供残疾人专用的物品。

（7）销售的自己使用过的物品。

除上述规定外，增值税的免税、减税项目由国务院规定。任何地区、部门均不得规定免税、减税项目。

纳税人兼营免税、减税项目的，应当分别核算免税、减税项目的销售额；未分别核算销售额的，不得免税、减税。

五、增值税专用发票的管理

《增值税暂行条例》规定，纳税人发生应税销售行为，应当向索取增值税专用发票的购买方开具增值税专用发票，并在增值税专用发票上分别注明销售额和销项税额。

属于下列情形之一的，不得开具增值税专用发票：

（1）应税销售行为的购买方为消费者个人的。

（2）发生应税销售行为适用免税规定的。

实战演练

[2024真题·单选] 下列项目中，不能免征增值税的是（　　）。

A. 古旧图书　　B. 直接用于科学研究的进口仪器

C. 外国政府无偿援助的进口物资　　D. 粮油公司销售的农产品

[解析] 下列项目免征增值税：①农业生产者销售的自产农产品；②避孕药品和用具；③古旧图书；④直接用于科学研究、科学试验和教学的进口仪器、设备；⑤外国政府、国际组织无偿援助的进口物资和设备；⑥由残疾人的组织直接进口供残疾人专用的物品；⑦销售的自己使用过的物品。

[答案] D

[经典例题·多选] 关于增值税应纳税额计算的说法，正确的有（　　）。

A. 纳税人兼营不同税率的项目，未分别核算销售额的，从低适用税率

B. 当期销项税额小于当期进项税额不足抵扣时，其不足部分可以结转下期继续抵扣

C. 应税销售行为的购买方为消费者个人的，可以开具增值税专用发票

D. 当期销项税额抵扣当期进项税额后的余额是应纳税额

E. 应纳销售行为适用于免税规定的，不得开具增值税专用发票

［解析］选项A错误，纳税人兼营不同税率的项目，应当分别核算不同税率项目的销售额；未分别核算销售额的，从高适用税率。选项C错误，属于下列情形之一的，不得开具增值税专用发票：①应税销售行为的购买方为消费者个人的；②发生应税销售行为适用免税规定的。

［答案］BDE

知识点 2 环境保护税

《中华人民共和国环境保护税法》（以下简称《环境保护税法》）规定：在中华人民共和国领域和中华人民共和国管辖的其他海域，直接向环境排放应税污染物的企业事业单位和其他生产经营者为环境保护税的纳税人，应当依照本法规定缴纳环境保护税。

一、征税范围

环境保护税的征税范围是直接向环境排放的应税污染物。应税污染物是指《环境保护税法》所附《环境保护税税目税额表》《应税污染物和当量值表》规定的大气污染物、水污染物、固体废物和噪声。

《环境保护税法》第四条规定，有下列情形之一的，不属于直接向环境排放污染物，不缴纳相应污染物的环境保护税：

（1）企业事业单位和其他生产经营者向依法设立的污水集中处理、生活垃圾集中处理场所排放应税污染物的。

（2）企业事业单位和其他生产经营者在符合国家和地方环境保护标准的设施、场所贮存或者处置固体废物的。

➢ **注意：**依法设立的城乡污水集中处理、生活垃圾集中处理场所超过国家和地方规定的排放标准向环境排放应税污染物的，应当缴纳环境保护税。企业事业单位和其他生产经营者贮存或者处置固体废物不符合国家和地方环境保护标准的，应当缴纳环境保护税。

二、计税依据

《环境保护税法》第七条规定，应税污染物的计税依据，按照下列方法确定：

（1）应税大气污染物按照污染物排放量折合的污染当量数确定。

（2）应税水污染物按照污染物排放量折合的污染当量数确定。

（3）应税固体废物按照固体废物的排放量确定。

（4）应税噪声按照超过国家规定标准的分贝数确定。

三、税额计算

《环境保护税法》第十一条规定，环境保护税应纳税额按照下列方法计算：

（1）应税大气污染物的应纳税额为污染当量数乘以具体适用税额。

（2）应税水污染物的应纳税额为污染当量数乘以具体适用税额。

（3）应税固体废物的应纳税额为固体废物排放量乘以具体适用税额。

（4）应税噪声的应纳税额为超过国家规定标准的分贝数对应的具体适用税额。

四、税收减免

《环境保护税法》第十二条规定，下列情形，暂予免征环境保护税：

（1）农业生产（不包括规模化养殖）排放应税污染物的。

（2）机动车、铁路机车、非道路移动机械、船舶和航空器等流动污染源排放应税污染物的。

（3）依法设立的城乡污水集中处理、生活垃圾集中处理场所排放相应应税污染物，不超过国家和地方规定的排放标准的。

（4）纳税人综合利用的固体废物，符合国家和地方环境保护标准的。

（5）国务院批准免税的其他情形。

《环境保护税法》第十三条规定，纳税人排放应税大气污染物或者水污染物的浓度值低于国家和地方规定的污染物排放标准30%的，减按75%征收环境保护税。

纳税人排放应税大气污染物或者水污染物的浓度值低于国家和地方规定的污染物排放标准50%的，减按50%征收环境保护税。

五、征收管理

《环境保护税法》规定，环境保护税由税务机关征收管理，生态环境主管部门负责对污染物的监测管理。

环境保护税按月计算，按季申报缴纳。不能按固定期限计算缴纳的，可以按次申报缴纳。

自《环境保护税法》施行之日起，依照《环境保护税法》征收环境保护税，不再征收排污费。

实战演练

[**2024真题·单选**] 下列情形中，暂予免征环境保护税的是（　　）。

A. 规模化农业养殖排放应税污染物的

B. 铁路机车运输的设备排放应税污染物的

C. 依法设立的城乡污水集中处理场所排放相应应税污染物，不超过国家和地方规定的排放标准的

D. 纳税人综合利用固体废物的

[**解析**] 下列情形，暂予免征环境保护税：①农业生产（不包括规模化养殖）排放应税污染物的；②机动车、铁路机车、非道路移动机械、船舶和航空器等流动污染源排放应税污染物的；③依法设立的城乡污水集中处理、生活垃圾集中处理场所排放相应应税污染物，不超过国家和地方规定的排放标准的；④纳税人综合利用的固体废物，符合国家和地方环境保护标准的；⑤国务院批准免税的其他情形。

[**答案**] C

第六节　建设工程行政法律制度

知识点 1　行政许可

行政许可，是指在法律一般禁止的情况下，行政主体根据行政相对方的申请，经依法审查，通过颁发许可证、执照等形式，赋予或确认行政相对方从事某种活动的法律资格或法律

权利的一种具体行政行为。

一、行政许可的设定

根据《中华人民共和国行政许可法》（以下简称《行政许可法》），行政许可的设定内容如下：

（一）可以设定行政许可的事项

（1）直接涉及国家安全、公共安全、经济宏观调控、生态环境保护以及直接关系人身健康、生命财产安全等特定活动，需要按照法定条件予以批准的事项。

（2）有限自然资源开发利用、公共资源配置以及直接关系公共利益的特定行业的市场准入等，需要赋予特定权利的事项。

（3）提供公众服务并且直接关系公共利益的职业、行业，需要确定具备特殊信誉、特殊条件或者特殊技能等资格、资质的事项。

（4）直接关系公共安全、人身健康、生命财产安全的重要设备、设施、产品、物品，需要按照技术标准、技术规范，通过检验、检测、检疫等方式进行审定的事项。

（5）企业或者其他组织的设立等，需要确定主体资格的事项。

（6）法律、行政法规规定可以设定行政许可的其他事项。

（二）不可以设定行政许可的事项

上述可以设定行政许可的事项，通过下列方式能够予以规范的，可以不设行政许可。

（1）公民、法人或者其他组织能够自主决定的。

（2）市场竞争机制能够有效调节的。

（3）行业组织或者中介机构能够自律管理的。

（4）行政机关采用事后监督等其他行政管理方式能够解决的。

二、行政许可的设定权限

根据《行政许可法》，行政许可的设定权限如下：

（1）上述所列可以设定行政许可的事项，法律可以设定行政许可。

（2）尚未制定法律的，行政法规可以设定行政许可。必要时，国务院可以采用发布决定的方式设定行政许可。实施后，除临时性行政许可事项外，国务院应当及时提请全国人民代表大会及其常务委员会制定法律，或者自行制定行政法规。

（3）上述所列可以设定行政许可的事项，尚未制定法律、行政法规的，地方性法规可以设定行政许可。

（4）上述所列可以设定行政许可的事项，尚未制定法律、行政法规和地方性法规的，因行政管理的需要，确需立即实施行政许可的，省、自治区、直辖市人民政府规章可以设定临时性的行政许可。临时性的行政许可实施满1年需要继续实施的，应当提请本级人民代表大会及其常务委员会制定地方性法规。

地方性法规和省、自治区、直辖市人民政府规章，不得设定应当由国家统一确定的公民、法人或者其他组织的资格、资质的行政许可；不得设定企业或者其他组织的设立登记及其前置性行政许可。其设定的行政许可，不得限制其他地区的个人或者企业到本地区从事生产经营和提供服务，不得限制其他地区的商品进入本地区市场。

《优化营商环境条例》进一步规定，国家严格控制新设行政许可。新设行政许可应当按照行政许可法和国务院的规定严格设定标准，并进行合法性、必要性和合理性审查论证。对通过事中事后监管或者市场机制能够解决以及行政许可法和国务院规定不得设立行政许可的事项，一律不得设立行政许可，严禁以备案、登记、注册、目录、规划、年检、年报、监制、认定、认证、审定以及其他任何形式变相设定或者实施行政许可。

法律、行政法规和国务院决定对相关管理事项已作出规定，但未采取行政许可管理方式的，地方不得就该事项设定行政许可。对相关管理事项尚未制定法律、行政法规的，地方可以依法就该事项设定行政许可。

国家实行行政许可清单管理制度，适时调整行政许可清单并向社会公布，清单之外不得违法实施行政许可。

国家大力精简已有行政许可。对已取消的行政许可，行政机关不得继续实施或者变相实施，不得转由行业协会、商会或者其他组织实施。

对实行行政许可管理的事项，行政机关应当通过整合实施、下放审批层级等多种方式，优化审批服务，提高审批效率，减轻市场主体负担。符合相关条件和要求的，可以按照有关规定采取告知承诺的方式办理。

实战演练

[经典例题·多选] 关于行政许可设定权限的说法，正确的有（　　）。

A. 地方性法规一般情况下不得设定行政许可

B. 省、自治区、直辖市人民政府规章不得设定行政许可

C. 部门规章可以设定临时性行政许可

D. 国务院可以采用发布决定的方式设定行政许可

E. 地方性法规不得设定企业或者其他组织的设立登记及其前置性行政许可

[解析] 法律可以设定行政许可。尚未制定法律的，行政法规可以设定行政许可。必要时，国务院可以采用发布决定的方式设定行政许可。实施后，除临时性行政许可事项外，国务院应当及时提请全国人民代表大会及其常务委员会制定法律，或者自行制定行政法规。尚未制定法律、行政法规的，地方性法规可以设定行政许可；尚未制定法律、行政法规和地方性法规的，因行政管理的需要，确需立即实施行政许可的，省、自治区、直辖市人民政府规章可以设定临时性的行政许可，选项B、C错误。

[答案] ADE

知识点 2 行政处罚

一、行政处罚的种类和设定

（一）行政处罚的种类

《中华人民共和国行政处罚法》中指出，行政处罚包括以下几种类型：

(1) 警告、通报批评。

(2) 罚款、没收违法所得、没收非法财物。

(3) 暂扣许可证件、降低资质等级、吊销许可证件。

(4) 限制开展生产经营活动、责令停产停业、责令关闭、限制从业。

(5) 行政拘留。

(6) 法律、行政法规规定的其他行政处罚。

(二) 行政处罚的设定

行政处罚的设定见表 1-6-1。

表 1-6-1 行政处罚的设定

设定权限	限制人身自由	吊销营业执照	其他
法律	√	√	√
行政法规	×	√	√
地方性法规	×	×	√
国务院部门规章	—		尚未制定法律、行政法规的，国务院部门规章对违反行政管理秩序的行为，可以设定警告、通报批评或者一定数额罚款的行政处罚
地方政府规章	—		尚未制定法律、法规的，地方政府规章对违反行政管理秩序的行为，可以设定警告、通报批评或者一定数额罚款的行政处罚

二、行政处罚的管辖

行政处罚由违法行为发生地的行政机关管辖。

行政处罚由县级以上地方人民政府具有行政处罚权的行政机关管辖。

两个以上行政机关都有管辖权的，由最先立案的行政机关管辖。对管辖发生争议的，应当协商解决，协商不成的，报请共同的上一级行政机关指定管辖；也可以直接由共同的上一级行政机关指定管辖。

实战演练

[2021 真题·单选] 下列责任承担方式，属于行政处罚的是（　　）。

A. 拘役　　B. 罚金

C. 停止损害　　D. 责令停产停业

[解析] 选项 A、B 属于刑事责任；选项 C 属于民事责任。

[答案] D

[经典例题·多选] 根据《中华人民共和国行政处罚法》，地方性法规可以设定的行政处罚有（　　）。

A. 罚款　　B. 限制人身自由

C. 没收违法所得　　D. 暂扣许可证件

E. 吊销许可证件

[解析] 地方性法规可以设定除限制人身自由、吊销营业执照以外的行政处罚。

[答案] ACD

知识点 3 行政强制

行政强制是行政强制行为的简称，是指行政机关为达到行政目的，依据法定职权和程序作出的对相对人的财产、人身及行为产生强制力的单方行为的总和，包括行政强制措施和行政强制执行两种独立的具体行政行为。

一、行政强制措施

行政强制措施是指行政机关在行政管理过程中，为制止违法行为、防止证据损毁、避免危害发生、控制危险扩大等情形，依法对公民的人身自由实施暂时性限制，或者对公民、法人或者其他组织的财物实施暂时性控制的行为。

（一）行政强制措施的种类

根据《中华人民共和国行政强制法》（以下简称《行政强制法》），行政强制措施的种类有：①限制公民人身自由；②查封场所、设施或者财物；③扣押财物；④冻结存款、汇款；⑤其他行政强制措施。

（二）行政强制措施的设定

根据《行政强制法》，行政强制措施的设定见表 1-6-2。

表 1-6-2 行政强制措施的设定

设定权限	限制公民人身自由	查封场所、设施或者财物	扣押财物	冻结存款、汇款	其他
法律	√	√	√	√	√
行政法规	×	√	√	×	√（法律专属除外）
地方性法规	×	√	√	×	×
部门规章	×	×	×	×	×
地方政府规章	×	×	×	×	×

（三）行政强制措施实施程序

根据《行政强制法》，行政强制措施实施程序的相关内容如下：

1. 实施主体

（1）有法定职权的行政机关（享有外部管理职能、职责范围内行使）。

（2）法律、行政法规授权组织。

（3）行政强制措施权不得委托。

根据《中华人民共和国行政处罚法》，行使相对集中行政处罚权的行政机关，可以实施法律、法规规定的与行政处罚权有关的行政强制措施。

行政强制措施应当由行政机关具备资格的行政执法人员实施，其他人员不得实施。

2. 一般程序

行政强制一般程序如图 1-6-1 所示。

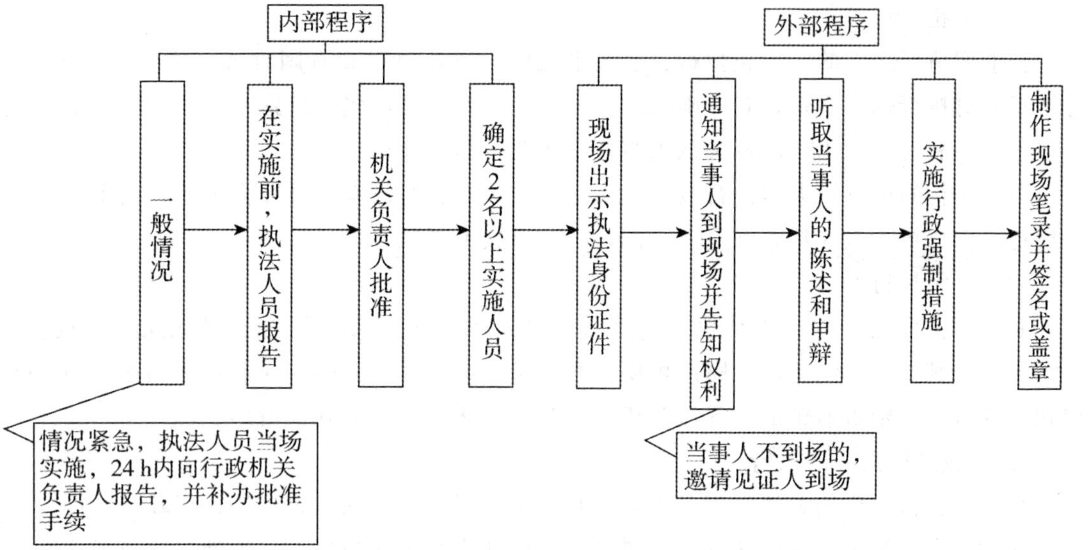

图 1-6-1　行政强制一般程序

二、行政强制执行

行政强制执行指行政机关或者行政机关申请人民法院，对不履行行政决定的公民、法人或者其他组织，依法强制履行义务的行为。

根据《行政强制法》，行政强制执行的内容如下：

（一）行政强制执行的方式

行政强制执行的方式有：①加处罚款或者滞纳金；②划拨存款、汇款；③拍卖或者依法处理查封、扣押的场所、设施或者财物；④排除妨碍、恢复原状；⑤代履行；⑥其他强制执行方式。

（二）行政强制执行的设定

行政强制执行由法律设定。

法律没有规定行政机关强制执行的，作出行政决定的行政机关应当申请人民法院强制执行。

（三）行政机关强制执行的程序

1. 实施主体

公民、法人或者其他组织拒绝履行判决、裁定、调解书的，行政机关或者第三人可以向第一审人民法院申请强制执行，或者由行政机关依法强制执行。

2. 一般程序

（1）催告。

行政机关作出强制执行决定前，应当事先催告当事人履行义务。催告应当以书面形式作出。

经催告，当事人逾期仍不履行行政决定，且无正当理由的，行政机关可以作出强制执行决定。在催告期间，对有证据证明有转移或者隐匿财物迹象的，行政机关可以作出立即强制执行决定。

（2）中止执行。

有下列情形之一的，中止执行：①当事人履行行政决定确有困难或者暂无履行能力的；②第三人对执行标的主张权利，确有理由的；③执行可能造成难以弥补的损失，且中止执行不损害公共利益的；④行政机关认为需要中止执行的其他情形。

中止执行的情形消失后，行政机关应当恢复执行。对没有明显社会危害，当事人确无能力履行，中止执行满 3 年未恢复执行的，行政机关不再执行。

（3）终结执行。

有下列情形之一的，终结执行：①公民死亡，无遗产可供执行，又无义务承受人的；②法人或者其他组织终止，无财产可供执行，又无义务承受人的；③执行标的灭失的；④据以执行的行政决定被撤销的；⑤行政机关认为需要终结执行的其他情形。

3. 金钱给付义务的执行

行政机关依法作出金钱给付义务的行政决定，当事人逾期不履行的，行政机关可以依法加处罚款或者滞纳金。加处罚款或者滞纳金的标准应当告知当事人。加处罚款或者滞纳金的数额不得超出金钱给付义务的数额。

划拨存款、汇款应当由法律规定的行政机关决定，并书面通知金融机构。金融机构接到行政机关依法作出划拨存款、汇款的决定后，应当立即划拨。

4. 代履行

代履行是指义务人逾期不履行行政法义务，由他人代为履行可以达到相同目的，行政机关可以自己代为履行或者委托第三人代为履行，向义务人征收代履行费用的强制执行制度。

（1）实施主体。

行政机关依法作出要求当事人履行排除妨碍、恢复原状等义务的行政决定，当事人逾期不履行，经催告仍不履行，其后果已经或者将危害交通安全、造成环境污染或者破坏自然资源的，行政机关可以代履行，或者委托没有利害关系的第三人代履行。

（2）适用范围。

需要立即清除道路、河道、航道或者公共场所的遗洒物、障碍物或者污染物，当事人不能清除的，行政机关可以决定立即实施代履行；当事人不在场的，行政机关应当在事后立即通知当事人，并依法作出处理。

（3）代履行的程序。

代履行应当遵守下列规定：①代履行前送达决定书，代履行决定书应当载明当事人的姓名或者名称、地址，代履行的理由和依据、方式和时间、标的、费用预算以及代履行人；②代履行 3 日前，催告当事人履行，当事人履行的，停止代履行；③代履行时，作出决定的行政机关应当派员到场监督；④代履行完毕，行政机关到场监督的工作人员、代履行人和当事人或者见证人应当在执行文书上签名或者盖章。

代履行的费用按照成本合理确定，由当事人承担。但是，法律另有规定的除外。

代履行不得采用暴力、胁迫以及其他非法方式。

5. 申请人民法院强制执行

（1）申请人。

当事人在法定期限内不申请行政复议或者提起行政诉讼，又不履行行政决定的，没有行政强制执行权的行政机关可以自期限届满之日起3个月内，依照规定申请人民法院强制执行。

（2）催告。

行政机关申请人民法院强制执行前，应当催告当事人履行义务。催告书送达10日后当事人仍未履行义务的，行政机关可以向所在地有管辖权的人民法院申请强制执行；执行对象是不动产的，向不动产所在地有管辖权的人民法院申请强制执行。

（3）执行费用。

行政机关申请人民法院强制执行，不缴纳申请费。强制执行的费用由被执行人承担。人民法院以划拨、拍卖方式强制执行的，可以在划拨、拍卖后将强制执行的费用扣除。划拨的存款、汇款以及拍卖和依法处理所得的款项应当上缴国库或者划入财政专户，不得以任何形式截留、私分或者变相私分。

➢ **名师点拨：**行政强制措施和行政强制执行的区别见表1-6-3。

表1-6-3　行政强制措施和行政强制执行的区别

种类	实施主体	目的	具体内容	特征
行政强制措施	（1）行政机关； （2）法律、行政法规授权组织； （3）不得委托	预防、调查、制止	（1）限制公民人身自由； （2）查封场所、设施或者财物； （3）扣押财物； （4）冻结存款、汇款； （5）其他行政强制措施	（1）临时性； （2）预防性
行政强制执行	（1）有强制执行权的行政机关； （2）人民法院	实现第一次行为确定的义务	（1）加处罚款或者滞纳金； （2）划拨存款、汇款； （3）拍卖或者依法处理查封、扣押的场所、设施或者财物； （4）排除妨碍、恢复原状； （5）代履行； （6）其他强制执行方式	（1）终局性； （2）从属性

实战演练

［2024真题·单选］下列行政行为中，属于行政强制措施的是（　　）。

A. 吊销许可证件　　B. 没收违法所得

C. 责令停产停业　　D. 查封施工场所

［解析］行政强制措施的种类：①限制公民人身自由；②查封场所、设施或者财物；③扣押财物；④冻结存款、汇款；⑤其他行政强制措施。

［答案］D

［2020 真题·单选］关于行政强制的说法，正确的是（　　）。

A. 尚未制定法律、行政法规，且属于地方性事务的，地方性法规可以设定冻结存款、汇款的行政强制措施

B. 查封场所、设施或者财物属于行政强制执行

C. 排除妨碍、恢复原状属于行政强制措施

D. 法律、法规以外的其他规范性文件不得设定行政强制措施

［解析］选项 A 错误，尚未制定法律、行政法规，且属于地方性事务的，地方性法规可以设定查封场所、设施或财物和扣押财物的行政强制措施。选项 B 错误，行政强制执行包括：①加处罚款或者滞纳金；②划拨存款、汇款；③拍卖或者依法处理查封、扣押的场所、设施或者财物；④排除妨碍、恢复原状；⑤代履行；⑥其他强制执行方式。选项 C 错误，行政强制措施包括：①限制公民人身自由；②查封场所、设施或者财物；③扣押财物；④冻结存款、汇款；⑤其他行政强制措施。

［答案］D

第七节　建设工程刑事法律制度

知识点 1　刑法的特征和基本原则

一、刑法的特征

刑法是规定犯罪及其法律后果的法律规范，其调整和保护的社会关系很广泛，涉及国家安全、公共安全、经济秩序、人身权利、财产权利等多个方面。

刑法具有法律性、阶级性、严格性、公共性、程序性、公平和公正性等特征。

二、刑法的基本原则

刑法的基本原则是指刑法明文规定的、在全部刑事立法和司法活动中应当遵循的准则。《中华人民共和国刑法》（以下简称《刑法》）规定的基本原则见表 1-7-1。

表 1-7-1　《刑法》规定的基本原则

基本原则	基本含义	具体规定
罪刑法定原则	法无规定不为罪、不处罚	法律明文规定为犯罪行为的，依照法律定罪处刑；法律没有明文规定为犯罪行为的，不得定罪处刑
适用刑法人人平等原则	任何人都无特权	对任何人犯罪，在适用法律上一律平等。不允许任何人有超越法律的特权
罪责刑相适应原则	刑罚的轻重适应于罪行	刑罚的轻重，应当与犯罪分子所犯罪行和承担的刑事责任相适应

实战演练

[**2024 真题·单选**] 依据罪责刑相适应原则，刑罚的轻重，应当与犯罪分子（　　）和承担的刑事责任相适应。

A. 所犯罪行　　B. 人身危险性

C. 社会危害性　　D. 犯罪态度

[**解析**] 罪责刑相适应原则：《刑法》第五条规定，刑罚的轻重，应当与犯罪分子所犯罪行和承担的刑事责任相适应。

[**答案**] A

知识点 2 犯罪概念与犯罪构成

一、犯罪概念

《刑法》规定，一切危害国家主权、领土完整和安全，分裂国家、颠覆人民民主专政的政权和推翻社会主义制度，破坏社会秩序和经济秩序，侵犯国有财产或者劳动群众集体所有的财产，侵犯公民私人所有的财产，侵犯公民的人身权利、民主权利和其他权利，以及其他危害社会的行为，依照法律应当受刑罚处罚的，都是犯罪，但是情节显著轻微危害不大的，不认为是犯罪。

明知自己的行为会发生危害社会的结果，并且希望或者放任这种结果发生，因而构成犯罪的，是故意犯罪。故意犯罪，应当负刑事责任。

应当预见自己的行为可能发生危害社会的结果，因为疏忽大意而没有预见，或者已经预见而轻信能够避免，以致发生这种结果的，是过失犯罪。过失犯罪，法律有规定的才负刑事责任。

行为在客观上虽然造成了损害结果，但是不是出于故意或者过失，而是由于不能抗拒或者不能预见的原因所引起的，不是犯罪。

二、犯罪构成

犯罪构成是指依照我国《刑法》规定，决定某一具体行为构成犯罪所必须具备的一切客观要件和主观要件的总和，是追究该行为的刑事责任的根据。任何一种犯罪的成立都必须具备犯罪主体、犯罪主观方面、犯罪客体、犯罪客观方面四个要件。

知识点 3 刑罚种类与刑罚裁量

一、刑罚种类

《刑法》规定，刑罚分为主刑和附加刑，具体见表 1-7-2。

表 1-7-2　刑罚的种类

主刑	附加刑
（1）管制； （2）拘役； （3）有期徒刑； （4）无期徒刑； （5）死刑	（1）罚金； （2）剥夺政治权利； （3）没收财产； （4）驱逐出境。 附加刑也可以独立适用

二、刑罚裁量

刑罚裁量，又称量刑，是人民法院的一种审判活动。具体来说，其是指人民法院根据刑事法律，在认定犯罪的基础上，对犯罪人进行是否判刑、判处何种刑罚、是否立即执行等的判定。

《刑法》规定了刑罚裁量制度，包括累犯、自首和立功、数罪并罚、缓刑、减刑、假释等。

（一）累犯

被判处有期徒刑以上刑罚的犯罪分子，刑罚执行完毕或者赦免以后，在5年以内再犯应当判处有期徒刑以上刑罚之罪的，是累犯，应当从重处罚，但是过失犯罪和不满十八周岁的人犯罪的除外。上述规定的期限，对于被假释的犯罪分子，从假释期满之日起计算。

危害国家安全犯罪、恐怖活动犯罪、黑社会性质的组织犯罪的犯罪分子，在刑罚执行完毕或者赦免以后，在任何时候再犯上述任一类罪的，都以累犯论处。

（二）自首和立功

对于自首和立功的量刑，《刑法》的规定见表1-7-3。

表1-7-3　自首和立功的量刑

类型	具体表现	刑罚
自首和立功	犯罪以后自动投案，如实供述自己的罪行的	可以从轻或者减轻处罚。其中，犯罪较轻的，可以免除处罚
	被采取强制措施的犯罪嫌疑人、被告人和正在服刑的罪犯，如实供述司法机关还未掌握的本人其他罪行的，以自首论	
	犯罪嫌疑人虽不具有上述规定的自首情节，但是如实供述自己罪行的	可以从轻处罚
	因其如实供述自己罪行，避免特别严重后果发生的	可以减轻处罚
	犯罪分子有揭发他人犯罪行为，查证属实的，或者提供重要线索，从而得以侦破其他案件等立功表现的	可以从轻或者减轻处罚
	有重大立功表现的	可以减轻或者免除处罚

（三）数罪并罚

对于数罪并罚，《刑法》的规定见表1-7-4。

表1-7-4　数罪并罚的规定

类型	内容	刑罚裁量
数罪并罚	判决宣告以前一人犯数罪的，除判处死刑和无期徒刑的以外，应当在总和刑期以下、数刑中最高刑期以上，酌情决定执行的刑期	管制最高不能超过3年；拘役最高不能超过1年
	有期徒刑总和刑期不满35年的	最高不能超过20年
	有期徒刑总和刑期在35年以上的	最高不能超过25年
	数罪中有判处有期徒刑和拘役的	执行有期徒刑

续表

类型	内容	刑罚裁量
数罪并罚	数罪中有判处有期徒刑和管制，或者拘役和管制的	有期徒刑、拘役执行完毕后，管制仍须执行
	数罪中有判处附加刑的，附加刑仍须执行，其中附加刑种类相同的，合并执行，种类不同的，分别执行	
	判决宣告以后，刑罚执行完毕以前，发现被判刑的犯罪分子在判决宣告以前还有其他罪没有判决的，应当对新发现的罪作出判决，把前后两个判决所判处的刑罚，依照上述规定，决定执行的刑罚。已经执行的刑期，应当计算在新判决决定的刑期以内	
	判决宣告以后，刑罚执行完毕以前，被判刑的犯罪分子又犯罪的，应当对新犯的罪作出判决，把前罪没有执行的刑罚和后罪所判处的刑罚，依照上述规定，决定执行的刑罚	

（四）缓刑

《刑法》规定，对于被判处拘役、3 年以下有期徒刑的犯罪分子，同时符合下列条件的，可以宣告缓刑，对其中不满 18 周岁的人、怀孕的妇女和已满 75 周岁的人，应当宣告缓刑：①犯罪情节较轻；②有悔罪表现；③没有再犯罪的危险；④宣告缓刑对所居住社区没有重大不良影响。

宣告缓刑，可以根据犯罪情况，同时禁止犯罪分子在缓刑考验期限内从事特定活动，进入特定区域、场所，接触特定的人。被宣告缓刑的犯罪分子，如果被判处附加刑，附加刑仍须执行。

拘役的缓刑考验期限为原判刑期以上 1 年以下，但是不能少于 2 个月。有期徒刑的缓刑考验期限为原判刑期以上 5 年以下，但是不能少于 1 年。缓刑考验期限，从判决确定之日起计算。

对于累犯和犯罪集团的首要分子，不适用缓刑。

被宣告缓刑的犯罪分子，应当遵守下列规定：①遵守法律、行政法规，服从监督；②按照考察机关的规定报告自己的活动情况；③遵守考察机关关于会客的规定；④离开所居住的市、县或者迁居，应当报经考察机关批准。

（五）减刑

《刑法》规定，被判处管制、拘役、有期徒刑、无期徒刑的犯罪分子，在执行期间，如果认真遵守监规，接受教育改造，确有悔改表现的，或者有立功表现的，可以减刑；有下列重大立功表现之一的，应当减刑：

（1）阻止他人重大犯罪活动的。

（2）检举监狱内外重大犯罪活动，经查证属实的。

（3）有发明创造或者重大技术革新的。

（4）在日常生产、生活中舍己救人的。

（5）在抗御自然灾害或者排除重大事故中，有突出表现的。

（6）对国家和社会有其他重大贡献的。

减刑以后实际执行的刑期不能少于下列期限：

（1）判处管制、拘役、有期徒刑的，不能少于原判刑期的 1/2。

（2）判处无期徒刑的，不能少于 13 年。

(3) 人民法院依照《刑法》第五十条第二款规定限制减刑的死刑缓期执行的犯罪分子，缓期执行期满后依法减为无期徒刑的，不能少于25年，缓期执行期满后依法减为25年有期徒刑的，不能少于20年。

(六) 假释

《刑法》规定，被判处有期徒刑的犯罪分子，执行原判刑期1/2以上，被判处无期徒刑的犯罪分子，实际执行13年以上，如果认真遵守监规，接受教育改造，确有悔改表现，没有再犯罪的危险的，可以假释。如果有特殊情况，经最高人民法院核准，可以不受上述执行刑期的限制。对累犯以及因故意杀人、强奸、抢劫、绑架、放火、爆炸、投放危险物质或者有组织的暴力性犯罪被判处10年以上有期徒刑、无期徒刑的犯罪分子，不得假释。对犯罪分子决定假释时，应当考虑其假释后对所居住社区的影响。

有期徒刑的假释考验期限，为没有执行完毕的刑期；无期徒刑的假释考验期限为10年。假释考验期限，从假释之日起计算。

实战演练

[2024真题·单选] 下列情形中，应当对犯罪分子予以减刑的是（　　）。

A. 犯罪情节较轻的

B. 遵守监规，确有悔改表现的

C. 阻止他人重大犯罪活动的

D. 已满75周岁的

[解析] 被判处管制、拘役、有期徒刑、无期徒刑的犯罪分子，在执行期间，如果认真遵守监规，接受教育改造，确有悔改表现的，或者有立功表现的，可以减刑；有下列重大立功表现之一的，应当减刑：①阻止他人重大犯罪活动的（选项C正确）；②检举监狱内外重大犯罪活动，经查证属实的；③有发明创造或者重大技术革新的；④在日常生产、生活中舍己救人的；⑤在抗御自然灾害或者排除重大事故中，有突出表现的；⑥对国家和社会有其他重大贡献的。

[答案] C

[2024真题·单选] 对于被判处拘役的某犯罪分子，下列情形中，应当宣告缓刑的是（　　）。

A. 有发明创造的

B. 接受教育改造的

C. 没有再犯罪的危险

D. 已满75周岁的

[解析] 对于被判处拘役、3年以下有期徒刑的犯罪分子，同时符合下列条件的，可以宣告缓刑，对其中不满18周岁的人、怀孕的妇女和已满75周岁的人，应当宣告缓刑（选项D正确）：①犯罪情节较轻；②有悔罪表现；③没有再犯罪的危险；④宣告缓刑对所居住社区没有重大不良影响。选项A属于应当减刑的情形，选项B属于可以减刑的情形，选项C宣告缓刑的条件不足，应同时满足以上4点。

[答案] D

［2023真题·单选］根据《刑法》，下列刑罚中，属于主刑的是（　　）。

A. 没收财产

B. 剥夺政治权利

C. 管制

D. 驱逐出境

［解析］主刑的种类如下：①管制；②拘役；③有期徒刑；④无期徒刑；④死刑。

［答案］C

知识点4　建设工程常见犯罪行为及罪名

一、重大责任事故罪

（1）犯罪客体：厂矿企业、事业单位的安全生产制度。

（2）犯罪客观方面表现：在生产、作业活动中违反有关安全管理的规定，因而发生重大伤亡事故或者造成其他严重后果。

（3）犯罪主体：对生产、作业负有组织、指挥或者管理职责的负责人、管理人员、实际控制人、投资人等人员，以及直接从事生产、作业的人员。

（4）犯罪主观方面表现：过失。行为人违反规章制度可能是故意的，但对于自己违章行为所造成的重大事故是由于疏忽大意而没有预见或者已经预见而轻信能够避免，这是判断具有本罪过失的重要根据。

二、强令、组织他人违章冒险作业罪

（一）本罪的构成

（1）犯罪客体：安全生产秩序。

（2）犯罪客观方面表现：强令他人违章冒险作业，或者明知存在重大事故隐患而不排除，仍冒险组织作业的行为。

（3）犯罪主体：对生产、作业负有组织、指挥或者管理职责的负责人、管理人员、实际控制人、投资人等人员。

（4）犯罪主观方面表现：过失。

（二）本罪的判定

有下列情形之一的，属于《刑法》规定的“强令他人违章冒险作业”：

（1）以威逼、胁迫、恐吓等手段，强制他人违章作业的。

（2）利用组织、指挥、管理职权，强制他人违章作业的。

三、工程重大安全事故罪

（1）犯罪客体：人民的财产和生命安全以及国家的建筑管理制度。

（2）犯罪客观方面表现：违反国家规定，降低工程质量标准，造成重大安全事故的行为。

（3）犯罪主体：特殊主体，即建设单位、设计单位、施工单位、工程监理单位等，为单

位犯罪。但该罪名不处罚单位，只处罚直接责任人。

（4）犯罪主观方面表现：过失。

四、重大劳动安全事故罪

重大劳动安全事故罪，是指安全生产设施或者安全生产条件不符合国家规定，因而发生重大伤亡事故或者造成其他严重后果的行为。

五、虚开增值税专用发票、用于骗取出口退税、抵扣税款发票罪

虚开的税款数额在50万元以上的，认定为《刑法》规定的“数额较大”。

虚开的税款数额在250万元以上的，认定为《刑法》规定的“数额巨大”。

六、串通投标罪

串通投标罪，是指投标人相互串通投标报价，损害招标人或者其他投标人利益，或者投标人与招标人串通投标，损害国家、集体、公民的合法权益，情节严重的行为。

➢ **知识链接：**与建设工程有关的犯罪行为，还涉及《刑法》的扰乱公共秩序罪中的组织考试作弊，即：“在法律规定的国家考试中，组织作弊的，处3年以下有期徒刑或者拘役，并处或者单处罚金；情节严重的，处3年以上7年以下有期徒刑，并处罚金。”

其中，“法律规定的国家考试”包括：①普通高等学校招生考试、研究生招生考试、高等教育自学考试、成人高等学校招生考试等国家教育考试；②中央和地方公务员录用考试；③国家统一法律职业资格考试、国家教师资格考试、注册会计师全国统一考试、会计专业技术资格考试、资产评估师资格考试、医师资格考试、执业药师职业资格考试、注册建筑师考试、建造师执业资格考试等专业技术资格考试；④其他依照法律由中央或者地方主管部门以及行业组织的国家考试。

实战演练

［2022真题·单选］在生产、作业中违反有关安全管理的规定，因而发生重大伤亡事故或者造成其他严重后果，应受刑罚处罚的，构成（　　）。

A. 工程重大安全事故罪　　B. 重大劳动安全事故罪

C. 以危险方法危害公共安全罪　　D. 重大责任事故罪

［解析］重大责任事故罪，是指在生产、作业中违反有关安全管理规定，因而发生重大伤亡事故或者造成其他严重后果的行为。

［答案］D

［2020真题·单选］关于工程重大安全事故罪的说法，正确的是（　　）。

A. 建筑工程五方责任单位是该罪的犯罪主体

B. 该罪的法定最高刑是死刑

C. 该罪对直接责任人员和其他责任人员进行处罚

D. 该罪并处附加刑

［解析］ 选项 A 错误，其犯罪主体只能是建设单位、设计单位、施工单位或工程监理单位。选项 B 错误，后果特别严重的，处 5 年以上 10 年以下有期徒刑，并处罚金。选项 C 错误，该罪名不处罚单位，只处罚直接责任人。

［答案］ D

［经典例题·单选］ 在施工过程中，某施工企业的安全生产条件不符合国家规定，致使多人重伤，死亡。该施工企业的行为构成（　　）。

A. 重大责任事故罪　　B. 强令违章冒险作业罪

C. 重大劳动安全事故罪　　D. 工程重大安全事故罪

［解析］ 重大劳动安全事故罪，是指安全生产设施或者安全生产条件不符合国家规定，因而发生重大伤亡事故或者造成其他严重后果的行为。

［答案］ C

第二章

建筑市场主体制度

本章导学

本章包括“建筑市场主体的一般规定”“建筑业企业资质制度”“建造师注册执业制度”“建筑市场主体信用体系建设”“营商环境制度”五节内容。本章内容以考试大纲为基础，同时参考《民法典》、《中华人民共和国建筑法》（以下简称《建筑法》）、《建筑业企业资质管理规定》编写。其中，代理权的种类，委托代理，企业资质的法定条件，施工企业资质证书的申请、延续和变更，以及二级建造师的注册和执业范围是重难点，在考试中分值占比较大。营商环境制度是考试大纲新增内容，以相关法律条文规定为主，学习时要重点注意关键词。

第一节　建筑市场主体的一般规定

根据《民法典》，法人是具有民事权利能力和民事行为能力，依法独立享有民事权利和承担民事义务的组织。

法人的民事权利能力和民事行为能力，从法人成立时产生，到法人终止时消灭。

知识点 1　自然人

根据《民法典》，自然人的相关规定如下：

（1）自然人从出生时起到死亡时止，具有民事权利能力，依法享有民事权利，承担民事义务。

自然人包括完全民事行为能力人、限制民事行为能力人、无民事行为能力人三种：

①完全民事行为能力人。成年人为完全民事行为能力人，可以独立实施民事法律行为。16 周岁以上的未成年人，以自己的劳动收入为主要生活来源的，视为完全民事行为能力人。

②限制民事行为能力人。8 周岁以上的未成年人为限制民事行为能力人，实施民事法律行为由其法定代理人代理或者经其法定代理人同意、追认；但是，可以独立实施纯获利益的民事法律行为或者与其年龄、智力相适应的民事法律行为。

③无民事行为能力人。不满 8 周岁的未成年人为无民事行为能力人，由其法定代理人代理实施民事法律行为。不能辨认自己行为的成年人为无民事行为能力人，由其法定代理人代理实施民事法律行为。8 周岁以上的未成年人不能辨认自己行为的，适用上述规定。

（2）自然人从事工商业经营，经依法登记，为个体工商户。个体工商户可以起字号。

农村集体经济组织的成员，依法取得农村土地承包经营权，从事家庭承包经营的，为农村承包经营户。

个体工商户的债务，个人经营的，以个人财产承担；家庭经营的，以家庭财产承担；无法区分的，以家庭财产承担。农村承包经营户的债务，以从事农村土地承包经营的农户财产承担；事实上由农户部分成员经营的，以该部分成员的财产承担。

知识点 2　法人的一般规定

《民法典》规定，法人应当依法成立。法人应当有自己的名称、组织机构、住所、财产或者经费。法人成立的具体条件和程序，依照法律、行政法规的规定。设立法人，法律、行政法规规定须经有关机关批准的，依照其规定。

法人以其全部财产独立承担民事责任。

依照法律或者法人章程的规定，代表法人从事民事活动的负责人，为法人的法定代表人。法定代表人以法人名义从事的民事活动，其法律后果由法人承受。法人章程或者法人权力机构对法定代表人代表权的限制，不得对抗善意相对人。

法定代表人因执行职务造成他人损害的，由法人承担民事责任。法人承担民事责任后，依照法律或者法人章程的规定，可以向有过错的法定代表人追偿。

法人以其主要办事机构所在地为住所。依法需要办理法人登记的，应当将主要办事机构所在地登记为住所。

综上所述并结合实际情况，法人成立的具体条件主要包括：①应当依法成立；②应当有自己的名称、组织机构、住所、财产或者经费；③独立承担民事责任；④有法定代表人等。

实战演练

［2020 真题·单选］关于法人成立的说法，正确的是（　　）。

A. 特别法人的产生可以不经过法定的程序

B. 法人的名称不得与其他法人的名称相同或者相近

C. 法人能够独立承担民事责任

D. 法人可以不设法定代表人

［解析］选项 A 错误，法人不能自然产生，它的产生必须经过法定的程序。法人的设立目的和方式必须符合法律的规定，设立法人，法律、行政法规规定须经有关机关批准的，依照其规定。选项 B 错误，法人应当有自己的名称、组织机构、住所、财产或者经费。法人的名称是法人相互区别的标志和法人进行活动时使用的代号。选项 D 错误，法人应当有法定代表人。依照法律或者法人章程的规定，代表法人从事民事活动的负责人，为法人的法定代表人。法定代表人以法人名义从事的民事活动，其法律后果由法人承受。

［答案］C

［2018 真题·多选］关于法定代表人的说法，正确的有（　　）。

A. 法定代表人代表法人从事民事活动

B. 公司章程对法定代表人权利的限制，可以对抗善意第三人

C. 因过错履行职务行为损害他人，由法定代表人承担责任

D. 法人应当有法定代表人

E. 法定代表人为特别法人

［解析］依照法律或者法人章程的规定，代表法人从事民事活动的负责人，为法人的法定代表人。法定代表人以法人名义从事的民事活动，其法律后果由法人承受，法人章程或者法人权力机构对法定代表人代表权的限制，不得对抗善意相对人。法定代表人因执行职务造成他人损害的，由法人承担民事责任。法人承担民事责任后，依照法律或者法人章程的规定，可以向有过错的法定代表人追偿。

［答案］AD

知识点 3 法人的分类

根据《民法典》，法人分为三大类，见表 2-1-1。

表 2-1-1　法人的分类

分类	内容
营利法人	以取得利润并分配给股东等出资人为目的成立的法人
	包括有限责任公司、股份有限公司和其他企业法人等
	营利法人经依法登记成立。营业执照签发日期为营利法人的成立日期

续表

分类	内容
非营利法人	为公益目的或者其他非营利目的成立，不向出资人、设立人或者会员分配所取得利润的法人
	包括事业单位、社会团体、基金会、社会服务机构等
	具备法人条件，为适应经济社会发展需要，提供公益服务设立的事业单位，经依法登记成立，取得事业单位法人资格；依法不需要办理法人登记的，从成立之日起，具有事业单位法人资格
特别法人	包括机关法人、农村集体经济组织法人、城镇农村的合作经济组织法人、基层群众性自治组织法人
	有独立经费的机关和承担行政职能的法定机构从成立之日起，具有机关法人资格，可以从事为履行职能所需要的民事活动

知识点 4 法人在建设工程中的地位

在建设工程活动中，主要涉及五方主体：建设单位、施工单位、勘察单位、设计单位、监理单位。其中，施工单位、勘察单位、设计单位、监理单位承揽工程需要有相应资质，申请资质必须具备法人资格，所以施工单位、勘察单位、设计单位、监理单位是应当具有法人资格的组织。

建设单位一般应当具有法人资格，也可以是没有法人资格的其他组织，如个人独资企业、合伙企业、不具有法人资格的专业服务机构等。

实战演练

[2023真题·单选] 关于法人类型的说法，正确的是（　　）。

A. 法人分为营利法人、非营利法人和特别法人

B. 营利法人的设立无须登记

C. 特别法人是指农村集体经济组织法人

D. 非营利法人包括机关法人、事业单位、社会团体、基金会等

[解析] 选项B错误，营利法人经依法登记成立。选项C错误，机关法人、农村集体经济组织法人、城镇农村的合作经济组织法人、基层群众性自治组织法人，为特别法人。选项D错误，非营利法人包括事业单位、社会团体、基金会、社会服务机构等，机关法人为特别法人。

[答案] A

[2021真题·单选] 关于法人在建设工程中的地位的说法，正确的是（　　）。

A. 建设单位应当具备法人资格

B. 建设工程中的法人可以不具有民事行为能力

C. 非营利法人可以成为建设单位

D. 建设单位应当独立承担民事责任

［解析］选项 A 错误、选项 C 正确，建设单位一般应当具有法人资格。但有时候，建设单位也可能是没有法人资格的其他组织。选项 B 错误，法人在建设工程中的地位，表现在其具有民事权利能力和民事行为能力。依法独立享有民事权利和承担民事义务，方能承担民事责任。选项 D 错误，建设单位可能是没有法人资格的其他组织，其他组织不用独立承担民事责任。

［答案］C

知识点 5 项目经理与项目经理部

一、项目经理

根据《建筑施工企业项目经理资质管理办法》，建筑施工企业项目经理（以下简称项目经理），是指受企业法定代表人委托对工程项目施工过程全面负责的项目管理者，是建筑施工企业法定代表人在工程项目上的代表人。

➤ **名师点拨：**结合《民法典》的规定，法定代表人以法人名义从事的民事活动，其法律后果由法人承受。故项目经理是受企业法人委托对工程项目施工过程全面负责的项目管理者。

根据《建筑施工企业项目经理资质管理办法》，项目经理是岗位职务，即同其他管理者一样，项目经理属于企业法人的一种企业内部的岗位职务，是一个组织系统中的管理者，至于他是否有人权、财权、材料和设备的采购权等，应由其企业的管理层来定。

鉴于建设工程的特殊性，在每个施工项目上必须有一个经企业法人授权的项目经理。

二、项目经理部

根据《建设工程项目经理岗位职业资质管理导则》，项目经理部是指建设工程项目经理在企业法定代表人授权和职能部门支持下组建的，进行项目管理的一次性现场组织机构。

大、中型施工项目，施工企业必须在施工现场设立项目经理部；小型施工项目，可由企业法定代表人委托一个项目经理部兼管，但不得削弱其项目管理职责。

项目经理部行为的法律后果由企业法人承担。

实战演练

［**2021 真题 · 单选**］关于项目经理部的说法，正确的是（　　）。

A. 项目经理部是施工企业的常设下属机构

B. 施工项目不论规模大小，均应当设立项目经理部

C. 项目经理部可以独立承担民事责任

D. 施工企业应当明确项目经理部的职责

［解析］项目经理部不具备法人资格，而是施工企业根据建设工程施工项目而组建的非常设的下属机构。对于大、中型施工项目，施工企业必须在施工现场设立项目经理部；小型施工项目，可以由施工企业根据实际情况选择适当的管理方式。施工企业应当明确项目经理部的职责、任务和组织形式。项目经理部行为的法律后果由企业法人承担。

［答案］D

［2017 真题·多选］关于施工企业项目经理部的说法，正确的有（　　）。

A. 项目经理经施工企业授权管理施工项目

B. 项目经理部是施工企业组建的非常设下属机构

C. 项目经理部具有法人资格

D. 项目经理部自行承担施工行为的法律后果

E. 项目经理是施工企业的内部岗位

［解析］选项 C 错误，项目经理部不具有法人资格，是施工企业根据建设工程施工项目而组建的非常设的下属机构，项目经理根据企业法人的授权，组织和领导本项目经理部的全面工作。选项 D 错误，由于项目经理不具备独立的法人资格，无法独立承担民事责任，因此，项目经理部行为的法律后果将由企业法人承担。

［答案］ABE

知识点 6　非法人组织

非法人组织是不具有法人资格，但是能够依法以自己的名义从事民事活动的组织。

非法人组织包括个人独资企业、合伙企业、不具有法人资格的专业服务机构等，具体内容见表 2-1-2。

表 2-1-2　非法人组织的类别

<table>
<tr><th>非法人组织</th><th colspan="2">内容</th></tr>
<tr><td>个人独资企业</td><td colspan="2">由一个自然人投资，财产为投资人个人所有，投资人以其个人财产对企业债务承担无限责任的经营实体</td></tr>
<tr><td rowspan="2">合伙企业</td><td>普通合伙企业：由普通合伙人组成</td><td>合伙对合伙企业债务承担无限连带责任</td></tr>
<tr><td>有限合伙企业：由普通合伙人＋有限合伙人组成</td><td>普通合伙人：对合伙企业债务承担无限连带责任
有限合伙人：以其认缴的出资额为限对合伙企业债务承担责任</td></tr>
<tr><td rowspan="2">不具有法人资格的专业服务机构</td><td colspan="2">未取得法人资格的律师事务所、会计师事务所</td></tr>
<tr><td colspan="2">可以作为建设单位、设计单位、监理单位</td></tr>
</table>

非法人组织的财产不足以清偿债务的，其出资人或者设立人承担无限责任。

有下列情形之一的，非法人组织解散：

（1）章程规定的存续期间届满或者章程规定的其他解散事由出现。

（2）出资人或者设立人决定解散。

（3）法律规定的其他情形。

实战演练

[经典例题·单选] 下列关于非法人组织的叙述，正确的是（　　）。

A. 非法人组织不能进行民事活动

B. 非法人组织不能以自己的名义进行活动

C. 非法人组织不具有法人资格

D. 非法人组织无须依法登记领取营业执照

[解析] 非法人组织是不具有法人资格，但是能够依法以自己的名义从事民事活动的组织，选项A、B错误。非法人组织在实体上是法律允许设立的，在程序上须履行法定的登记手续，经有关机关核准登记并领有营业执照或社会团体登记证，选项D错误。

[答案] C

知识点 7 代理的法律特征

（1）代理是一种法律行为。

（2）代理是代理人以被代理人的名义进行的，即代替被代理人进行的法律行为。

（3）代理是代理人在授权范围内所为的独立意思表示。

（4）代理人在代理授权范围内进行代理的法律后果直接归被代理人，代理人与第三人确立的权利义务关系（甚至于代理的不良后果和损失），均由被代理人承受，从而在被代理人和第三人之间确立了法律关系。

根据《民法典》，代理人在代理权限内，以被代理人名义实施的民事法律行为，对被代理人发生效力。

代理关系如图2-1-1所示。

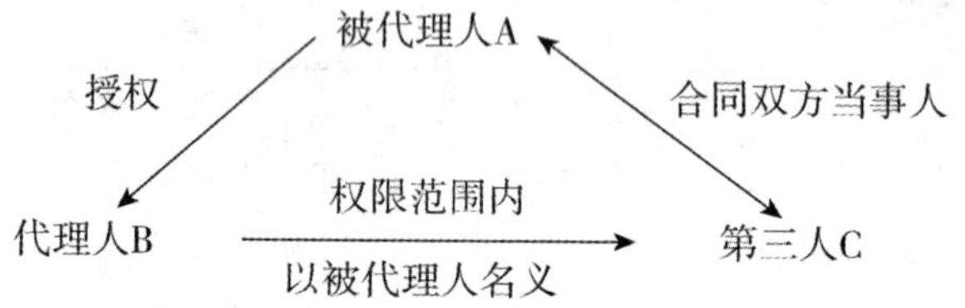

图 2-1-1　代理关系

知识点 8 代理权的种类

根据《民法典》，代理包括委托代理和法定代理。

一、委托代理

委托代理人按照被代理人的委托行使代理权，如建设工程招标代理、材料设备采购代理、民事纠纷诉讼代理。

委托代理授权采用书面形式的，授权委托书应当载明代理人的姓名或者名称、代理事项、权限和期限，并由被代理人签名或者盖章。

➤ **名师点拨：** 委托代理可以用书面形式，也可以用口头形式。

数人为同一代理事项的代理人的，应当共同行使代理权，但是当事人另有约定的除外。

二、法定代理

法定代理人依照法律的规定行使代理权。

实战演练

[经典例题·单选] 关于代理的说法，正确的是（　　）。

A. 代理人在授权范围内实施代理行为的法律后果由被代理人承担

B. 代理人可以超越代理权实施代理行为

C. 被代理人对代理人的一切行为承担民事责任

D. 代理是代理人以自己的名义实施民事法律行为

[解析] 选项B错误，代理人必须在代理权限范围内实施代理行为。选项C错误，行为人无权代理，被代理人不予追认的，对被代理人不发生效力，则无权代理人需承担因无权代理行为给被代理人和善意相对人造成的损失。选项D错误，代理人一般应该以被代理人的名义实施代理行为。

[答案] A

知识点 9 委托代理

《民法典》规定，有下列情形之一的，委托代理终止：

（1）代理期限届满或者代理事务完成。

（2）被代理人取消委托或者代理人辞去委托。

（3）代理人丧失民事行为能力。

（4）代理人或者被代理人死亡。

（5）作为代理人或者被代理人的法人、非法人组织终止。

实战演练

[2024真题·单选] 下列情形中，不能导致建设工程代理行为终止的是（　　）。

A. 代理人的法定代表人死亡的

B. 代理期限届满的

C. 被代理人取消委托的

D. 作为代理人的组织终止的

[解析] 有下列情形之一的，委托代理终止：①代理期限届满或者代理事务完成；②被代理人取消委托或者代理人辞去委托；③代理人丧失民事行为能力；④代理人或者被代理人死亡；⑤作为代理人或者被代理人的法人、非法人组织终止。

[答案] A

知识点 10 转（复）代理

《民法典》规定，代理人需要转委托第三人代理的，应当取得被代理人的同意或者追认。

转委托代理经被代理人同意或者追认的，被代理人可以就代理事务直接指示转委托的第三人，代理人仅就第三人的选任以及对第三人的指示承担责任。

转委托代理未经被代理人同意或者追认的，代理人应当对转委托的第三人的行为承担责任；但是，在紧急情况下代理人为了维护被代理人的利益需要转委托第三人代理的除外。

知识点 11 无权代理

《民法典》规定，行为人没有代理权、超越代理权或者代理权终止后，仍然实施代理行为，未经被代理人追认的，对被代理人不发生效力。

相对人可以催告被代理人自收到通知之日起 30 日内予以追认。被代理人未作表示的，视为拒绝追认。行为人实施的行为被追认前，善意相对人有撤销的权利。撤销应当以通知的方式作出。

行为人实施的行为未被追认的，善意相对人有权请求行为人履行债务或者就其受到的损害请求行为人赔偿。但是，赔偿的范围不得超过被代理人追认时相对人所能获得的利益。

相对人知道或者应当知道行为人无权代理的，相对人和行为人按照各自的过错承担责任。

➤ **名师点拨：** 无权代理结果效力待定。追认便有效，被代理人担责；不追认则无效，代理人担责。

知识点 12 表见代理

《民法典》规定，行为人没有代理权、超越代理权或者代理权终止后，仍然实施代理行为，相对人有理由相信行为人有代理权的，代理行为有效。

表见代理的构成要件：

（1）行为人无代理权，即代理人以被代理人名义与第三人订立合同时，没有代理权。

（2）有权利外观，存在足以使第三人相信行为人享有代理权的事实和理由。包括但不限于：①行为人持有被代理人的介绍信或者盖有被代理人公章的空白合同书；②法人或非法人组织对其工作人员的职权范围有限制，但第三人不知情；③无代理权的人以被代理人的名义订立合同，被代理人知道而不作否认表示。

（3）善意第三人。所谓“善意”，是指第三人“不知”代理人无代理权。

（4）权利外观的形成可归责于被代理人。

➤ **名师点拨：** 表见代理是无权代理，结果有效即产生有权代理的法律后果，被代理人担责。被代理人承担责任后，可以向无权代理人追偿损失。

实战演练

［**2018 真题·单选**］甲委托乙采购一种原材料并签订了材料采购委托合同，经甲同意，乙将原材料采购事务转委托给丙。关于该委托中承担责任的说法，正确的是（　　）。

A. 乙对丙的行为承担责任

B. 乙仅对丙的选任及其对丙的指示承担责任

C. 甲与乙对丙的行为承担连带责任

D. 乙对丙的选任及其对丙的指示，由甲与乙承担连带责任

［**解析**］代理人需要转委托第三人代理的，应当取得被代理人的同意或者追认。转委托代理经被代理人同意或者追认的，被代理人可以就代理事务直接指示转委托的第三人，代理人仅就第三人的选任及对第三人的指示承担责任。

［**答案**］B

[2017真题·单选] 关于建设工程中代理的说法，正确的是（　　）。

A. 建设工程合同诉讼只能委托律师代理

B. 建设工程中的代理主要是法定代理

C. 建设工程中应由本人实施的民事法律行为，不得代理

D. 建设工程中为了被代理人的利益，代理人可直接转托他人代理

[解析] 选项A错误，诉讼代理人不要求必须是具有律师资格的人担任。基层法律服务工作者，当事人的近亲属或工作人员，当事人所在社区、单位及有关社会团体推荐的公民也能担任委托诉讼代理人。选项B错误，建设工程中的代理主要是委托代理，法定代理和指定代理的被代理人是无民事行为能力人或限制民事行为能力人。选项D错误，转委托有两种情况，一种是被代理人同意；另一种是情况紧急，为了被代理人利益而进行转委托。本选项错在少了情况紧急的前提条件。

[答案] C

[经典例题·单选] 关于表见代理的说法中，正确的是（　　）。

A. 表见代理属于无权代理，对本人不发生法律效力

B. 本人承担表见代理产生的责任后，可以向无权代理人追偿因代理行为而遭受的损失

C. 表见代理中，由行为人和本人承担连带责任

D. 第三人明知行为人无代理权仍与之实施民事行为，构成表见代理

[解析] 选项A错误，表见代理是指行为人虽无权代理，但由于行为人的某些行为，造成了足以使善意相对人相信其有代理权的表象，而与善意相对人进行的、由本人承担法律后果的代理行为。选项C错误，行为人和本人不承担连带责任。选项D错误，表见代理的构成要件须相对人为善意，如果相对人明知行为人无代理权而仍与之实施民事行为，则相对人为主观恶意，不构成表见代理。

[答案] B

知识点 13 不当或违法行为应承担的法律责任

《民法典》规定，代理人不履行或者不完全履行职责，造成被代理人损害的，应当承担民事责任。

代理人和相对人恶意串通，损害被代理人合法权益的，代理人和相对人应当承担连带责任。

代理人知道或者应当知道代理事项违法仍然实施代理行为，或者被代理人知道或者应当知道代理人的代理行为违法未作反对表示的，被代理人和代理人应当承担连带责任。

相对人知道或者应当知道行为人无权代理的，相对人和行为人按照各自的过错承担责任。

➢ **名师点拨**：连带责任。

(1) 连带债务人每一方都有清偿全部债务的义务，找谁都行。

(2) 债权人可以向任一债务人要求任意比例的债务。

(3) 连带债务人在履行了全部债务后，其他债务人与债权人的债务关系结束。

(4) 履行债务超过其应承担份额的债务人，有权向其他债务人追偿。

(5) 连带债务人之间签订的协议对债权人无效，只在债务人之间有效。

法律责任承担见表 2-1-3。

表 2-1-3 法律责任承担

情形	判断标准	承担法律责任
代理人和第三人串通	两人有错连带	代理人、第三人
代理人或被代理人明知对方行为违法		被代理人、代理人
第三人明知行为人属于无权代理	各自过错责任	行为人、第三人
代理人不履行职责	谁错，谁承担	代理人
无权代理		代理人（被代理人追认除外）
表见代理		被代理人
默示代理		被代理人
转代理（复代理）		代理人（被代理人追认或紧急情况为了被代理人利益除外）

实战演练

[2020 真题 · 单选] 关于承担代理责任的说法，正确的是（　　）。

A. 代理行为的法律后果由被代理人和代理人共同承担

B. 被代理人应当知道代理人的代理行为违法未作反对表示的，由被代理人承担责任

C. 代理人不完全履行职责，造成被代理人损害的，应当承担民事责任

D. 代理人和相对人恶意串通，损害被代理人合法权益的，代理人和相对人应当承担按份责任

[解析] 选项 A 错误，代理行为的法律后果归属于被代理人。选项 B 错误，代理人知道或者应当知道代理事项违法仍然实施代理行为，或者被代理人知道或者应当知道代理人的代理行为违法未作反对表示的，被代理人和代理人应当承担连带责任。选项 D 错误，代理人和相对人恶意串通，损害被代理人合法权益的，代理人和相对人应当承担连带责任。

[答案] C

第二节　建筑业企业资质制度

施工单位即建筑业企业，是指从事土木工程、建筑工程、线路管道设备安装工程的新建、扩建、改建等施工活动的企业。

根据《建筑业企业资质管理规定》，企业应当按照其拥有的资产、主要人员、已完成的工程业绩和技术装备等条件申请建筑业企业资质，经审查合格，取得建筑业企业资质证书

后，方可在资质许可的范围内从事建筑施工活动。

知识点 1 企业资质的法定条件

《建筑业企业资质标准》（建市〔2014〕159号）总则中规定，具有法人资格的企业申请建筑业企业资质应具备下列基本条件：

（1）具有满足本标准要求的资产。

（2）具有满足本标准要求的注册建造师及其他注册人员、工程技术人员、施工现场管理人员和技术工人。

《住房城乡建设部关于简化建筑业企业资质标准部分指标的通知》（建市〔2016〕226号）规定，除各类别最低等级资质外，取消关于注册建造师、中级以上职称人员、持有岗位证书的现场管理人员、技术工人的指标考核。

（3）具有满足本标准要求的工程业绩。

（4）具有必要的技术装备。

《建筑法》规定，从事建筑活动的建筑施工企业、勘察单位、设计单位和工程监理单位，应当具备下列条件：

（1）有符合国家规定的注册资本。

（2）有与其从事的建筑活动相适应的具有法定执业资格的专业技术人员。

（3）有从事相关建筑活动所应有的技术装备。

（4）法律、行政法规规定的其他条件。

从事建筑活动的建筑施工企业、勘察单位、设计单位和工程监理单位，按照其拥有的注册资本、专业技术人员、技术装备和已完成的建筑工程业绩等资质条件，划分为不同的资质等级，经资质审查合格，取得相应等级的资质证书后，方可在其资质等级许可的范围内从事建筑活动。

知识点 2 施工企业的资质序列

施工资质分为综合资质、施工总承包资质、专业承包资质和专业作业资质。其中，综合资质不分类别和等级；施工总承包资质设有13个类别，分为2个等级（甲级、乙级）；专业承包资质设有18个类别，一般分为2个等级（甲级、乙级，部分专业不分等级）；专业作业资质不分类别和等级。

知识点 3 施工企业资质证书的申请、延续和变更

根据《建筑业企业资质管理规定》，施工企业资质证书的相关内容见表2-2-1。

表 2-2-1 施工企业资质证书的相关内容

项目	具体要求
申请	企业可以申请一项或多项建筑业企业资质。企业首次申请或增项申请资质，应当申请最低等级资质； 《住房和城乡建设部办公厅关于做好建筑业“证照分离”改革衔接有关工作的通知》（建办市〔2021〕30号）进一步规定，建筑业企业施工劳务资质由审批制改为备案制，由企业注册地设区市住房和城乡建设主管部门负责办理备案手续。企业完成备案手续并取得资质证书后，即可承接施工劳务作业
使用	根据《住房城乡建设部关于印发〈建筑业企业资质管理规定和资质标准实施意见〉的通知》（建市〔2015〕20号），每套新版建筑业企业资质证书包括1个正本和1个副本，每本证书上均印制二维码标识。为切实减轻企业负担，各有关部门和单位在对企业跨地区承揽业务监督管理、招标活动中，不得要求企业提供建筑业企业资质证书原件，企业资质情况可通过扫描建筑业企业资质证书复印件的二维码查询
延续	资质证书有效期为5年。建筑业企业资质证书有效期届满，企业继续从事建筑施工活动的，应当于资质证书有效期届满3个月前，向原资质许可机关提出延续申请。资质许可机关应当在建筑业企业资质证书有效期届满前作出是否准予延续的决定；逾期未作出决定的，视为准予延续
变更	企业在建筑业资质证书有效期内名称、地址、注册资本、法定代表人等发生变更的，应当在工商部门办理变更手续后1个月内办理资质证书变更手续
更换、遗失补办	(1) 企业需更换、遗失补办建筑业企业资质证书的，应当持建筑业企业资质证书更换、遗失补办申请等材料向资质许可机关申请办理。资质许可机关应当在2个工作日内办理完毕； (2) 企业遗失建筑业企业资质证书的，在申请补办前应当在公众媒体上刊登遗失声明； (3)《住房和城乡建设部关于取消部分部门规章和规范性文件设定的证明事项的决定》（建法规〔2019〕6号）进一步规定，申请人不再需要在公众媒体上声明作废，由申请人告知资质许可机关，由资质许可机关在官网发布信息
合并、分立、改制	企业发生合并、分立、重组以及改制等事项，需承继原建筑业企业资质的，应当申请重新核定建筑业企业资质等级
不予批准企业资质升级申请和增项申请	根据《建筑业企业资质管理规定》，企业申请建筑业企业资质升级、资质增项，在申请之日起前1年至资质许可决定作出前，有下列情形之一的，资质许可机关不予批准其建筑业企业资质升级申请和增项申请： (1) 超越本企业资质等级或以其他企业的名义承揽工程，或允许其他企业或个人以本企业的名义承揽工程的； (2) 与建设单位或企业之间相互串通投标，或以行贿等不正当手段谋取中标的； (3) 未取得施工许可证擅自施工的； (4) 将承包的工程转包或违法分包的； (5) 违反国家工程建设强制性标准施工的

续表

项目	具体要求
不予批准企业资质升级申请和增项申请	(6) 恶意拖欠分包企业工程款或者劳务人员工资的； (7) 隐瞒或谎报、拖延报告工程质量安全事故，破坏事故现场、阻碍对事故调查的； (8) 按照国家法律、法规和标准规定需要持证上岗的现场管理人员和技术工种作业人员未取得证书上岗的； (9) 未依法履行工程质量保修义务或拖延履行保修义务的； (10) 伪造、变造、倒卖、出租、出借或者以其他形式非法转让建筑业企业资质证书的； (11) 发生过较大以上质量安全事故或者发生过两起以上一般质量安全事故的； (12) 其他违反法律、法规的行为

根据《住房和城乡建设部办公厅关于建设工程企业资质有关事宜的通知》（建办市函〔2022〕361号），具有法人资格的企业可直接申请施工总承包、专业承包二级资质。企业按照新申请或增项提交相关材料，企业资产、技术负责人需满足《建筑业企业资质标准》规定的相应类别二级资质标准要求，其他指标需满足相应类别三级资质标准要求。持有施工总承包、专业承包三级资质的企业，可按照现行二级资质标准要求申请升级，也可按照上述要求直接申请二级资质。

知识点 4　建筑业企业资质证书的撤回、撤销、注销和吊销

一、撤回（合法取得资质后，不再具备条件）

根据《建筑业企业资质管理规定》，企业不再符合相应建筑业企业资质标准要求条件的，县级以上地方人民政府住房城乡建设主管部门、其他有关部门，应当责令其限期改正并向社会公告，整改期限最长不超过3个月；企业整改期间不得申请建筑业企业资质的升级、增项，不能承揽新的工程；逾期仍未达到建筑业企业资质标准要求条件的，资质许可机关可以撤回其建筑业企业资质证书。

被撤回建筑业企业资质证书的企业，可以在资质被撤回后3个月内，向资质许可机关提出核定低于原等级同类别资质的申请。

二、撤销（非法手段取得资质）

根据《建筑业企业资质管理规定》，有下列情形之一的，资质许可机关应当撤销建筑业企业资质：

(1) 资质许可机关工作人员滥用职权、玩忽职守准予资质许可的。

(2) 超越法定职权准予资质许可的。

(3) 违反法定程序准予资质许可的。

(4) 对不符合资质标准条件的申请企业准予资质许可的。

(5) 以欺骗、贿赂等不正当手段取得资质许可的。

(6) 依法可以撤销资质许可的其他情形。

三、注销（取消登记在册的事项）

根据《建筑业企业资质管理规定》，有下列情形之一的，资质许可机关应当依法注销建筑业企业资质，并向社会公布其建筑业企业资质证书作废，企业应当及时将建筑业企业资质证书交回资质许可机关：

（1）资质证书有效期届满，未依法申请延续的。

（2）企业依法终止的。

（3）资质证书依法被撤回、撤销或吊销的。

（4）企业提出注销申请的。

（5）法律、法规规定的应当注销建筑业企业资质的其他情形。

四、吊销

吊销是指由有管辖权力的部门要求原来准许进行某项活动的对象停止该项活动并收回准许文本的执行过程。起因基本是由于该对象违背或违反了发放文本时的约定。吊销是一种行使法律的处罚行为，具有强制性和制裁性。

实战演练

［2024 真题 · 单选］关于建筑业企业资质申请流程的说法，正确的是（　　）。

A. 企业首次申请或者增项申请资质，可以申请最高等级资质

B. 持有施工总承包、专业承包三级资质的企业，可直接申请二级资质

C. 施工劳务企业完成备案手续后，即可承接施工劳务作业

D. 具有法人资格的企业可直接申请施工总承包、专业承包一级资质

［解析］选项 A 错误，企业首次申请或增项申请资质，应当申请最低等级资质。选项 B 正确，持有施工总承包、专业承包三级资质的企业，可按照现行二级资质标准要求申请升级，也可按照要求直接申请二级资质。选项 C 错误，企业完成备案手续并取得资质证书后，即可承接施工劳务作业。选项 D 错误，具有法人资格的企业可直接申请施工总承包、专业承包二级资质。

［答案］B

［2021 真题 · 单选］关于建筑企业资质证书变更的说法，正确的是（　　）。

A. 建筑企业资质证书遗失补办的，由申请人告知资质许可机关，由资质许可机关在官网发布信息

B. 企业在建筑企业资质证书有效期内注册资本发生变更的，不必办理资质证书变更手续

C. 国务院住房城乡建设主管部门颁发的建筑业企业资质证书的变更，企业应当直接向国务院住房城乡建设主管部门提出变更申请

D. 企业发生合并、分立、重组以及改制等事项时，可以直接承继原建筑业企业资质

[解析] 选项B错误，企业在建筑业资质证书有效期内名称、地址、注册资本、法定代表人等发生变更的，应当在工商部门办理变更手续后1个月内办理资质证书变更手续。选项C错误，由国务院住房城乡建设主管部门颁发的建筑业企业资质证书的变更，企业应当向企业工商注册所在地省、自治区、直辖市人民政府住房城乡建设主管部门提出变更申请，省、自治区、直辖市人民政府住房城乡建设主管部门应当自受理申请之日起2日内将有关变更证明材料报国务院住房城乡建设主管部门，由国务院住房城乡建设主管部门在2日内办理变更手续。选项D错误，企业发生合并、分立、重组以及改制等事项，需承继原建筑业企业资质的，应当申请重新核定建筑业企业资质等级。

[答案] A

[2020 真题·单选] 关于建筑业企业资质证书期限延续的说法，正确的是（　　）。

A. 企业资质证书有效期为3年

B. 企业应当于资质证书有效期届满5个月前，向原资质许可机关提出延续申请

C. 资质许可机关逾期未作出决定的，视为准予延续

D. 资质许可机关应当于资质证书有效期届满1个月前作出是否准予延续的决定

[解析] 选项A错误，《建筑业企业资质管理规定》规定，企业资质证书有效期为5年。选项B错误，有效期届满，企业继续从事建筑施工活动的，应当于资质证书有效期届满3个月前，向原资质许可机关提出延续申请。选项C正确、选项D错误，资质许可机关应当在建筑业企业资质证书有效期届满前作出是否准予延续的决定；逾期未作出决定的，视为准予延续。

[答案] C

[2020 真题·单选] 资质许可机关应当注销建筑业企业资质的情形是（　　）。

A. 施工企业发生合并、分立、重组以及改制的

B. 施工企业资质证书有效期届满，未依法申请延续的

C. 施工企业被责令停产整顿的

D. 施工企业名称、地址、法定代表人发生变更的

[解析] 有下列情形之一的，资质许可机关应当依法注销建筑业企业资质，并向社会公布其建筑业企业资质证书作废，企业应当及时将建筑业企业资质证书交回资质许可机关：①资质证书有效期届满，未依法申请延续的；②企业依法终止的；③资质证书依法被撤回、撤销或吊销的；④企业提出注销申请的；⑤法律、法规规定的应当注销建筑业企业资质的其他情形。

[答案] B

知识点 5　承揽工程“三个禁止”

一、禁止无资质承揽工程

《建筑法》规定，承包建筑工程的单位应当持有依法取得的资质证书，并在其资质等级许可的业务范围内承揽工程。

二、禁止越级承揽工程

《建筑法》规定，禁止建筑施工企业超越本企业资质等级许可的业务范围或者以任何形式用其他建筑施工企业的名义承揽工程。

《最高人民法院关于审理建设工程施工合同纠纷案件适用法律问题的解释（一）》规定，承包人超越资质等级签订的建设工程施工合同认定为无效合同。

三、禁止以其他企业或其他企业以本企业名义承揽工程

《建筑法》规定，禁止建筑施工企业以任何形式允许其他单位或者个人使用本企业的资质证书、营业执照，以本企业的名义承揽工程。

《房屋建筑和市政基础设施工程施工分包管理办法》规定，分包工程发包人没有将其承包的工程进行分包，在施工现场所设项目管理机构的项目负责人、技术负责人、项目核算负责人、质量管理人员、安全管理人员不是工程承包人本单位人员的，视同允许他人以本企业名义承揽工程。

知识点 6 违法行为应承担的法律责任

一、企业申请办理资质违法行为应承担的法律责任

根据《建筑业企业资质管理规定》，申请人隐瞒有关情况或者提供虚假材料申请建筑业企业资质的，不予受理或者不予行政许可，并给予警告，申请人在1年内不得再次申请建筑业企业资质。

以欺骗、贿赂等不正当手段取得建筑业企业资质证书的，由县级以上地方人民政府建设主管部门或者有关部门给予警告，并依法处以罚款，申请人3年内不得再次申请建筑业企业资质。

二、允许其他单位或者个人以本单位名义承揽工程应承担的法律责任

《建筑法》规定，建筑施工企业转让、出借资质证书或者以其他方式允许他人以本企业的名义承揽工程的，责令改正，没收违法所得，并处罚款，可以责令停业整顿，降低资质等级；情节严重的，吊销资质证书。对因该项承揽工程不符合规定的质量标准造成的损失，建筑施工企业与使用本企业名义的单位或者个人承担连带赔偿责任。

三、将建设工程分包给不具备相应资质条件的单位（即违法分包）应承担的法律责任

《建筑法》规定：承包单位将承包的工程转包的，或者违反本法规定进行分包的，责令改正，没收违法所得，并处罚款，可以责令停业整顿，降低资质等级；情节严重的，吊销资质证书。

承包单位有以上规定的违法行为的，对因转包工程或者违法分包的工程不符合规定的质量标准造成的损失，与接受转包或者分包的单位承担连带赔偿责任。

实战演练

［2018真题·单选］关于承揽工程业务的说法，正确的是（　　）。

A. 企业承揽分包工程，应当取得相应建筑业企业资质

B. 不具有相应资质等级的施工企业，可以采取同一专业联合承包的方式满足承揽工程业务要求

C. 施工企业与项目经理部签订内部承包协议，属于允许他人以本企业名义承揽工程

D. 自然人可以成为承揽分包工程业务的主体

[解析] 选项B错误，《建筑法》规定，两个以上不同资质等级的单位实行联合共同承包的，应当按照资质等级低的单位的业务许可范围承揽工程。选项C错误，《房屋建筑和市政基础设施工程施工分包管理办法》规定，分包工程发包人没有将其承包的工程进行分包，在施工现场所设项目管理机构的项目负责人、技术负责人、项目核算负责人、质量管理人员、安全管理人员不是工程承包人本单位人员的，视同允许他人以本企业名义承揽工程。选项D错误，《房屋建筑和市政基础设施工程施工分包管理办法》规定，分包工程承包人必须具有相应的资质，并在其资质等级许可的范围内承揽业务。严禁个人承揽分包工程业务。

[答案] A

[2017 真题·单选] 某建设工程施工招标，甲公司中标后将其转包给不具有相应资质等级的乙公司，乙施工过程不符合规定的质量标准，给建设单位造成损失。关于向建设单位承担赔偿责任的说法，正确的是（　　）。

A. 甲、乙承担连带赔偿责任

B. 建设单位与甲有合同关系，应由甲承担赔偿责任

C. 乙为实际施工人，应由乙承担赔偿责任

D. 甲和乙承担按份赔偿责任

[解析]《建筑法》规定：承包单位将承包的工程转包的，或者违反本法规定进行分包的，责令改正，没收违法所得，并处罚款，可以责令停业整顿，降低资质等级；情节严重的，吊销资质证书。承包单位有以上规定的违法行为的，对因转包工程或者违法分包的工程不符合规定的质量标准造成的损失，与接受转包或者分包的单位承担连带赔偿责任。

[答案] A

第三节　建造师注册执业制度

注册建造师是指通过考核认定或考试合格取得中华人民共和国建造师资格证书（以下简称资格证书），并按照规定注册，取得中华人民共和国建造师注册证书（以下简称注册证书）和执业印章，担任施工单位项目负责人及从事相关活动的专业技术人员。

未取得注册证书和执业印章的，不得担任大中型建设工程项目的施工单位项目负责人，不得以注册建造师的名义从事相关活动。

根据《注册建造师管理规定》，注册建造师实行注册执业管理制度，注册建造师分为一级注册建造师和二级注册建造师。取得资格证书的人员，经过注册方能以注册建造师的名义执业。

知识点 1　二级建造师的注册

根据《注册建造师管理规定》，取得二级建造师资格证书的人员申请注册，由省、自治区、直辖市人民政府建设主管部门负责受理和审批。

一、初始注册

申请初始注册时应当具备以下条件：①经考核认定或考试合格取得资格证书；②受聘于一个相关单位；③达到继续教育要求；④没有《注册建造师管理规定》中规定的不予注册的情形。

初始注册者，可自资格证书签发之日起 3 年内提出申请。逾期未申请者，须符合本专业继续教育的要求后方可申请初始注册。

二、延续注册

注册证书和执业印章是注册建造师的执业凭证，由注册建造师本人保管、使用。注册证书与执业印章有效期为 3 年。

注册有效期满需继续执业的，应当在注册有效期届满 30 日前，按照规定申请延续注册。延续注册的，有效期为 3 年。

申请延续注册的，应当提交下列材料：①注册建造师延续注册申请表；②原注册证书；③申请人与聘用单位签订的聘用劳动合同复印件或其他有效证明文件；④申请人注册有效期内达到继续教育要求的证明材料。

三、变更注册

在注册有效期内，注册建造师变更执业单位，应当与原聘用单位解除劳动关系，并按照规定办理变更注册手续，变更注册后仍延续原注册有效期。

申请变更注册的，应当提交下列材料：①注册建造师变更注册申请表；②注册证书和执业印章；③申请人与新聘用单位签订的聘用合同复印件或有效证明文件；④工作调动证明（与原聘用单位解除聘用合同或聘用合同到期的证明文件、退休人员的退休证明）。

根据《注册建造师执业管理办法（试行）》的规定，注册建造师变更聘用企业的，应当在与新聘用企业签订聘用合同后的 1 个月内，通过新聘用企业申请办理变更手续。因变更注册申报不及时影响注册建造师执业、导致工程项目出现损失的，由注册建造师所在聘用企业承担责任，并作为不良行为记入企业信用档案。

聘用企业与注册建造师解除劳动关系的，应当及时申请办理注销注册或变更注册。

四、不予注册

申请人有下列情形之一的，不予注册：

（1）不具有完全民事行为能力的。

（2）申请在两个或者两个以上单位注册的。

（3）未达到注册建造师继续教育要求的。

（4）受到刑事处罚，刑事处罚尚未执行完毕的。

（5）因执业活动受到刑事处罚，自刑事处罚执行完毕之日起至申请注册之日止不满 5 年的。

（6）因前项规定以外的原因受到刑事处罚，自处罚决定之日起至申请注册之日止不满 3 年的。

（7）被吊销注册证书，自处罚决定之日起至申请注册之日止不满 2 年的。

（8）在申请注册之日前 3 年内担任项目经理期间，所负责项目发生过重大质量和安全事故的。

（9）申请人的聘用单位不符合注册单位要求的。

（10）年龄超过 65 周岁的。

（11）法律、法规规定不予注册的其他情形。

知识点 2 二级建造师注册证书、执业印章的失效及注销

根据《注册建造师管理规定》，注册建造师有下列情形之一的，其注册证书和执业印章失效：①聘用单位破产的；②聘用单位被吊销营业执照的；③聘用单位被吊销或者撤回资质证书的；④已与聘用单位解除聘用合同关系的；⑤注册有效期满且未延续注册的；⑥年龄超过 65 周岁的；⑦死亡或不具有完全民事行为能力的；⑧其他导致注册失效的情形。

注册建造师有下列情形之一的，由注册机关办理注销手续，收回注册证书和执业印章或者公告其注册证书和执业印章作废：①有以上规定的注册证书和执业印章失效情形发生的；②依法被撤销注册的；③依法被吊销注册证书的；④受到刑事处罚的；⑤法律、法规规定应当注销注册的其他情形。

实战演练

［2024 真题·单选］关于注册建造师注册证书失效及注销的说法，正确的是（　　）。

A. 注册建造师聘用单位破产的，其注册证书应依法被吊销

B. 注册建造师年龄超过 60 周岁的，其注册证书应依法被撤销

C. 注册建造师受到刑事处罚的，其注册证书和执业印章由注册机关收回并办理注销手续

D. 注册建造师注册有效期满未延续注册的，其注册证书应依法被吊销

［解析］注册建造师有下列情形之一的，其注册证书和执业印章失效：①聘用单位破产的；②聘用单位被吊销营业执照的；③聘用单位被吊销或者撤回资质证书的；④已与聘用单位解除聘用合同关系的；⑤注册有效期满且未延续注册的；⑥年龄超过 65 周岁的；⑦死亡或不具有完全民事行为能力的；⑧其他导致注册失效的情形。注册建造师有下列情形之一的，由注册机关办理注销手续，收回注册证书和执业印章或者公告其注册证书和执业印章作废：①有以上规定的注册证书和执业印章失效情形发生的；②依法被撤销注册的；③依法被吊销注册证书的；④受到刑事处罚的；⑤法律、法规规定应当注销注册的其他情形。

［答案］C

［2021 真题·单选］根据《注册建造师管理规定》，申请人申请注册的下列情形中，不予注册的是（　　）。

A. 因执业活动受到刑事处罚，自刑事处罚执行完毕之日起至申请注册之日止已满 7 年的

B. 申请人的聘用单位不符合注册单位要求的

C. 年龄超过 60 周岁的

D. 被吊销注册证书，自处罚决定之日起至申请注册之日止已满 3 年的

［解析］申请人有下列情形之一的，不予注册：①不具有完全民事行为能力的；②申请在两个或者两个以上单位注册的；③未达到注册建造师继续教育要求的；④受到刑事处罚，刑事处罚尚未执行完毕的；⑤因执业活动受到刑事处罚，自刑事处罚执行完毕之日起至申请注册之日止不满 5 年的；⑥因前项规定以外的原因受到刑事处罚，自处罚决定之日起至

申请注册之日止不满 3 年的；⑦被吊销注册证书，自处罚决定之日起至申请注册之日止不满 2 年的；⑧在申请注册之日前 3 年内担任项目经理期间，所负责项目发生过重大质量和安全事故的；⑨申请人的聘用单位不符合注册单位要求的；⑩年龄超过 65 周岁的；⑪法律、法规规定不予注册的其他情形。

[答案] B

知识点 3 建造师的受聘单位

根据《注册建造师管理规定》，取得资格证书的人员应当受聘于一个具有建设工程勘察、设计、施工、监理、招标代理、造价咨询等一项或者多项资质的单位，经注册后方可从事相应的执业活动。担任施工单位项目负责人的，应当受聘并注册于一个具有施工资质的企业。

建造师不仅可以在施工单位担任建设工程施工项目的项目经理，也可以在勘察、设计、监理、招标代理、造价咨询等单位或具有多项上述资质的单位执业。

知识点 4 二级建造师的执业范围

根据《建造师执业资格制度暂行规定》，建造师的执业范围包括：

（1）担任建设工程项目施工的项目经理。

（2）从事其他施工活动的管理工作。

（3）法律、行政法规或国务院建设行政主管部门规定的其他业务。

根据《注册建造师执业管理办法（试行）》，二级注册建造师可以承担中、小型工程施工项目负责人。

注册建造师不得同时担任两个及以上建设工程施工项目负责人。发生下列情形之一的除外：

（1）同一工程相邻分段发包或分期施工的。

（2）合同约定的工程验收合格的。

（3）因非承包方原因致使工程项目停工超过 120 天（含），经建设单位同意的。

注册建造师担任施工项目负责人期间原则上不得更换。如发生下列情形之一的，应当办理书面交接手续后更换施工项目负责人：

（1）发包方与注册建造师受聘企业已解除承包合同的。

（2）发包方同意更换项目负责人的。

（3）因不可抗力等特殊情况必须更换项目负责人的。

注册建造师担任施工项目负责人，在其承建的建设工程项目竣工验收或移交项目手续办结前，除以上规定的情形外，不得变更注册至另一企业。

知识点 5 建造师的基本权利和义务

根据《注册建造师管理规定》，建造师的基本权利和义务见表 2-3-1。

表 2-3-1　建造师的基本权利和义务

权利	义务
（1）使用注册建造师名称； （2）在规定范围内从事执业活动； （3）在本人执业活动中形成的文件上签字并加盖执业印章； （4）保管和使用本人注册证书、执业印章； （5）对本人执业活动进行解释和辩护； （6）接受继续教育； （7）获得相应的劳动报酬； （8）对侵犯本人权利的行为进行申述	（1）遵守法律、法规和有关管理规定，恪守职业道德； （2）执行技术标准、规范和规程； （3）保证执业成果的质量，并承担相应责任； （4）接受继续教育，努力提高执业水准； （5）保守在执业中知悉的国家秘密和他人的商业、技术等秘密； （6）与当事人有利害关系的，应当主动回避； （7）协助注册管理机关完成相关工作

建设工程施工活动中形成的有关工程施工管理文件，应当由注册建造师签字并加盖执业印章。施工单位签署质量合格的文件上，必须有注册建造师的签字盖章。

根据《注册建造师执业管理办法（试行）》的规定，在建设工程施工管理相关文件上签字并加盖执业印章，签章文件作为工程竣工备案的依据。

注册建造师签章完整的工程施工管理文件方为有效。注册建造师有权拒绝在不合格或者有弄虚作假内容的建设工程施工管理文件上签字并加盖执业印章。

建设工程合同包含多个专业工程的，担任施工项目负责人的注册建造师，负责该工程施工管理文件签章。专业工程独立发包时，注册建造师执业范围涵盖该专业工程的，可担任该专业工程施工项目负责人。

分包工程施工管理文件应当由分包企业注册建造师签章。分包企业签署质量合格的文件上，必须由担任总包项目负责人的注册建造师签章。

修改注册建造师签字并加盖执业印章的工程施工管理文件，应当征得所在企业同意后，由注册建造师本人进行修改；注册建造师本人不能进行修改的，应当由企业指定同等资格条件的注册建造师修改，由其签字并加盖执业印章。

实战演练

[2021 真题 · 单选] 关于二级建造师执业的说法，正确的是（　　）。

A. 建造师未受聘于施工企业也可以担任该企业施工项目负责人

B. 二级建造师可以在造价咨询企业执业

C. 注册建造师担任施工项目负责人期间一律不得更换

D. 注册建造师担任施工项目负责人期间一律不得变更注册到另一企业

[解析] 选项 A 错误，取得资格证书的人员应当受聘于一个具有建设工程勘察、设计、施工、监理、招标代理、造价咨询等一项或者多项资质的单位，经注册后方可从事相应的执业活动。担任施工单位项目负责人的，应当受聘并注册于一个具有施工资质的企业。选项 C、D 错误，注册建造师担任施工项目负责人期间原则上不得更换。如发生下列情形之一的，应当办理书面交接手续后更换施工项目负责人：①发包方与注册建造师受聘企业已解除承包合同的；②发包方同意更换项目负责人的；③因不可抗力等特殊情况必须更换项目负责人的。建设工程

合同履行期间变更项目负责人的，企业应当于项目负责人变更5个工作日内报建设行政主管部门和有关部门及时进行网上变更。注册建造师担任施工项目负责人，在其承建的建设工程项目竣工验收或移交项目手续办结前，除以上规定的情形外，不得变更注册至另一企业。

[答案] B

[2020真题·单选] 下列施工管理文件签章及修改的做法中，正确的是（　　）。

A. 分包单位签署质量合格的文件，应当由担任总承包项目负责人的注册建造师签章

B. 分包工程的施工管理文件应当由总承包企业注册建造师签章

C. 注册建造师已经签章的施工管理文件的修改，由其本人直接进行并自行负责

D. 修改注册建造师已经签章的施工管理文件，所在施工企业可以指定具有高级职称的技术人员直接修改

[解析] 分包企业签署质量合格的文件上，必须由担任总包项目负责人的注册建造师签章。分包工程施工管理文件应当由分包企业注册建造师签章。修改注册建造师签字并加盖执业印章的工程施工管理文件，应当征得所在企业同意后，由注册建造师本人进行修改；注册建造师本人不能进行修改的，应当由企业指定同等资格条件的注册建造师修改，由其签字并加盖执业印章。

[答案] A

[2020真题·单选] 关于二级建造师职业岗位的说法，正确的是（　　）。

A. 二级建造师可以在设计单位担任注册结构工程师

B. 二级建造师只能受聘并注册于施工企业

C. 二级建造师职业岗位限于工程项目施工的项目经理

D. 二级建造师可以担任中小型项目的项目经理

[解析] 选项A错误，建造师不仅可以在施工单位担任建设工程施工项目的项目经理，也可以在勘察、设计、监理、招标代理、造价咨询等单位或具有多项上述资质的单位执业，但不能担任注册结构工程师。选项B错误，《注册建造师管理规定》规定，取得资格证书的人员应当受聘于一个具有建设工程勘察、设计、施工、监理、招标代理、造价咨询等一项或者多项资质的单位，经注册后方可从事相应的执业活动，并不是只能受聘并注册于施工企业。选项C错误，《建造师执业资格制度暂行规定》规定，建造师的执业范围包括：①担任建设工程项目施工的项目经理；②从事其他施工活动的管理工作；③法律、行政法规或国务院建设行政主管部门规定的其他业务。二级建造师职业岗位并不是限于工程项目施工的项目经理。

[答案] D

[2024真题·多选] 下列情形中，属于注册建造师可以同时担任两个及以上建设工程施工项目负责人的有（　　）。

A. 同一工程相邻分段发包的

B. 同一工程分期施工的

C. 合同约定的工程验收合格的

D. 经受聘企业同意的

E. 因非承包方原因致使工程项目停工超过120天，经建设单位同意的

［解析］注册建造师不得同时担任两个及以上建设工程施工项目负责人，发生下列情形之一的除外：①同一工程相邻分段发包或分期施工的；②合同约定的工程验收合格的；③因非承包原因致使工程项目停工超120天（含），经建设单位同意的。

［答案］ABCE

知识点 6 注册建造师不良行为记录的认定标准

根据《注册建造师执业管理办法（试行）》，注册建造师有下列行为之一，经有关监督部门确认后由工程所在地建设主管部门或有关部门记入注册建造师执业信用档案：

（1）《注册建造师执业管理办法（试行）》所列注册建造师不得有的行为（如下文所示）。

（2）未履行注册建造师职责，造成质量、安全、环境事故的。

（3）泄露商业秘密的。

（4）无正当理由拒绝或未及时签字盖章的。

（5）未按要求提供注册建造师信用档案信息的。

（6）未履行注册建造师职责，造成不良社会影响的。

（7）未履行注册建造师职责，导致项目未能及时交付使用的。

（8）不配合办理交接手续的。

（9）不积极配合有关部门监督检查的。

《注册建造师执业管理办法（试行）》规定，注册建造师不得有下列行为：

（1）不按设计图纸施工。

（2）使用不合格建筑材料。

（3）使用不合格设备、建筑构配件。

（4）违反工程质量、安全、环保和用工方面的规定。

（5）在执业过程中，索贿、行贿、受贿或者谋取合同约定费用外的其他不法利益。

（6）签署弄虚作假或在不合格文件上签章。

（7）以他人名义或允许他人以自己的名义从事执业活动。

（8）同时在两个或者两个以上企业受聘并执业。

（9）超出执业范围和聘用企业业务范围从事执业活动。

（10）未变更注册单位，而在另一家企业从事执业活动。

（11）所负责工程未办理竣工验收或移交手续前，变更注册到另一企业。

（12）伪造、涂改、倒卖、出租、出借或以其他形式非法转让资格证书、注册证书和执业印章。

（13）不履行注册建造师义务和法律、法规、规章禁止的其他行为。

《注册建造师管理规定》进一步规定，注册建造师不得有下列行为：

（1）不履行注册建造师义务。

（2）在执业过程中，索贿、受贿或者谋取合同约定费用外的其他利益。

（3）在执业过程中实施商业贿赂。

（4）签署有虚假记载等不合格的文件。

（5）允许他人以自己的名义从事执业活动。

（6）同时在两个或者两个以上单位受聘或者执业。

（7）涂改、倒卖、出租、出借或以其他形式非法转让资格证书、注册证书和执业印章。

（8）超出执业范围和聘用单位业务范围内从事执业活动。

（9）法律、法规、规章禁止的其他行为。

实战演练

[2024 真题·单选] 下列行为中，注册建造师依法可以实施的是（　　）。

A. 允许他人以自己的名义从事执业活动

B. 同时在两个以上企业受聘或者执业

C. 变更注册单位前即在另一企业从事执业活动

D. 办理所负责工程移交手续后变更注册到另一企业

[解析] 根据《注册建造师管理规定》，注册建造师不得有下列行为：①不履行注册建造师义务；② 在执业过程中，索贿、受贿或者谋取合同约定费用以外的其他利益；③在执业过程中实施商业贿赂；④签署有虚假记载等不合格的文件；⑤允许他人以自己的名义从事执业活动（选项 A 错误）；⑥同时在两个或者两个以上单位受聘或者执业（选项 B、C 错误）；⑦涂改、倒卖、出租、出借、复制或以其他形式非法转让资格证书、注册证书和执业印章；⑧超出执业范围和聘用单位业务范围内从事执业活动；⑨法律、法规、规章禁止的其他行为。

[答案] D

知识点 7 违法行为应承担的法律责任

一、建造师注册违法行为应承担的法律责任

根据《注册建造师管理规定》，隐瞒有关情况或者提供虚假材料申请注册的，建设主管部门不予受理或者不予注册，并给予警告，申请人 1 年内不得再次申请注册。

以欺骗、贿赂等不正当手段取得注册证书的，由注册机关撤销其注册，3 年内不得再次申请注册，并由县级以上地方人民政府建设主管部门处以罚款。

根据《关于开展工程建设领域专业技术人员职业资格“挂证”等违法违规行为专项整治的通知》，对违规的专业技术人员撤销其注册许可，自撤销注册之日起 3 年内不得再次申请注册，记入不良行为记录，并列入建筑市场主体“黑名单”，向社会公布。

二、建造师继续教育违法行为应承担的法律责任

根据《注册建造师继续教育管理暂行办法》（建市〔2010〕192 号），注册建造师应按规定参加继续教育，接受培训测试，不参加继续教育或继续教育不合格的不予注册。

对于采取弄虚作假等手段取得《注册建造师继续教育证书》的，一经发现，立即取消其继续教育记录，并记入不良信用记录，向社会公布。

实战演练

[**2020 真题·单选**] 李某被查出存在二级建造师职业资格“挂证”行为，2018 年 9 月 13 日其注册被撤销，记入不良行为记录，并列入建筑市场主体“黑名单”。李某可以再次申请二级建造师注册的最早日期为（　　）。

A. 2019 年 9 月 13 日　　B. 2021 年 9 月 13 日

C. 2020 年 9 月 13 日　　D. 2022 年 9 月 13 日

[**解析**]《关于开展工程建设领域专业技术人员职业资格“挂证”等违法违规行为专项整治的通知》规定，对违规的专业技术人员撤销其注册许可，自撤销注册之日起 3 年内不得再次申请注册，记入不良行为记录，并列入建筑市场主体“黑名单”，向社会公布。

[**答案**] B

第四节 建筑市场主体信用体系建设

《建筑市场信用管理暂行办法》规定，建筑市场信用管理是指在房屋建筑和市政基础设施工程建设活动中，对建筑市场各方主体信用信息的认定、采集、交换、公开、评价、使用及监督管理。

建筑市场各方主体是指工程项目的建设单位和从事工程建设活动的勘察、设计、施工、监理等企业，以及注册建筑师、勘察设计注册工程师、注册建造师、注册监理工程师等注册执业人员。

知识点 1 信用信息分类

根据《建筑市场信用管理暂行办法》，信用信息由基本信息、优良信用信息、不良信用信息构成。

一、基本信息

基本信息是指注册登记信息、资质信息、工程项目信息、注册执业人员信息等。

二、优良信用信息

优良信用信息是指建筑市场各方主体在工程建设活动中获得的县级以上行政机关或群团组织表彰奖励等信息。

三、不良信用信息

不良信用信息是指建筑市场各方主体在工程建设活动中有违反相关法律、法规、规章或工程建设强制性标准等，受到县级以上住房城乡建设主管部门行政处罚的信息，以及经有关部门认定的其他不良信用信息。

各级住房城乡建设主管部门应当建立健全信息推送机制，自优良信用信息和不良信用信息产生之日起 7 个工作日内，通过省级建筑市场监管一体化工作平台依法对社会公开，并推送至全国建筑市场监管公共服务平台。

知识点 2 信用信息公开和应用

一、信用信息的公开内容

根据《建筑市场信用管理暂行办法》，公开建筑市场各方主体信用信息不得危及国家安全、公共安全、经济安全和社会稳定，不得泄露国家秘密、商业秘密和个人隐私。

根据《招标投标违法行为记录公告暂行办法》，招标投标违法行为记录公告不得公开涉及国家秘密、商业秘密、个人隐私的记录。但是，经权利人同意公开或者行政机关认为不公开可能对公共利益造成重大影响的涉及商业秘密、个人隐私的违法行为记录，可以公开。

二、信用信息的公开期限

根据《建筑市场信用管理暂行办法》，建筑市场各方主体的信用信息公开期限为：

(1) 基本信息长期公开。

(2) 优良信用信息公开期限一般为 3 年。

(3) 不良信用信息公开期限一般为 6 个月至 3 年，并不得低于相关行政处罚期限。具体公开期限由不良信用信息的认定部门确定。

根据《建筑市场诚信行为信息管理办法》，属于《全国建筑市场各方主体不良行为记录认定标准》范围的不良行为记录除在当地发布外，还将由住房和城乡建设部统一在全国公布，公布期限与地方确定的公布期限相同，法律、法规另有规定的从其规定。

根据《招标投标违法行为记录公告暂行办法》，违法行为记录公告期限为 6 个月。公告期满后，转入后台保存。依法限制招标投标当事人资质（资格）等方面的行政处理决定，所认定的限制期限长于 6 个月的，公告期限从其决定。

三、信用信息的变更

根据《建筑市场诚信行为信息管理办法》，对发布有误的信息，由发布该信息的省、自治区和直辖市建设行政主管部门进行修正，根据被曝光单位对不良行为的整改情况，调整其信息公布期限，保证信息的准确和有效。

省、自治区和直辖市建设行政主管部门负责审查整改结果，对整改确有实效的，由企业提出申请，经批准，可缩短其不良行为记录信息公布期限，但公布期限最短不得少于 3 个月，同时将整改结果列于相应不良行为记录后，供有关部门和社会公众查询；对于拒不整改或整改不力的单位，信息发布部门可延长其不良行为记录信息公布期限。

行政处罚决定经行政复议、行政诉讼以及行政执法监督被变更或被撤销的，应及时变更或删除该不良记录，并在相应诚信信息平台上予以公布，同时应依法妥善处理相关事宜。

根据《招标投标违法行为记录公告暂行办法》，被公告的招标投标当事人认为公告记录与行政处理决定的相关内容不符的，可向公告部门提出书面更正申请，并提供相关证据。公告部门接到书面申请后，应在 5 个工作日内进行核对。公告的记录与行政处理决定的相关内容不一致的，应当给予更正并告知申请人；公告的记录与行政处理决定的相关内容一致的，应当告知申请人。公告部门在作出答复前不停止对违法行为记录的公告。

行政处理决定在被行政复议或行政诉讼期间，公告部门依法不停止对违法行为记录的公告，但行政处理决定被依法停止执行的除外。

原行政处理决定被依法变更或撤销的，公告部门应当及时对公告记录予以变更或撤销，并在公告平台上予以声明。

四、信用信息的应用

《建筑市场信用管理暂行办法》规定，各级住房城乡建设主管部门应当完善信用信息公开制度，通过省级建筑市场监管一体化工作平台和全国建筑市场监管公共服务平台，及时公开建筑市场各方主体的信用信息。

地方各级住房城乡建设主管部门应当通过省级建筑市场监管一体化工作平台办理信用信息变更，并及时推送至全国建筑市场监管公共服务平台。

各级住房城乡建设主管部门应当充分利用全国建筑市场监管公共服务平台，建立完善建筑市场各方主体守信激励和失信惩戒机制。对信用好的，可根据实际情况在行政许可等方面实行优先办理、简化程序等激励措施；对存在严重失信行为的，作为“双随机、一公开”监管重点对象，加强事中事后监管，依法采取约束和惩戒措施。

有关单位或个人应当依法使用信用信息，不得使用超过公开期限的不良信用信息对建筑市场各方主体进行失信惩戒，法律、法规或部门规章另有规定的，从其规定。

知识点 3 建筑市场主体“黑名单”

根据《建筑市场信用管理暂行办法》，县级以上住房城乡建设主管部门按照“谁处罚、谁列入”的原则，将存在下列情形的建筑市场各方主体，列入建筑市场主体“黑名单”：

（1）利用虚假材料、以欺骗手段取得企业资质的。

（2）发生转包、出借资质，受到行政处罚的。

（3）发生重大及以上工程质量安全事故，或1年内累计发生2次及以上较大工程质量安全事故，或发生性质恶劣、危害性严重、社会影响大的较大工程质量安全事故，受到行政处罚的。

（4）经法院判决或仲裁机构裁决，认定为拖欠工程款，且拒不履行生效法律文书确定的义务的。

建筑市场主体“黑名单”管理期限为自被列入名单之日起1年。建筑市场各方主体修复失信行为并且在管理期限内未再次发生符合列入建筑市场主体“黑名单”情形行为的，由原列入部门将其从“黑名单”移出。

实战演练

[2024真题·单选] 关于建筑市场信用信息的说法，正确的是（　　）。

A. 建筑市场信用信息仅在全国建筑市场信息平台公开，各省市无权搜集和公开

B. 建筑市场信用信息由基本信息和优良信用信息构成，不包括不良信用信息

C. 建筑市场优良信用信息是指建筑市场主体获得的县级以上行政机关或群团组织表彰奖励等信息

D. 建筑市场基本信息是指注册登记信息、资质信息、工程项目信息、注册执业人员信息、奖惩信息等

[解析] 选项A错误，建筑市场的信用信息在省级建筑市场平台或者全国建筑市场信息平台进行公开。选项B错误，建筑市场信用信息由基本信息、优良信用信息、不良信用信息构成。选项C正确，优良信用信息是指建筑市场各方主体在工程建设活动中获得的县级以上行政机关或群团组织表彰奖励等信息。选项D错误，基本信息是指注册登记信息、资质信息、工程项目信息、注册执业人员信息等。

[答案] C

[2021真题·单选] 根据《建筑市场信用管理暂行办法》，建筑市场各方主体的下列情形中，应当列入建筑市场主体“黑名单”的是（　　）。

A. 发生违法分包，受到行政处罚的

B. 发生工程质量安全事故受到行政处罚的

C. 经法院判决或者仲裁机构裁决，认定为拖欠工程款的

D. 利用虚假材料、以欺骗手段取得企业资质的

[解析] 县级以上住房城乡建设主管部门将存在下列情形的建筑市场各方主体，列入建筑市场主体“黑名单”：①利用虚假材料、以欺骗手段取得企业资质的；②发生转包、出借资质，受到行政处罚的；③发生重大及以上工程质量安全事故，或1年内累计发生2次及以上较大工程质量安全事故，或发生性质恶劣、危害性严重、社会影响大的较大工程质量安全事故，受到行政处罚的；④经法院判决或仲裁机构裁决，认定为拖欠工程款，且拒不履行生效法律文书确定的义务的。

[答案] D

[2024真题·多选] 根据《招标投标违法行为记录公告暂行办法》，关于记录信息数据更正的说法，正确的有（　　）。

A. 公告部门负责对记录信息数据进行更正

B. 公告的违法行为记录应当与行政处理决定的相关内容一致

C. 公告部门接到书面申请后，应当在5个工作日内进行核对

D. 公告部门在作出答复前应停止对违法行为记录的公告

E. 公告的记录与行政处理决定的相关内容一致的，无须告知申请人

[解析]《招标投标违法行为记录公告暂行办法》规定，公告部门负责建立公告平台信息系统，对记录信息数据进行追加、修改、更新，并保证公告的违法行为记录与行政处理决定的相关内容一致。被公告的招标投标当事人认为公告记录与行政处理决定的相关内容不符的，可向公告部门提出书面更正申请，并提供相关证据。公告部门接到书面申请后，应在5个工作日内进行核对。公告的记录与行政处理决定的相关内容不一致的，应当给予更正并告知申请人；公告的记录与行政处理决定的相关内容一致的，应当告知申请人（选项E错误）。公告部门在作出答复前不停止对违法行为记录的公告（选项D错误）。

[答案] ABC

知识点 4 建筑市场施工单位不良行为记录认定标准

《全国建筑市场各方主体不良行为记录认定标准》规定，施工单位不良行为分为资质不良行为、承揽业务不良行为、工程质量不良行为、工程安全不良行为、拖欠工程款或工人工资不良行为。

一、资质不良行为认定标准

（1）未取得资质证书承揽工程的，或超越本单位资质等级承揽工程的。

（2）以欺骗手段取得资质证书承揽工程的。

（3）允许其他单位或个人以本单位名义承揽工程的。（外借资质）

（4）未在规定期限内办理资质变更手续的。

（5）涂改、伪造、出借、转让建筑业企业资质证书的。

（6）按照国家规定需要持证上岗的技术工种的作业人员未经培训、考核，未取得证书上岗，情节严重的。

二、承揽业务不良行为认定标准

（1）利用向发包单位及其工作人员行贿、提供回扣或者给予其他好处等不正当手段承揽业务的。

（2）相互串通投标或与招标人串通投标的，以向招标人或评标委员会成员行贿的手段谋取中标的。

（3）以他人名义投标或以其他方式弄虚作假，骗取中标的。（内借资质）

（4）不按照与招标人订立的合同履行义务，情节严重的。

（5）将承包的工程转包或违法分包的。

三、工程质量不良行为认定标准

（1）在施工中偷工减料的，使用不合格的建筑材料、建筑构配件和设备的，或者有不按照工程设计图纸或施工技术标准施工的其他行为的。

（2）未按照节能设计进行施工的。

（3）未对建筑材料、建筑构配件、设备和商品混凝土进行检测，或未对涉及结构安全的试块、试件以及有关材料取样检测的。

（4）工程竣工验收后，不向建设单位出具质量保修书的，或质量保修的内容、期限违反规定的。

（5）不履行保修义务或者拖延履行保修义务的。

四、工程安全不良行为认定标准

（1）主要负责人在本单位发生重大生产安全事故时，不立即组织抢救或者在事故调查处理期间擅离职守或者逃匿的，主要负责人对生产安全事故隐瞒不报、谎报或者拖延不报的。

（2）对建筑安全事故隐患不采取措施予以消除的。

（3）未设立安全生产管理机构、配备专职安全生产管理人员或者分部分项工程施工时无专职安全生产管理人员现场监督的。

(4) 主要负责人、项目负责人、专职安全生产管理人员、作业人员或特种作业人员，未经安全教育培训或经考核不合格即从事相关工作的。

(5) 未在施工现场的危险部位设置明显的安全警示标志，或者未按照国家有关规定在施工现场设置消防通道、消防水源、配备消防设施和灭火器材的。

(6) 未向作业人员提供安全防护用具和安全防护服装的。

(7) 未按照规定在施工起重机械和整体提升脚手架、模板等自升式架设设施验收合格后登记的。

(8) 使用国家明令淘汰、禁止使用的危及施工安全的工艺、设备、材料的。

(9) 违法挪用列入建设工程概算的安全生产作业环境及安全施工措施所需费用的。

(10) 施工前未对有关安全施工的技术要求作出详细说明的。

(11) 未根据不同施工阶段和周围环境及季节、气候的变化，在施工现场采取相应的安全施工措施，或者在城市市区内的建设工程的施工现场未实行封闭围挡的。

(12) 在尚未竣工的建筑物内设置员工集体宿舍的。

(13) 施工现场临时搭建的建筑物不符合安全使用要求的。

(14) 未对因建设工程施工可能造成损害的毗邻建筑物、构筑物和地下管线等采取专项防护措施的。

(15) 安全防护用具、机械设备、施工机具及配件在进入施工现场前未经查验或者查验不合格即投入使用的。

(16) 使用未经验收或验收不合格的施工起重机械和整体提升脚手架、模板等自升式架设设施的。

(17) 委托不具有相应资质的单位承担施工现场安装、拆卸施工起重机械和整体提升脚手架、模板等自升式架设设施的。

(18) 在施工组织设计中未编制安全技术措施、施工现场临时用电方案或者专项施工方案的。

(19) 主要负责人、项目负责人未履行安全生产管理职责的，或不服管理、违反规章制度和操作规程冒险作业的。

(20) 施工单位取得资质证书后，降低安全生产条件的，或经整改仍未达到与其资质等级相适应的安全生产条件的。

(21) 取得安全生产许可证发生重大安全事故的。

(22) 未取得安全生产许可证擅自进行生产的。

(23) 安全生产许可证有效期满未办理延期手续，继续进行生产的，或逾期不办理延期手续，继续进行生产的。

(24) 转让安全生产许可证的，接受转让的，冒用或者使用伪造的安全生产许可证的。

五、拖欠工程款或工人工资不良行为认定标准

恶意拖欠或克扣劳动者工资。

实战演练

[2021 真题·单选] 下列行为中属于工程质量不良行为的是（　　）。

A. 未按照国家有关规定在施工现场设置消防通道、消防水源、配备消防设施和灭火器材的

B. 在尚未竣工的建筑物内设置员工集体宿舍的

C. 未对涉及结构安全的试块、试件以及有关材料见证取样的

D. 未对因建设工程施工造成损害的毗邻建筑物、构筑物和地下管线等采取专项防护措施的

[解析] 未在施工现场的危险部位设置明显的安全警示标志，或者未按照国家有关规定在施工现场设置消防通道、消防水源、配备消防设施和灭火器材的，属于工程安全不良行为。在尚未竣工的建筑物内设置员工集体宿舍的，属于工程安全不良行为。未对建筑材料、建筑构配件、设备和商品混凝土进行检测，或者未对涉及结构安全的试块、试件以及有关材料取样检测的，属于工程质量不良行为。未对因建设工程施工可能造成损害的毗邻建筑物、构筑物和地下管线等采取专项防护措施的，属于工程安全不良行为。

[答案] C

[2021 真题·单选] 下列行为中，属于施工企业承揽业务不良行为的是（　　）。

A. 超越本单位资质承揽工程的

B. 允许其他单位或者个人以本单位名义承揽工程的

C. 不按照与招标人订立的合同履行义务，情节严重的

D. 涂改、伪造、出借、转让建筑业企业资质证书的

[解析] 承揽业务不良行为认定标准：①利用向发包单位及其工作人员行贿、提供回扣或者给予其他好处等不正当手段承揽业务的；②相互串通投标或者与招标人串通投标的，以向招标人或者评标委员会成员行贿的手段谋取中标的；③以他人名义投标或以其他方式弄虚作假，骗取中标的；④不按照与招标人订立的合同履行义务，情节严重的；⑤将承包的工程转包或违法分包的。

[答案] C

[2020 真题·单选] 根据《全国建筑市场各方主体不良行为记录认定标准》，以他人名义投标骗取中标的，属于（　　）。

A. 资质不良

B. 工程质量不良

C. 工程安全不良

D. 承揽业务不良

[解析] 承揽业务不良行为认定标准：①利用向发包单位及其工作人员行贿、提供回扣或者给予其他好处等不正当手段承揽业务的；②相互串通投标或者与招标人串通投标的，以向招标人或者评标委员会成员行贿的手段谋取中标的；③以他人名义投标或者以其他方式弄虚作假，骗取中标的；④不按照与招标人订立的合同履行义务，情节严重的；⑤将承包的工程转包或违法分包的。

[答案] D

第五节　营商环境制度

知识点 1《优化营商环境条例》的相关规定

一、市场环境

（1）国家持续深化商事制度改革，统一企业登记业务规范，统一数据标准和平台服务接口，采用统一社会信用代码进行登记管理。

国家推进“证照分离”改革，持续精简涉企经营许可事项，依法采取直接取消审批、审批改为备案、实行告知承诺、优化审批服务等方式，对所有涉企经营许可事项进行分类管理，为企业取得营业执照后开展相关经营活动提供便利。除法律、行政法规规定的特定领域外，涉企经营许可事项不得作为企业登记的前置条件。

（2）推广以金融机构保函替代现金缴纳涉企保证金。

二、政务服务

对通过事中事后监管或者市场机制能够解决以及行政许可法和国务院规定不得设立行政许可的事项，一律不得设立行政许可，严禁以备案、登记、注册、目录、规划、年检、年报、监制、认定、认证、审定以及其他任何形式变相设定或者实施行政许可。

知识点 2 优化营商环境专项整治工作

《工程项目招投标领域营商环境专项整治工作方案》重点针对以下问题（节选）：

（1）在开标环节要求投标人的法定代表人必须到场，不接受经授权委托的投标人代表到场。

（2）评标专家对不同所有制投标人打分畸高或畸低，且无法说明正当理由。

（3）明示或暗示评标专家对不同所有制投标人采取不同的评标标准、实施不客观公正评价。

（4）采用抽签、摇号等方式直接确定中标候选人。

（5）限定投标保证金、履约保证金只能以现金形式提交，或者不按规定或者合同约定返还保证金。

（6）违法干涉社会投资的房屋建筑等工程建设单位发包自主权。

知识点 3《保障中小企业款项支付条例》的相关规定

《保障中小企业款项支付条例》所称中小企业，是指在中华人民共和国境内依法设立，依据国务院批准的中小企业划分标准确定的中型企业、小型企业和微型企业；所称大型企业，是指中小企业以外的企业。中小企业、大型企业依合同订立时的企业规模类型确定。中小企业与机关、事业单位、大型企业订立合同时，应当主动告知其属于中小企业。

关于中小企业款项支付，《保障中小企业款项支付条例》规定如下：

（1）机关、事业单位使用财政资金从中小企业采购货物、工程、服务，应当严格按照批准的预算执行，不得无预算、超预算开展采购。

政府投资项目所需资金应当按照国家有关规定确保落实到位，不得由施工单位垫资建设。

（2）机关、事业单位从中小企业采购货物、工程、服务，应当自货物、工程、服务交付之日起30日内支付款项；合同另有约定的，付款期限最长不得超过60日。

大型企业从中小企业采购货物、工程、服务，应当按照行业规范、交易习惯合理约定付款期限并及时支付款项。

合同约定采取履行进度结算、定期结算等结算方式的，付款期限应当自双方确认结算金额之日起算。

（3）机关、事业单位和大型企业与中小企业约定以货物、工程、服务交付后经检验或者验收合格作为支付中小企业款项条件的，付款期限应当自检验或者验收合格之日起算。

合同双方应当在合同中约定明确、合理的检验或者验收期限，并在该期限内完成检验或者验收。机关、事业单位和大型企业拖延检验或者验收的，付款期限自约定的检验或者验收期限届满之日起算。

（4）机关、事业单位和大型企业使用商业汇票等非现金支付方式支付中小企业款项的，应当在合同中作出明确、合理约定，不得强制中小企业接受商业汇票等非现金支付方式，不得利用商业汇票等非现金支付方式变相延长付款期限。

（5）机关、事业单位和国有大型企业不得强制要求以审计机关的审计结果作为结算依据，但合同另有约定或者法律、行政法规另有规定的除外。

（6）除依法设立的投标保证金、履约保证金、工程质量保证金、农民工工资保证金外，工程建设中不得收取其他保证金，保证金的收取比例应当符合国家有关规定。

机关、事业单位和大型企业不得将保证金限定为现金。中小企业以金融机构保函提供保证的，机关、事业单位和大型企业应当接受。

机关、事业单位和大型企业应当按照合同约定，在保证期限届满后及时与中小企业对收取的保证金进行核实和结算。

（7）机关、事业单位和大型企业不得以法定代表人或者主要负责人变更，履行内部付款流程，或者在合同未作约定的情况下以等待竣工验收批复、决算审计等为由，拒绝或者迟延支付中小企业款项。

（8）机关、事业单位和大型企业迟延支付中小企业款项的，应当支付逾期利息。双方对逾期利息的利率有约定的，约定利率不得低于合同订立时1年期贷款市场报价利率；未作约定的，按照每日利率万分之五支付逾期利息。

实战演练

［2024真题·单选］根据《保障中小企业款项支付条例》，机关、事业单位从中小企业采购货物、工程、服务，除合同另有约定外，应当自货物、工程、服务交付之日起（　　）日内支付款项。

A. 15　　B. 30

C. 60　　D. 90

［解析］ 机关、事业单位从中小企业采购货物、工程、服务，应当自货物、工程、服务交付之日起 30 日内支付款项；合同另有约定的，付款期限最长不得超过 60 日。

［答案］ B

［经典例题·多选］ 根据《保障中小企业款项支付条例》，下列保证金中，可以要求建筑业企业在工程建设中缴纳的有（　　）。

A. 投标保证金　　B. 履约保证金

C. 工程质量保证金　　D. 农民工工资保证金

E. 开工保证金

［解析］ 除依法设立的投标保证金、履约保证金、工程质量保证金、农民工工资保证金外，工程建设中不得收取其他保证金。

［答案］ ABCD

第三章

建设工程许可法律制度

本章导学

本章包括“建设工程规划许可”“建设工程施工许可”两节内容。其中，“建设工程规划许可”主要介绍了规划许可证的申请、规划条件的变更等内容；“建设工程施工许可”主要介绍了施工许可证和开工报告的适用范围、施工许可证的申请，以及延期开工、核验和重新办理批准的规定。本章内容根据考试大纲和相关法律条文进行编写，学习时注意进行理解记忆。

第一节 建设工程规划许可

2024年1月24日，中华人民共和国自然资源部公布施行《城乡规划编制单位资质管理办法》，其第二条规定："国家建立国土空间规划体系，将主体功能区规划、土地利用规划、城乡规划等空间类规划融合为统一的国土空间规划。在中华人民共和国境内从事国土空间规划编制工作的单位，应当取得相应等级的城乡规划（国土空间规划）编制单位资质，并在资质等级规定的范围内承担业务。"

城乡规划的相关内容如图3-1-1所示。

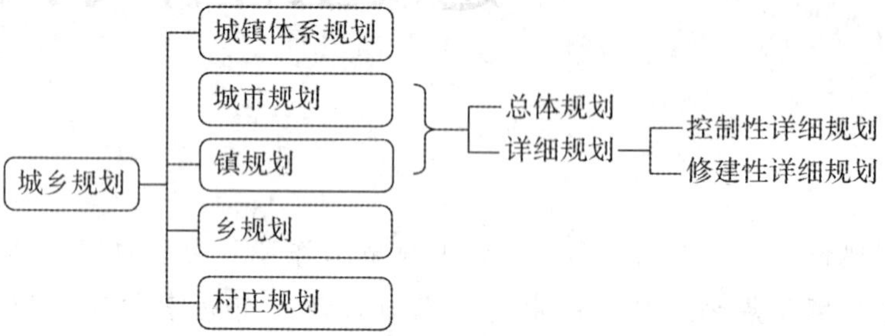

图3-1-1 城乡规划相关内容

知识点 1 规划许可证的申请

《中华人民共和国城乡规划法》（以下简称《城乡规划法》）规定，城乡规划主管部门不得在城乡规划确定的建设用地范围以外作出规划许可。

一、城市、镇规划区内

对符合控制性详细规划和规划条件的，由城市、县人民政府城乡规划主管部门或者省、自治区、直辖市人民政府确定的镇人民政府核发建设工程规划许可证。

二、乡、村庄规划区内

在乡、村庄规划区内进行乡镇企业、乡村公共设施和公益事业建设的，建设单位或者个人应当向乡、镇人民政府提出申请，由乡、镇人民政府报城市、县人民政府城乡规划主管部门核发乡村建设规划许可证。

建设单位或者个人在取得乡村建设规划许可证后，方可办理用地审批手续。

三、临时建设

在城市、镇规划区内进行临时建设的，应当经城市、县人民政府城乡规划主管部门批准。临时建设应当在批准的使用期限内自行拆除。

知识点 2 规划条件的变更

一、规划变更的程序

规划变更的程序如图3-1-2所示。

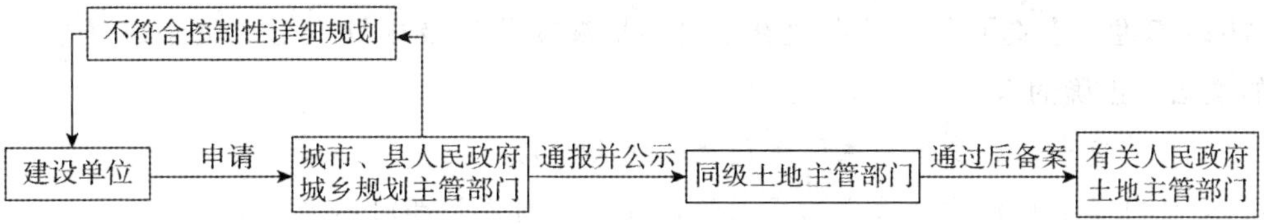

图 3-1-2　规划变更的程序

二、规划批准与核实

《城乡规划法》规定，建设单位应当按照规划条件进行建设；确需变更的，必须向城市、县人民政府城乡规划主管部门提出申请。变更内容不符合控制性详细规划的，城乡规划主管部门不得批准。城市、县人民政府城乡规划主管部门应当及时将依法变更后的规划条件通报同级土地主管部门并公示。

建设单位应当及时将依法变更后的规划条件报有关人民政府土地主管部门备案。

在城市、镇规划区内进行临时建设的，应当经城市、县人民政府城乡规划主管部门批准。临时建设影响近期建设规划或者控制性详细规划的实施以及交通、市容、安全等的，不得批准。

县级以上地方人民政府城乡规划主管部门按照国务院规定对建设工程是否符合规划条件予以核实。未经核实或者经核实不符合规划条件的，建设单位不得组织竣工验收。

建设单位应当在竣工验收后6个月内向城乡规划主管部门报送有关竣工验收资料。

三、规划修改与补偿

经依法审定的修建性详细规划、建设工程设计方案的总平面图不得随意修改；确需修改的，城乡规划主管部门应当采取听证会等形式，听取利害关系人的意见；因修改给利害关系人合法权益造成损失的，应当依法给予补偿。

四、监督检查

《城乡规划法》规定，县级以上人民政府城乡规划主管部门对城乡规划的实施情况进行监督检查，有权采取以下措施：

（1）要求有关单位和人员提供与监督事项有关的文件、资料，并进行复制。

（2）要求有关单位和人员就监督事项涉及的问题作出解释和说明，并根据需要进入现场进行勘测。

（3）责令有关单位和人员停止违反有关城乡规划的法律、法规的行为。

城乡规划主管部门的工作人员履行上述规定的监督检查职责，应当出示执法证件。

实战演练

［2024 真题·单选］建设单位应当在建设工程竣工验收后（　　）个月内向城乡规划主管部门报送有关竣工验收资料。

A. 6　　B. 1　　C. 3　　D. 12

［解析］建设单位应当在竣工验收后6个月内向城乡规划主管部门报送有关竣工验收资料。

［答案］A

[**2024 真题·多选**] 某大学在建新校区因情况变化涉及规划变更。关于该新校区规划变更的说法，正确的有（　　）。

A. 该大学应当向城乡规划主管部门提出变更申请

B. 变更内容不符合控制性详细规划的，城乡规划主管部门不得批准

C. 该大学应当及时将依法变更后的规划条件报有关人民政府土地主管部门备案

D. 该大学应当组织听证会，听取利害关系人对规划变更的意见

E. 城乡规划主管部门应当及时将依法变更后的规划条件报告上一级土地主管部门并公示

[**解析**] 选项 D 错误，《城乡规划法》规定，经依法审定的修建性详细规划、建设工程设计方案的总平面图不得随意修改；确需修改的，城乡规划主管部门应当采取听证会等形式，听取利害关系人的意见。选项 E 错误，城市、县人民政府城乡规划主管部门应当及时将依法变更后的规划条件通报同级土地主管部门并公示。

[**答案**] ABC

[**2024 真题·多选**] 根据《城乡规划法》，关于规划变更的说法，正确的有（　　）。

A. 申请变更的主体为施工企业

B. 原则上应当按照规划条件进行建设

C. 确需变更的，必须向城市、县人民政府城乡规划主管部门提出申请

D. 变更内容不符合控制性详细规划的，主管部门不得批准

E. 主管部门应当及时将变更后的规划条件通报同级土地主管部门

[**解析**] 选项 A 错误，建设单位应当按照规划条件进行建设；确需变更的，必须向城市、县人民政府城乡规划主管部门提出申请。

[**答案**] BCDE

第二节　建设工程施工许可

施工许可制度，是由国家授权的有关行政主管部门，在建设工程开工之前对其是否符合法定的开工条件进行审核，对符合条件的建设工程允许其开工建设的法定制度。我国目前对建设工程开工条件的审批，包括颁发“施工许可证”和批准“开工报告”两种形式。施工许可证是指建设工程开始施工前，建设单位向建设行政主管部门申请的可以施工的证明。目前，我国建设工程的多数工程是采用办理施工许可证的形式，由住房城乡建设主管部门审批，作为开发计划；部分工程则采用批准开工报告的形式，由国家发展改革主管部门审批，作为基建计划。

知识点 1　施工许可证和开工报告的适用范围

一、施工许可证的适用范围

《建筑法》规定，建筑工程开工前，建设单位应当按照国家有关规定向工程所在地县级

以上人民政府建设行政主管部门申请领取施工许可证；但是，国务院建设行政主管部门确定的限额以下的小型工程除外。建筑活动是指各类房屋建筑及其附属设施的建造和与其配套的线路、管道、设备的安装活动。

《建筑工程施工许可管理办法》进一步规定，应当申请领取施工许可证的建筑工程未取得施工许可证的，一律不得开工。

《住房城乡建设部办公厅关于工程总承包项目和政府采购工程建设项目办理施工许可手续有关事项的通知》对施工许可证进行了如下规定：

（1）关于工程总承包项目施工许可。对采用工程总承包模式的工程建设项目，在施工许可证及其申请表中增加“工程总承包单位”和“工程总承包项目经理”栏目。各级住房城乡建设主管部门可以根据工程总承包合同及分包合同确定设计、施工单位，依法办理施工许可证。对在工程总承包项目中承担分包工作，且已与工程总承包单位签订分包合同的设计单位或施工单位，各级住房城乡建设主管部门不得要求其与建设单位签订设计合同或施工合同，也不得将上述要求作为申请领取施工许可证的前置条件。

（2）关于政府采购工程建设项目施工许可。对依法通过竞争性谈判或单一来源方式确定供应商的政府采购工程建设项目，应严格执行《建筑法》《建筑工程施工许可管理办法》等规定，对符合申请条件的，应当颁发施工许可证。

此外，《住房和城乡建设部办公厅关于全面推行建筑工程施工许可证电子证照的通知》进一步提出，全面推行施工许可电子证照。自 2021 年 1 月 1 日起，全国范围内的房屋建筑和市政基础设施工程项目全面实行施工许可电子证照。电子证照与纸质证照具有同等法律效力。

二、开工报告的适用范围

国家和地方审批的大中型建设项目，实行批准开工报告制度。《政府投资条例》规定，国务院规定应当审批开工报告的重大政府投资项目，按照规定办理开工报告审批手续后方可开工建设。

➤ **名师点拨：**根据《建筑法》《建筑工程施工许可管理办法》等相关规定，不需要办理施工许可证和开工报告的情形总结见表 3-2-1。

表 3-2-1　不需要办理施工许可证和开工报告的情形总结

类型	相关规定	
限额以下的小型工程	工程投资额	＜30 万元
	建筑面积	＜300 m^2
抢险救灾及其他临时性房屋建筑	不适用《建筑法》的办理施工许可证规定	
农民自建低层住宅的建筑活动		
作为文物保护的纪念建筑物和古建筑等的修缮	依照文物保护的有关法律规定，办理相关审批手续	
军用房屋建筑工程	具体管理办法由国务院、中央军事委员会依据《建筑法》制定	

实战演练

[**2023 真题·单选**] 下列工程项目中，开工前需要申请办理施工许可证的是（　　）。

A. 抢险救灾工程　　B. 投资额 30 万元以上的建筑工程

C. 农民自建的低层住宅工程　　D. 临时性房屋建筑工程

[**解析**] 根据《建筑工程施工许可管理办法》的规定，“工程投资额在 30 万元以下或者建筑面积在 300 m^2 以下的建筑工程，可以不申请办理许可证”，选项 B 正确。抢险救灾及其他临时性房屋建筑和农民自建低层住宅的建筑活动，不需要办理施工许可证。

[**答案**] B

[**2018 真题·单选**] 关于施工许可的说法，正确的是（　　）。

A. 省级人民政府建设主管部门对小型工程限额的调整，应当报国务院住房城乡建设主管部门备案

B. 农民自建低层住宅的，应当申请领取施工许可证

C. 限额以下小型工程应当申请领取施工许可证

D. 施工分包合同签订后，申请领取施工许可证

[**解析**] 国务院建设行政主管部门确定的限额以下的小型工程，可以不申请办理施工许可证。抢险救灾及其他临时性房屋建筑和农民自建低层住宅的建筑活动，不需要办理施工许可证。建筑工程开工前，建设单位应按照规定申请领取施工许可证。

[**答案**] A

第三章

知识点 2 施工许可证的申请

根据《建筑法》，建筑工程开工前，建设单位应当按照国家有关规定向工程所在地县级以上人民政府建设行政主管部门申请领取施工许可证。

发证机关应当自收到申请之日起 7 日内，对符合条件的申请颁发施工许可证。

施工许可证的法定批准条件见表 3-2-2。

表 3-2-2　施工许可证的法定批准条件

《建筑法》	《建筑工程施工许可管理办法》
（1）已经办理该建筑工程用地批准手续； （2）依法应当办理建设工程规划许可证的，已经取得建设工程规划许可证； （3）需要拆迁的，其拆迁进度符合施工要求； （4）已经确定建筑施工企业； （5）有满足施工需要的资金安排、施工图纸及技术资料； （6）有保证工程质量和安全的具体措施	（1）依法应当办理用地批准手续的，已经办理该建筑工程用地批准手续； （2）依法应当办理建设工程规划许可证的，已经取得建设工程规划许可证； （3）施工场地已经基本具备施工条件，需要征收房屋的，其进度符合施工要求； （4）已经确定施工企业； （5）有满足施工需要的资金安排、施工图纸及技术资料，建设单位应当提供建设资金已经落实承诺书，施工图设计文件已按规定审查合格； （6）有保证工程质量和安全的具体措施

实战演练

[2021 真题·单选] 在申请领取施工许可证应当具备的条件中，关于施工图纸及技术资料的说法，正确的是（ ）。

A. 有施工方案设计即可

B. 有经审查合格的施工图设计文件

C. 有初步设计图纸并通过初步设计审查

D. 有注册执业人员签章的施工图

[解析] 申请领取施工许可证应当具备的条件：有满足施工需要的资金安排、施工图纸及技术资料，建设单位应当提供建设资金已经落实承诺书，施工图设计文件已按规定审查合格等。

[答案] B

知识点 3 延期开工、核验和重新办理批准的规定

根据《建筑法》，延期开工、核验和重新办理批准的规定见表 3-2-3。

表 3-2-3 延期开工、核验和重新办理批准的规定

施工许可证	延期施工规定	(1) 自领证之日起 3 个月内开工； (2) 不能按期开工的，应当申请延期；延期以两次为限，每次不超过 3 个月； (3) 施工许可证自行废止的情形：①施工许可证有效期内不开工又不申请延期的；②施工许可证超过延期时限的
	中止施工规定	(1) 因故中止施工的，建设单位应当自中止施工之日起 1 个月内，向发证机关报告，并按照规定做好建筑工程的维护管理工作； (2) 中止施工＜1 年，恢复施工时，应当向发证机关报告； (3) 中止施工≥1 年，恢复施工前，建设单位应当报发证机关核验施工许可证（符合条件，恢复施工；不符合条件，收回证书重新领取）
开工报告	因故不能按期开工超过 6 个月的，应当重新办理开工报告的批准手续	

实战演练

[2024 真题·单选] 某建设项目于 2023 年 5 月 8 日领取施工许可证，同年 6 月 16 日开工。开工后因极端天气原因于 2023 年 7 月 24 日中止施工。该项目建设单位应当向发证机关报告中止施工的最迟期限是（ ）。

A. 2023 年 6 月 8 日

B. 2023 年 7 月 16 日

C. 2023 年 8 月 24 日

D. 2023 年 10 月 24 日

[解析]《建筑法》规定，在建的建筑工程因故中止施工的，建设单位应当自中止施工之日起 1 个月内，向发证机关报告，并按照规定做好建筑工程的维护管理工作。

[答案] C

［**2022 真题·单选**］根据《建筑法》，在建的建筑工程因故中止施工的，关于施工许可证的说法，正确的是（　　）。

A. 施工企业应当自中止施工之日起 1 个月内，向发证机关报告

B. 中止施工未满 1 年的，无须向发证机关报告

C. 无正当理由中止施工的，施工许可证自行失效

D. 中止施工满 1 年的工程恢复施工前，建设单位应当报发证机关核验施工许可证

［**解析**］《建筑法》规定，在建的建筑工程因故中止施工的，建设单位应当自中止施工之日起 1 个月内，向发证机关报告，选项 A 错误。建筑工程恢复施工时，应当向发证机关报告；中止施工满 1 年的工程恢复施工前，建设单位应当报发证机关核验施工许可证，选项 B 错误、选项 D 正确。既不开工又不申请延期或者超过延期时限的，施工许可证自行废止，选项 C 错误。

［**答案**］D

［**2021 真题·单选**］关于施工许可证申请延期的说法，正确的是（　　）。

A. 自领取施工许可证之日起 6 个月内因故不能按期开工的，应当申请延期

B. 延期以三次为限，每次不得超过 3 个月

C. 既不开工又不申请延期的，施工许可证由发证机关废止

D. 超过延期时限的施工许可证，自行废止

［**解析**］建设单位应当自领取施工许可证之日起 3 个月内开工。因故不能按期开工的，应当向发证机关申请延期；延期以两次为限，每次不超过 3 个月。既不开工又不申请延期或者超过延期时限的，施工许可证自行废止。

［**答案**］D

第四章

建设工程发承包法律制度

本章导学

本章包括“建设工程发承包的一般规定”“建设工程招标投标制度”“非招标采购制度”三节内容。其中，“建设工程发承包的一般规定”，以《建筑法》为总纲，以《建筑工程施工发包与承包违法行为认定查处管理办法》相关法律条文为依据进行编写。“建设工程招标投标制度”，以《中华人民共和国招标投标法》(以下简称《招标投标法》)、《中华人民共和国招标投标法实施条例》(以下简称《招标投标法实施条例》) 的法律条文为编写依据，按照“招标→投标→开标→评标→中标→签订合同”的顺序进行编写，方便理解记忆。“非招标采购制度”，以《中华人民共和国政府采购法》(以下简称《政府采购法》)、《政府采购非招标采购方式管理办法》相关法律条文为依据进行编写。在学习本章时，以记忆关键词为主，重点掌握“建设工程招标投标制度”，其在每年的考试中分值占比较高。

第一节　建设工程发承包的一般规定

知识点 1 发包

《建筑法》规定，建筑工程实行招标发包的，发包单位应当将建筑工程发包给依法中标的承包单位。建筑工程实行直接发包的，发包单位应当将建筑工程发包给具有相应资质条件的承包单位。

根据《建筑工程施工发包与承包违法行为认定查处管理办法》，违法发包是指建设单位将工程发包给个人或不具有相应资质的单位、肢解发包、违反法定程序发包及其他违反法律法规规定发包的行为。

存在下列情形之一的，属于违法发包：①建设单位将工程发包给个人的；②建设单位将工程发包给不具有相应资质的单位的；③依法应当招标未招标或未按照法定招标程序发包的；④建设单位设置不合理的招标投标条件，限制、排斥潜在投标人或者投标人的；⑤建设单位将一个单位工程的施工分解成若干部分发包给不同的施工总承包或专业承包单位的。

根据《建筑法》，按照合同约定，建筑材料、建筑构配件和设备由工程承包单位采购的，发包单位不得指定承包单位购入用于工程的建筑材料、建筑构配件和设备或者指定生产厂、供应商。

知识点 2 承包

根据《建筑法》的规定，提倡对建筑工程实行总承包，禁止将建筑工程肢解发包。

建筑工程的发包单位可以将建筑工程的勘察、设计、施工、设备采购一并发包给一个工程总承包单位，也可以将建筑工程勘察、设计、施工、设备采购的一项或者多项发包给一个工程总承包单位；但是，不得将应当由一个承包单位完成的建筑工程肢解成若干部分发包给几个承包单位。

《房屋建筑和市政基础设施项目工程总承包管理办法》进一步规定：

一、总则

工程总承包是指承包单位按照与建设单位签订的合同，对工程设计、采购、施工或者设计、施工等阶段实行总承包，并对工程的质量、安全、工期和造价等全面负责的工程建设组织实施方式。

二、工程总承包项目的发包和承包

建设单位应当在发包前完成项目审批、核准或者备案程序。采用工程总承包方式的企业投资项目，应当在核准或者备案后进行工程总承包项目发包。采用工程总承包方式的政府投资项目，原则上应当在初步设计审批完成后进行工程总承包项目发包；其中，按照国家有关规定简化报批文件和审批程序的政府投资项目，应当在完成相应的投资决策审批后进行工程总承包项目发包。

建设单位依法采用招标或者直接发包等方式选择工程总承包单位。

工程总承包项目范围内的设计、采购或者施工中，有任一项属于依法必须进行招标的项目范围且达到国家规定规模标准的，应当采用招标的方式选择工程总承包单位。

工程总承包单位应当同时具有与工程规模相适应的工程设计资质和施工资质，或者由具有相应资质的设计单位和施工单位组成联合体。工程总承包单位应当具有相应的项目管理体系和项目管理能力、财务和风险承担能力，以及与发包工程相类似的设计、施工或者工程总承包业绩。

设计单位和施工单位组成联合体的，应当根据项目的特点和复杂程度，合理确定牵头单位，并在联合体协议中明确联合体成员单位的责任和权利。联合体各方应当共同与建设单位签订工程总承包合同，就工程总承包项目承担连带责任。

工程总承包单位不得是工程总承包项目的代建单位、项目管理单位、监理单位、造价咨询单位、招标代理单位。

政府投资项目的项目建议书、可行性研究报告、初步设计文件编制单位及其评估单位，一般不得成为该项目的工程总承包单位。

鼓励设计单位申请取得施工资质，已取得工程设计综合资质、行业甲级资质、建筑工程专业甲级资质的单位，可以直接申请相应类别施工总承包一级资质。鼓励施工单位申请取得工程设计资质，具有一级及以上施工总承包资质的单位可以直接申请相应类别的工程设计甲级资质。完成的相应规模工程总承包业绩可以作为设计、施工业绩申报。

企业投资项目的工程总承包宜采用总价合同，政府投资项目的工程总承包应当合理确定合同价格形式。采用总价合同的，除合同约定可以调整的情形外，合同总价一般不予调整。

三、工程总承包项目实施

建设单位根据自身资源和能力，可以自行对工程总承包项目进行管理，也可以委托勘察设计单位、代建单位等项目管理单位，赋予相应权利，依照合同对工程总承包项目进行管理。

工程总承包项目经理应当具备下列条件：

(1) 取得相应工程建设类注册执业资格，包括注册建筑师、勘察设计注册工程师、注册建造师或者注册监理工程师等；未实施注册执业资格的，取得高级专业技术职称。

(2) 担任过与拟建项目相类似的工程总承包项目经理、设计项目负责人、施工项目负责人或者项目总监理工程师。

(3) 熟悉工程技术和工程总承包项目管理知识以及相关法律法规、标准规范。

(4) 具有较强的组织协调能力和良好的职业道德。

工程总承包项目经理不得同时在两个或者两个以上工程项目担任工程总承包项目经理、施工项目负责人。

工程总承包单位可以采用直接发包的方式进行分包。但以暂估价形式包括在总承包范围内的工程、货物、服务分包时，属于依法必须进行招标的项目范围且达到国家规定规模标准的，应当依法招标。

政府投资项目所需资金应当按照国家有关规定确保落实到位，不得由工程总承包单位或者分包单位垫资建设。政府投资项目建设投资原则上不得超过经核定的投资概算。

知识点 3 工程总承包企业的责任

根据《建筑法》，建筑工程总承包单位按照总承包合同的约定对建设单位负责；分包单位按照分包合同的约定对总承包单位负责。总承包单位和分包单位就分包工程对建设单位承担连带责任。

根据《建设工程质量管理条例》，施工单位对建设工程的施工质量负责。

施工单位应当建立质量责任制，确定工程项目的项目经理、技术负责人和施工管理负责人。

建设工程实行总承包的，总承包单位应当对全部建设工程质量负责；建设工程勘察、设计、施工、设备采购的一项或者多项实行总承包的，总承包单位应当对其承包的建设工程或者采购的设备的质量负责。

第四章

《房屋建筑和市政基础设施项目工程总承包管理办法》进一步规定：

工程总承包单位应当对其承包的全部建设工程质量负责，分包单位对其分包工程的质量负责，分包不免除工程总承包单位对其承包的全部建设工程所负的质量责任。

工程总承包单位、工程总承包项目经理依法承担质量终身责任。

工程总承包单位对承包范围内工程的安全生产负总责。分包单位应当服从工程总承包单位的安全生产管理，分包单位不服从管理导致生产安全事故的，由分包单位承担主要责任，分包不免除工程总承包单位的安全责任。

工程保修书由建设单位与工程总承包单位签署，保修期内工程总承包单位应当根据法律法规规定以及合同约定承担保修责任，工程总承包单位不得以其与分包单位之间保修责任划分而拒绝履行保修责任。

实战演练

[经典例题·单选] 关于工程建设中使用建筑材料的说法，正确的是（　　）。

A. 建筑材料应该由建设单位采购

B. 建设单位采购的建筑材料经施工企业检验不合格的，应当拒绝使用

C. 建设单位招标采购建筑材料的，可以指定三个以上品牌

D. 建设单位采购的建筑材料经施工企业检验合格，使用后被证实属于不合格材料的，应由施工企业承担责任

[解析] 选项A错误，建筑材料也可由施工单位自行采购。选项C错误，不可指定建筑材料品牌。选项D错误，应由采购单位（建设单位）承担责任。

[答案] B

[2021真题·多选] 已经取得下列资质的设计单位，可以直接申请相应类别施工总承包一级资质的有（　　）。

A. 工程设计综合资质

B. 行业乙级资质

C. 行业甲级资质

D. 建筑工程行业乙级资质

E. 建筑工程专业甲级资质

[解析] 鼓励设计单位申请取得施工资质，已取得工程设计综合资质、行业甲级资质、建筑工程专业甲级资质的单位，可以直接申请相应类别施工总承包一级资质。

[答案] ACE

[2021 真题·多选] 根据《房屋建筑和市政基础设施项目工程总承包管理办法》，关于工程总承包单位的说法，正确的有（　　）。

A. 工程总承包单位应当同时具有与工程规模相适应的工程设计资质和施工资质

B. 工程总承包单位可以由具有相应资质的设计单位和施工企业组成联合体

C. 工程总承包单位应当具有相应的项目管理体系和项目管理能力、财务和风险承担能力

D. 工程总承包单位应当具有与发包工程相类似的设计、施工或工程总承包业绩

E. 工程总承包单位可以是工程总承包项目的代建单位或者造价咨询单位

[解析] 工程总承包单位应当具有相应的项目管理体系和项目管理能力、财务和风险承担能力，以及与发包工程相类似的设计、施工或者工程总承包业绩。工程总承包单位不得是工程总承包项目的代建单位、项目管理单位、监理单位、造价咨询单位、招标代理单位。

[答案] ABCD

知识点 4　分包

一、分包的分类

根据《房屋建筑和市政基础设施工程施工分包管理办法》，房屋建筑和市政基础设施工程施工分包分为专业工程分包和劳务作业分包。

(1) 专业工程分包是指施工总承包企业（以下简称专业分包工程发包人）将其所承包工程中的专业工程发包给具有相应资质的其他建筑业企业（以下简称专业分包工程承包人）完成的活动。

(2) 劳务作业分包是指施工总承包企业或者专业承包企业（以下简称劳务作业发包人）将其承包工程中的劳务作业发包给劳务分包企业（以下简称劳务作业承包人）完成的活动。

分包工程发包人包括专业分包工程发包人和劳务作业发包人；分包工程承包人包括专业分包工程承包人和劳务作业承包人。

二、分包工程的范围

根据《建筑法》，建筑工程总承包单位可以将承包工程中的部分工程发包给具有相应资质条件的分包单位。

禁止承包单位将其承包的全部建筑工程转包给他人，禁止承包单位将其承包的全部建筑工程肢解以后以分包的名义分别转包给他人。

施工总承包的，建筑工程主体结构的施工必须由总承包单位自行完成。

三、分包单位的选用

《房屋建筑和市政基础设施工程施工分包管理办法》规定，建设单位不得直接指定分包工程承包人。任何单位和个人不得对依法实施的分包活动进行干预。

分包工程承包人必须具有相应的资质，并在其资质等级许可的范围内承揽业务。严禁个人承揽分包工程业务。

专业工程分包除在施工总承包合同中有约定外，必须经建设单位认可。专业分包工程承包人必须自行完成所承包的工程。劳务作业分包由劳务作业发包人与劳务作业承包人通过劳务合同约定。劳务作业承包人必须自行完成所承包的任务。

➢ **名师点拨**：专业工程分包认可以下两种方式：

（1）在施工总承包合同中约定进行分包。

（2）施工总承包合同中没有约定进行分包，但经建设单位认可。

四、分包的保障

《房屋建筑和市政基础设施工程施工分包管理办法》规定，分包工程发包人和分包工程承包人应当依法签订分包合同，并按照合同履行约定的义务。分包合同必须明确约定支付工程款和劳务工资的时间、结算方式以及保证按期支付的相应措施，确保工程款和劳务工资的支付。

分包工程发包人可以就分包合同的履行，要求分包工程承包人提供分包工程履约担保；分包工程承包人在提供担保后，要求分包工程发包人同时提供分包工程付款担保的，分包工程发包人应当提供。

五、转包

《建筑工程施工发包与承包违法行为认定查处管理办法》规定，转包是指承包单位承包建设工程后，不履行合同约定的责任和义务，将其承包的全部建设工程或者将其承包的全部工程肢解后以分包的名义分别转给其他单位或个人施工的行为。

存在下列情形之一的，属于转包：

（1）承包单位将其承包的全部工程转给其他单位（包括母公司承接建筑工程后将所承接工程交由具有独立法人资格的子公司施工的情形）或个人施工的。

（2）承包单位将其承包的全部工程肢解以后，以分包的名义分别转给其他单位或个人施工的。

（3）施工总承包单位或专业承包单位未派驻项目负责人、技术负责人、质量管理负责人、安全管理负责人等主要管理人员，或派驻的项目负责人、技术负责人、质量管理负责人、安全管理负责人中一人及以上与施工单位没有订立劳动合同且没有建立劳动工资和社会养老保险关系，或派驻的项目负责人未对该工程的施工活动进行组织管理，又不能进行合理解释并提供相应证明的。

（4）合同约定由承包单位负责采购的主要建筑材料、构配件及工程设备或租赁的施工机械设备，由其他单位或个人采购、租赁，或施工单位不能提供有关采购、租赁合同及发票等证明，又不能进行合理解释并提供相应证明的。

（5）专业作业承包人承包的范围是承包单位承包的全部工程，专业作业承包人计取的是除上缴给承包单位“管理费”之外的全部工程价款的。

（6）承包单位通过采取合作、联营、个人承包等形式或名义，直接或变相将其承包的全部工程转给其他单位或个人施工的。

（7）专业工程的发包单位不是该工程的施工总承包或专业承包单位的，但建设单位依约作为发包单位的除外。

（8）专业作业的发包单位不是该工程承包单位的。

（9）施工合同主体之间没有工程款收付关系，或者承包单位收到款项后又将款项转拨给其他单位和个人，又不能进行合理解释并提供材料证明的。

两个以上的单位组成联合体承包工程，在联合体分工协议中约定或者在项目实际实施过程中，联合体一方不进行施工也未对施工活动进行组织管理的，并且向联合体其他方收取管理费或者其他类似费用的，视为联合体一方将承包的工程转包给联合体其他方。

分包工程发包人将工程分包后，未在施工现场设立项目管理机构和派驻相应人员，并未对该工程的施工活动进行组织管理的，视同转包行为。

六、挂靠

根据《建筑工程施工发包与承包违法行为认定查处管理办法》，存在下列情形之一的，属于挂靠：

（1）没有资质的单位或个人借用其他施工单位的资质承揽工程的。

（2）有资质的施工单位相互借用资质承揽工程的，包括资质等级低的借用资质等级高的，资质等级高的借用资质等级低的，相同资质等级相互借用的。

（3）有上述认定转包第（3）至第（9）项规定的情形，有证据证明属于挂靠的。

七、违法分包

《建设工程质量管理条例》规定，违法分包是指下列行为：

（1）总承包单位将建设工程分包给不具备相应资质条件的单位的。

（2）建设工程总承包合同中未有约定，又未经建设单位认可，承包单位将其承包的部分建设工程交由其他单位完成的。

（3）施工总承包单位将建设工程主体结构的施工分包给其他单位的。

（4）分包单位将其承包的建设工程再分包的。

《房屋建筑和市政基础设施工程施工分包管理办法》规定，禁止将承包的工程进行违法分包。下列行为，属于违法分包：

（1）分包工程发包人将专业工程或者劳务作业分包给不具备相应资质条件的分包工程承包人的。

（2）施工总承包合同中未有约定，又未经建设单位认可，分包工程发包人将承包工程中的部分专业工程分包给他人的。

《建筑工程施工发包与承包违法行为认定查处管理办法》规定，存在下列情形之一的，属于违法分包：

（1）承包单位将其承包的工程分包给个人的。

（2）施工总承包单位或专业承包单位将工程分包给不具备相应资质的单位的。

（3）施工总承包单位将施工总承包合同范围内工程主体结构的施工分包给其他单位的，钢结构工程除外。

（4）专业分包单位将其承包的专业工程中非劳务作业部分再分包的。

（5）专业作业承包人将其承包的劳务再分包的。

（6）专业作业承包人除计取劳务作业费用外，还计取主要建筑材料款和大中型施工机械设备、主要周转材料费用的。

实战演练

[2024 真题·单选] 关于建设工程分包的说法，正确的是（　　）。

A. 专业作业承包人可以将其承包的劳务再分包

B. 承包人可以将其承包的全部建设工程分包给第三人

C. 承包人可以将其承包的工程分包给个人

D. 经发包人同意，总承包人可以将其承包工程的非主体结构部分交由第三人完成

[解析] 选项 B 错误，承包人不得将其承包的全部建设工程转包给第三人或者将其承包的全部建设工程肢解以后以分包的名义分别转包给第三人。选项 A、C 错误，根据《建筑工程施工发包与承包违法行为认定查处管理办法》，违法分包的情形包括：①承包单位将其承包的工程分包给个人的；②施工总承包单位或专业承包单位将工程分包给不具备相应资质单位的；③施工总承包单位将施工总承包合同范围内工程主体结构的施工分包给其他单位的，钢结构工程除外；④专业分包单位将其承包的专业工程中非劳务作业部分再分包的；⑤专业作业承包人将其承包的劳务再分包的；⑥专业作业承包人除计取劳务作业费用外，还计取主要建筑材料款和大中型施工机械设备、主要周转材料费用的。

[答案] D

[2022 真题·单选] 关于承包人将其工程分包的说法，正确的是（　　）。

A. 承包人可以不经发包人认可将工程分包给他人

B. 承包人可以将工程分包给个人

C. 承包人可以将工程的主体结构分包给他人

D. 分包人不得将其承包的工程再分包

[解析]《建筑法》规定，建筑工程总承包单位可以将承包工程中的部分工程发包给具有相应资质条件的分包单位，但是，除总承包合同中约定的分包外，必须经建设单位认可，选项 A 错误。《建筑工程施工发包与承包违法行为认定查处管理办法》规定，承包单位将其承包的工程分包给个人的，属于违法分包，选项 B 错误。施工总承包单位将施工总承包合同范围内工程主体结构的施工分包给其他单位的，钢结构工程除外，属于违法分包，选项 C 错误。

[答案] D

[2023 真题·多选] 根据《建设工程质量管理条例》，下列情形中，属于违法分包的有（　　）。

A. 分包单位将其承包的工程再分包给具有相应资质条件的单位的

B. 总承包单位将工程主体结构的施工分包给其他单位的

C. 总承包单位将非主体工程分包给具有相应资质条件的单位的

D. 总承包单位将其承包的全部工程转给具有相应资质条件的单位的

E. 总承包单位将其承包的全部工程肢解以后分别分包给其他单位的

[解析]《建设工程质量管理条例》规定，违法分包是指下列行为：①总承包单位将建设工程分包给不具备相应资质条件的单位的；②建设工程总承包合同中未有约定，又未经建设单位认可，承包单位将其承包的部分建设工程交由其他单位完成的；③施工总承包单位将建设工程主体结构的施工分包给其他单位的；④分包单位将其承包的建设工程再分包的。

[答案] AB

第二节　建设工程招标投标制度

《建筑法》规定，建筑工程依法实行招标发包，对不适用于招标发包的可以直接发包。

招标投标是基本建设领域促进竞争的全面经济责任制形式。一般由若干施工单位参与工程投标，招标单位（建设单位）择优入选，谁的工期短、造价低、质量高、信誉好，就把工程任务发包给谁，由承建单位与发包单位签订合同，一包到底，按交钥匙的方式组织建设。

知识点 1　必须招标的项目

必须招标的工程建设项目应同时满足招标范围和规模标准两方面条件。

一、建设工程必须招标的范围

根据《招标投标法》，在中华人民共和国境内进行下列工程建设项目，包括项目的勘察、设计、施工、监理以及与工程建设有关的重要设备、材料等的采购，必须进行招标。

招标范围及说明见表 4-2-1。

表 4-2-1　招标范围及说明

范围	说明
大型基础设施、公用事业等关系社会公共利益、公众安全的项目	基础设施——能源、交通、通信、水利、城市轨道 公用事业——市政、“教科文卫体”、住宅
全部或者部分使用国有资金投资或者国家融资的项目	根据《必须招标的工程项目规定》，全部或者部分使用国有资金投资或者国家融资的项目包括： (1) 使用预算资金 200 万元人民币以上，并且该资金占投资额 10%以上的项目； (2) 使用国有企业事业单位资金，并且该资金占控股或者主导地位的项目
使用国际组织或者外国政府贷款、援助资金的项目	根据《必须招标的工程项目规定》，使用国际组织或者外国政府贷款、援助资金的项目包括： (1) 使用世界银行、亚洲开发银行等国际组织贷款、援助资金的项目； (2) 使用外国政府及其机构贷款、援助资金的项目

二、建设工程必须招标的规模标准

根据《必须招标的工程项目规定》，勘察、设计、施工、监理以及与工程建设有关的重要设备、材料等的采购达到下列标准之一的，必须招标：

(1) 施工单项合同估算价在400万元人民币以上。

(2) 重要设备、材料等货物的采购，单项合同估算价在200万元人民币以上。

(3) 勘察、设计、监理等服务的采购，单项合同估算价在100万元人民币以上。

同一项目中可以合并进行的勘察、设计、施工、监理以及与工程建设有关的重要设备、材料等的采购，合同估算价合计达到上述规定标准的，必须招标。

知识点 2 可以不进行招标的建设工程项目

可以不进行招标的建设工程项目见表4-2-2。

表4-2-2 可以不进行招标的建设工程项目

《招标投标法》的规定	《招标投标法实施条例》的规定
(1) 涉及国家安全、国家秘密的不适宜招标； (2) 抢险救灾不适宜招标； (3) 利用扶贫资金实行以工代赈、需要使用农民工的不适宜招标	(1) 需要采用不可替代的专利或者专有技术； (2) 采购人依法能够自行建设、生产或者提供； (3) 已通过招标方式选定的特许经营项目投资人依法能够自行建设、生产或者提供； (4) 需要向原中标人采购工程、货物或者服务，否则将影响施工或者功能配套要求； (5) 国家规定的其他特殊情形

根据《招标投标法实施条例》，工程建设项目是指工程以及与工程建设有关的货物、服务。

工程是指建设工程，包括建筑物和构筑物的新建、改建、扩建及其相关的装修、拆除、修缮等。

与工程建设有关的货物，是指构成工程不可分割的组成部分，且为实现工程基本功能所必需的设备、材料等。

与工程建设有关的服务，是指为完成工程所需的勘察、设计、监理等服务。

➢ **名师点拨：**

(1) 采购人依法能够自行建设、生产或者提供。采购人指符合民事主体资格的法人、其他组织，不包括与其相关的母公司、子公司，以及与其具有管理或利害关系的、具有独立民事主体资格的法人、其他组织。例如，某房地产开发公司除具有房屋开发资质外，还具有相应的房屋建筑工程施工总承包一级资质，其开发的商品房就可以按有关法律法规和规定自行组织施工，而不需要招标。

(2) 已通过招标方式选定的特许经营项目投资人依法能够自行建设、生产或者提供。这里所称的特许经营项目，是指政府将公共基础设施和公用事业的特许经营权出让给投资人并签订特许经营协议，由其组建项目公司负责投资、建设、经营的项目。类似的项目特许经营模式有BOT、BOO、TOT、BT等。

知识点 3　建设工程招标投标交易场所

根据《招标投标法实施条例》，设区的市级以上地方人民政府可以根据实际需要，建立统一规范的招标投标交易场所，为招标投标活动提供服务。招标投标交易场所不得与行政监督部门存在隶属关系，不得以营利为目的。

国家鼓励利用信息网络进行电子招标投标。

知识点 4　建设工程招标方式

一、公开招标与邀请招标

根据《招标投标法》，招标分为公开招标和邀请招标，见表 4-2-3。

表 4-2-3　公开招标和邀请招标

<table>
<tr><th>招标方式</th><th>概念</th><th>范围</th></tr>
<tr><td>公开招标</td><td>招标人采用招标公告的方式邀请不特定法人或组织参加</td><td rowspan="2">(1)《招标投标法实施条例》规定，国有资金占控股或者主导地位的依法必须进行招标的项目，应当公开招标；但有下列情形之一的，可以邀请招标：
①技术复杂，只有少量潜在投标人可供选择；
②有特殊要求，只有少量潜在投标人可供选择；
③受自然环境限制，只有少量潜在投标人可供选择；
④采用公开招标方式的费用占项目合同金额的比例过大；
(2)《招标投标法》规定，国务院发展计划部门确定的国家重点项目和省、自治区、直辖市人民政府确定的地方重点项目不适宜公开招标的，经国务院发展计划部门或者省、自治区、直辖市人民政府批准，可以进行邀请招标</td></tr>
<tr><td>邀请招标</td><td>招标人采用投标邀请书的方式邀请特定法人或组织参加（邀请数目为 3 个以上）</td></tr>
</table>

➤ **名师点拨**：由于实践中不同招标项目差别较大，上述条款中没有规定公开招标费用占项目合同金额的具体比例。

二、总承包招标

根据《招标投标法实施条例》，招标人可以依法对工程以及与工程建设有关的货物、服务全部或者部分实行总承包招标。以暂估价形式包括在总承包范围内的工程、货物、服务属于依法必须进行招标的项目范围且达到国家规定规模标准的，应当依法进行招标。

以上所称暂估价，是指总承包招标时不能确定价格而由招标人在招标文件中暂时估定的工程、货物、服务的金额。

三、两阶段招标

根据《招标投标法实施条例》，对技术复杂或者无法精确拟定技术规格的项目，招标人可以分两阶段进行招标。

第一阶段，投标人按照招标公告或者投标邀请书的要求提交不带报价的技术建议，招标人根据投标人提交的技术建议确定技术标准和要求，编制招标文件。

第二阶段，招标人向在第一阶段提交技术建议的投标人提供招标文件，投标人按照招标文件的要求提交包括最终技术方案和投标报价的投标文件。

实战演练

[2021 真题 · 单选] 下列建设工程项目中，属于依法必须进行招标的项目是（　　）。

A. 使用预算资金 100 万元，并且该资金占投资额 10%以上的项目

B. 使用国有企业资金 100 万元，并且该资金占投资额 10%以下的项目

C. 使用预算资金 300 万元，并且该资金占投资额 10%以上的项目

D. 使用国有事业单位资金 300 万元，并且该资金占投资额 10%以下的项目

[解析] 使用预算资金 200 万元人民币以上，并且该资金占投资额 10%以上的项目必须招标。

[答案] C

[2021 真题 · 单选] 下列国有资金占控股或者主导地位的依法必须进行招标的项目，可以采取邀请招标的是（　　）。

A. 采用公开招标方式的费用占项目合同金额的比例过大的项目

B. 省、自治区、直辖市人民政府确定的地方重点项目

C. 由于技术复杂导致公开招标程序复杂的项目

D. 受资金限制，只有少量潜在投标人可供选择的项目

[解析] 国有资金占控股或者主导地位的依法必须进行招标的项目，应当公开招标；但有下列情形之一的，可以邀请招标：①技术复杂、有特殊要求或者受自然环境限制，只有少量潜在投标人可供选择；②采用公开招标方式的费用占项目合同金额的比例过大。国务院发展计划部门确定的国家重点项目和省、自治区、直辖市人民政府确定的地方重点项目不适宜公开招标的，经国务院发展计划部门或者省、自治区、直辖市人民政府批准，可以进行邀请招标。

[答案] A

[2024 真题 · 多选] 根据《招标投标法实施条例》，下列施工项目中，可以采用邀请招标方式发包的有（　　）。

A. 国家重点项目，经国务院发展计划部门批准不公开招标的

B. 需要向原中标人采购工程，否则将影响施工的

C. 受自然环境限制，只有少量潜在投标人可供选择的

D. 施工主要技术需要使用某项不可替代的专利的

E. 采用公开招标方式的费用占项目合同金额的比例过大的

[解析]《招标投标法实施条例》规定，国有资金占控股或者主导地位的依法必须进行招标的项目，应当公开招标；但有下列情形之一的，可以邀请招标：①技术复杂、有特殊要求或者受自然环境限制，只有少量潜在投标人可供选择；②采用公开招标方式的费用占项目合同金额的比例过大。国务院发展计划部门确定的国家重点项目和省、自治区、直辖市人民政府确定的地方重点项目不适宜公开招标的，经国务院发展计划部门或者省、自治区、直辖市人民政府批准，可以进行邀请招标。

[答案] ACE

［**2023 真题·多选**］根据《招标投标法实施条例》及相关规定，关于两阶段招标基本程序的说法，正确的有（　　）。

A. 招标人要求提交投标保证金的，应当在第二阶段提出

B. 招标人应根据投标人第一阶段提交的技术建议确定技术标准和要求

C. 对无法精确拟定技术规格的项目，招标人必须分两阶段进行招标

D. 招标人应向在第一阶段提交技术建议的投标人提供招标文件

E. 投标人第一阶段应当提交技术建议和投标报价

［**解析**］选项 A 正确，实行两阶段招标的，招标人要求投标人提交投标保证金的，应当在第二阶段提出。选项 C 错误，对技术复杂或者无法精确拟定技术规格的项目，招标人可以分两阶段进行招标。选项 B 正确、选项 E 错误，在第一阶段，投标人应按照招标公告或者投标邀请书的要求提交不带报价的技术建议，招标人根据投标人提交的技术建议确定技术标准和要求，编制招标文件。选项 D 正确，在第二阶段，招标人应向在第一阶段提交技术建议的投标人提供招标文件，投标人按照招标文件的要求提交包括最终技术方案和投标报价的投标文件。

［**答案**］ABD

知识点 5　招标程序

一、履行项目审批手续，招标内容审核

《招标投标法》规定，招标项目按照国家有关规定需要履行项目审批手续的，应当先履行审批手续，取得批准。招标人应当有进行招标项目的相应资金或者资金来源已经落实，并应当在招标文件中如实载明。

《招标投标法实施条例》规定，按照国家有关规定需要履行项目审批、核准手续的依法必须进行招标的项目，其招标范围、招标方式、招标组织形式应当报项目审批、核准部门审批、核准。

➢ **名师点拨**：关于招标范围、招标方式和招标组织形式。

（1）招标范围是指项目的勘察、设计、施工、监理及与项目有关的重要设备、材料等内容，哪些部分进行招标，哪些部分不进行招标。

（2）招标方式分为公开招标和邀请招标。

（3）招标组织形式分为委托招标和自行招标。

二、委托招标代理机构

（一）自行招标

根据《招标投标法》，招标人有权自行选择招标代理机构，委托其办理招标事宜。任何单位和个人不得以任何方式为招标人指定招标代理机构。

招标人具有编制招标文件和组织评标能力的（招标人具有与招标项目规模和复杂程度相适应的技术、经济等方面的专业人员），可以自行办理招标事宜。任何单位和个人不得强制其委托招标代理机构办理招标事宜。

依法必须进行招标的项目，招标人自行办理招标事宜的，应当向有关行政监督部门

备案。

（二）委托招标

根据《招标投标法》，招标代理机构是依法设立、从事招标代理业务并提供相关服务的社会中介组织。

招标代理机构应当具备下列条件：①有从事招标代理业务的营业场所和相应资金；②有能够编制招标文件和组织评标的相应专业力量。

招标代理机构与行政机关和其他国家机关不得存在隶属关系或者其他利益关系。

根据《招标投标法实施条例》，招标代理机构在其资格许可和招标人委托的范围内开展招标代理业务，任何单位和个人不得非法干涉。

招标代理机构不得在所代理的招标项目中投标或者代理投标，也不得为所代理的招标项目的投标人提供咨询。

招标人应当与被委托的招标代理机构签订书面委托合同。

三、编制招标文件

《招标投标法》规定，招标人应当根据招标项目的特点和需要编制招标文件。招标文件应当包括招标项目的技术要求、对投标人资格审查的标准、投标报价要求和评标标准等所有实质性要求和条件以及拟签订合同的主要条款。

（一）文件的澄清和修改

根据《招标投标法》，招标人对已发出的招标文件进行必要的澄清或者修改的，应当在招标文件要求提交投标文件截止时间至少 15 日前，以书面形式通知所有招标文件收受人。该澄清或者修改的内容为招标文件的组成部分。

根据《招标投标法实施条例》，招标人可以对已发出的资格预审文件或者招标文件进行必要的澄清或者修改。投标截止时间不足 3 日或者 15 日的，招标人应当顺延提交资格预审申请文件或者投标文件的截止时间。

（二）文件的提交

根据《招标投标法》，招标人应当确定投标人编制投标文件所需要的合理时间。但是，依法必须进行招标的项目，自招标文件开始发出之日起至投标人提交投标文件截止之日止，最短不得少于 20 日。

（三）对文件的异议

根据《招标投标法实施条例》，潜在投标人或者其他利害关系人对招标文件有异议的，应当在投标截止时间 10 日前提出。招标人应当自收到异议之日起 3 日内作出答复；作出答复前，应当暂停招标投标活动。

（四）投标有效期

根据《招标投标法实施条例》，招标人应当在招标文件中载明投标有效期。投标有效期从提交投标文件的截止之日起算。

（五）标底编制

根据《招标投标法实施条例》，招标人可以自行决定是否编制标底。一个招标项目只能有一个标底，标底必须保密。招标人设有最高投标限价的，应当在招标文件中明确最高投标限价或者最高投标限价的计算方法。招标人不得规定最低投标限价。

招标项目设有标底的，招标人应当在开标时公布。标底只能作为评标的参考，不得以投标报价是否接近标底作为中标条件，也不得以投标报价超过标底上下浮动范围作为否决投标的条件。

根据《建筑工程施工发包与承包计价管理办法》，国有资金投资的建筑工程招标的，应当设有最高投标限价；非国有资金投资的建筑工程招标的，可以设有最高投标限价或者招标标底。

全部使用国有资金投资或者以国有资金投资为主的建筑工程，应当采用工程量清单计价；非国有资金投资的建筑工程，鼓励采用工程量清单计价。

工程量清单应当作为招标文件的组成部分。

最高投标限价应当依据工程量清单、工程计价有关规定和市场价格信息等编制。

四、发布招标公告或投标邀请书

根据《招标投标法实施条例》，资格预审文件或者招标文件的发售期不得少于 5 日。招标人发售资格预审文件、招标文件收取的费用应当限于补偿印刷、邮寄的成本支出，不得以营利为目的。

根据《招标公告和公示信息发布管理办法》，依法必须招标项目的招标公告和公示信息，除依法需要保密或者涉及商业秘密的内容外，应当按照公益服务、公开透明、高效便捷、集中共享的原则，依法向社会公开。

依法必须招标项目的资格预审公告和招标公告，应当载明以下内容：①招标项目名称、内容、范围、规模、资金来源；②投标资格能力要求，以及是否接受联合体投标；③获取资格预审文件或招标文件的时间、方式；④递交资格预审文件或投标文件的截止时间、方式；⑤招标人及其招标代理机构的名称、地址、联系人及联系方式；⑥采用电子招标投标方式的，潜在投标人访问电子招标投标交易平台的网址和方法。

依法必须招标项目的招标公告和公示信息应当在“中国招标投标公共服务平台”或者项目所在地省级电子招标投标公共服务平台（以下简称发布媒介）发布。

发布媒介应当免费提供依法必须招标项目的招标公告和公示信息发布服务，并允许社会公众和市场主体免费、及时查阅前述招标公告和公示的完整信息。

五、资格审查

根据《招标投标法实施条例》，资格审查分为资格预审和资格后审。

（一）资格预审

依法必须进行招标的项目提交资格预审申请文件的时间，自资格预审文件停止发售之日起不得少于 5 日。

资格预审应当按照资格预审文件载明的标准和方法进行。国有资金占控股或者主导地位的依法必须进行招标的项目，招标人应当组建资格审查委员会审查资格预审申请文件。

未通过资格预审的申请人不具有投标资格。通过资格预审的申请人少于 3 个的，应当重新招标。

（二）资格后审

招标人采用资格后审办法对投标人进行资格审查的，应当在开标后由评标委员会按照招标文件规定的标准和方法对投标人的资格进行审查。

招标人可以对已发出的资格预审文件进行必要的澄清或者修改。澄清或者修改的内容可能影响资格预审申请文件编制的，招标人应当在提交资格预审申请文件截止时间至少3日前，以书面形式通知所有获取资格预审文件的潜在投标人；不足3日的，招标人应当顺延提交资格预审申请文件的截止时间。

潜在投标人或者其他利害关系人对资格预审文件有异议的，应当在提交资格预审申请文件截止时间2日前提出。招标人应当自收到异议之日起3日内作出答复；作出答复前，应当暂停招标投标活动。

实战演练

［2024真题·单选］根据《招标投标法实施条例》，投标人或者其他利害关系人对招标文件有异议的，应当在（　　）提出。

A. 投标有效期内　　B. 投标截止时间10日前

C. 评标委员会评审结束前　　D. 招标人发出中标通知书前

［解析］对招标文件有异议的，应当在投标截止时间10日前提出。招标人应当自收到异议之日起3日内作出答复；作出答复前，应当暂停招标投标活动。

［答案］B

［2021真题·单选］关于招标代理机构的说法，正确的是（　　）。

A. 招标代理机构可以在所代理的招标项目中投标或者代理投标

B. 招标代理机构可以为所代理的招标项目的投标人提供咨询

C. 招标人与被委托的招标代理机构之间的委托合同可以是口头形式

D. 招标代理机构应当拥有一定数量的具备编制招标文件、组织评标等相应能力的专业人员

［解析］选项A、B错误，招标代理机构不得在所代理的招标项目中投标或者代理投标，也不得为所代理的招标项目的投标人提供咨询。选项C错误，招标人与被委托的招标代理机构之间的委托合同应当是书面形式。招标代理机构应当具备下列条件：①有从事招标代理业务的营业场所和相应资金；②有能够编制招标文件和组织评标的相应专业力量。

［答案］D

［2021真题·单选］关于标底的说法，正确的是（　　）。

A. 招标人可以自行决定是否编制标底

B. 招标人可以根据实际情况确定招标项目标底的数量

C. 国有资金投资的建筑工程招标的，应当设有招标标底

D. 在保密的前提下，接受招标人委托编制标底的中介机构可以为该项目的投标人提供咨询

[解析] 选项A正确、选项B错误，招标人可以自行决定是否编制标底，一个招标项目只能有一个标底，标底必须保密。选项C错误，国有资金投资的建筑工程招标的，应当设有最高投标限价；非国有资金投资的建筑工程招标的，可以设有最高投标限价或者招标标底。选项D错误，接受委托编制标底的中介机构不得参加受托编制标底项目的投标，也不得为该项目的投标人编制投标文件或者提供咨询。

[答案] A

[2020真题·单选] 关于招标文件的说法，正确的是（　　）。

A. 招标文件不得要求或者标明特定的生产供应者，以及含有倾向或者排斥潜在投标人的内容

B. 招标人已对发出的招标文件进行必要的澄清的，该澄清的内容不得再次澄清

C. 招标人已对发出的招标文件进行必要的修改的，应当在招标文件要求提交投标文件截止时间至少10日前

D. 招标人对已发出的招标文件进行必要的修改的，应当以电话等即时通信方式及时通知所有获取招标文件的潜在招标人

[解析] 招标人对已发出的招标文件进行必要的澄清或者修改的，应当在招标文件要求提交投标文件截止时间至少15日前，以书面形式通知所有招标文件收受人。该澄清或者修改的内容为招标文件的组成部分。

[答案] A

[2021真题·多选] 关于招标基本程序的说法，正确的有（　　）。

A. 招标项目按照国家有关规定需要履行项目审批手续的，可以先行办理招标事宜，再履行审批手续

B. 招标投标活动应当遵循公开、公平、公正和诚实信用的原则

C. 招标人具有编制招标文件和组织评标能力的，可以自行办理招标事宜

D. 招标代理机构可以为所代理的招标项目的投标人提供咨询

E. 委托招标代理机构应当采用招标方式进行

[解析] 选项A错误，招标项目按照国家有关规定需要履行项目审批手续的，应当先履行审批手续，取得批准。选项D错误，招标代理机构不得在所代理的招标项目中投标或者代理投标，也不得为所代理的招标项目的投标人提供咨询。选项E错误，招标人有权自行选择招标代理机构，委托其办理招标事宜。

[答案] BC

知识点6 投标相关规定

一、投标人

根据《招标投标法》，投标人是响应招标、参加投标竞争的法人或者其他组织。投标人应当具备承担招标项目的能力。

（一）投标活动不受地区或者部门限制

根据《招标投标法实施条例》，投标人参加依法必须进行招标的项目的投标，不受地区或者部门的限制，任何单位和个人不得非法干涉。

（二）对投标人的限制

根据《招标投标法实施条例》，与招标人存在利害关系可能影响招标公正性的法人、其他组织或者个人，不得参加投标。

单位负责人为同一人或者存在控股、管理关系的不同单位，不得参加同一标段投标或者未划分标段的同一招标项目投标。

违反以上规定的，相关投标均无效。

（三）投标的变化

根据《招标投标法实施条例》，投标人发生合并、分立、破产等重大变化的，应当及时书面告知招标人。投标人不再具备资格预审文件、招标文件规定的资格条件或者其投标影响招标公正性的，其投标无效。

二、联合体投标

根据《招标投标法》，两个以上法人或者其他组织可以组成一个联合体，以一个投标人的身份共同投标。

联合体各方均应当具备承担招标项目的相应能力。由同一专业的单位组成的联合体，按照资质等级较低的单位确定资质等级。

联合体各方应当签订共同投标协议，明确约定各方拟承担的工作和责任，并将共同投标协议连同投标文件一并提交招标人。联合体中标的，联合体各方应当共同与招标人签订合同，就中标项目向招标人承担连带责任。

招标人不得强制投标人组成联合体共同投标，不得限制投标人之间的竞争。

根据《招标投标法实施条例》，招标人应当在资格预审公告、招标公告或者投标邀请书中载明是否接受联合体投标。

招标人接受联合体投标并进行资格预审的，联合体应当在提交资格预审申请文件前组成。资格预审后联合体增减、更换成员的，其投标无效。

联合体各方在同一招标项目中以自己名义单独投标或者参加其他联合体投标的，相关投标均无效。

➢ **名师点拨：**《建筑法》规定，大型建筑工程或者结构复杂的建筑工程，可以由两个以上的承包单位联合共同承包。

三、投标文件

（一）投标文件内容

根据《招标投标法》，投标人应当按照招标文件的要求编制投标文件。投标文件应当对招标文件提出的实质性要求和条件作出响应。

招标项目属于建设施工项目的，投标文件的内容应当包括拟派出的项目负责人与主要技术人员的简历、业绩和拟用于完成招标项目的机械设备等。

《〈标准施工招标资格预审文件〉和〈标准施工招标文件〉试行规定》中规定，投标文件应包括下列内容：①投标函及投标函附录；②法定代表人身份证明或附有法定代表人身份证明的授权委托书；③联合体协议书；④投标保证金；⑤已标价工程量清单；⑥施工组织设计；⑦项目管理机构；⑧拟分包项目情况表；⑨资格审查资料；⑩投标人须知前附表规定的其他材料。但是，投标人须知前附表规定不接受联合体投标的，或投标人没有组成联合体的，投标文件不包括联合体协议书。

（二）投标文件的送达

根据《招标投标法》，投标人应当在招标文件要求提交投标文件的截止时间前，将投标文件送达投标地点。招标人收到投标文件后，应当签收保存，不得开启。投标人少于3个的，招标人应当依照《招标投标法》重新招标。

（三）拒收投标文件

《招标投标法》规定，在招标文件要求提交投标文件的截止时间后送达的投标文件，招标人应当拒收。

《招标投标法实施条例》规定，未通过资格预审的申请人提交的投标文件，以及逾期送达或者不按照招标文件要求密封的投标文件，招标人应当拒收。

招标人应当如实记载投标文件的送达时间和密封情况，并存档备查。

➢ **名师点拨：**投标文件的逾期送达，无论是投标人自身原因导致的，还是不可抗力等客观原因导致的，招标人都应当拒绝接收。同时，为避免引起争议，防止滥用拒收权，招标人不得扩大拒收投标文件的范围。

（四）投标文件的撤回与撤销

《招标投标法》规定，投标人在招标文件要求提交投标文件的截止时间前，可以补充、修改或者撤回已提交的投标文件，并书面通知招标人。补充、修改的内容为投标文件的组成部分。

《招标投标法实施条例》规定，投标人撤回已提交的投标文件，应当在投标截止时间前书面通知招标人。招标人已收取投标保证金的，应当自收到投标人书面撤回通知之日起5日内退还。

投标截止后投标人撤销投标文件的，招标人可以不退还投标保证金。

四、投标保证金

（一）投标保证金的概念

投标保证金是投标人按照招标文件规定的形式和金额向招标人递交的，约束投标人履行其投标义务的担保。招投标作为一种特殊的合同缔结过程，投标保证金所担保的主要是合同缔结过程中招标人的权利。为有效约束投标人的投标行为，有必要设立投标保证金制度。

《关于清理规范工程建设领域保证金的通知》规定，建筑业企业在工程建设中需缴纳的保证金，除依法依规设立的投标保证金、履约保证金、工程质量保证金、农民工工资保证金外，其他保证金一律取消。

（二）投标保证金数额

《招标投标法实施条例》规定，招标人在招标文件中要求投标人提交投标保证金的，投标保证金不得超过招标项目估算价的2%。投标保证金有效期应当与投标有效期一致。

依法必须进行招标的项目的境内投标单位，以现金或者支票形式提交的投标保证金应当从其基本账户转出。

招标人不得挪用投标保证金。

➢ **名师点拨**：关于投标保证金，《工程建设项目施工招标投标办法》《工程建设项目货物招标投标办法》进一步规定，投标保证金不得超过项目估算价的2%，但最高不得超过80万元人民币。《工程建设项目勘察设计招标投标办法》还规定，招标文件要求投标人提交投标保证金的，保证金数额不得超过勘察设计估算费用的2%，最多不超过10万元人民币。

《住房和城乡建设部等部门关于加快推进房屋建筑和市政基础设施工程实行工程担保制度的指导意见》规定，加快推行银行保函制度，在有条件的地区推行工程担保公司保函和工程保证保险。

（三）投标保证金提交时间

《招标投标法实施条例》规定，实行两阶段招标的，招标人要求投标人提交投标保证金的，应当在第二阶段提出。

（四）投标保证金的退还

《招标投标法实施条例》规定，招标人终止招标，已经收取投标保证金的，招标人应当及时退还所收取的投标保证金及银行同期存款利息。

投标人撤回已提交的投标文件，招标人已收取投标保证金的，应当自收到投标人书面撤回通知之日起5日内退还。

招标人最迟应当在书面合同签订后5日内向中标人和未中标的投标人退还投标保证金及银行同期存款利息。

（五）投标保证金的没收

《招标投标法实施条例》规定，投标截止后投标人撤销投标文件的，招标人可以不退还投标保证金。

中标人无正当理由不与招标人订立合同，在签订合同时向招标人提出附加条件，或者不按照招标文件要求提交履约保证金的，取消其中标资格，投标保证金不予退还。

实战演练

［**2022真题·单选**］关于投标的说法，正确的是（　　）。

A. 投标人参加依法必须进行招标项目的投标，应当受地区或者部门的限制

B. 存在控股、管理关系的不同单位，可以参加未划分标段的同一招标项目的投标

C. 单位负责人为同一人的不同单位参与同一标段投标，相关投标均无效

D. 投标人发生合并、分立、破产等重大变化的，其投标无效

［**解析**］依法必须进行招标的项目，其招标投标活动不受地区或者部门的限制，选项A错误。单位负责人为同一人或者存在控股、管理关系的不同单位，不得参加同一标段投标或者未划分标段的同一招标项目投标，选项B错误。投标人发生合并、分立、破产等重大变化的，应当及时书面告知招标人，投标人不再具备资格预审文件、招标文件规定的资格条件或者其投标影响招标公正性的，其投标无效，选项D错误。

［**答案**］C

［2021 真题·单选］关于投标保证金的说法，正确的是（　　）。

A. 投标保证金不得超过招标项目估算价的 5%

B. 投标保证金有效期可以短于投标有效期

C. 招标人分两阶段招标的，应当在第一阶段要求投标人提交投标保证金

D. 投标截止后投标人撤销投标文件的，招标人可以不退还投标保证金

［解析］选项 A 错误，《招标投标法实施条例》规定，招标人在招标文件中要求投标人提交投标保证金的，投标保证金不得超过招标项目估算价的 2%。《工程建设项目施工招标投标办法》进一步规定，投标保证金不得超过项目估算价的 2%，但最高不得超过 80 万元人民币。选项 B 错误，投标保证金有效期应当与投标有效期一致。选项 C 错误，实行两阶段招标的，招标人要求投标人提交投标保证金的，应当在第二阶段提出。

［答案］D

［2021 真题·单选］下列投标文件中，应当拒收的是（　　）。

A. 提前送达的投标文件

B. 投标联合体提交的未附共同投标协议的投标文件

C. 未通过资格预审的申请人提交的投标文件

D. 未提交投标保证金的投标文件

［解析］未通过资格预审的申请人提交的投标文件，以及逾期送达或者不按照招标文件要求密封的投标文件，招标人应当拒收。

［答案］C

［2021 真题·单选］关于投标人的说法，正确的是（　　）。

A. 存在管理关系的不同单位，可以参加未划分标段的同一招标项目投标

B. 投标人发生合并、分立、破产等重大变化的，其投标无效

C. 单位负责人为同一人的不同单位，可以参加同一标段投标

D. 投标人不再具备资格预审文件、招标文件规定的资格条件的，其投标无效

［解析］选项 A、C 错误，与招标人存在利害关系可能影响招标公正性的法人、其他组织或者个人，不得参加投标。单位负责人为同一人或者存在控股、管理关系的不同单位，不得参加同一标段投标或者未划分标段的同一招标项目投标。违反以上规定的，相关投标均无效。选项 B 错误，投标人发生合并、分立、破产等重大变化的，应当及时书面告知招标人。

［答案］D

［2020 真题·单选］关于投标文件修改的说法，正确的是（　　）。

A. 投标人在招标文件要求提交投标文件的截止时间前，可以修改已提交的投标文件

B. 投标人不得修改已提交投标文件的实质性内容

C. 投标人对已提交的投标文件，仅能修改一次

D. 投标人修改已提交的投标文件，修改的内容应当作为一个独立文件

［解析］投标人在招标文件要求提交投标文件的截止时间前，可以补充、修改或者撤回已提交的投标文件，并书面通知招标人。补充、修改的内容为投标文件的组成部分。

［答案］A

第四章

［2020 真题·单选］关于联合体投标的说法，正确的是（　　）。

A. 招标人接受联合体投标并进行资格预审的，联合体应当在提交资格预审申请文件后组成

B. 资格预审后联合体增减、更换成员的，其投标有效

C. 招标人应当在资格预审公告、招标公告或者投标邀请书中载明是否接受联合体投标

D. 联合体各方在同一招标项目中以自己名义单独投标或者参加其他联合体投标的，相关投标均有效

［解析］选项 A 错误，招标人接受联合体投标并进行资格预审的，联合体应当在提交资格预审申请文件前组成。选项 B 错误，资格预审后联合体增减、更换成员的，其投标无效。选项 D 错误，联合体各方在同一招标项目中以自己名义单独投标或者参加其他联合体投标的，相关投标均无效。

［答案］C

［2021 真题·多选］关于联合体投标的说法，正确的有（　　）。

A. 联合体投标一般适用于大型的或者结构复杂的建设项目

B. 联合体至少一方应当具备承担招标项目的相应能力

C. 联合体中标的，联合体各方应当共同与招标人订立合同

D. 由同一专业的单位组成的联合体，按照资质等级较高的单位确定资质等级

E. 联合体中标的，联合体各方就中标项目向招标人承担按份责任

［解析］联合体投标是一种特殊的投标人组织形式，一般适用于大型的或结构复杂的建设项目，选项 A 正确。联合体各方均应当具备承担招标项目的相应能力；国家有关规定或者招标文件对投标人资格条件有规定的，联合体各方均应当具备规定的相应资格条件，选项 B 错误。联合体中标的，联合体各方应当共同与招标人签订合同，就中标项目向招标人承担连带责任，选项 C 正确、选项 E 错误。由同一专业的单位组成的联合体，按照资质等级较低的单位确定资质等级，选项 D 错误。

［答案］AC

［2020 真题·多选］关于投标保证金的说法，正确的有（　　）。

A. 招标人在招标文件中可以要求投标人提交投标保证金

B. 退还投标保证金时，无须退还保证金利息

C. 投标保证金有效期应当与投标有效期一致

D. 投标保证金不得超过招标项目结算价的 2%

E. 中标人无正当理由不与招标人订立合同，取消其中标资格，投标保证金不予退还

［解析］选项 B 错误，招标人最迟应当在书面合同签订后 5 日内向中标人和未中标的投标人退还投标保证金及银行同期存款利息。选项 D 错误，招标人在招标文件中要求投标人提交投标保证金的，投标保证金不得超过招标项目估算价的 2%。

［答案］ACE

知识点 7 招标投标审查

为加强和规范招标投标领域公平竞争审查，维护公平竞争市场秩序，相关部门应加强招标投标领域公平竞争审查工作，政策制定机关应履行公平竞争审查职责。

根据 2024 年 5 月 1 日起施行的《招标投标领域公平竞争审查规则》，其中招标投标审查的部分相关规定如下。

一、审查标准

(1) 政策制定机关应当尊重和保障招标人组织招标、选择招标代理机构、编制资格预审文件和招标文件的自主权，不得制定以下政策措施：

①为招标人指定招标代理机构或者违法限定招标人选择招标代理机构的方式。

②为招标人指定投标资格、技术、商务条件。

③为招标人指定特定类型的资格审查方法或者评标方法。

④为招标人指定具体的资格审查标准或者评标标准。

⑤为招标人指定评标委员会成员。

⑥对于已经纳入统一的公共资源交易平台体系的电子交易系统，限制招标人自主选择。

⑦强制招标人或者招标代理机构选择电子认证服务。

⑧为招标人或者招标代理机构指定特定交易工具。

⑨为招标人指定承包商（供应商）预选库、资格库或者备选名录等。

⑩要求招标人依照本地区创新产品名单、优先采购产品名单等地方性扶持政策开展招标投标活动。

⑪以其他不合理条件限制招标人自主权的政策措施。

(2) 政策制定机关应当落实全国统一的市场准入条件，对经营主体参与投标活动，不得制定以下政策措施：

①对市场准入负面清单以外的行业、领域、业务，要求经营主体在参与投标活动前取得行政许可。

②要求经营主体在本地区设立分支机构、缴纳税收社保或者与本地区经营主体组成联合体。

③要求经营主体取得本地区业绩或者奖项。

④要求经营主体取得培训合格证、上岗证等特定地区或者特定行业组织颁发的相关证书。

⑤要求经营主体取得特定行业组织成员身份。

⑥以其他不合理条件限制经营主体参与投标的政策措施。

(3) 政策制定机关制定标准招标文件（示范文本）和标准资格预审文件（示范文本），应当平等对待不同地区、所有制形式的经营主体，不得在标准招标文件（示范文本）和标准资格预审文件（示范文本）中设置以下内容：

①根据经营主体取得业绩的区域设置差异性得分。

②根据经营主体的所有制形式设置差异性得分。

③根据经营主体投标产品的产地设置差异性得分。

第四章

④根据经营主体的规模、注册地址、注册资金、市场占有率、负债率、净资产规模等设置差异性得分。

⑤根据联合体成员单位的注册地址、所有制形式等设置差异性得分。

⑥其他排除或者限制竞争的内容。

（4）政策制定机关制定定标相关政策措施，应当尊重和保障招标人定标权，落实招标人定标主体责任，不得制定以下政策措施：

①为招标人指定定标方法。

②为招标人指定定标单位或者定标人员。

③将定标权交由招标人或者其授权的评标委员会以外的其他单位或者人员行使。

④规定直接以抽签、摇号、抓阄等方式确定合格投标人、中标候选人或者中标人。

⑤以其他不合理条件限制招标人定标权的政策措施。

（5）政策制定机关可以通过组织开展信用评价引导经营主体诚信守法参与招标投标活动，并可以通过制定实施相应政策措施鼓励经营主体应用信用评价结果，但应当平等对待不同地区、所有制形式的经营主体，依法保障经营主体自主权，不得制定以下政策措施：

①在信用信息记录、归集、共享等方面对不同地区或者所有制形式的经营主体作出区别规定。

②对不同地区或者所有制形式经营主体的资质、资格、业绩等采用不同信用评价标准。

③根据经营主体的所在地区或者所有制形式采取差异化的信用监管措施。

④没有法定依据，限制经营主体参考使用信用评价结果的自主权。

⑤其他排除限制竞争或者损害经营主体合法权益的政策措施。

（6）政策制定机关制定涉及招标投标交易监管和服务的政策措施，应当平等保障各类经营主体参与，不得在交易流程上制定以下政策措施：

①规定招标投标交易服务机构行使审批、备案、监管、处罚等具有行政管理性质的职能。

②强制非公共资源交易项目进入公共资源交易平台交易。

③对能够通过告知承诺和事后核验核实真伪的事项，强制投标人在投标环节提供原件。

④在获取招标文件、开标环节违法要求投标人的法定代表人、技术负责人、项目负责人或者其他特定人员到场。

⑤其他不当限制经营主体参与招标投标的政策措施。

（7）政策制定机关制定涉及保证金的政策措施，不得设置以下不合理限制：

①限制招标人依法收取保证金。

②要求经营主体缴纳除投标保证金、履约保证金、工程质量保证金、农民工工资保证金以外的其他保证金。

③限定经营主体缴纳保证金的形式。

④要求经营主体从特定机构开具保函（保险）。

⑤在招标文件之外设定保证金退还的前置条件。

⑥其他涉及保证金的不合理限制措施。

二、审查机制

（1）政策制定机关应当建立本机关公平竞争审查工作机制，明确公平竞争审查负责机构、审查标准和审查流程，规范公平竞争审查行为。

（2）政策制定机关在对政策措施开展公平竞争审查过程中，应当以适当方式听取有关经营主体、行业协会商会等意见；除依法保密外，应当向社会公开征求意见。

三、监督管理

（1）地方各级招标投标指导协调部门会同招标投标行政监督部门，应当定期组织开展政策措施评估，发现违反公平竞争审查有关规定的，应当及时纠正。

（2）公民、法人或者其他组织认为政策措施妨碍公平竞争的，有权向政策制定机关及其上一级机关反映。

地方各级招标投标指导协调部门、招标投标行政监督部门应当建立招标投标市场壁垒线索征集机制，动态清理废止各类有违公平竞争的政策措施。

实战演练

［经典例题·多选］ 下列关于招标投标保证金的政策中，属于不合理限制的有（　　）。

A. 限定经营主体缴纳保证金的形式

B. 在招标文件之外设定保证金退还的前置条件

C. 限制招标人依法收取保证金

D. 限定经营主体缴纳保证金的时间

E. 要求经营主体从特定机构开具保函

［解析］ 政策制定机关制定涉及保证金的政策措施，不得设置以下不合理限制：①限制招标人依法收取保证金；②要求经营主体缴纳除投标保证金、履约保证金、工程质量保证金、农民工工资保证金以外的其他保证金；③限定经营主体缴纳保证金的形式；④要求经营主体从特定机构开具保函（保险）；⑤在招标文件之外设定保证金退还的前置条件；⑥其他涉及保证金的不合理限制措施。

［答案］ ABCE

知识点 8　开标

一、开标时间和地点

根据《招标投标法实施条例》，招标人应当按照招标文件规定的时间、地点开标。

根据《招标投标法》，开标应当在招标文件确定的提交投标文件截止时间的同一时间公开进行；开标地点应当为招标文件中预先确定的地点。

二、开标过程

根据《招标投标法》，开标由招标人主持，邀请所有投标人参加。

开标时，由投标人或者其推选的代表检查投标文件的密封情况，也可以由招标人委托的公证机构检查并公证；经确认无误后，由工作人员当众拆封，宣读投标人名称、投标价格和投标文件的其他主要内容。

招标人在招标文件要求提交投标文件的截止时间前收到的所有投标文件，开标时都应当当众予以拆封、宣读。

开标过程应当记录，并存档备查。

三、开标异议

根据《招标投标法实施条例》，投标人少于3个的，不得开标，招标人应当重新招标。投标人对开标有异议的，应当在开标现场提出，招标人应当当场作出答复，并制作记录。

实战演练

［**2021真题·单选**］关于开标的说法，正确的是（　　）。

A. 投标人少于5个的，不得开标

B. 投标人对开标有异议的，应当在开标结束后另行提出

C. 开标应当由招标代理机构主持

D. 招标人应当按照招标文件规定的时间、地点开标

［**解析**］开标应当在招标文件确定的提交投标文件截止时间的同一时间公开进行；开标地点应当为招标文件中预先确定的地点。开标由招标人主持，邀请所有投标人参加。投标人少于3个的，不得开标，招标人应当重新招标。投标人对开标有异议的，应当在开标现场提出，招标人应当当场作出答复，并制作记录。

［**答案**］D

［**经典例题·单选**］关于开标的说法，正确的是（　　）。

A. 投标文件经确认无误后，由招标监管部门人员当众拆封

B. 开标时只能由投标人或者其推选的代表检查投标文件的密封情况

C. 开标过程应当及时向社会公布

D. 开标地点应当为招标文件中预先确定的地点

［**解析**］《招标投标法》规定，开标应当在招标文件确定的提交投标文件截止时间的同一时间公开进行；开标地点应当为招标文件中预先确定的地点。开标由招标人主持，邀请所有投标人参加。开标时，由投标人或者其推选的代表检查投标文件的密封情况，也可以由招标人委托的公证机构检查并公证；经确认无误后，由工作人员当众拆封，宣读投标人名称、投标价格和投标文件的其他主要内容。招标人在招标文件要求提交投标文件的截止时间前收到的所有投标文件，开标时都应当当众予以拆封、宣读。开标过程应当记录，并存档备查。

［**答案**］D

知识点 9 评标

一、确定评标委员会

根据《招标投标法》，评标由招标人依法组建的评标委员会负责。

依法必须进行招标的项目，其评标委员会由招标人的代表和有关技术、经济等方面的专家组

成，成员人数为5人以上单数，其中技术、经济等方面的专家不得少于成员总数的2/3。

与投标人有利害关系的人不得进入相关项目的评标委员会；已经进入的应当更换。

评标委员会成员的名单在中标结果确定前应当保密。

根据《评标委员会和评标方法暂行规定》，评标专家应符合下列条件：①从事相关专业领域工作满8年并具有高级职称或者同等专业水平；②熟悉有关招标投标的法律法规，并具有与招标项目相关的实践经验；③能够认真、公正、诚实、廉洁地履行职责。

有下列情形之一的，不得担任评标委员会成员：①投标人或者投标人主要负责人的近亲属；②项目主管部门或者行政监督部门的人员；③与投标人有经济利益关系，可能影响对投标公正评审的；④曾因在招标、评标以及其他与招标投标有关活动中从事违法行为而受过行政处罚或刑事处罚的。评标委员会成员有上述规定情形之一的，应当主动提出回避。

根据《招标投标法实施条例》，除特殊招标项目外，依法必须进行招标的项目，其评标委员会的专家成员应当从评标专家库内相关专业的专家名单中以随机抽取方式确定。任何单位和个人不得以明示、暗示等任何方式指定或者变相指定参加评标委员会的专家成员。

二、对评标委员会的要求

《评标委员会和评标方法暂行规定》规定，招标人或者其委托的招标代理机构应当向评标委员会提供评标所需的重要信息和数据，但不得带有明示或暗示倾向或者排斥特定投标人的信息。招标人设有标底的，标底在开标前应当保密，并在评标时作为参考。

评标委员会可以书面方式要求投标人对投标文件中含义不明确、对同类问题表述不一致或者有明显文字和计算错误的内容作必要的澄清、说明或者补正。澄清、说明或者补正应以书面方式进行并不得超出投标文件的范围或者改变投标文件的实质性内容。

投标文件中的大写金额和小写金额不一致的，以大写金额为准；总价金额与单价金额不一致的，以单价金额为准，但单价金额小数点有明显错误的除外；对不同文字文本投标文件的解释发生异议的，以中文文本为准。

评标委员会应当根据招标文件，审查并逐项列出投标文件的全部投标偏差。投标偏差分为重大偏差和细微偏差。

下列情况属于重大偏差：

（1）没有按照招标文件要求提供投标担保或者所提供的投标担保有瑕疵。

（2）投标文件没有投标人授权代表签字和加盖公章。

（3）投标文件载明的招标项目完成期限超过招标文件规定的期限。

（4）明显不符合技术规格、技术标准的要求。

（5）投标文件载明的货物包装方式、检验标准和方法等不符合招标文件的要求。

（6）投标文件附有招标人不能接受的条件。

（7）不符合招标文件中规定的其他实质性要求。

细微偏差是指投标文件在实质上响应招标文件要求，但在个别地方存在漏项或者提供了不完整的技术信息和数据等情况，并且补正这些遗漏或者不完整不会对其他投标人造成不公平的结果。细微偏差不影响投标文件的有效性。

评标委员会应当书面要求存在细微偏差的投标人在评标结束前予以补正。拒不补正的，在详细评审时可以对细微偏差作不利于该投标人的量化，量化标准应当在招标文件中规定。

三、否决投标的情形

根据《招标投标法》，评标委员会经评审，认为所有投标都不符合招标文件要求的，可以否决所有投标。依法必须进行招标的项目的所有投标被否决的，招标人应当依照《招标投标法》重新招标。

根据《招标投标法实施条例》，有下列情形之一的，评标委员会应当否决其投标：①投标文件未经投标单位盖章和单位负责人签字；②投标联合体没有提交共同投标协议；③投标人不符合国家或者招标文件规定的资格条件；④同一投标人提交两个以上不同的投标文件或者投标报价，但招标文件要求提交备选投标的除外；⑤投标报价低于成本或者高于招标文件设定的最高投标限价；⑥投标文件没有对招标文件的实质性要求和条件作出响应；⑦投标人有串通投标、弄虚作假、行贿等违法行为。

➢ **名师点拨**：投标文件未经投标单位盖章和单位负责人签字，评标委员会应当否决其投标。

四、投标文件澄清说明

根据《招标投标法实施条例》，投标文件中有含义不明确的内容、明显文字或者计算错误，评标委员会认为需要投标人作出必要澄清、说明的，应当书面通知该投标人。投标人的澄清、说明应当采用书面形式，并不得超出投标文件的范围或者改变投标文件的实质性内容。

评标委员会不得暗示或者诱导投标人作出澄清、说明，不得接受投标人主动提出的澄清、说明。

五、评标报告

根据《招标投标法实施条例》，评标完成后，评标委员会应当向招标人提交书面评标报告和中标候选人名单。中标候选人应当不超过3个，并标明排序。

评标报告应当由评标委员会全体成员签字。对评标结果有不同意见的评标委员会成员应当以书面形式说明其不同意见和理由，评标报告应当注明该不同意见。评标委员会成员拒绝在评标报告上签字又不书面说明其不同意见和理由的，视为同意评标结果。

实战演练

[2021真题·单选] 关于评标的说法，正确的是（　　）。

A. 投标报价低于成本或者高于招标文件设定的最高投标限价时，评标委员会应当否决其投标

B. 招标人可以不向评标委员会提供评标所必需的信息

C. 投标文件未经投标单位盖章和单位负责人签字，评标委员会不应当直接否决其投标

D. 评标过程中，评标委员会成员不能继续评标被更换后，由更换后的评标委员会成员继续进行评审

[解析] 选项B错误，招标人应向评标委员会提供评标所必需的信息。选项C错误，投标文件未经投标单位盖章和单位负责人签字，评标委员会应当直接否决其投标。选项D超纲，评标过程中，评标委员会成员不能继续评标被更换后，被更换的成员所做的评审结论无效。由更换后的评标委员会成员重新评审。

[答案] A

［2022 真题·多选］下列情形中，评标委员会应当否决投标的有（　　）。

A. 投标联合体没有提交共同投标协议的

B. 投标报价高于招标文件设定的最高投标限价的

C. 投标文件未经投标单位盖章和单位负责人签字的

D. 投标报价超过标底上下浮动范围的

E. 投标人不符合招标文件规定的资格条件的

［**解析**］《招标投标法实施条例》规定，有下列情形之一的，评标委员会应当否决其投标：①投标文件未经投标单位盖章和单位负责人签字；②投标联合体没有提交共同投标协议；③投标人不符合国家或者招标文件规定的资格条件；④同一投标人提交两个以上不同的投标文件或者投标报价，但招标文件要求提交备选投标的除外；⑤投标报价低于成本或者高于招标文件设定的最高投标限价；⑥投标文件没有对招标文件的实质性要求和条件作出响应；⑦投标人有串通投标、弄虚作假、行贿等违法行为。

［**答案**］ABCE

知识点 10 中标

一、中标人的确定

根据《招标投标法》，招标人根据评标委员会提出的书面评标报告和推荐的中标候选人确定中标人。招标人也可以授权评标委员会直接确定中标人。

中标人的投标应当符合下列条件之一：

（1）能够最大限度地满足招标文件中规定的各项综合评价标准。

（2）能够满足招标文件的实质性要求，并且经评审的投标价格最低，但是投标价格低于成本的除外。

在确定中标人前，招标人不得与投标人就投标价格、投标方案等实质性内容进行谈判。

根据《招标投标法实施条例》，国有资金占控股或者主导地位的依法必须进行招标的项目，招标人应当确定排名第一的中标候选人为中标人。

排名第一的中标候选人放弃中标、因不可抗力不能履行合同、不按照招标文件要求提交履约保证金，或者被查实存在影响中标结果的违法行为等情形，不符合中标条件的，招标人可以按照评标委员会提出的中标候选人名单排序依次确定其他中标候选人为中标人，也可以重新招标。

二、履约能力审查

根据《招标投标法实施条例》，中标候选人的经营、财务状况发生较大变化或者存在违法行为，招标人认为可能影响其履约能力的，应当在发出中标通知书前由原评标委员会按照招标文件规定的标准和方法审查确认。

三、发出中标通知书和报告招标投标情况

根据《招标投标法》，中标人确定后，招标人应当向中标人发出中标通知书，并同时将中标结果通知所有未中标的投标人。中标通知书对招标人和中标人具有法律效力。

依法必须进行招标的项目，招标人应当自确定中标人之日起 15 日内，向有关行政监督

部门提交招标投标情况的书面报告。

四、签订合同

根据《招标投标法》，招标人和中标人应当自中标通知书发出之日起30日内，按照招标文件和中标人的投标文件订立书面合同。招标人和中标人不得再行订立背离合同实质性内容的其他协议。

根据《招标投标法实施条例》，招标人和中标人应当依法签订书面合同，合同的标的、价款、质量、履行期限等主要条款应当与招标文件和中标人的投标文件的内容一致。

根据《最高人民法院关于审理建设工程施工合同纠纷案件适用法律问题的解释（一）》，当事人签订的建设工程施工合同与招标文件、投标文件、中标通知书载明的工程范围、建设工期、工程质量、工程价款不一致，一方当事人请求将招标文件、投标文件、中标通知书作为结算工程价款的依据的，人民法院应予支持。

五、履约保证金

履约保证金属于中标人向招标人提供的用以保障其履行合同义务的担保。

根据《招标投标法实施条例》，招标文件要求中标人提交履约保证金的，中标人应当按照招标文件的要求提交。履约保证金不得超过中标合同金额的10%。

中标人应当按照合同约定履行义务，完成中标项目。

根据《国务院办公厅关于促进建筑业持续健康发展的意见》，要引导承包企业以银行保函或担保公司保函的形式，向建设单位提供履约担保。

知识点 11 终止招标

根据《招标投标法实施条例》，招标人终止招标的，应当及时发布公告，或者以书面形式通知被邀请的或者已经获取资格预审文件、招标文件的潜在投标人。已经发售资格预审文件、招标文件或者已经收取投标保证金的，招标人应当及时退还所收取的资格预审文件、招标文件的费用，以及所收取的投标保证金及银行同期存款利息。

实战演练

[**2022真题·单选**] 关于中标和订立合同的说法，正确的是（　　）。

A. 招标人不得授权评标委员会直接确定中标人

B. 招标人和中标人应当自中标通知书发出之日起20日内，按照招标文件和中标人的投标文件订立书面合同

C. 招标人和中标人可以再行订立背离合同实质性内容的其他协议

D. 招标人根据评标委员会提出的书面评标报告和推荐的中标候选人确定中标人

[**解析**]《招标投标法》规定，招标人根据评标委员会提出的书面评标报告和推荐的中标候选人确定中标人，招标人也可以授权评标委员会直接确定中标人，选项A错误、选项D正确。招标人和中标人应当自中标通知书发出之日起30日内，按照招标文件和中标人的投标文件订立书面合同，选项B错误。招标人和中标人不得再行订立背离合同实质性内容的其他协议，选项C错误。

[**答案**] D

［2021 真题·单选］关于确定中标人的说法，正确的是（　　）。

A. 招标人不得授权评标委员会直接确定中标人

B. 确定中标人之前，招标人可以与投标人就投标价格进行谈判

C. 中标人应当是投标报价最低的投标人

D. 中标人的投标应当能够最大限度地满足招标文件中规定的各项条件

［解析］选项 A 错误，招标人根据评标委员会提出的书面评标报告和推荐的中标候选人确定中标人，招标人也可以授权评标委员会直接确定中标人。选项 B 错误，在确定中标人之前，招标人不得与投标人就投标价格、投标方案等实质性内容进行谈判。选项 C 错误、选项 D 正确，中标人的投标应当符合下列条件之一：①能够最大限度地满足招标文件中规定的各项综合评价标准；②能够满足招标文件的实质性要求，并且经评审的投标价格最低，但是投标价格低于成本的除外。

［答案］D

［2020 真题·单选］在建设工程招标投标中，关于中标的说法，正确的是（　　）。

A. 国有资金占控股或者主导地位的依法必须进行招标的项目，招标人应当确定排名第一的中标候选人为中标人

B. 招标人应当授权评标委员会直接确定中标人

C. 中标候选人的经营、财务状况发生较大变化的，取消其中标资格

D. 排名第一的中标候选人放弃中标的，招标人应当重新招标

［解析］选项 A 正确，《招标投标法实施条例》规定，国有资金占控股或者主导地位的依法必须进行招标的项目，招标人应当确定排名第一的中标候选人为中标人。选项 B 错误，《招标投标法》规定，招标人根据评标委员会提出的书面评标报告和推荐的中标候选人确定中标人。招标人也可以授权评标委员会直接确定中标人。选项 C 错误，中标候选人的经营、财务状况发生较大变化或者存在违法行为，招标人认为可能影响其履约能力的，应当在发出中标通知书前由原评标委员会按照招标文件规定的标准和方法审查确认。选项 D 错误，排名第一的中标候选人放弃中标、因不可抗力不能履行合同、不按照招标文件要求提交履约保证金，或者被查实存在影响中标结果的违法行为等情形，不符合中标条件的，招标人可以按照评标委员会提出的中标候选人名单排序依次确定其他中标候选人为中标人，也可以重新招标。

［答案］A

［2021 真题·多选］关于依法必须招标的项目公示中标候选人的说法，正确的有（　　）。

A. 中标候选人公示期不得少于 3 日

B. 招标人应当自收到评标报告之日起 5 日内公示中标候选人

C. 投标人对评标结果有异议，应当在中标候选人公示期间提出

D. 招标人应当自收到对评标结果的异议之日起 5 日内作出答复

E. 招标人在对评标结果的异议作出答复前，可以暂停招标投标活动

［解析］选项 A 正确、选项 B 错误，依法必须进行招标的项目，招标人应当自收到评标报告之日起 3 日内公示中标候选人，公示期不得少于 3 日。选项 C 正确，选项 D、E 错误，投标人或者其他利害关系人对依法必须进行招标的项目的评标结果有异议的，应当在中标候选人公示期间提出。招标人应当自收到异议之日起 3 日内作出答复；作出答复前，应当暂停招标投标活动。

［答案］AC

➢ **名师点拨：**

（1）招标投标基本程序如图 4-2-1 所示。

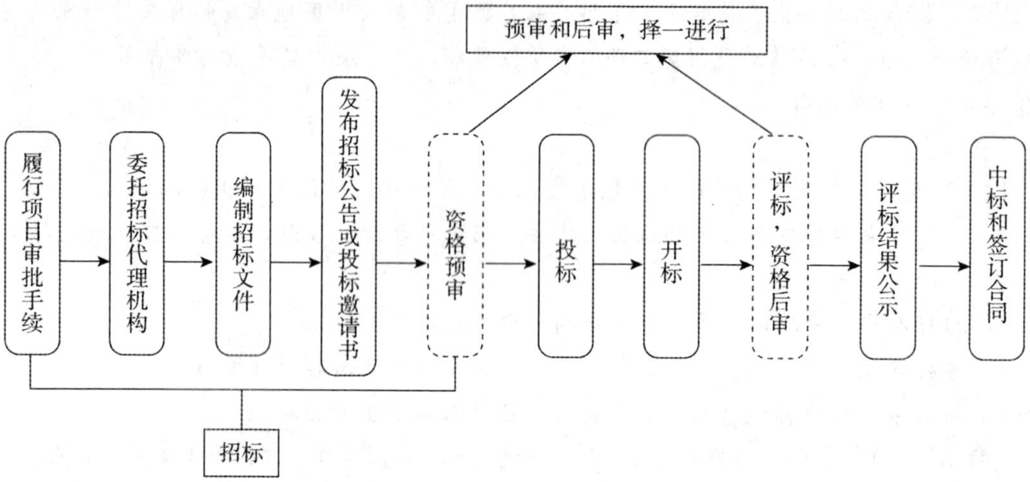

图 4-2-1　招标投标基本程序

（2）招标投标时间轴如图 4-2-2 所示。

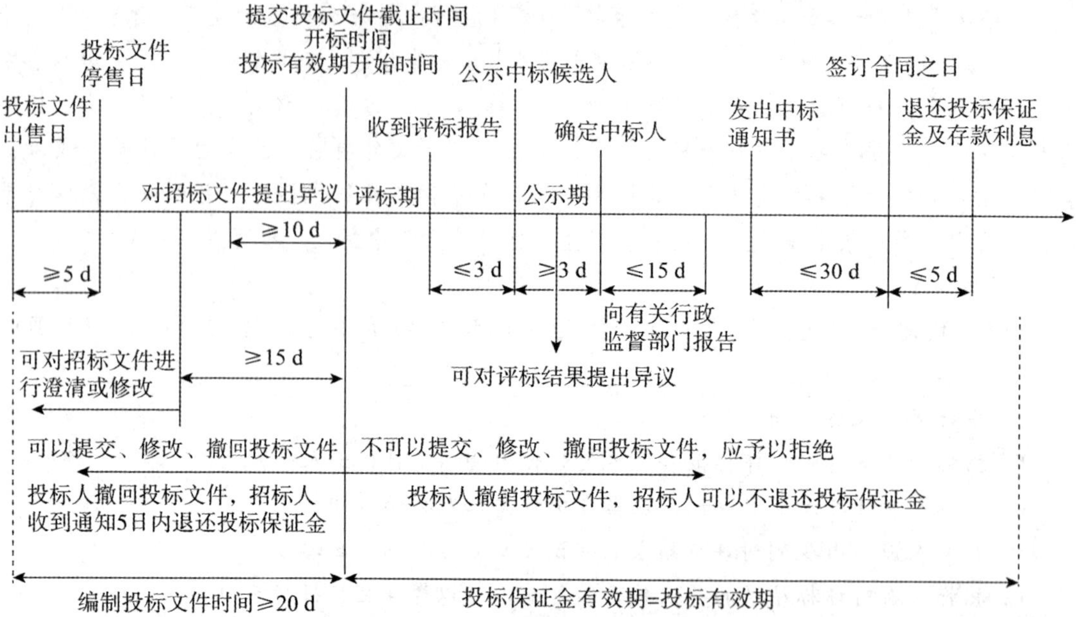

图 4-2-2　招标投标时间轴

知识点 12 限制或者排斥投标人行为

根据《招标投标法实施条例》，招标人不得以不合理的条件限制、排斥潜在投标人或者投标人。

招标人有下列行为之一的，属于以不合理条件限制、排斥潜在投标人或者投标人：

（1）就同一招标项目向潜在投标人或者投标人提供有差别的项目信息。

（2）设定的资格、技术、商务条件与招标项目的具体特点和实际需要不相适应或者与合同履行无关。

➤ **名师点拨：** 例如，某冶金系统的办公大楼施工招标，却要求投标人具有冶金专业项目的类似业绩；某货物招标项目，按照某投标供应商拥有的条件“量体裁衣”，将本来无关紧要的普通技术指标设定为必须响应的实质性指标，或者要求项目负责人近几年内没有违反交通安全的行政处罚记录。

（3）依法必须进行招标的项目以特定行政区域或者特定行业的业绩、奖项作为加分条件或者中标条件。

➤ **名师点拨：** 例如，某招标项目规定投标人获得项目所在地区的产品质量或企业信誉奖励，或者投标人的项目负责人是项目所在地区的劳动模范的，给予评标加分；某招标项目规定投标人拥有本行业项目业绩的，将给予评标加分等。

（4）对潜在投标人或者投标人采取不同的资格审查或者评标标准。

（5）限定或者指定特定的专利、商标、品牌、原产地或者供应商。

➤ **名师点拨：** 如果必须引用某一品牌或生产供应商才能准确清楚地说明招标项目的技术标准和要求，则应当在引用的品牌或生产供应商名称前加上“参照或相当于”的字样，而且引用的货物品牌或生产供应商在市场上具有可选择性。

（6）依法必须进行招标的项目非法限定潜在投标人或者投标人的所有制形式或者组织形式。

（7）以其他不合理条件限制、排斥潜在投标人或者投标人。

根据《招标投标法实施条例》的规定，招标人不得组织单个或者部分潜在投标人踏勘项目现场。

《住房和城乡建设部办公厅关于支持民营建筑企业发展的通知》规定，民营建筑企业在注册地以外的地区承揽业务时，地方各级住房和城乡建设主管部门要给予外地民营建筑企业与本地建筑企业同等待遇，不得擅自设置任何审批和备案事项，不得要求民营建筑企业在本地区注册设立独立子公司或分公司。

实战演练

［2021 真题·单选］ 招标人下列行为中，属于以不合理条件限制、排斥潜在投标人或者投标人的是（　　）。

A. 拒收未通过资格预审的投标人提交的投标文件

B. 设定与合同履行有关的资格条件

C. 依法必须进行招标的项目以特定行业的业绩、奖项作为加分条件

D. 对不同的投标人采取相同的资格审查标准

［解析］招标人有下列行为之一的，属于以不合理条件限制、排斥潜在投标人或者投标人：①就同一招标项目向潜在投标人或者投标人提供有差别的项目信息；②设定的资格、技术、商务条件与招标项目的具体特点和实际需要不相适应或者与合同履行无关；③依法必须进行招标的项目以特定行政区域或者特定行业的业绩、奖项作为加分条件或者中标条件；④对潜在投标人或者投标人采取不同的资格审查或者评标标准；⑤限定或者指定特定的专利、商标、品牌、原产地或者供应商；⑥依法必须进行招标的项目非法限定潜在投标人或者投标人的所有制形式或者组织形式；⑦以其他不合理条件限制、排斥潜在投标人或者投标人。

［答案］C

［2021 真题·多选］招标人的下列行为中，属于以不合理的条件限制、排斥潜在投标人或者投标人的有（　　）。

A. 对同一招标项目向投标人提出有差别的项目信息

B. 对潜在投标人采取不同的资格审查标准

C. 设定与合同履行有关的资格条件

D. 指定特定的专利、商标、品牌、原产地或者供应商

E. 以投标人的业绩、奖项作为加分条件

［解析］招标人有下列行为之一的，属于以不合理条件限制、排斥潜在投标人或者投标人：①就同一招标项目向潜在投标人或者投标人提供有差别的项目信息；②设定的资格、技术、商务条件与招标项目的具体特点和实际需要不相适应或者与合同履行无关；③依法必须进行招标的项目以特定行政区域或者特定行业的业绩、奖项作为加分条件或者中标条件；④对潜在投标人或者投标人采取不同的资格审查或者评标标准；⑤限定或者指定特定的专利、商标、品牌、原产地或者供应商；⑥依法必须进行招标的项目非法限定潜在投标人或者投标人的所有制形式或者组织形式；⑦以其他不合理条件限制、排斥潜在投标人或者投标人。

［答案］ABD

知识点 13 投标人串通投标

根据《招标投标法》，投标人不得相互串通投标报价，不得排挤其他投标人的公平竞争，损害招标人或者其他投标人的合法权益。

根据《招标投标法实施条例》，禁止投标人相互串通投标。

有下列情形之一的，属于投标人相互串通投标：

（1）投标人之间协商投标报价等投标文件的实质性内容。

（2）投标人之间约定中标人。

（3）投标人之间约定部分投标人放弃投标或者中标。

（4）属于同一集团、协会、商会等组织成员的投标人按照该组织要求协同投标。

（5）投标人之间为谋取中标或者排斥特定投标人而采取的其他联合行动。

有下列情形之一的，视为投标人相互串通投标：

（1）不同投标人的投标文件由同一单位或者个人编制。

（2）不同投标人委托同一单位或者个人办理投标事宜。

（3）不同投标人的投标文件载明的项目管理成员为同一人。

（4）不同投标人的投标文件异常一致或者投标报价呈规律性差异。

（5）不同投标人的投标文件相互混装。

（6）不同投标人的投标保证金从同一单位或者个人的账户转出。

知识点14　招标人与投标人串通投标

根据《招标投标法》，投标人不得与招标人串通投标，损害国家利益、社会公共利益或者他人的合法权益。

根据《招标投标法实施条例》，禁止招标人与投标人串通投标。

有下列情形之一的，属于招标人与投标人串通投标：①招标人在开标前开启投标文件并将有关信息泄露给其他投标人；②招标人直接或者间接向投标人泄露标底、评标委员会成员等信息；③招标人明示或者暗示投标人压低或者抬高投标报价；④招标人授意投标人撤换、修改投标文件；⑤招标人明示或者暗示投标人为特定投标人中标提供方便；⑥招标人与投标人为谋求特定投标人中标而采取的其他串通行为。

知识点15　以行贿的手段谋取中标

根据《招标投标法》，禁止投标人以向招标人或者评标委员会成员行贿的手段谋取中标。

根据《中华人民共和国反不正当竞争法》（以下简称《反不正当竞争法》），经营者不得采用财物或者其他手段贿赂下列单位或者个人，以谋取交易机会或者竞争优势：

（1）交易相对方的工作人员。

（2）受交易相对方委托办理相关事务的单位或者个人。

（3）利用职权或者影响力影响交易的单位或者个人。

经营者在交易活动中，可以以明示方式向交易相对方支付折扣，或者向中间人支付佣金。经营者向交易相对方支付折扣、向中间人支付佣金的，应当如实入账。接受折扣、佣金的经营者也应当如实入账。

知识点16　以低于成本的报价竞标

根据《招标投标法》，投标人不得以低于成本的报价竞标。

根据《建设工程施工发包与承包计价管理办法》，投标报价不得低于工程成本，不得高于最高投标限价。

投标报价低于工程成本或者高于最高投标限价总价的，评标委员会应当否决投标人的投标。

知识点17　以他人名义投标或者以其他方式弄虚作假骗取中标

根据《招标投标法》，投标人不得以他人名义投标或者以其他方式弄虚作假，骗取中标。

根据《招标投标法实施条例》，使用通过受让或者租借等方式获取的资格、资质证书投标的，属于以他人名义投标。

投标人有下列情形之一的，属于《招标投标法》规定的以其他方式弄虚作假的行为：①使用伪造、变造的许可证件；②提供虚假的财务状况或者业绩；③提供虚假的项目负责人或者主要技术人员简历、劳动关系证明；④提供虚假的信用状况；⑤其他弄虚作假的行为。

根据《反不正当竞争法》，经营者不得实施下列混淆行为，引人误认为是他人商品或者与他人存在特定联系：①擅自使用与他人有一定影响的商品名称、包装、装潢等相同或者近似的标识；②擅自使用他人有一定影响的企业名称（包括简称、字号等）、社会组织名称（包括简称等）、姓名（包括笔名、艺名、译名等）；③擅自使用他人有一定影响的域名主体部分、网站名称、网页等。

实战演练

[**2020 真题·单选**] 下列情形中，属于投标人相互串通投标的是（　　）。

A. 两个以上投标人的投标文件具有特殊标记

B. 不同投标人的投标文件在同一文印店装订

C. 不同投标人的投标保函由同一银行开具

D. 投标人之间协商投标报价等投标文件的实质性内容

[**解析**]《招标投标法实施条例》规定，禁止投标人相互串通投标。有下列情形之一的，属于投标人相互串通投标：①投标人之间协商投标报价等投标文件的实质性内容；②投标人之间约定中标人；③投标人之间约定部分投标人放弃投标或者中标；④属于同一集团、协会、商会等组织成员的投标人按照该组织要求协同投标；⑤投标人之间为谋取中标或者排斥特定投标人而采取的其他联合行动。

[**答案**] D

[**2020 真题·单选**] 下列投标人的竞争行为中，符合法律规定的是（　　）。

A. 投标人利用其影响力影响招标人，以谋取竞争优势

B. 投标人在投标文件中载明投标报价下浮率

C. 投标人给予招标代理机构的工作人员财物，以谋取交易机会

D. 投标人以行贿手段谋取中标

[**解析**] 经营者不得采用财物或者其他手段贿赂下列单位或者个人，以谋取交易机会或者竞争优势：①交易相对方的工作人员；②受交易相对方委托办理相关事务的单位或者个人；③利用职权或者影响力影响交易的单位或者个人。经营者对工作人员进行贿赂的，应当认定为经营者的行为；但是，经营者有证据证明该工作人员的行为与为经营者谋取交易机会或者竞争优势无关的除外。

[**答案**] B

[**2020 真题·单选**] 下列投标人的行为中，属于以他人名义投标的是（　　）。

A. 使用通过受让或者租借的方式获取的资质证书投标

B. 使用伪造、变造的许可证件投标

C. 提供虚假的财务状况或者业绩投标

D. 提供虚假的信用状况投标

[**解析**]《招标投标法》规定，使用通过受让或者租借等方式获取的资格、资质证书投标的，属于以他人名义投标。

[**答案**] A

[2023 真题·多选] 根据《招标投标法实施条例》，可视为投标人相互串通的情形有（ ）。

A. 不同投标人的投标文件相互混装

B. 不同投标人的投标保函由同一银行开具

C. 不同投标人委托同一单位办理投标事宜

D. 不同投标人的投标报价呈规律性差异

E. 不同投标人的投标文件由同一单位编制

[解析]《招标投标法实施条例》规定，有下列情形之一的，视为投标人相互串通投标：①不同投标人的投标文件由同一单位或者个人编制；②不同投标人委托同一单位或者个人办理投标事宜；③不同投标人的投标文件载明的项目管理成员为同一人；④不同投标人的投标文件异常一致或者投标报价呈规律性差异；⑤不同投标人的投标文件相互混装；⑥不同投标人的投标保证金从同一单位或者个人的账户转出。

[答案] ACDE

知识点 18 投诉与处理

一、投诉时间

根据《招标投标法实施条例》，投标人或者其他利害关系人认为招标投标活动不符合法律、行政法规规定的，可以自知道或者应当知道之日起 10 日内向有关行政监督部门投诉。投诉应当有明确的请求和必要的证明材料。

对资格预审文件、招标文件、开标以及对依法必须进行招标项目的评标结果有异议的，应当依法先向招标人提出异议，其异议答复期间不计算在以上规定的期限内。

二、投诉处理

根据《招标投标法实施条例》，投诉人就同一事项向两个以上有权受理的行政监督部门投诉的，由最先收到投诉的行政监督部门负责处理。

行政监督部门应当自收到投诉之日起 3 个工作日内决定是否受理投诉，并自受理投诉之日起 30 个工作日内作出书面处理决定；需要检验、检测、鉴定、专家评审的，所需时间不计算在内。

投诉人捏造事实、伪造材料或者以非法手段取得证明材料进行投诉的，行政监督部门应当予以驳回。

三、行政监督措施

根据《招标投标法实施条例》，行政监督部门处理投诉，有权查阅、复制有关文件、资料，调查有关情况，相关单位和人员应当予以配合。必要时，行政监督部门可以责令暂停招标投标活动。

行政监督部门的工作人员对监督检查过程中知悉的国家秘密、商业秘密，应当依法予以保密。

实战演练

[2017 真题·单选] 关于评标结果异议的说法，正确的是（　　）。

A. 只有投标人有权利对项目的评标结果提出异议

B. 对评标结果有异议，应当在中标候选人公示期间提出

C. 招标人对评标结果的异议作出答复前，招标投标活动继续进行

D. 对评标结果异议不是对评标结果投诉必然的前置条件

[解析] 选项A错误，投标人或者其他利害关系人对评标结果有异议的，应当在中标候选人公示期间提出。除投标人外，利害关系人也可以对评标结果提出异议。选项C错误，招标人应当自收到异议之日起3日内作出答复；作出答复前，应当暂停招标投标活动。选项D错误，投标人或者其他利害关系人对资格预审文件、招标文件、开标以及对依法必须进行招标项目的评标结果有异议的，应当依法先向招标人提出异议，其异议答复期间不计算在以上规定的期限内。因此，不能直接投诉，而要先行提出异议。

[答案] B

[2021 真题·多选] 关于招标投标投诉的说法，正确的有（　　）。

A. 投诉应当有明确的请求和必要的证明材料

B. 投标人或者其他利害关系人认为招标投标活动不符合法律、行政法规规定的，可以自知道或者应当知道之日起5日内向有关行政监督部门投诉

C. 对开标有异议的，可以直接向行政监督部门投诉

D. 投诉人就同一事项向两个以上有权受理的行政监督部门投诉的，由级别高的行政监督部门负责处理

E. 对招标文件有异议的，应当先向招标人提出异议

[解析] 选项A正确、选项B错误，《招标投标法实施条例》规定，投标人或者其他利害关系人认为招标投标活动不符合法律、行政法规规定的，可以自知道或者应当知道之日起10日内向有关行政监督部门投诉。投诉应当有明确的请求和必要的证明材料。选项C错误、选项E正确，对资格预审文件、招标文件、开标以及对依法必须进行招标项目的评标结果有异议的，应当依法先向招标人提出异议，其异议答复期间不计算在以上规定的期限内。选项D错误，投诉人就同一事项向两个以上有权受理的行政监督部门投诉的，由最先收到投诉的行政监督部门负责处理。

[答案] AE

第三节　非招标采购制度

知识点 1　竞争性谈判

根据《政府采购非招标采购方式管理办法》，竞争性谈判是指谈判小组与符合资格条件的供应商就采购货物、工程和服务事宜进行谈判，供应商按照谈判文件的要求提交响应文件和最后报价，采购人从谈判小组提出的成交候选人中确定成交供应商的采购方式。

《政府采购法》规定，符合下列情形之一的货物或者服务，可以采用竞争性谈判方式采购：

（1）招标后没有供应商投标或者没有合格标的或者重新招标未能成立的。

（2）技术复杂或者性质特殊，不能确定详细规格或者具体要求的。

（3）采用招标所需时间不能满足用户紧急需要的。

（4）不能事先计算出价格总额的。

采用竞争性谈判方式采购的，应当遵循下列程序：

（1）成立谈判小组。谈判小组由采购人的代表和有关专家共3人以上的单数组成，其中专家的人数不得少于成员总数的2/3。

（2）制定谈判文件。谈判文件应当明确谈判程序、谈判内容、合同草案的条款以及评定成交的标准等事项。

（3）确定邀请参加谈判的供应商名单。谈判小组从符合相应资格条件的供应商名单中确定不少于3家的供应商参加谈判，并向其提供谈判文件。（《政府采购非招标采购方式管理办法》对此进一步规定：公开招标的货物、服务采购项目，招标过程中提交投标文件或者经评审实质性响应招标文件要求的供应商只有两家时，采购人、采购代理机构按照本法第四条经本级财政部门批准后可以与该两家供应商进行竞争性谈判采购。）

（4）谈判。谈判小组所有成员集中与单一供应商分别进行谈判。谈判文件有实质性变动的，谈判小组应当以书面形式通知所有参加谈判的供应商。

（5）确定成交供应商。谈判结束后，谈判小组应当要求所有参加谈判的供应商在规定时间内进行最后报价，采购人从谈判小组提出的成交候选人中根据符合采购需求、质量和服务相等且报价最低的原则确定成交供应商，并将结果通知所有参加谈判的未成交的供应商。

➤ **知识拓展：**根据《政府采购竞争性磋商采购方式管理暂行办法》，符合下列情形的项目，可以采用竞争性磋商方式开展采购：

（1）政府购买服务项目。

（2）技术复杂或者性质特殊，不能确定详细规格或者具体要求的。

（3）因艺术品采购、专利、专有技术或者服务的时间、数量事先不能确定等原因不能事先计算出价格总额的。

（4）市场竞争不充分的科研项目，以及需要扶持的科技成果转化项目。

（5）按照招标投标法及其实施条例必须进行招标的工程建设项目以外的工程建设项目。

实战演练

［2024真题·单选］根据《政府采购法》，对于不能事先计算出总额的货物采购项目，适宜采用的发包方式是（　　）。

A. 公开招标　　B. 单一来源采购

C. 竞争性谈判　　D. 询价

［解析］竞争性谈判主要适用于不能或者不宜采用招标方式的采购项目，具体为：①招标后没有供应商投标或者没有合格标的或者重新招标未能成立的；②技术复杂或者性质特殊，不能确定详细规格或者具体要求的；③采用招标所需时间不能满足用户紧急需要的；④不能事先计算出价格总额的。

［答案］C

第四章

[**2024真题·单选**] 根据《政府采购法》，竞争性谈判采购中，采购人在质量和服务均能满足采购文件实质性响应要求的前提下，确定成交供应商的原则是（ ）。

A. 综合评分最高B. 综合实力最强

C. 标的物质量最好D. 最后报价最低

[**解析**] 谈判结束后，谈判小组应当要求所有参加谈判的供应商在规定时间内进行最后报价，采购人从谈判小组提出的成交候选人中根据符合采购需求、质量和服务相等且报价最低的原则确定成交供应商，并将结果通知所有参加谈判的未成交的供应商。

[**答案**] D

[**经典例题·单选**] 政府采购工程没有投标人投标的，应采用（ ）。

A. 邀请招标　　B. 竞争性谈判

C. 单一来源　　D. 框架协议采购

[**解析**] 招标后没有供应商投标或者没有合格标的或者重新招标未能成立的，可采用竞争性谈判方式采购。

[**答案**] B

第四章

知识点 2 询价

根据《政府采购非招标采购方式管理办法》，询价是指询价小组向符合资格条件的供应商发出采购货物询价通知书，要求供应商一次报出不得更改的价格，采购人从询价小组提出的成交候选人中确定成交供应商的采购方式。

《政府采购法》规定：采购的货物规格、标准统一，现货货源充足且价格变化幅度小的政府采购项目，可以依照本法采用询价方式采购。

采取询价方式采购的，应当遵循下列程序：

（1）成立询价小组。询价小组由采购人的代表和有关专家共3人以上的单数组成，其中专家的人数不得少于成员总数的2/3。

（2）确定被询价的供应商名单。询价小组根据采购需求，从符合相应资格条件的供应商名单中确定不少于3家的供应商，并向其发出询价通知书让其报价。

（3）询价。询价小组要求被询价的供应商一次报出不得更改的价格。

（4）确定成交供应商。采购人根据符合采购需求、质量和服务相等且报价最低的原则确定成交供应商，并将结果通知所有被询价的未成交的供应商。

实战演练

[**2024真题·多选**] 根据《政府采购法》，下列情形中，符合询价方式采购条件的有（ ）。

A. 货物技术复杂或性质特殊　　B. 货物规格、标准统一

C. 现货货源充足　　D. 货物涉及技术秘密或独家专利

E. 价格变化幅度小

［解析］根据《政府采购法》，采购的货物规格、标准统一，现货货源充足且价格变化幅度小的政府采购项目，可以采用询价方式采购。

［答案］BCE

知识点 3 单一来源采购

单一来源采购是指采购人从某一特定供应商处采购货物、工程和服务的采购方式。

符合下列情形之一的货物或者服务，可以依照《政府采购法》采用单一来源方式采购：

（1）只能从唯一供应商处采购的。

（2）发生了不可预见的紧急情况不能从其他供应商处采购的。

（3）必须保证原有采购项目一致性或者服务配套的要求，需要继续从原供应商处添购，且添购资金总额不超过原合同采购金额10％的。

政府采购工程依法不进行招标的，应当依照《政府采购法》和《中华人民共和国政府采购法实施条例》规定的竞争性谈判或者单一来源采购方式采购。

知识点 4 框架协议采购

关于框架协议采购，《政府采购框架协议采购方式管理暂行办法》中的相关规定如下。

一、总则

框架协议采购是指集中采购机构或者主管预算单位对技术、服务等标准明确、统一，需要多次重复采购的货物和服务，通过公开征集程序，确定第一阶段入围供应商并订立框架协议，采购人或者服务对象按照框架协议约定规则，在入围供应商范围内确定第二阶段成交供应商并订立采购合同的采购方式。

符合下列情形之一的，可以采用框架协议采购方式采购：

（1）集中采购目录以内品目，以及与之配套的必要耗材、配件等，属于小额零星采购的。

（2）集中采购目录以外，采购限额标准以上，本部门、本系统行政管理所需的法律、评估、会计、审计等鉴证咨询服务，属于小额零星采购的；但主管预算单位能够归集需求形成单一项目进行采购，通过签订时间、地点、数量不确定的采购合同满足需求的，不得采用框架协议采购方式。

（3）集中采购目录以外，采购限额标准以上，为本部门、本系统以外的服务对象提供服务的政府购买服务项目，需要确定2家以上供应商由服务对象自主选择的。

（4）国务院财政部门规定的其他情形。

上述的采购限额标准以上，是指同一品目或者同一类别的货物、服务年度采购预算达到采购限额标准以上。

二、一般规定

（1）框架协议采购包括封闭式框架协议采购和开放式框架协议采购。封闭式框架协议采购是框架协议采购的主要形式。除法律、行政法规或者《政府采购框架协议采购方式管理暂行办法》另有规定外，框架协议采购应当采用封闭式框架协议采购。

封闭式框架协议采购是通过公开竞争订立框架协议后，除经过框架协议约定的补充征集程序外，不得增加协议供应商的框架协议采购。

开放式框架协议采购是指明确采购需求和付费标准等框架协议条件，愿意接受协议条件的供应商可以随时申请加入的框架协议采购。

(2) 集中采购机构或者主管预算单位应当在征集公告和征集文件中确定框架协议采购的最高限制单价。征集文件中可以明确量价关系折扣，即达到一定采购数量，价格应当按照征集文件中明确的折扣降低。在开放式框架协议中，付费标准即为最高限制单价。

最高限制单价是供应商第一阶段响应报价的最高限价。入围供应商第一阶段响应报价是采购人或者服务对象确定第二阶段成交供应商的最高限价。

确定最高限制单价时，有政府定价的，执行政府定价；没有政府定价的，应当通过需求调查，并根据需求标准科学确定。属于《政府采购框架协议采购方式管理暂行办法》第十条第二款第一项规定情形的采购项目（集中采购目录以内品目，以及与之配套的必要耗材、配件等，属于小额零星采购的，因执行政府采购政策不宜淘汰供应商的，或者受基础设施、行政许可、知识产权等限制，供应商数量在3家以下且不宜淘汰供应商的），需要订立开放式框架协议的，与供应商协商确定。

货物项目单价按照台（套）等计量单位确定，其中包含售后服务等相关服务费用。服务项目单价按照单位采购标的价格或者人工单价等确定。服务项目所涉及的货物的费用，能够折算入服务项目单价的应当折入，需要按实结算的应当明确结算规则。

(3) 集中采购机构或者主管预算单位应当根据工作需要和采购标的市场供应及价格变化情况，科学合理确定框架协议期限。货物项目框架协议有效期一般不超过1年，服务项目框架协议有效期一般不超过2年。

(4) 入围供应商有下列情形之一，尚未签订框架协议的，取消其入围资格；已经签订框架协议的，解除与其签订的框架协议：

①恶意串通谋取入围或者合同成交的。

②提供虚假材料谋取入围或者合同成交的。

③无正当理由拒不接受合同授予的。

④不履行合同义务或者履行合同义务不符合约定，经采购人请求履行后仍不履行或者仍未按约定履行的。

⑤框架协议有效期内，因违法行为被禁止或限制参加政府采购活动的。

⑥框架协议约定的其他情形。

被取消入围资格或者被解除框架协议的供应商不得参加同一封闭式框架协议补充征集，或者重新申请加入同一开放式框架协议。

(5) 封闭式框架协议入围供应商无正当理由，不得主动放弃入围资格或者退出框架协议。

开放式框架协议入围供应商可以随时申请退出框架协议。集中采购机构或者主管预算单位应当在收到退出申请2个工作日内，发布入围供应商退出公告。

三、封闭式框架协议采购

（一）封闭式框架协议的订立

（1）供应商应当按照征集文件要求编制响应文件，对响应文件的真实性和合法性承担法律责任。

（2）确定第一阶段入围供应商的评审方法包括价格优先法和质量优先法。

价格优先法是指对满足采购需求且响应报价不超过最高限制单价的货物、服务，按照响应报价从低到高排序，根据征集文件规定的淘汰率或者入围供应商数量上限，确定入围供应商的评审方法。

质量优先法是指对满足采购需求且响应报价不超过最高限制单价的货物、服务进行质量综合评分，按照质量评分从高到低排序，根据征集文件规定的淘汰率或者入围供应商数量上限，确定入围供应商的评审方法。

有政府定价、政府指导价的项目，以及对质量有特别要求的检测、实验等仪器设备，可以采用质量优先法，其他项目应当采用价格优先法。

（3）对耗材使用量大的复印、打印、实验、医疗等仪器设备进行框架协议采购的，应当要求供应商同时对3年以上约定期限内的专用耗材进行报价。评审时应当考虑约定期限的专用耗材使用成本，修正仪器设备的响应报价或者质量评分。

征集人应当在征集文件、框架协议和采购合同中规定，入围供应商在约定期限内，应当以不高于其报价的价格向适用框架协议的采购人供应专用耗材。

（4）集中采购机构或者主管预算单位应当在入围通知书发出之日起30日内和入围供应商签订框架协议，并在框架协议签订后7个工作日内，将框架协议副本报本级财政部门备案。

框架协议不得对征集文件确定的事项以及入围供应商的响应文件作实质性修改。

（二）采购合同的授予

确定第二阶段成交供应商的方式包括直接选定、二次竞价和顺序轮候。

直接选定方式是确定第二阶段成交供应商的主要方式。除征集人根据采购项目特点和提高绩效等要求，在征集文件中载明采用二次竞价或者顺序轮候方式外，确定第二阶段成交供应商应当由采购人或者服务对象依据入围产品价格、质量以及服务便利性、用户评价等因素，从第一阶段入围供应商中直接选定。

二次竞价方式是指以框架协议约定的入围产品、采购合同文本等为依据，以协议价格为最高限价，采购人明确第二阶段竞价需求，从入围供应商中选择所有符合竞价需求的供应商参与二次竞价，确定报价最低的为成交供应商的方式。进行二次竞价应当给予供应商必要的响应时间。二次竞价一般适用于采用价格优先法的采购项目。

顺序轮候方式是指根据征集文件中确定的轮候顺序规则，对所有入围供应商依次授予采购合同的方式。每个入围供应商在一个顺序轮候期内，只有一次获得合同授予的机会。合同授予顺序确定后，应当书面告知所有入围供应商。除清退入围供应商和补充征集外，框架协议有效期内不得调整合同授予顺序。顺序轮候一般适用于服务项目。

以二次竞价或者顺序轮候方式确定成交供应商的，征集人应当在确定成交供应商后 2 个工作日内逐笔发布成交结果公告。

框架协议采购应当订立固定价格合同。根据实际采购数量和协议价格确定合同总价的，合同中应当列明实际采购数量或者计量方式，包括服务项目用于计算合同价的工日数、服务工作量等详细工作量清单。采购人应当要求供应商提供能证明其按照合同约定数量或者工作量清单履约的相关记录或者凭证，作为验收资料一并存档。

四、开放式框架协议采购

（1）订立开放式框架协议的，征集人应当发布征集公告，邀请供应商加入框架协议。

（2）征集公告发布后至框架协议期满前，供应商可以按照征集公告要求，随时提交加入框架协议的申请。征集人应当在收到供应商申请后 7 个工作日内完成审核，并将审核结果书面通知申请供应商。

（3）征集人应当在审核通过后 2 个工作日内，发布入围结果公告，公告入围供应商名称、地址、联系方式及付费标准，并动态更新入围供应商信息。征集人应当确保征集公告和入围结果公告在整个框架协议有效期内随时可供公众查阅。

（4）征集人可以根据采购项目特点，在征集公告中申明是否与供应商另行签订书面框架协议。申明不再签订书面框架协议的，发布入围结果公告，视为签订框架协议。

（5）第二阶段成交供应商由采购人或者服务对象从第一阶段入围供应商中直接选定。供应商履行合同后，依据框架协议约定的凭单、订单以及结算方式，与采购人进行费用结算。

实战演练

［2024 真题·单选］在封闭式框架协议采购程序中，确定第一阶段入围供应商的评审方法包括价格优先法和（　　）。

A. 质量优先法　　B. 顺序轮候法

C. 直接选定法　　D. 综合评估法

［解析］封闭式框架协议采购程序中，确定第一阶段入围供应商的评审方法包括价格优先法和质量优先法。

［答案］A

［经典例题·单选］某通过招投标订立的政府采购合同金额为 200 万元，合同履行过程中需要继续从原供应商处添购与合同标的相同的货物，在其他合同条款不变且添购合同金额最高不超过（　　）万元时，可以签订补充合同采购。

A. 10　　B. 20　　C. 40　　D. 50

［解析］必须保证原有采购项目一致性或者服务配套的要求，需要继续从原供应商处添购，且添购资金总额不超过原合同采购金额 10%的，可以采用单一来源方式采购。

［答案］B

第五章

建设工程合同法律制度

本章导学

本章包括“合同的基本规定”“建设工程施工合同的规定”“相关合同制度”三节内容。本章重难点为合同的分类、合同的订立、合同的履行、合同的变更与转让、合同的解除、买卖合同、租赁合同、承揽合同等内容。本章内容以考试大纲为依据，结合《民法典》以及《最高人民法院关于审理建设工程施工合同纠纷案件适用法律问题的解释（一）》等进行编写，学习时以理解为主。

第一节 合同的基本规定

《民法典》规定，合同是民事主体之间设立、变更、终止民事法律关系的协议。依法成立的合同，受法律保护。依法成立的合同，仅对当事人具有法律约束力，但是法律另有规定的除外。《建设工程施工合同（示范文本）》（GF—2017—0201）进一步明确，合同是指根据法律规定和合同当事人约定具有约束力的文件，构成合同的文件包括合同协议书、中标通知书（如果有）、投标函及其附录（如果有）、专用合同条款及其附件、通用合同条款、技术标准和要求、图纸、已标价工程量清单或预算书以及其他合同文件。

根据《民法典》，建设工程合同是承包人进行工程建设，发包人支付价款的合同。建设工程合同包括工程勘察、设计、施工合同。

知识点 1 合同的分类

一、双务合同与单务合同

双务合同即缔约双方相互负担义务，双方的义务与权利相互关联、互为因果的合同，如买卖合同、借款合同、租赁合同、融资租赁合同、承揽合同、建设工程合同、运输合同、委托合同等。

单务合同指仅由当事人一方负担义务，而他方只享有权利的合同，如赠与合同、无息借款合同、无偿保管合同等为典型的单务合同。

二、有偿合同与无偿合同

有偿合同为合同当事人一方因取得权利需向对方偿付一定代价的合同，如买卖合同、借款合同、租赁合同、融资租赁合同、承揽合同、建设工程合同、运输合同、委托合同等。

无偿合同即当事人一方只取得权利而不偿付代价的合同，如赠与合同等。

三、诺成合同与实践合同

以当事人双方意思表示一致，合同即可成立的，为诺成合同，如买卖合同、租赁合同、建设工程合同等。

除双方当事人意思表示一致外，还须实物给付，合同才能成立的，为实践合同，如定金合同、保管合同等。

四、要式合同与非要式合同

凡合同成立须以特定形式视为有效的，为要式合同；反之，为非要式合同。要式合同主要有融资租赁合同、建设工程合同等；买卖合同、自然人之间的借款合同、承揽合同等为非要式合同。

五、主合同与从合同

凡不依他种合同的存在为前提而能独立成立的合同，称为主合同。凡必须以他种合同的存在为前提才能成立的合同，称为从合同。例如，债权合同为主合同，保证该合同债务履行的保证合同为从合同。

知识点 2 合同的订立

一、合同的形式

根据《民法典》，当事人订立合同，可以采用书面形式、口头形式或者其他形式。

书面形式是合同书、信件、电报、电传、传真等可以有形地表现所载内容的形式。以电子数据交换、电子邮件等方式能够有形地表现所载内容，并可以随时调取查用的数据电文，视为书面形式。

其他形式是指根据当事人的行为或者特定情形推定成立的合同，也称之为默示合同。此类合同是指当事人未用语言明确表示成立，而是根据当事人的行为推定合同成立，如房屋租赁合同，租赁期满后，出租人未提出让承租人退房，承租人也未表示退房而是继续交房屋租金，出租人仍然接受租金。尽管当事人没有重新签订合同，但是可以依当事人的行为推定合同仍然有效，继续履行。

建设工程合同应当采用书面形式。

二、合同的内容

根据《民法典》，合同的内容由当事人约定，一般包括下列条款：①当事人的姓名或者名称和住所；②标的；③数量；④质量；⑤价款或者报酬；⑥履行期限、地点和方式；⑦违约责任；⑧解决争议的方法。

施工合同的内容一般包括工程范围、建设工期、中间交工工程的开工和竣工时间、工程质量、工程造价、技术资料交付时间、材料和设备供应责任、拨款和结算、竣工验收、质量保修范围和质量保证期、相互协作等条款。

三、合同订立的程序

根据《民法典》，当事人订立合同，可以采取要约方式、承诺方式或者其他方式。

（一）要约

1. 要约邀请（被动，特定人或非特定人）

要约邀请是希望他人向自己发出要约的表示。拍卖公告、招标公告、招股说明书、债券募集办法、基金招募说明书、商业广告和宣传、寄送的价目表等为要约邀请。商业广告和宣传的内容符合要约条件的，构成要约。

2. 要约（主动，希望与他人订立合同的意思表示）

根据《民法典》，要约的相关内容见表 5-1-1。

表 5-1-1 要约的相关内容

项目	具体内容
要约的构成	（1）内容具体确定； （2）表明经受要约人承诺，要约人即受该意思表示约束
生效时间	以对话方式作出的意思表示，相对人知道其内容时生效；以非对话方式作出的意思表示，到达相对人时生效

第五章

续表

项目	具体内容
要约撤回	要约可以撤回，但撤回要约的通知应当在意思表示到达相对人前或者与意思表示同时到达相对人
要约撤销	(1) 撤销要约的意思表示以对话方式作出的，该意思表示的内容应当在受要约人作出承诺之前为受要约人所知道；撤销要约的意思表示以非对话方式作出的，应当在受要约人作出承诺之前到达受要约人； (2) 要约不得撤销情形：①要约人以确定承诺期限或者其他形式明示要约不可撤销；②受要约人有理由认为要约是不可撤销的，并已经为履行合同做了合理准备工作
要约失效	有下列情形之一的，要约失效： (1) 要约被拒绝； (2) 要约被依法撤销； (3) 承诺期限届满，受要约人未作出承诺； (4) 受要约人对要约的内容作出实质性变更

（二）承诺（受要约人同意要约的意思表示）

根据《民法典》，承诺的相关内容见表 5-1-2。

表 5-1-2　承诺的相关内容

项目	具体内容
方式	承诺应当以通知的方式作出；但是，根据交易习惯或者要约表明可以通过行为（支付价款、工地上开始工作）作出承诺的除外
生效时间	(1) 要约以信件或者电报作出的，承诺期限自信件载明的日期或者电报交发之日开始计算。信件未载明日期的，自投寄该信件的邮戳日期开始计算。要约以电话、传真、电子邮件等快速通信方式作出的，承诺期限自要约到达受要约人时开始计算； (2) 以通知方式作出的承诺，到达相对人时生效。承诺不需要通知的，根据交易习惯或者要约的要求作出承诺的行为时生效
内容要求	(1) 承诺的内容应当与要约的内容一致； (2) 受要约人对要约的内容作出实质性变更的，为新要约； (3) 有关合同标的、数量、质量、价款或者报酬、履行期限、履行地点和方式、违约责任和解决争议方法等的变更，是对要约内容的实质性变更

（三）合同的成立

1.《民法典》相关规定

（1）承诺生效时合同成立，但是法律另有规定或者当事人另有约定的除外。

（2）当事人采用合同书形式订立合同的，自当事人均签名、盖章或者按指印时合同成立。在签名、盖章或者按指印之前，当事人一方已经履行主要义务，对方接受时，该合同成立。法律、行政法规规定或者当事人约定合同应当采用书面形式订立，当事人未采用书面形式但是一方已经履行主要义务，对方接受时，该合同成立。

（3）当事人采用信件、数据电文等形式订立合同要求签订确认书的，签订确认书时合同成立。

当事人一方通过互联网等信息网络发布的商品或者服务信息符合要约条件的，对方选择该商品或者服务并提交订单成功时合同成立，但是当事人另有约定的除外。

（4）承诺生效的地点为合同成立的地点。

采用数据电文形式订立合同的，收件人的主营业地为合同成立的地点；没有主营业地的，其住所地为合同成立的地点。当事人另有约定的，按照其约定。

（5）当事人采用合同书形式订立合同的，最后签名、盖章或者按指印的地点为合同成立的地点，但是当事人另有约定的除外。

2.《最高人民法院关于适用〈中华人民共和国民法典〉合同编通则若干问题的解释》相关规定

（1）当事人对合同是否成立存在争议，人民法院能够确定当事人姓名或者名称、标的和数量的，一般应当认定合同成立。但是，法律另有规定或者当事人另有约定的除外。

（2）采取招标方式订立合同，当事人请求确认合同自中标通知书到达中标人时成立的，人民法院应予支持。合同成立后，当事人拒绝签订书面合同的，人民法院应当依据招标文件、投标文件和中标通知书等确定合同内容。

采取现场拍卖、网络拍卖等公开竞价方式订立合同，当事人请求确认合同自拍卖师落槌、电子交易系统确认成交时成立的，人民法院应予支持。合同成立后，当事人拒绝签订成交确认书的，人民法院应当依据拍卖公告、竞买人的报价等确定合同内容。

产权交易所等机构主持拍卖、挂牌交易，其公布的拍卖公告、交易规则等文件公开确定了合同成立需要具备的条件，当事人请求确认合同自该条件具备时成立的，人民法院应予支持。

（四）其他规定

当事人在订立合同过程中有下列情形之一，造成对方损失的，应当承担赔偿责任：

（1）假借订立合同，恶意进行磋商。

（2）故意隐瞒与订立合同有关的重要事实或者提供虚假情况。

（3）有其他违背诚信原则的行为。

当事人在订立合同过程中知悉的商业秘密或者其他应当保密的信息，无论合同是否成立，不得泄露或者不正当地使用；泄露、不正当地使用该商业秘密或者信息，造成对方损失的，应当承担赔偿责任。

实战演练

［2024 真题·单选］ 4 月 20 日，甲向乙发出函件称："本单位欲以每吨 3 800 元的价格出售螺纹钢 100 t，如欲购买，请于 5 月 10 日前回复。"乙于 4 月 27 日收到甲的函件，并于次日回函表示愿意购买。但由于投递错误，乙的回函于 5 月 11 日才到达甲处，因已超过 5 月 10 日的最后期限，甲未再理会乙，而将钢材出售给他人。根据《民法典》，关于甲、乙之间合同的说法，正确的是（　　）。

A. 合同成立且已生效，乙有权要求甲履行合同

B. 合同未成立，甲对乙不承担任何责任

C. 合同未成立，但乙有权要求甲赔偿信赖利益损失

D. 合同成立但未生效，甲有权以承诺迟到为由撤销要约

[解析] 此案例中，甲向乙发出了要约，明确了价格、数量以及回复的最后期限。乙在收到要约后表示愿意购买，但由于回函延误，导致甲在规定的期限内未能收到乙的承诺，因此按照《民法典》的规定“承诺生效时合同成立，但是法律另有规定或者当事人另有约定的除外”，合同尚未成立。选项A错误，合同未成立，乙不能要求甲履行合同。选项B正确，合同未成立，甲对乙不承担责任。选项C错误，因为合同未成立，甲没有违反合同义务，乙也没有因信赖甲的承诺而产生实际损失，所以乙没有权利要求甲赔偿信赖利益损失。选项D错误，合同未成立，不存在成立但未生效的情况，甲也没有撤销要约的必要，因为要约的有效期已过期。

[答案] B

[2021真题·单选] 关于合同形式的说法，正确的是（　　）。

A. 电子邮件不能视为书面形式

B. 书面形式仅指合同书形式

C. 合同可以采用书面形式、口头形式或者其他形式

D. 默示合同是指当事人默认的合同

[解析] 当事人订立合同，可以采用书面形式、口头形式或者其他形式。书面形式是合同书、信件、电报、电传、传真等可以有形地表现所载内容的形式。以电子数据交换、电子邮件等方式能够有形地表现所载内容，并可以随时调取查用的数据电文，视为书面形式。可以根据当事人的行为或者特定情形推定成立的合同，称为默示合同。

[答案] C

[经典例题·多选] 根据《民法典》，撤回要约的通知应当（　　）。

A. 在要约到达受要约人之后到达受要约人

B. 在受要约人发出承诺之前到达受要约人

C. 在要约人发出承诺同时到达受要约人

D. 在要约到达受要约人之前到达受要约人

E. 与要约同时到达受要约人

[解析] 撤回要约的通知应当在意思表示到达相对人前或者与意思表示同时到达相对人。

[答案] DE

[经典例题·多选] 下列情形中，可导致要约失效的有（　　）。

A. 要约被拒绝

B. 要约被依法撤销

C. 要约人依法撤回要约

D. 承诺期限届满，受要约人未作出承诺

E. 受要约人对要约的内容作出实质性变更

[解析] 有下列情形之一的，要约失效：①要约被拒绝；②要约被依法撤销；③承诺期限届满，受要约人未作出承诺；④受要约人对要约的内容作出实质性变更。

[答案] ABDE

知识点 3 有效合同

《民法典》规定，依照法律、行政法规的规定，合同应当办理批准等手续的，依照其规定。

未办理批准等手续影响合同生效的，不影响合同中履行报批等义务条款以及相关条款的效力。应当办理申请批准等手续的当事人未履行义务的，对方可以请求其承担违反该义务的责任。

具备下列条件的合同有效：

（1）行为人具有相应的民事行为能力。

（2）意思表示真实。

（3）不违反法律、行政法规的强制性规定，不违背公序良俗。

知识点 4　无效合同

无效合同是相对有效合同而言的，是指合同虽然经当事人协商成立，但因其不具备或违反法定条件，危害社会公共利益，法律不承认其效力的合同。

根据《民法典》，无效合同的相关规定见表 5-1-3。

表 5-1-3　无效合同的相关规定

类别	具体情形
无效合同的特征	当事人为无民事行为能力人
	行为人与相对人以虚假的意思表示订立的
	违反法律、行政法规的强制性规定
	违背公序良俗
	行为人与相对人恶意串通，损害他人合法权益的
免责条款无效	（1）造成对方人身损害的； （2）因故意或者重大过失造成对方财产损失的

（1）无效的或者被撤销的民事法律行为自始没有法律约束力。

（2）民事法律行为部分无效，不影响其他部分效力的，其他部分仍然有效。

（3）合同不生效、无效、被撤销或者终止的，不影响合同中有关解决争议方法的条款的效力。

（4）民事法律行为无效、被撤销或者确定不发生效力后，行为人因该行为取得的财产，应当予以返还；不能返还或者没有必要返还的，应当折价补偿。有过错的一方应当赔偿对方由此所受到的损失；各方都有过错的，应当各自承担相应的责任。法律另有规定的，依照其规定。

知识点 5　可撤销合同

【合同已经生效，撤销后无效】

对于表 5-1-4 中的合同，受损害一方有权请求人民法院或者仲裁机构予以撤销。

表 5-1-4　可撤销合同的种类

合同种类	撤销权的行使时间
以欺诈手段订立的合同	自知道或者应当知道撤销事由之日起 1 年内
合同成立时显失公平的合同	
基于重大误解订立的合同	自知道或者应当知道撤销事由之日起 90 日内

续表

合同种类	撤销权的行使时间
以胁迫手段订立的合同	自胁迫行为终止之日起1年内

当事人知道撤销事由后可以明确表示或者以自己的行为表明放弃撤销权；当事人自民事法律行为发生之日起5年内没有行使撤销权的，撤销权消灭；无效的或者被撤销的民事法律行为自始没有法律约束力。

知识点 6 效力待定合同

【已经成立，缺乏生效条件】

一、限制行为能力人订立的合同

限制民事行为能力人实施的纯获利益的民事法律行为或者与其年龄、智力、精神健康状况相适应的民事法律行为有效；实施的其他民事法律行为经法定代理人同意或者追认后有效。

相对人可以催告法定代理人自收到通知之日起30日内予以追认。法定代理人未作表示的，视为拒绝追认。

民事法律行为被追认前，善意相对人有撤销的权利。撤销应当以通知的方式作出。

二、无权代理人订立的合同

相对人可以催告法定代理人在自收到通知之日起30日内予以追认。法定代理人未作表示的，视为拒绝追认。合同被追认之前，善意相对人有撤销的权利。撤销应当以通知的方式作出。

实战演练

[**2022真题·单选**] 关于可撤销合同中撤销权行使的说法，正确的是（　　）。

A. 受胁迫的当事人应当自胁迫行为终止之日起6个月内行使撤销权

B. 当事人不得放弃撤销权

C. 重大误解的当事人应当自知道或者应当知道撤销事由之日起90日内行使撤销权

D. 当事人自民事法律行为发生之日起3年内没有行使撤销权的，撤销权消灭

[**解析**] 选项A错误，当事人受胁迫，自胁迫行为终止之日起1年内行使撤销权。选项B错误，当事人知道撤销事由后可以明确表示或者以自己的行为表明放弃撤销权。选项D错误，当事人自民事法律行为发生之日起5年内没有行使撤销权的，撤销权消灭。

[**答案**] C

[**2020真题·单选**] 关于无效合同的说法，正确的是（　　）。

A. 一方以欺诈手段订立的，损害对方利益的合同无效

B. 违反部门规章的强制性规定的合同无效

C. 无效的合同自被认定无效之日起没有法律约束力

D. 双方恶意串通，损害第三人利益的合同无效

［解析］选项A错误，以欺诈的手段订立的合同为可撤销合同。选项B错误，违反法律、行政法规的强制性规定的民事法律行为无效。选项C错误，无效的或者被撤销的民事法律行为自始没有法律约束力。

［答案］D

［2023真题·多选］根据《民法典》，下列合同中属于可撤销的有（　　）。

A. 施工合同支付条款显失公平的合同
B. 承包人对工程价款有重大误解的合同
C. 发包人胁迫承包人订立的合同
D. 承包人超越资质等级订立的合同
E. 承包人将部分工程违法分包的合同

［解析］可撤销合同的种类：以欺诈手段订立的合同；合同成立时显失公平的合同；基于重大误解订立的合同；以胁迫的手段订立的合同。选项D、E属于无效合同。

［答案］ABC

［2022真题·多选］根据《民法典》，民事法律行为的有效要件有（　　）。

A. 行为人具有相应的民事行为能力
B. 不超越经营范围
C. 意思表示真实
D. 不违反法律、行政法规的强制性规定
E. 不违背公序良俗

［解析］具备下列条件的民事法律行为有效：①行为人具有相应的民事行为能力；②意思表示真实；③不违反法律、行政法规的强制性规定，不违背公序良俗。

［答案］ACDE

知识点7　合同的履行

一、合同履行的原则

《民法典》规定，当事人应当按照约定全面履行自己的义务。当事人应当遵循诚信原则，根据合同的性质、目的和交易习惯履行通知、协助、保密等义务。当事人在履行合同过程中，应当避免浪费资源、污染环境和破坏生态。

合同生效后，当事人就质量、价款或者报酬、履行地点等内容没有约定或者约定不明确的，可以协议补充；不能达成补充协议的，按照合同相关条款或者交易习惯确定。

二、合同内容约定

当事人就有关合同内容约定不明确，依据上述规定仍不能确定的，适用下列规定：

（1）质量要求不明确的，按照强制性国家标准履行；没有强制性国家标准的，按照推荐性国家标准履行；没有推荐性国家标准的，按照行业标准履行；没有国家标准、行业标准的，按照通常标准或者符合合同目的的特定标准履行。

（2）价款或者报酬不明确的，按照订立合同时履行地的市场价格履行；依法应当执行政府定价或者政府指导价的，依照规定履行。

（3）履行地点不明确，给付货币的，在接受货币一方所在地履行；交付不动产的，在不

第五章

动产所在地履行；其他标的，在履行义务一方所在地履行。

（4）履行期限不明确的，债务人可以随时履行，债权人也可以随时请求履行，但是应当给对方必要的准备时间。

（5）履行方式不明确的，按照有利于实现合同目的的方式履行。

（6）履行费用的负担不明确的，由履行义务一方负担；因债权人原因增加的履行费用，由债权人负担。

执行政府定价或者政府指导价的，在合同约定的交付期限内政府价格调整时，按照交付时的价格计价。逾期交付标的物的，遇价格上涨时，按照原价格执行；价格下降时，按照新价格执行。逾期提取标的物或者逾期付款的，遇价格上涨时，按照新价格执行；价格下降时，按照原价格执行。

三、履行情形与违约责任

《民法典》规定，债务人不履行债务，第三人对履行该债务具有合法利益的，第三人有权向债权人代为履行；但是，根据债务性质、按照当事人约定或者依照法律规定只能由债务人履行的除外。债权人接受第三人履行后，其对债务人的债权转让给第三人，但是债务人和第三人另有约定的除外。

当事人互负债务，没有先后履行顺序的，应当同时履行。一方在对方履行之前有权拒绝其履行请求。一方在对方履行债务不符合约定时，有权拒绝其相应的履行请求。

当事人互负债务，有先后履行顺序，应当先履行债务一方未履行的，后履行一方有权拒绝其履行请求。先履行一方履行债务不符合约定的，后履行一方有权拒绝其相应的履行请求。

应当先履行债务的当事人，有确切证据证明对方有下列情形之一的，可以中止履行：

（1）经营状况严重恶化。

（2）转移财产、抽逃资金，以逃避债务。

（3）丧失商业信誉。

（4）有丧失或者可能丧失履行债务能力的其他情形。

当事人没有确切证据中止履行的，应当承担违约责任。

当事人依据上述规定中止履行的，应当及时通知对方。对方提供适当担保的，应当恢复履行。中止履行后，对方在合理期限内未恢复履行能力且未提供适当担保的，视为以自己的行为表明不履行主要债务，中止履行的一方可以解除合同并可以请求对方承担违约责任。

合同生效后，当事人不得因姓名、名称的变更或者法定代表人、负责人、承办人的变动而不履行合同义务。

实战演练

［2024 真题·单选］ 依据施工企业甲与材料供应商乙订立的买卖合同，甲应当先行支付乙货款的 20%作为预付款，此时甲有确切证据证明乙经营状况严重恶化，关于甲的做法，正确的是（　　）。

A. 中止履行，并及时通知对方　　B. 通知乙即刻解除合同

C. 继续支付预付款　　D. 要求乙承担违约责任

[解析] 应当先履行债务的当事人，有确切证据证明对方有下列情形之一的，可以中止履行：①经营状况严重恶化；②转移财产、抽逃资金，以逃避债务；③丧失商业信誉；④有丧失或者可能丧失履行债务能力的其他情形。当事人没有确切证据中止履行的，应当承担违约责任。当事人依据上述规定中止履行的，应当及时通知对方。

[答案] A

[经典例题·单选] 根据《民法典》，对于普通的商品，如果价款或报酬不明确，合同履行中应按（　　）。

A. 订立合同时履行地的政府定价　　B. 订立合同时履行地的市场价格

C. 履行合同时履行地的政府定价　　D. 履行合同时履行地的市场价格

[解析] 价款或者报酬不明确的，按照订立合同时履行地的市场价格履行。

[答案] B

知识点 8 违约责任

一、违约责任的种类

根据《民法典》，违约责任的种类如图 5-1-1 所示。

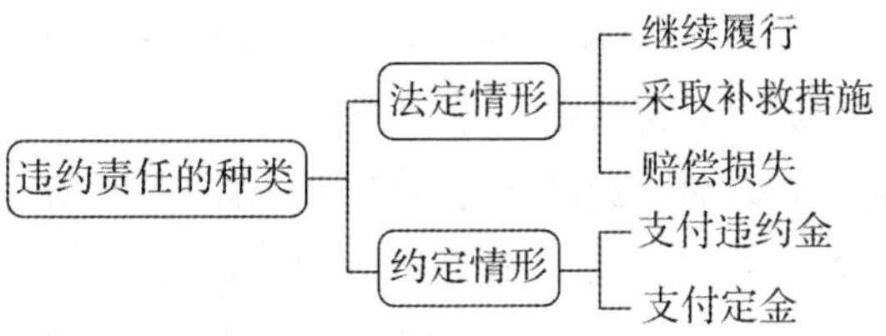

图 5-1-1 违约责任的种类

（一）继续履行

当事人一方不履行非金钱债务或者履行非金钱债务不符合约定的，对方可以请求履行，但是有下列情形之一的除外：

（1）法律上或者事实上不能履行。

（2）债务的标的不适于强制履行或者履行费用过高。

（3）债权人在合理期限内未请求履行。

（二）采取补救措施

可采取的补救措施：修理、重作、更换、退货、减少价款或者报酬等。

（三）赔偿损失

当事人一方不履行合同义务或者履行合同义务不符合约定，造成对方损失的，损失赔偿额应当相当于因违约所造成的损失，包括合同履行后可以获得的利益；但是，不得超过违约一方订立合同时预见到或者应当预见到的因违约可能造成的损失。

➤ **知识链接：** 根据《最高人民法院关于适用〈中华人民共和国民法典〉合同编通则若干问题的解释》，在认定“违约一方订立合同时预见到或者应当预见到的因违约可能造成的损失”时，人民法院应当根据当事人订立合同的目的，综合考虑合同主体、合同内容、交易类型、交易习惯、磋商过程等因素，按照与违约方处于相同或者类似情况的民事主体在订立合同时预见到或者应当预见到的损失予以确定。

除合同履行后可以获得的利益外，非违约方主张还有其向第三人承担违约责任应当支出的额外费用等其他因违约所造成的损失，并请求违约方赔偿，经审理认为该损失系违约一方订立合同时预见到或者应当预见到的，人民法院应予支持。

在确定违约损失赔偿额时，违约方主张扣除非违约方未采取适当措施导致的扩大损失、非违约方也有过错造成的相应损失、非违约方因违约获得的额外利益或者减少的必要支出的，人民法院依法予以支持。

（四）支付违约金或定金

关于违约金和定金的支付，《民法典》规定如下：

（1）约定的违约金低于造成的损失的，人民法院或者仲裁机构可以根据当事人的请求予以增加；约定的违约金过分高于造成的损失的，人民法院或者仲裁机构可以根据当事人的请求予以适当减少。

当事人就迟延履行约定违约金的，违约方支付违约金后，还应当履行债务。

➢ **注意：**违约方主张约定的违约金过分高于违约造成的损失，请求予以适当减少的，应当承担举证责任。非违约方主张约定的违约金合理的，也应当提供相应的证据。约定的违约金超过造成损失的30%的，人民法院一般可以认定为过分高于造成的损失。恶意违约的当事人一方请求减少违约金的，人民法院一般不予支持。

（2）当事人可以约定一方向对方给付定金作为债权的担保。定金合同自实际交付定金时成立。定金的数额由当事人约定；但是，不得超过主合同标的额的20%，超过部分不产生定金的效力。实际交付的定金数额多于或者少于约定数额的，视为变更约定的定金数额。

（3）债务人履行债务的，定金应当抵作价款或者收回。给付定金的一方不履行债务或者履行债务不符合约定，致使不能实现合同目的的，无权请求返还定金；收受定金的一方不履行债务或者履行债务不符合约定，致使不能实现合同目的的，应当双倍返还定金。

（4）当事人既约定违约金，又约定定金的，一方违约时，对方可以选择适用违约金或者定金条款。

①收定金方违约，给付定金方可主张：（取最大值）

守约方选择适用违约金条款→违约金+定金。

守约方选择适用定金条款→2倍定金。

②给付定金方违约，收定金方可主张：（取最大值）

守约方选择适用违约金条款→退回定金，要求支付违约金。

守约方选择适用定金条款→没收定金。

定金不足以弥补一方违约造成的损失的，对方可以请求赔偿超过定金数额的损失。

➢ **注意：**双方当事人均具有致使不能实现合同目的的违约行为，其中一方请求适用定金罚则的，人民法院不予支持。当事人一方已经部分履行合同，对方接受并主张按照未履行部分所占比例适用定金罚则的，人民法院应予支持。因不可抗力致使合同不能履行，非违约方主张适用定金罚则的，人民法院不予支持。

二、免除责任的规定

《民法典》规定，当事人一方因不可抗力不能履行合同的，根据不可抗力的影响，部分或者全部免除责任，但是法律另有规定的除外。因不可抗力不能履行合同的，应当及时通知对方，以减轻可能给对方造成的损失，并应当在合理期限内提供证明。

当事人迟延履行后发生不可抗力的，不免除其违约责任。

（1）当事人一方违约后，对方应当采取适当措施防止损失的扩大；没有采取适当措施致使损失扩大的，不得就扩大的损失请求赔偿。当事人因防止损失扩大而支出的合理费用，由违约方负担。

当事人都违反合同的，应当各自承担相应的责任。当事人一方违约造成对方损失，对方对损失的发生有过错的，可以减少相应的损失赔偿额。

（2）当事人一方因第三人的原因造成违约的，应当依法向对方承担违约责任。当事人一方和第三人之间的纠纷，依照法律规定或按照约定处理。

实战演练

[2022 真题·单选] 关于定金的说法，正确的是（　　）。

A. 定金合同自当事人均签名、盖章或者按指印时成立

B. 定金数额超过主合同标的额的 20%的，定金无效

C. 当事人既约定违约金，又约定定金的，一方违约时，非违约方应当适用违约金条款

D. 实际交付的定金数额多于或者少于约定数额的，视为变更约定的定金数额

[解析] 选项 A 错误，定金合同自实际交付定金时成立。选项 B 错误，定金的数额由当事人约定；但是，不得超过主合同标的额的 20%，超过部分不产生定金的效力。选项 C 错误，当事人既约定违约金，又约定定金的，一方违约时，对方可以选择适用违约金或者定金条款。

[答案] D

[2022 真题·单选] 关于违约金的说法，正确的是（　　）。

A. 约定的违约金过分高于造成的损失的，人民法院或者仲裁机构不得予以减少

B. 一方违约，当事人要求支付违约金的，不得再要求继续履行

C. 约定的违约金低于造成的损失的，人民法院或者仲裁机构可以根据当事人的请求予以增加

D. 一方违约，当事人要求解除合同的，不得再要求支付违约金

[解析] 选项 A 错误，约定的违约金过分高于造成的损失的，人民法院或者仲裁机构可以根据当事人的请求予以适当减少。选项 B 错误，继续履行可以与违约金、定金、赔偿损失并用。选项 D 错误，违约责任不因解除合同而消失，所以可以要求支付违约金。

[答案] C

[2022 真题·单选] 关于违约责任中承担赔偿损失限制的说法，正确的是（　　）。

A. 违约方应当赔偿不可预见的损害

B. 损失赔偿不得超过违约方为履行合同付出的成本

C. 当事人一方违约后，对方没有采取适当措施致使损失扩大的，非违约方可以就扩大的损失请求赔偿

D. 当事人为防止因违约造成的损失扩大而支出的合理费用，由违约方承担

[解析] 选项A错误，如果损害是不可预见的，则违约方不应赔偿。选项B错误，损失赔偿额应当相当于因违约所造成的损失，包括合同履行后可以获得的利益；但是，不得超过违约一方订立合同时预见到或者应当预见到的因违约可能造成的损失。选项C错误，当事人一方违约后，对方应当采取适当措施防止损失的扩大；没有采取适当措施致使损失扩大的，不得就扩大的损失请求赔偿。

[答案] D

[2020真题·单选] 当事人一方不履行合同义务或者履行合同义务不符合约定的，应当承担的违约责任是（　　）。

A. 继续履行、消除危险或者赔偿损失

B. 继续履行、采取补救措施或者赔偿损失

C. 返还财产、赔礼道歉或者采取补救措施

D. 恢复原状、赔偿损失或者支付违约金

[解析] 违约责任的种类主要有继续履行、采取补救措施或者赔偿损失等方式。

[答案] B

[2018真题·单选] 设备采购合同约定，任何一方不履行合同应当支付违约金5万元。采购人按照约定向供应商交付定金8万元，合同履行期限届满，供应商未能交付设备，则采购人能获得法院支持的最高请求额是（　　）万元。

A. 16　　B. 5

C. 8　　D. 13

[解析] 当事人既约定违约金，又约定定金的，一方违约时，对方可以选择适用违约金或者定金条款。本题中，违约金为5万元，5万元违约金和8万元定金，适用方案二选一：①8万元定金，双倍返还16万元；②违约金＋定金＝5＋8＝13（万元）。所以选项A正确。

[答案] A

第二节　建设工程施工合同的规定

知识点 1 施工合同的效力

一、施工合同无效的情形

建设工程施工合同具有下列情形之一的，应当认定无效：

（1）承包人未取得建筑业企业资质或者超越资质等级的。

（2）没有资质的实际施工人借用有资质的建筑施工企业名义的。

（3）建设工程必须进行招标而未招标或者中标无效的。

（4）承包人转包、违法分包建设工程与他人签订的建设工程施工合同。

二、关于施工合同无效的相关规定

（1）建设工程施工合同具有下列情形之一的，应当依据《民法典》第一百五十三条第一款的规定，认定无效：

①承包人未取得建筑业企业资质或者超越资质等级的。

②没有资质的实际施工人借用有资质的建筑施工企业名义的。

③建设工程必须进行招标而未招标或者中标无效的。

承包人因转包、违法分包建设工程与他人签订的建设工程施工合同，应当依据《民法典》第一百五十三条第一款及第七百九十一条第二款、第三款的规定，认定无效。

（2）招标人和中标人在中标合同之外就明显高于市场价格购买承建房产、无偿建设住房配套设施、让利、向建设单位捐赠财物等另行签订合同，变相降低工程价款，一方当事人以该合同背离中标合同实质性内容为由请求确认无效的，人民法院应予支持。

（3）当事人以发包人未取得建设工程规划许可证等规划审批手续为由，请求确认建设工程施工合同无效的，人民法院应予支持，但发包人在起诉前取得建设工程规划许可证等规划审批手续的除外。发包人能够办理审批手续而未办理，并以未办理审批手续为由请求确认建设工程施工合同无效的，人民法院不予支持。

（4）承包人超越资质等级许可的业务范围签订建设工程施工合同，在建设工程竣工前取得相应资质等级，当事人请求按照无效合同处理的，人民法院不予支持。

（5）具有劳务作业法定资质的承包人与总承包人、分包人签订的劳务分包合同，当事人请求确认无效的，人民法院依法不予支持。

三、施工合同无效后的工程款结算

建设工程施工合同无效，但是建设工程经验收合格的，可以参照合同关于工程价款的约定折价补偿承包人。

建设工程施工合同无效，且建设工程经验收不合格的，按照以下情形处理：

（1）修复后的建设工程经验收合格的，发包人可以请求承包人承担修复费用。

（2）修复后的建设工程经验收不合格的，承包人无权请求参照合同关于工程价款的约定折价补偿。

实战演练

［**2024 真题·单选**］下列情形中，施工合同无效的是（　　）。

A. 施工企业超越资质等级订立的

B. 未经公开招标订立的

C. 建设单位在订立合同后开工前取得建设工程规划许可证的

D. 施工企业的分公司以施工企业名义签署的

［**解析**］《最高人民法院关于审理建设工程施工合同纠纷案件适用法律问题的解释（一）》规定，建设工程施工合同具有下列情形之一的，应当依据《民法典》第一百五十三条第一款的规定，认定无效：①承包人未取得建筑业企业资质或者超越资质等级的；②没有资质的实际施工人借用有资质的建筑施工企业名义的；③建设工程必须进行招标而未招标或者中标无效的。承包人因转包、违法分包建设工程与他人签订的建设工程施工合同，应当依据《民法典》第一百五十三条第一款及第七百九十一条第二款、第三款的规定，认定无效。

[答案] A

[2023 真题·单选] 根据《最高人民法院关于审理建设工程施工合同纠纷案件适用法律问题的解释（一）》，下列施工合同中，应为无效的是（　　）。

A. 没有资质的实际施工人借用有资质的建筑施工企业名义订立的合同

B. 工程款支付条款显失公平的合同

C. 发包人因对投标文件有重大误解而订立的合同

D. 承包人根据总承包合同中的约定，就其承包的部分工程与其他单位签订的分包合同

[解析] 建设工程施工合同具有下列情形之一的，应当认定无效：①承包人未取得建筑业企业资质或者超越资质等级的；②没有资质的实际施工人借用有资质的建筑施工企业名义的；③建设工程必须进行招标而未招标或者中标无效的。承包人因转包、违法分包建设工程与他人签订的建设工程施工合同，应当依据《民法典》第一百五十三条第一款及第七百九十一条第二款、第三款的规定，认定无效。

[答案] A

[2022 真题·单选] 关于无效民事法律行为后果的说法，正确的是（　　）。

A. 无效民事法律行为自被认定无效之日起不再具有法律约束力

B. 双方当事人对民事法律行为均有过错的，应当承担连带责任

C. 民事法律行为部分无效，不影响其他部分效力的，其他部分仍然有效

D. 民事法律行为无效，行为人因该行为取得的财产，应当直接折价补偿

[解析] 选项 A 错误，无效的或者被撤销的民事法律行为自始没有法律约束力。选项 B 错误，双方都有过错的，应当各自承担相应的责任。选项 D 错误，民事法律行为无效、被撤销或者确定不发生效力后，行为人因该行为取得的财产，应当予以返还；不能返还或者没有必要返还的，应当折价补偿。

[答案] C

[2021 真题·单选] 关于无效施工合同工程款结算，说法正确的是（　　）。

A. 建设工程经验收合格的，发包人应当按照合同约定进行工程款结算

B. 建设工程验收不合格，修复后的建设工程经验收仍不合格的，发包人可以在结算中大幅度减少结算金额

C. 建设工程验收不合格，修复后的建设工程经验收合格的，维修费用应当由发包人与承包人共同承担

D. 建设工程经验收合格的，发包人可以参照合同关于工程价款的约定折价补偿承包人

[解析] 选项 A 错误、选项 D 正确，建设工程施工合同无效，但是建设工程经验收合格的，可以参照合同关于工程价款的约定折价补偿承包人。选项 B 错误，修复后的建设工程经验收不合格的，承包人无权请求参照合同关于工程价款的约定折价补偿。选项 C 错误，修复后的建设工程经验收合格的，发包人可以请求承包人承担修复费用。

[答案] D

［2020 真题·多选］下列建设工程施工合同中，应当被认定为无效的有（　　）。

A. 某劳务分包企业借用某建筑施工企业的施工总承包一级资质承揽工程订立的合同

B. 某使用世界银行援助资金的项目，发包人未经招标与承包人订立的合同

C. 某建设工程项目，施工总承包单位将主体结构的劳务分包给具有劳务资质的企业订立的合同

D. 某建筑施工企业，未取得施工总承包资质证书，承揽施工总承包工程订立的合同

E. 某建设工程项目，发包人未取得建设工程规划许可证与承包人订立的合同，但发包人在一审法院辩论终结前取得了建设工程规划许可证

［解析］建设工程施工合同具有下列情形之一的，应当认定无效：①承包人未取得建筑业企业资质或者超越资质等级的；②没有资质的实际施工人借用有资质的建筑施工企业名义的；③建设工程必须进行招标而未招标或者中标无效的。承包人因转包、违法分包建设工程与他人签订的建设工程施工合同，应当依据《民法典》第一百五十三条第一款及第七百九十一条第二款、第三款的规定，认定无效。当事人以发包人未取得建设工程规划许可证等规划审批手续为由，请求确认建设工程施工合同无效的，人民法院应予支持，但发包人在起诉前取得建设工程规划许可证等规划审批手续的除外。

［答案］ABDE

知识点 2　建设工程工期

关于建设工程开工、竣工日期等，《最高人民法院关于审理建设工程施工合同纠纷案件适用法律问题的解释（一）》规定如下。

当事人对建设工程开工日期有争议的，人民法院应当分别按照以下情形予以认定：

（1）开工日期为发包人或者监理人发出的开工通知载明的开工日期；开工通知发出后，尚不具备开工条件的，以开工条件具备的时间为开工日期；因承包人原因导致开工时间推迟的，以开工通知载明的时间为开工日期。

（2）承包人经发包人同意已经实际进场施工的，以实际进场施工时间为开工日期。

（3）发包人或者监理人未发出开工通知，亦无相关证据证明实际开工日期的，应当综合考虑开工报告、合同、施工许可证、竣工验收报告或者竣工验收备案表等载明的时间，并结合是否具备开工条件的事实，认定开工日期。

当事人对建设工程实际竣工时间有争议的，人民法院应当分别按照以下情形予以认定：

（1）建设工程经竣工验收合格的，以竣工验收合格之日为竣工日期。

（2）承包人已经提交竣工验收报告，发包人拖延验收的，以承包人提交验收报告之日为竣工日期。

（3）建设工程未经竣工验收，发包人擅自使用的，以转移占有建设工程之日为竣工日期。

当事人约定顺延工期应当经发包人或者监理人签证等方式确认，承包人虽未取得工期顺延的确认，但能够证明在合同约定的期限内向发包人或者监理人申请过工期顺延且顺延事由符合合同约定，承包人以此为由主张工期顺延的，人民法院应予支持。

当事人约定承包人未在约定期限内提出工期顺延申请视为工期不顺延的，按照约定处理，但发包人在约定期限后同意工期顺延或者承包人提出合理抗辩的除外。

建设工程竣工前，当事人对工程质量发生争议，工程质量经鉴定合格的，鉴定期间为顺延工期期间。

➢ **知识拓展：**《民法典》规定，隐蔽工程在隐蔽以前，承包人应当通知发包人检查。发包人没有及时检查的，承包人可以顺延工程日期，并有权请求赔偿停工、窝工等损失。

实战演练

[2022 真题·单选] 根据《最高人民法院关于审理建设工程施工合同纠纷案件适用法律问题的解释（一）》，当事人对建设工程实际竣工日期有争议的，关于人民法院认定竣工日期的说法，正确的是（　　）。

A. 建设工程经竣工验收合格的，以承包人提交竣工验收报告之日为竣工日期

B. 建设工程未经竣工验收，发包人擅自使用的，以竣工验收合格之日为竣工日期

C. 承包人已经提交竣工验收报告，发包人拖延验收的，以承包人提交验收报告之日为竣工日期

D. 建设工程未竣工验收，发包人擅自使用的，以承包人实际完工之日为竣工日期

[解析] 选项 A 错误，建设工程经竣工验收合格的，以竣工验收合格之日为竣工日期。选项 B、D 错误，建设工程未经竣工验收，发包人擅自使用的，以转移占有建设工程之日为竣工日期。

[答案] C

[2020 真题·单选] 某建设工程施工合同约定的开工日期为 3 月 1 日，发包人于 3 月 10 日向承包人发出开工通知，开工通知载明的开工日期为 3 月 20 日。接到开工通知后，承包人由于人员、设备未能及时到位，3 月 30 日才正式施工。根据《最高人民法院关于审理建设工程施工合同纠纷案件适用法律问题的解释（一）》，该项目开工日期应当为（　　）。

A. 3 月 1 日　　B. 3 月 20 日

C. 3 月 10 日　　D. 3 月 30 日

[解析] 因承包人原因导致开工时间推迟的，以开工通知载明的时间为开工日期。

[答案] B

[2024 真题·多选] 根据《最高人民法院关于审理建设工程施工合同纠纷案件适用法律问题的解释（一）》，当事人对建设工程开工日期有争议的，人民法院的认定规则包括（　　）。

A. 发包人或者监理人发出开工通知后，尚不具备开工条件的，以开工条件具备的时间为开工日期

B. 因承包人原因导致开工时间推迟的，以开工通知载明的时间为开工日期

C. 发包人或者监理人未发出开工通知，以承包人实际进场施工时间为开工日期

D. 承包人经发包人同意已经实际进场施工的，以实际进场施工时间为开工日期

E. 发包人或者监理人未发出开工通知，也无相关证据证明实际开工日期的，应当以施工许可证载明的时间为开工日期

第五章

［解析］《最高人民法院关于审理建设工程施工合同纠纷案件适用法律问题的解释（一）》规定，当事人对建设工程开工日期有争议的，人民法院应当分别按照以下情形予以认定：①开工日期为发包人或者监理人发出的开工通知载明的开工日期；开工通知发出后，尚不具备开工条件的，以开工条件具备的日期为开工日期（选项A正确）；因承包人原因导致开工时间推迟的，以开工通知载明的日期为开工日期（选项B正确）。②承包人经发包人同意已经实际进场施工的，以实际进场施工时间为开工日期（选项D正确）。③发包人或者监理人未发出开工通知，亦无相关证据证明实际开工日期的，应当综合考虑开工报告、合同、施工许可证、竣工验收报告或者竣工验收备案表等载明的时间，并结合是否具备开工条件的事实，认定开工日期。

［答案］ABD

知识点 3　建设工程质量

根据《民法典》，建设工程质量责任的承担见表5-2-1。

表5-2-1　建设工程质量责任的承担

责任人	相关规定	
施工人	建设工程质量不符合约定	在合理期限内无偿修理或者返工、改建
		造成逾期交付的，应当承担违约责任
承包人	造成人身损害和财产损失	应当承担赔偿责任
发包人	发包人未按照约定的时间和要求提供原材料、设备、场地、资金、技术资料的	承包人可以顺延工程日期，并有权请求赔偿停工、窝工等损失
	致使工程中途停建、缓建	应当采取措施弥补或者减少损失
		赔偿承包人因此造成的损失和实际费用（停工、窝工、倒运、机械设备调迁、材料和构件积压等）
	变更计划，提供的资料不准确，或未按照期限提供必需的勘察、设计工作条件而造成勘察、设计的返工、停工或者修改设计	应当按照勘察人、设计人实际消耗的工作量增付费用

《最高人民法院关于审理建设工程施工合同纠纷案件适用法律问题的解释（一）》进一步规定，发包人具有下列情形之一，造成建设工程质量缺陷，应当承担过错责任：①提供的设计有缺陷；②提供或者指定购买的建筑材料、建筑构配件、设备不符合强制性标准；③直接指定分包人分包专业工程。承包人有过错的，也应当承担相应的过错责任。

知识点 4　建设工程价款

一、一般规定

《民法典》规定，建设工程竣工后，发包人应当根据施工图纸及说明书、国家颁发的施工验收规范和质量检验标准及时进行验收。验收合格的，发包人应当按照约定支付价款，并接收该建设工程。

《最高人民法院关于审理建设工程施工合同纠纷案件适用法律问题的解释（一）》规定，

招标人和中标人另行签订的建设工程施工合同约定的工程范围、建设工期、工程质量、工程价款等实质性内容，与中标合同不一致，一方当事人请求按照中标合同确定权利义务的，人民法院应予支持。

二、工程价款结算争议解决的规定

（1）当事人对建设工程的计价标准或者计价方法有约定的，按照约定结算工程价款。因设计变更导致建设工程的工程量或者质量标准发生变化，当事人对该部分工程价款不能协商一致的，可以参照签订建设工程施工合同时当地建设行政主管部门发布的计价方法或者计价标准结算工程价款。

（2）当事人对工程量有争议的，按照施工过程中形成的签证等书面文件确认。承包人能够证明发包人同意其施工，但未能提供签证文件证明工程量发生的，可以按照当事人提供的其他证据确认实际发生的工程量。

（3）当事人约定，发包人收到竣工结算文件后，在约定期限内不予答复，视为认可竣工结算文件的，按照约定处理。承包人请求按照竣工结算文件结算工程价款的，人民法院应予支持。

（4）当事人签订的建设工程施工合同与招标文件、投标文件、中标通知书载明的工程范围、建设工期、工程质量、工程价款不一致，一方当事人请求将招标文件、投标文件、中标通知书作为结算工程价款的依据的，人民法院应予支持。

（5）当事人就同一建设工程订立的数份建设工程施工合同均无效，但建设工程质量合格，一方当事人请求参照实际履行的合同关于工程价款的约定折价补偿承包人的，人民法院应予支持；实际履行的合同难以确定，当事人请求参照最后签订的合同关于工程价款的约定折价补偿承包人的，人民法院应予支持。

三、工程欠款利息的规定

当事人对欠付工程价款利息计付标准有约定的，按照约定处理。没有约定的，按照同期同类贷款利率或者同期贷款市场报价利率计息。

利息从应付工程价款之日计付。

当事人对付款时间没有约定或者约定不明的，下列时间视为应付款时间：【递进关系】

（1）建设工程已实际交付的，为交付之日。

（2）建设工程没有交付的，为提交竣工结算文件之日。

（3）建设工程未交付，工程价款也未结算的，为当事人起诉之日。

四、工程垫资的规定

工程垫资的相关规定如图 5-2-1 所示。

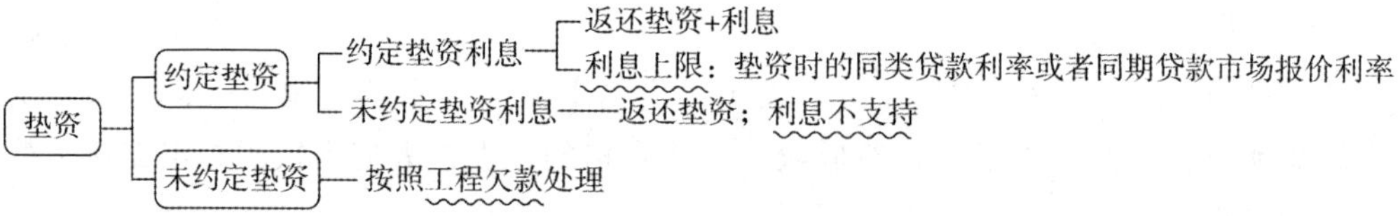

图 5-2-1　工程垫资的相关规定

五、工程价款优先受偿的规定

发包人逾期不支付的，除根据建设工程的性质不宜折价、拍卖的以外，承包人可以与发包人协议将该工程折价，也可以申请人民法院将该工程依法拍卖。

(1) 承包人享有的建设工程价款优先受偿权优于抵押权和其他债权。

(2) 装饰装修工程具备折价或者拍卖条件，装饰装修工程的承包人请求工程价款就该装饰装修工程折价或者拍卖的价款优先受偿的，人民法院应予支持。

(3) 建设工程质量合格，承包人请求其承建工程的价款就工程折价或者拍卖的价款优先受偿的，人民法院应予支持。

(4) 未竣工的建设工程质量合格，承包人请求其承建工程的价款就其承建工程部分折价或者拍卖的价款优先受偿的，人民法院应予支持。

(5) 承包人就逾期支付建设工程价款的利息、违约金、损害赔偿金等主张优先受偿的，人民法院不予支持。

(6) 承包人应当在合理期限内行使建设工程价款优先受偿权，但最长不得超过 18 个月，自发包人应当给付建设工程价款之日起算。

(7) 发包人与承包人约定放弃或者限制建设工程价款优先受偿权，损害建筑工人利益，发包人根据该约定主张承包人不享有建设工程价款优先受偿权的，人民法院不予支持。

实战演练

[2023 真题·单选] 某施工合同没有约定工程价付款时间，根据《最高人民法院关于审理建设工程施工合同纠纷案件适用法律问题的解释（一）》，该工程的欠付工程款计息开始日应为（　　）。

A. 建设工程未交付，工程价款也未结算的，为当事人起诉之日

B. 建设工程价款结算之日

C. 建设工程已竣工验收的，为竣工验收合格之日

D. 建设工程未交付的，为竣工结算完成之日

[解析] 当事人对付款时间没有约定或者约定不明的，下列时间视为应付款时间：①建设工程已实际交付的，为交付之日；②建设工程没有交付的，为提交竣工结算文件之日；③建设工程未交付，工程价款也未结算的，为当事人起诉之日。

[答案] A

[2023 真题·单选] 根据《最高人民法院关于审理建设工程施工合同纠纷案件适用法律问题的解释（一）》，关于垫资的说法，正确的是（　　）。

A. 当事人对垫资利息未作约定的，法院不予支持利息

B. 法律、行政法规明确禁止垫资

C. 当事人对垫资没有约定的，按照借款处理

D. 当事人约定垫资利息的，其利率最高为同期银行贷款利率的 4 倍

[解析] 选项 B 错误，法律、行政法规没有明确禁止垫资，目前只规定：政府投资项目所需资金不得由施工单位垫资建设。选项 C 错误，当事人对垫资没有约定的，按照工程欠款处理。选项 D 错误，约定的利息计算标准不得高于垫资时的同类贷款利率或者同期贷款市场报价利率。

[答案] A

[2022 真题·单选] 关于建设工程价款优先受偿权的说法，正确的是（　　）。

A. 建设工程价款优先受偿权与抵押权效力相同

B. 未竣工的建设工程质量合格，承包人对其承建工程的价款就其承建工程部分折价或者拍卖的价款优先受偿

C. 装饰装修工程的承包人不享有建设工程价款优先受偿权

D. 建设工程价款优先受偿的范围包括工程款、利息、违约金、损害赔偿金等

[解析] 选项 A 错误，承包人享有的建设工程价款优先受偿权优于抵押权和其他债权。选项 C 错误，装饰装修工程具备折价或者拍卖条件，装饰装修工程的承包人请求工程价款就该装饰装修工程折价或者拍卖的价款优先受偿的，人民法院应予支持。选项 D 错误，承包人就逾期支付建设工程价款的利息、违约金、损害赔偿金等主张优先受偿的，人民法院不予支持。

[答案] B

[2021 真题·单选] 关于建设工程价款优先受偿权的说法，正确的是（　　）。

A. 承包人就逾期支付建设工程价款的利息、违约金、损害赔偿金等主张优先受偿的，人民法院不予支持

B. 建设工程价款优先受偿权与抵押权效力相当，优于其他债权

C. 装饰装修工程的承包人，无权主张建设工程价款优先受偿权

D. 建设工程价款优先受偿权的起算日为建设工程竣工验收之日

[解析] 选项 B 错误，承包人享有的建设工程价款优先受偿权优于抵押权和其他债权。选项 C 错误，装饰装修工程具备折价或者拍卖条件，装饰装修工程的承包人请求工程价款就该装饰装修工程折价或者拍卖的价款优先受偿的，人民法院应予支持。选项 D 错误，承包人应当在合理期限内行使建设工程价款优先受偿权，但最长不得超过 18 个月，自发包人应当给付建设工程价款之日起算。

[答案] A

[2021 真题·单选] 下列情形中，发包人应当承担过错责任的是（　　）。

A. 直接指定分包人分包专业工程造成建筑工程质量缺陷的

B. 拖欠工程款影响工期的

C. 未申领施工许可证导致无法开工的

D. 设计变更导致费用增加的

[解析] 发包人具有下列情形之一，造成建设工程质量缺陷，应当承担过错责任：①提供的设计有缺陷；②提供或者指定购买的建筑材料、建筑构配件、设备不符合强制性标准；③直接指定分包人分包专业工程。

[答案] A

第五章

知识点 5 施工合同的变更与转让

一、合同的变更

《民法典》规定，当事人协商一致，可以变更合同。当事人对于合同变更的内容约定不明确的，推定为未变更。

二、合同的转让

债权人可以将债权的全部或者部分转让给第三人，但有下列情形之一的除外：

（1）根据债权性质不得转让。

（2）按照当事人约定不得转让。

（3）依照法律规定不得转让。

债权人转让债权，未通知债务人的，该转让对债务人不发生效力。债权转让的通知不得撤销，但是经受让人同意的除外。

债务人接到债权转让通知后，债务人对让与人的抗辩，可以向受让人主张。

债权人转让债权的，受让人取得与债权有关的从权利，但是该从权利专属于债权人自身的除外。受让人取得从权利不因该从权利未办理转移登记手续或者未转移占有而受到影响。

债务人将债务的全部或者部分转移给第三人的，应当经债权人同意。债务人或者第三人可以催告债权人在合理期限内予以同意，债权人未作表示的，视为不同意。

债务人转移债务的，新债务人可以主张原债务人对债权人的抗辩；原债务人对债权人享有债权的，新债务人不得向债权人主张抵销。

债务人转移债务的，新债务人应当承担与主债务有关的从债务，但是该从债务专属于原债务人自身的除外。

当事人一方经对方同意，可以将自己在合同中的权利和义务一并转让给第三人。

实战演练

[2020 真题·单选] 关于合同债权转让的说法，正确的是（　　）。

A. 债权人转让债权的通知可以撤销

B. 债权人转让债权的，应当经债务人同意

C. 债务人接到债权转让通知后，债务人对让与人的抗辩，可以向受让人主张

D. 债权人转让债权的，受让人不能取得与债权有关的从权利

[解析] 选项 A 错误，债权转让的通知不得撤销，但是经受让人同意的除外。选项 B 错误，债权人转让债权的，应当通知债务人。选项 D 错误，债权人转让债权的，受让人取得与债权有关的从权利，但该从权利专属于债权人自身的除外。

[答案] C

[2017 真题·单选] 2016 年 9 月 15 日，甲材料供应商与丙材料供应商订立书面合同，转让甲对乙施工企业的 30 万元债权。同年 9 月 25 日，乙接到甲关于转让债权的通知。关于该债权转让的说法，正确的是（　　）。

A. 甲与丙之间的债权转让合同 9 月 25 日生效

B. 丙于9月15日可以向乙主张30万元债权

C. 乙拒绝清偿30万元债务的，丙可以要求甲与乙承担连带责任

D. 甲与丙之间的债权转让行为于9月25日对乙生效

[解析] 甲、丙之间签订的债权转让合同，自签字盖章之日起生效。但甲、丙之间债权转让行为自债权转让通知到达乙（债务人）时生效。因此，丙可于9月25日而非9月15日开始向乙主张债权。当债务人接到权利转让的通知后，权利转让即行生效，原债权人被新的债权人替代，或者新债权人的加入使原债权人不再完全享有原债权。因此，甲乙并非向丙承担连带责任。

[答案] D

知识点 6 施工合同的权利义务终止

《民法典》规定，有下列情形之一的，债权债务终止：

（1）债务已经履行。

（2）债务相互抵销。

①当事人互负债务，该债务的标的物种类、品质相同的，任何一方可以将自己的债务与对方的到期债务抵销。②当事人主张抵销的，应当通知对方。通知自到达对方时生效。抵销不得附条件或者附期限。③当事人互负债务，标的物种类、品质不相同的，经协商一致，也可以抵销。

（3）债务人依法将标的物提存。

标的物不适于提存或者提存费用过高的，债务人依法可以拍卖或者变卖标的物，提存所得的价款。

（4）债权人免除债务。

（5）债权债务同归于一人。

（6）法律规定或者当事人约定终止的其他情形。

合同解除的，该合同的权利义务关系终止。

知识点 7 合同的解除

根据《民法典》，合同解除的种类见表5-2-2。

表5-2-2 合同解除的种类

种类	内容
约定解除	当事人协商一致或者发生约定解除合同的事由时
法定解除	（1）因不可抗力致使不能实现合同目的； （2）在履行期限届满前，当事人一方明确表示或者以自己的行为表明不履行主要债务； （3）当事人一方延迟履行主要债务，经催告后在合理期限内仍未履行； （4）当事人一方延迟履行债务或者有其他违约行为致使不能实现合同目的； （5）法律规定的其他情形。 以持续履行的债务为内容的不定期合同，当事人可以随时解除合同，但是应当在合理期限之前通知对方

法律规定或者当事人约定解除权行使期限，期限届满当事人不行使的，该权利消灭。

法律没有规定或者当事人没有约定解除权行使期限，自解除权人知道或者应当知道解除事由之日起1年内不行使，或者经对方催告后在合理期限内不行使的，该权利消灭。

当事人一方依法主张解除合同的，应当通知对方。合同自通知到达对方时解除；通知载明债务人在一定期限内不履行债务则合同自动解除，债务人在该期限内未履行债务的，合同自通知载明的期限届满时解除。对方对解除合同有异议，任何一方当事人均可以请求人民法院或者仲裁机构确认解除行为的效力。

当事人一方未通知对方，直接以提起诉讼或者申请仲裁的方式依法主张解除合同，人民法院或者仲裁机构确认该主张的，合同自起诉状副本或者仲裁申请书副本送达对方时解除。

合同解除后，尚未履行的，终止履行；已经履行的，根据履行情况和合同性质，当事人可以请求恢复原状或者采取其他补救措施，并有权请求赔偿损失。

合同因违约解除的，解除权人可以请求违约方承担违约责任，但是当事人另有约定的除外。

主合同解除后，担保人对债务人应当承担的民事责任仍应当承担担保责任，但是担保合同另有约定的除外。

➢ **知识拓展：** 施工合同解除的相关规定。

（1）发包人解除施工合同。承包人将建设工程转包、违法分包的，发包人可以解除合同。

（2）承包人解除施工合同。发包人提供的主要建筑材料、建筑构配件和设备不符合强制性标准或者不履行协助义务，致使承包人无法施工，经催告后在合理期限内仍未履行相应义务的，承包人可以解除合同。

施工合同解除后，已经完成的建设工程质量合格的，发包人应当按照约定支付相应的工程价款。

实战演练

[2021真题·单选] 根据《民法典》，关于法定解除的说法，正确的是（　　）。

A. 发生不可抗力，即可解除合同

B. 在履行期限届满前，当事人一方以自己的行为表明不履行主要债务，即可解除合同

C. 当事人一方迟延履行主要债务，即可解除合同

D. 以持续履行的债务为内容的不定期合同，当事人无权随时解除合同

[解析] 选项A错误，因不可抗力致使不能实现合同目的时，当事人可以解除合同。选项C错误，当事人一方延迟履行主要债务，经催告后在合理期限内仍未履行时，当事人可以解除合同。选项D错误，以持续履行的债务为内容的不定期合同，当事人可以随时解除合同，但是应当在合理期限之前通知对方。

[答案] B

[2020真题改编·单选] 关于合同解除的说法，正确的是（　　）。

A. 无效合同、可撤销合同可以导致合同解除

B. 合同解除的后果是使合同关系归于消灭

C. 合同当事人不得根据自己的意愿解除合同

D. 享有合同解除权的一方无需向对方提出解除合同的意思表示，合同可以自动解除

［解析］选项A错误，解除的合同必须是合法有效的合同。无效合同、可撤销合同不发生合同解除。选项C错误，当事人协商一致，可以解除合同。选项D错误，合同的解除须有解除的行为。

［答案］B

第三节　相关合同制度

知识点 1 买卖合同

《民法典》对买卖合同作了如下规定：

买卖合同是出卖人转移标的物的所有权于买受人，买受人支付价款的合同。

买卖合同的内容一般包括标的物的名称、数量、质量、价款、履行期限、履行地点和方式、包装方式、检验标准和方法、结算方式、合同使用的文字及其效力等条款。

一、买卖合同双方当事人的义务

（一）出卖人的义务

1. 交付标的物或者交付提取标的物的单证，并转移标的物所有权

因出卖人未取得处分权致使标的物所有权不能转移的，买受人可以解除合同并请求出卖人承担违约责任。

出卖人应当履行向买受人交付标的物或者交付提取标的物的单证，并转移标的物所有权的义务。

交付标的物方式主要有以下几种：

（1）出卖人将标的物置于买受人的实际控制之下，标的物直接占有的移转，此为交付的常态。

（2）买卖合同订立前，买受人已经通过租赁、借用、保管等合同关系实际占有标的物，合同生效即视为完成交付。

（3）动产物权的出让人与受让人之间特别约定，标的物仍由出让人继续占有，但在物权让与合同成立时，视为交付，受让人取得间接占有。

（4）动产由第三人占有时，出让人将其对第三人的返还请求权让与受让人以代替支付。

（5）出让人将标的物的权利凭证（仓单、提单）交与受让人以代替物的现实交付。

出卖人应当按照约定或者交易习惯向买受人交付提取标的物单证以外的有关单证和资料。

出卖具有知识产权的标的物的，除法律另有规定或者当事人另有约定外，该标的物的知识产权不属于买受人。

2. 出卖人应当按照约定方式或交易习惯交付标的物

（1）交付标的物的期限。

出卖人应当按照约定的时间交付标的物。约定交付期限的，出卖人可以在该交付期限内的任何时间交付。

当事人没有约定标的物的交付期限或者约定不明确的，可以协议补充；不能达成补充协议的，按照合同相关条款或者交易习惯确定。仍不能确定的，债务人可以随时履行，债权人也可以随时请求履行，但是应当给对方必要的准备时间。

（2）交付标的物的地点。

出卖人应当按照约定的地点交付标的物。当事人没有约定交付地点或者约定不明确，可以协议补充；不能达成补充协议的，按照合同相关条款或者交易习惯确定。仍不能确定的，适用下列规定：

①标的物需要运输的，出卖人应当将标的物交付给第一承运人以运交给买受人。

②标的物不需要运输，出卖人和买受人订立合同时知道标的物在某一地点的，出卖人应当在该地点交付标的物；不知道标的物在某一地点的，应当在出卖人订立合同时的营业地交付标的物。

（3）交付标的物的质量。

出卖人应当按照约定的质量要求交付标的物。出卖人提供有关标的物质量说明的，交付的标的物应当符合该说明的质量要求。

当事人对标的物的质量要求没有约定或者约定不明确，可以协议补充；不能达成补充协议的，按照合同相关条款或者交易习惯确定。仍不能确定的，质量要求不明确的，按照强制性国家标准履行；没有强制性国家标准的，按照推荐性国家标准履行；没有推荐性国家标准的，按照行业标准履行；没有国家标准、行业标准的，按照通常标准或者符合合同目的的特定标准履行。

出卖人交付的标的物不符合质量要求的，买受人可以依据《民法典》的规定请求承担违约责任。

➤ **名师点拨：**受损害方根据标的物的性质以及损失的大小，可以合理选择请求对方承担修理、重作、更换、退货、减少价款或者报酬等违约责任。

（4）交付标的物的包装。

出卖人应当按照约定的包装方式交付标的物。对包装方式没有约定或者约定不明确的，可以协议补充；不能达成补充协议的，按照合同相关条款或者交易习惯确定。仍不能确定的，应当按照通用的方式包装；没有通用方式的，应当采取足以保护标的物且有利于节约资源、保护生态环境的包装方式。

3. 其他义务

（1）出卖人就交付的标的物负有保证第三人对该标的物不享有任何权利的义务，但是法律另有规定的除外。

（2）买受人订立合同时知道或者应当知道第三人对买卖的标的物享有权利的，出卖人不承担上述规定的义务。

（3）买受人有确切证据证明第三人对标的物享有权利的，可以中止支付相应的价款，但是出卖人提供适当担保的除外。

（4）当事人约定减轻或者免除出卖人对标的物瑕疵承担的责任，因出卖人故意或者重大过失不告知买受人标的物瑕疵的，出卖人无权主张减轻或者免除责任。

（二）买受人的义务

1. 在约定的检验期限内检验收到的标的物

买受人收到标的物时应当在约定的检验期限内检验。没有约定检验期限的，应当及时检验。

当事人约定检验期限的，买受人应当在检验期限内将标的物的数量或者质量不符合约定的情形通知出卖人。买受人怠于通知的，视为标的物的数量或者质量符合约定。

当事人没有约定检验期限的，买受人应当在发现或者应当发现标的物的数量或者质量不符合约定的合理期限内通知出卖人。买受人在合理期限内未通知或者自收到标的物之日起2年内未通知出卖人的，视为标的物的数量或者质量符合约定；但是，对标的物有质量保证期的，适用质量保证期，不适用该2年的规定。

出卖人知道或者应当知道提供的标的物不符合约定的，买受人不受相关规定的通知时间的限制。

当事人约定的检验期限过短，根据标的物的性质和交易习惯，买受人在检验期限内难以完成全面检验的，该期限仅视为买受人对标的物的外观瑕疵提出异议的期限。

约定的检验期限或者质量保证期短于法律、行政法规规定期限的，应当以法律、行政法规规定的期限为准。

当事人对检验期限未作约定，买受人签收的送货单、确认单等载明标的物数量、型号、规格的，推定买受人已经对数量和外观瑕疵进行检验，但是有相关证据足以推翻的除外。

出卖人依照买受人的指示向第三人交付标的物，出卖人和买受人约定的检验标准与买受人和第三人约定的检验标准不一致的，以出卖人和买受人约定的检验标准为准。

2. 按照约定的数额和支付方式支付价款

买受人应当按照约定的数额和支付方式支付价款。对价款的数额和支付方式没有约定或者约定不明确的，可以协议补充；不能达成补充协议的，按照合同相关条款或者交易习惯确定。仍不能确定的，按照订立合同时履行地的市场价格履行；依法应当执行政府定价或者政府指导价的，依照规定履行。

➢ **名师点拨：**递进关系。有约定，从约定→无约定，协议补充→协议不成，按照合同有关条款或者交易习惯确定→仍不能确定，按照订立合同时履行地的市场价格履行。

执行政府定价或者政府指导价的，在合同约定的交付期限内政府价格调整时，按照交付时的价格计价。逾期交付标的物的，遇价格上涨时，按照原价格执行；价格下降时，按照新价格执行。逾期提取标的物或者逾期付款的，遇价格上涨时，按照新价格执行；价格下降时，按照原价格执行。

➢ **名师点拨：**执行政府定价或者政府指导价的，谁逾期对谁不利，“卖方从低，买方从高”。

买受人应当按照约定的地点支付价款。对支付地点没有约定或者约定不明确，可以协议补充；不能达成补充协议的，按照合同相关条款或者交易习惯确定。仍不能确定的，买受人应当在出卖人的营业地支付；但是，约定支付价款以交付标的物或者交付提取标的物单证为条件的，在交付标的物或者交付提取标的物单证的所在地支付。

买受人应当按照约定的时间支付价款。对支付时间没有约定或者约定不明确，可以协议补充；不能达成补充协议的，按照合同相关条款或者交易习惯确定。仍不能确定的，买受人应当在收到标的物或者提取标的物单证的同时支付。

3. 领取标的物

出卖人多交标的物的，买受人可以接收或者拒绝接收多交的部分。买受人接收多交部分的，按照约定的价格支付价款；买受人拒绝接收多交部分的，应当及时通知出卖人。

二、标的物毁损、灭失的风险

标的物毁损、灭失的风险，在标的物交付之前由出卖人承担，交付之后由买受人承担，但是法律另有规定或者当事人另有约定的除外。

因买受人的原因致使标的物未按照约定的期限交付的，买受人应当自违反约定时起承担标的物毁损、灭失的风险。

出卖人出卖交由承运人运输的在途标的物，除当事人另有约定外，毁损、灭失的风险自合同成立时起由买受人承担。

出卖人按照约定将标的物运送至买受人指定地点并交付给承运人后，标的物毁损、灭失的风险由买受人承担。当事人没有约定交付地点或者约定不明确，标的物需要运输的，出卖人将标的物交付给第一承运人后，标的物毁损、灭失的风险由买受人承担。

出卖人按照约定或者依据相关规定将标的物置于交付地点，买受人违反约定没有收取的，标的物毁损、灭失的风险自违反约定时起由买受人承担。

出卖人按照约定未交付有关标的物的单证和资料的，不影响标的物毁损、灭失风险的转移。

因标的物不符合质量要求，致使不能实现合同目的的，买受人可以拒绝接受标的物或者解除合同。买受人拒绝接受标的物或者解除合同的，标的物毁损、灭失的风险由出卖人承担。

标的物毁损、灭失的风险由买受人承担的，不影响因出卖人履行义务不符合约定，买受人请求其承担违约责任的权利。

三、孳息

标的物在交付之前产生的孳息，归出卖人所有；交付之后产生的孳息，归买受人所有。但是，当事人另有约定的除外。

四、买卖合同的解除

因标的物的主物不符合约定而解除合同的，解除合同的效力及于从物。因标的物的从物不符合约定被解除的，解除的效力不及于主物。

标的物为数物，其中一物不符合约定的，买受人可以就该物解除。但是，该物与他物分离使标的物的价值显受损害的，买受人可以就数物解除合同。

出卖人分批交付标的物的，出卖人对其中一批标的物不交付或者交付不符合约定，致使

第五章

该批标的物不能实现合同目的的，买受人可以就该批标的物解除。

出卖人不交付其中一批标的物或者交付不符合约定，致使之后其他各批标的物的交付不能实现合同目的的，买受人可以就该批以及之后其他各批标的物解除。

买受人如果就其中一批标的物解除，该批标的物与其他各批标的物相互依存的，可以就已经交付和未交付的各批标的物解除。

分期付款的买受人未支付到期价款的数额达到全部价款的1/5，经催告后在合理期限内仍未支付到期价款的，出卖人可以请求买受人支付全部价款或者解除合同。

出卖人解除合同的，可以向买受人请求支付该标的物的使用费。

五、凭样品买卖

凭样品买卖的当事人应当封存样品，并可以对样品质量予以说明。出卖人交付的标的物应当与样品及其说明的质量相同。

凭样品买卖的买受人不知道样品有隐蔽瑕疵的，即使交付的标的物与样品相同，出卖人交付的标的物的质量仍然应当符合同种物的通常标准。

六、试用买卖

试用买卖的当事人可以约定标的物的试用期限。对试用期限没有约定或者约定不明确的，可以协议补充；不能达成补充协议的，按照合同相关条款或者交易习惯确定。仍不能确定的，由出卖人确定。

试用买卖的买受人在试用期内可以购买标的物，也可以拒绝购买。试用期限届满，买受人对是否购买标的物未作表示的，视为购买。

试用买卖的买受人在试用期内已经支付部分价款或者对标的物实施出卖、出租、设立担保物权等行为的，视为同意购买。

试用买卖的当事人对标的物使用费没有约定或者约定不明确的，出卖人无权请求买受人支付。

标的物在试用期内毁损、灭失的风险由出卖人承担。

当事人可以在买卖合同中约定买受人未履行支付价款或者其他义务的，标的物的所有权属于出卖人。出卖人对标的物保留的所有权，未经登记，不得对抗善意第三人。

实战演练

[2024 真题・单选] 甲公司向乙公司订购2台同型号的施工设备，同时订购了配套维修工具。合同约定设备与维修工具分两批交货。根据《民法典》，关于该合同解除的说法，正确的是（　　）。

A. 如果因设备不符合约定而解除合同，解除的效力及于维修工具

B. 如果因维修工具不符合约定而解除合同，解除的效力及于设备

C. 如果其中1台设备质量不符合约定，甲公司可以就全部2台设备解除合同

D. 如果第二批交付的设备不符合约定，甲公司可以就第一批交付的设备解除合同

第五章

［解析］选项A正确、选项B错误，因标的物的主物不符合约定而解除合同的，解除合同的效力及于从物；因标的物的从物不符合约定被解除的，解除的效力不及于主物。选项C错误，标的物为数物，其中一物不符合约定的，买受人可以就该物解除，但是，该物与他物分离使标的物的价值显受损害的，买受人可以就数物解除合同。选项D错误，出卖人分批交付标的物的，出卖人对其中一批标的物不交付或者交付不符合约定，致使该批标的物不能实现合同目的的，买受人可以就该批标的物解除。

［答案］A

［2021真题·单选］除当事人另有约定外，出卖人出卖交由承运人运输的在途标的物毁损、灭失的风险自（　　）起由买受人承担。

A. 合同生效时　　B. 合同成立时

C. 标的物交付时　　D. 运输行为完成时

［解析］出卖人出卖交由承运人运输的在途标的物，除当事人另有约定外，毁损、灭失的风险自合同成立时起由买受人承担。

［答案］B

［2018真题·单选］关于出卖人交付标的物的说法，正确的是（　　）。

A. 买受人代为保管其拒绝接收的多交部分标的物，出卖人可拒绝负担保管费用

B. 出卖人应当按照通常的包装方式交付标的物

C. 合同未约定检验期间的，买受人可以在任何时间检验标的物

D. 约定交付期间的，出卖人可以在该期间内的任何时间内交付标的物

［解析］选项A错误，买受人拒绝接收多交部分标的物的，可以代为保管多交部分标的物。出卖人应当负担代为保管期间的合理费用以及买受人代为保管期间非因买受人故意或者重大过失造成的损失。选项B错误，出卖人应当按照约定的包装方式交付标的物。对包装方式没有约定或者约定不明确的，可以协议补充；不能达成补充协议的，按照合同有关条款或者交易习惯确定。对于不能达成补充协议，也不能按照合同有关条款或者交易习惯确定的，应当按照通用的方式包装，没有通用方式的，应当采取足以保护标的物的包装方式。选项C错误，买受人收到标的物时应当在约定的检验期间内检验。没有约定检验期间的，应当及时检验。当事人没有约定检验期间的，买受人应当在发现或者应当发现标的物的数量或者质量不符合约定的合理期间内通知出卖人。

［答案］D

［2015真题·单选］某买卖合同约定甲向乙供货，并约定甲向承运人丙交付货物即视为甲完成交付。在货物交付运输期间，乙将该批货物转卖给丁并通知丙向丁交货，但乙和丁对于货物毁损、灭失的风险没有约定。关于本案例中货物毁损、灭失风险承担的说法，正确的是（　　）。

A. 甲向丙交付货物后，货物毁损、灭失的风险由丙承担

B. 甲与乙买卖合同成立，货物毁损、灭失的风险即由乙承担

C. 丙向丁交付货物前，货物毁损、灭失的风险由乙承担

D. 乙与丁的买卖合同成立时，货物毁损、灭失的风险由丁承担

[解析] 选项A错误，对于需要运输的标的物，当事人没有约定交付地点或者约定不明确，出卖人将标的物交付给第一承运人后，标的物毁损、灭失的风险由买受人承担。因此，甲将货交给第一承运人丙时，风险由买受人乙承担。选项B错误，标的物自交付时转移风险，而非合同订立时转移风险。选项C错误，应该是乙与丁的合同成立前，货物毁损、灭失的风险由乙承担。选项D正确，出卖人出卖交由承运人运输的在途标的物，除当事人另有约定的以外，毁损、灭失的风险自合同成立时起由买受人承担。

[答案] D

[经典例题·单选] 某设备租赁公司将一台已经出租给某劳务公司的钢筋切割机转让给某施工企业，该切割机租赁还有3个月到期。转让合同约定当切割机租赁期限结束时劳务公司将其交付给该施工企业。该买卖合同中，切割机的交付方式为（　　）。

A. 简易交付　　B. 拟制交付

C. 指示交付　　D. 占有改定

[解析] 指示交付：合同成立时，标的物为第三人合法占有，买受人取得了返还标的物请求权。

[答案] C

[2022真题·多选] 某施工企业向某设备公司出卖起重设备1台，同时又与该设备公司订立租赁合同继续占有使用该设备。关于该起重设备所有权转移的说法，正确的有（　　）。

A. 施工企业是该设备的所有权人

B. 设备公司是该设备的所有权人

C. 该交付方式为简易交付

D. 该施工企业交付设备增值税专用发票后，设备所有权转移

E. 该交付方式为占有改定

[解析] 占有改定是指买卖双方特别约定，合同生效后标的物仍然由出卖人继续占有，但其所有权已完成法律上的转移。因此，题目中双方约定的交付方式为占有改定，某设备公司是该设备的所有权人，选项A、C错误。占有改定的条件是双方的“约定”，而非交付相应票据，所以“交付设备增值税专用发票”只能证明合同双方存在标的物价款的给付，而非占有改定的物权“交付”行为，选项D错误。

[答案] BE

[2021真题·多选] 关于买卖合同中出卖人多交标的物时买受人处理方式的说法，正确的有（　　）。

A. 买受人无权接收多交的部分

B. 买受人接收多交部分的，按照合同订立时的市场价支付价款

C. 买受人可以拒绝接收多交的部分

D. 买受人拒绝接收多交部分的，应当及时通知出卖人

E. 买受人接收多交部分的，按照约定的价格支付价款

［解析］出卖人多交标的物的，买受人可以接收或者拒绝接收多交的部分。买受人接收多交部分的，按照约定的价格支付价款；买受人拒绝接收多交部分的，应当及时通知出卖人。

［答案］CDE

［2020 真题·多选］出卖人就其出卖的标的物承担权利瑕疵担保义务。下列标的物的瑕疵，属于权利瑕疵的有（　　）。

A. 出卖人对出卖的标的物没有所有权　　B. 出卖人对出卖的标的物没有处分权

C. 第三人对标的物享有抵押权　　D. 标的物质量不符合合同约定

E. 标的物包装不符合合同约定

［解析］如果出卖人对于出卖的标的物没有所有权或处分权，或者没有完全的所有权或处分权，或者其处分涉及第三人的物权、知识产权等权益，则称其标的物存在权利瑕疵，出卖人因此应当承担权利瑕疵担保责任。

［答案］ABC

知识点 2 借款合同

《民法典》对借款合同作了如下规定：

借款合同是借款人向贷款人借款，到期返还借款并支付利息的合同。

➤ **名师点拨：**借款合同标的物是货币。

借款合同应当采用书面形式，但是自然人之间借款另有约定的除外。借款合同的内容一般包括借款种类、币种、用途、数额、利率、期限和还款方式等条款。

一、借款合同双方当事人的义务

（一）借款人的义务

1. 提供真实情况

订立借款合同，借款人应当按照贷款人的要求提供与借款有关的业务活动和财务状况的真实情况。

2. 按照约定收取借款

借款人未按照约定的日期、数额收取借款的，应当按照约定的日期、数额支付利息。

3. 按照约定的借款用途使用借款

借款人未按照约定的借款用途使用借款的，贷款人可以停止发放借款、提前收回借款或者解除合同。

4. 按照约定的期限支付利息

对支付利息的期限没有约定或者约定不明确，可以协议补充；不能达成补充协议的，按照合同相关条款或者交易习惯确定。仍不能确定，借款期间不满一年的，应当在返还借款时一并支付；借款期间一年以上的，应当在每届满一年时支付，剩余期间不满一年的，应当在返还借款时一并支付。

5. 按照约定的期限返还借款

对借款期限没有约定或者约定不明确的，可以协议补充；不能达成补充协议的，按照合同相关条款或者交易习惯确定。仍不能确定的，借款人可以随时返还；贷款人可以催告借款人在合理期限内返还。

借款人未按照约定的期限返还借款的，应当按照约定或者国家有关规定支付逾期利息。

借款人提前返还借款的，除当事人另有约定外，应当按照实际借款的期间计算利息。

借款人可以在还款期限届满前向贷款人申请展期；贷款人同意的，可以展期。

（二）贷款人的义务

1. 借款的利息不得预先在本金中扣除

借款的利息不得预先在本金中扣除。利息预先在本金中扣除的，应当按照实际借款数额返还借款并计算利息。

2. 按照约定的时间、数额提供借款

贷款人未按照约定的日期、数额提供借款，造成借款人损失的，应当赔偿损失。

3. 按照约定可以检查、监督借款的使用情况

贷款人按照约定可以检查、监督借款的使用情况。借款人应当按照约定向贷款人定期提供有关财务会计报表或者其他资料。

二、借款合同的其他规定

自然人之间的借款合同，自贷款人提供借款时成立。

禁止高利放贷，借款的利率不得违反国家有关规定。根据《最高人民法院关于审理民间借贷案件适用法律若干问题的规定》（法释〔2020〕17 号），出借人请求借款人按照合同约定利率支付利息的，人民法院应予支持，但是双方约定的利率超过合同成立时一年期贷款市场报价利率 4 倍的除外。

借款合同对支付利息没有约定的，视为没有利息。

借款合同对支付利息约定不明确，当事人不能达成补充协议的，按照当地或者当事人的交易方式、交易习惯、市场利率等因素确定利息；自然人之间借款的，视为没有利息。

➢ **名师点拨：**没有利息视为无偿合同，也可约定利息，即有偿合同。

实战演练

［2021 真题・单选］关于借款合同的说法，正确的是（　　）。

A. 自然人之间的借款合同应当采用书面形式

B. 借款的利息可以预先在本金中扣除

C. 自然人之间的借款合同，自贷款人提供借款时成立

D. 借款人未按照约定的借款用途使用借款的，贷款人可以停止发放借款，但不得解除合同

［解析］借款合同应当采用书面形式，但是自然人之间借款另有约定的除外，选项 A 错误。借款的利息不得预先在本金中扣除。利息预先在本金中扣除的，应当按照实际借款数额返还借款并计算利息，选项 B 错误。自然人之间的借款合同，自贷款人提供借款时成立，选项 C 正确。借款人未按照约定的借款用途使用借款的，贷款人可以停止发放借款、提前收回借款或者解除合同，选项 D 错误。

［答案］C

[2016真题·单选] 关于借款合同的说法，正确的是（　　）。

A. 自然人之间的借款合同，自贷款人提供借款时生效

B. 借款合同为有偿合同

C. 借款合同必须采用书面形式

D. 借款合同自双方当事人签字盖章之日起生效

[解析] 选项A正确、选项D错误，自然人之间的借款合同，自贷款人提供借款时生效。选项B错误，借款合同原则上为有偿合同（有息借款），也可以是无偿合同（无息借款）。自然人之间的借款合同对支付利息没有约定或者约定不明确的，视为不支付利息。自然人之间的借款合同如果没有约定利息，贷款人主张利息的，人民法院不予支持。选项C错误，借款合同应当采用书面形式，但自然人之间借款另有约定的除外。

[答案] A

[2020真题·多选] 关于借款合同的说法，正确的有（　　）。

A. 借款合同的标的物是作为一般等价交换物的货币

B. 借款合同不得采用口头形式

C. 自然人之间的借款合同对支付利息没有约定的，应当按照全国银行间同业拆借中心发布的贷款市场报价利率执行

D. 借款的利息不得预先在本金中扣除

E. 借款合同自贷款人提供借款时生效

[解析] 借款合同的主要法律特征：①借款合同的标的物是货币。借款合同的标的物是作为一般等价交换物的货币，属于特殊种类物，原则上仅可能发生履行迟延，不会发生履行不能，选项A正确。②借款合同一般为要式合同。借款合同应当采用书面形式，但自然人之间借款另有约定的除外。借款合同的内容包括借款种类、币种、用途、数额、利率、期限和还款方式等条款，选项B错误。③借款合同一般为有偿合同（有息借款）。借款合同原则上为有偿合同（有息借款），也可以是无偿合同（无息借款）。自然人之间的借款合同如果没有约定利息，贷款人主张利息的，人民法院不予支持，选项C错误。借款的利息不得预先在本金中扣除。利息预先在本金中扣除的，应当按照实际借款数额返还借款并计算利息，选项D正确。自然人之间的借款合同，自贷款人提供借款时生效，选项E错误。

[答案] AD

知识点3 租赁合同

根据《民法典》，租赁合同是出租人将租赁物交付承租人使用、收益（非转让房屋所有权），承租人支付租金的合同。

租赁合同的内容一般包括租赁物的名称、数量、用途、租赁期限、租金及其支付期限和方式、租赁物维修等条款。

《民法典》对租赁合同的规定如下。

一、租赁期限

租赁期限不得超过 20 年。超过 20 年的，超过部分无效。租赁期限届满，当事人可以续订租赁合同；但是，约定的租赁期限自续订之日起不得超过 20 年。

当事人未依照法律、行政法规规定办理租赁合同登记备案手续的，不影响合同的效力。

租赁期限 6 个月以上的，应当采用书面形式，当事人未采用书面形式，无法确定租赁期限的，视为不定期租赁。

➢ **名师点拨：** 租赁期限 6 个月以下的，可以采用口头或者书面形式。

当事人对租赁期限没有约定或者约定不明确，可以协议补充；不能达成补充协议的，按照合同有关条款或者交易习惯确定。仍不能确定的，视为不定期租赁；当事人可以随时解除合同，但是应当在合理期限之前通知对方。

租赁期限届满，承租人继续使用租赁物，出租人没有提出异议的，原租赁合同继续有效，但是租赁期限为不定期。租赁期限届满，房屋承租人享有以同等条件优先承租的权利。

二、租赁合同双方当事人的义务

(一) 出租人的义务

1. 按照约定将租赁物交付承租人

出租人应当按照约定将租赁物交付承租人，并在租赁期限内保持租赁物符合约定的用途。

2. 履行租赁物的维修义务

出租人应当履行租赁物的维修义务，但是当事人另有约定的除外。

承租人在租赁物需要维修时可以请求出租人在合理期限内维修。出租人未履行维修义务的，承租人可以自行维修，维修费用由出租人负担。因维修租赁物影响承租人使用的，应当相应减少租金或者延长租期。因承租人的过错致使租赁物需要维修的，出租人不承担维修义务。

3. 权利瑕疵担保

因第三人主张权利，致使承租人不能对租赁物使用、收益的，承租人可以请求减少租金或者不支付租金。

4. 物的瑕疵担保

租赁物危及承租人的安全或者健康的，即使承租人订立合同时明知该租赁物质量不合格，承租人仍然可以随时解除合同。

5. 保证承租人优先购买权

租赁物在承租人按照租赁合同占有期限内发生所有权变动的，不影响租赁合同的效力。

出租人出卖租赁房屋的，应当在出卖之前的合理期限内通知承租人，承租人享有以同等条件优先购买的权利；但是，房屋按份共有人行使优先购买权或者出租人将房屋出卖给近亲属的除外。

出租人履行通知义务后，承租人在 15 日内未明确表示购买的，视为承租人放弃优先购买权。

出租人委托拍卖人拍卖租赁房屋的，应当在拍卖 5 日前通知承租人。承租人未参加拍卖的，视为放弃优先购买权。

出租人未通知承租人或者有其他妨害承租人行使优先购买权情形的，承租人可以请求出租人承担赔偿责任。但是，出租人与第三人订立的房屋买卖合同的效力不受影响。

6. 保证共同居住人继续承租

承租人在房屋租赁期限内死亡的，与其生前共同居住的人或者共同经营人可以按照原租赁合同租赁该房屋。

（二）承租人的义务

1. 按照约定的方法使用租赁物

对租赁物的使用方法没有约定或者约定不明确的，可以协议补充；不能达成补充协议的，按照合同有关条款或者交易习惯确定。仍不能确定的，应当根据租赁物的性质使用。

承租人按照约定的方法或者根据租赁物的性质使用租赁物，致使租赁物受到损耗的，不承担赔偿责任。

承租人未按照约定的方法或者未根据租赁物的性质使用租赁物，致使租赁物受到损失的，出租人可以解除合同并请求赔偿损失。

2. 妥善保管租赁物

承租人应当妥善保管租赁物，因保管不善造成租赁物毁损、灭失的，应当承担赔偿责任。

承租人经出租人同意，可以对租赁物进行改善或者增设他物。承租人未经出租人同意，对租赁物进行改善或者增设他物的，出租人可以请求承租人恢复原状或者赔偿损失。

承租人经出租人同意，可以将租赁物转租给第三人。承租人转租的，承租人与出租人之间的租赁合同继续有效；第三人造成租赁物损失的，承租人应当赔偿损失。

承租人未经出租人同意转租的，出租人可以解除合同。

承租人经出租人同意将租赁物转租给第三人，转租期限超过承租人剩余租赁期限的，超过部分的约定对出租人不具有法律约束力，但是出租人与承租人另有约定的除外。

出租人知道或者应当知道承租人转租，但是在6个月内未提出异议的，视为出租人同意转租。

3. 按照约定的期限支付租金

对支付租金的期限没有约定或者约定不明确的，可以协议补充；不能达成补充协议的，按照合同有关条款或者交易习惯确定。仍不能确定，租赁期限不满一年的，应当在租赁期限届满时支付；租赁期限一年以上的，应当在每届满一年时支付，剩余期限不满一年的，应当在租赁期限届满时支付。

承租人无正当理由未支付或者迟延支付租金的，出租人可以请求承租人在合理期限内支付；承租人逾期不支付的，出租人可以解除合同。

4. 返还租赁物

租赁期限届满，承租人应当返还租赁物。返还的租赁物应当符合按照约定或者根据租赁物的性质使用后的状态。

5. 及时通知义务

第三人主张权利的，承租人应当及时通知出租人。

三、租赁合同的其他规定

在租赁期限内因占有、使用租赁物获得的收益，归承租人所有，但是当事人另有约定的除外。

因不可归责于承租人的事由，致使租赁物部分或者全部毁损、灭失的，承租人可以请求减少租金或者不支付租金；因租赁物部分或者全部毁损、灭失，致使不能实现合同目的的，承租人可以解除合同。

有下列情形之一，非因承租人原因致使租赁物无法使用的，承租人可以解除合同：

（1）租赁物被司法机关或者行政机关依法查封、扣押。

（2）租赁物权属有争议。

（3）租赁物具有违反法律、行政法规关于使用条件的强制性规定的情形。

➢ **名师点拨：**租赁合同为诺成合同，当事人只要依法达成协议，合同即告成立，不需要交付租赁物。

第五章

实战演练

［2024真题·单选］甲公司与乙公司订立书面租赁合同，合同约定甲公司租用乙公司的施工设备，租期12个月，租金月付。租赁期满后，因工程延期，甲公司继续支付租金，乙公司亦未拒绝。根据《民法典》，关于租期届满后甲、乙租赁合同效力的说法，正确的是（　　）。

A. 甲、乙租赁合同继续有效，但乙有权随时解除租赁合同

B. 甲、乙租赁合同效力待定，乙公司事后明确同意续租才有效

C. 因双方并未明确续订租赁合同，甲、乙租赁合同终止

D. 乙仍接受甲支付的租金，可视为双方租赁合同续订了12个月

［解析］租赁期限届满，承租人继续使用租赁物，出租人没有提出异议的，原租赁合同继续有效，但是租赁期限为不定期（即视为不定期租赁）。不定期租赁合同，当事人可以随时解除合同，但应当在合理期限之前通知对方。

［答案］A

［2021真题·单选］当事人未依照法律、行政法规规定办理租赁合同登记备案手续的，租赁合同（　　）。

A. 有效

B. 效力不受影响

C. 无效

D. 效力待定

［解析］《民法典》规定，当事人未依照法律、行政法规规定办理租赁合同登记备案手续的，不影响合同的效力。

［答案］B

［**2018真题·单选**］某施工企业与租赁公司签订了塔吊租赁合同，施工企业在租赁期间损坏了塔吊的两个部件，并有意转租该塔吊。关于施工企业义务的说法，正确的是（　　）。

A. 施工企业应当对塔吊部件进行维修

B. 施工企业应当对塔吊做相应改造

C. 施工企业转租塔吊后应当将相关情况通知给租赁公司

D. 施工企业应当承担塔吊部件的损害赔偿责任

［**解析**］《民法典》规定，承租人应当妥善保管租赁物，因保管不善造成租赁物毁损、灭失的，应当承担损害赔偿责任。

［**答案**］D

［**2021真题·多选**］根据《民法典》，租赁合同的承租人可以随时解除合同的情形有（　　）。

A. 租赁物在承租人按照租赁合同占用期限内发生所有权变动的

B. 出租人不同意承租人对租赁物进行改善或者增设他物的

C. 当事人对租赁期限没有约定或者约定不明确，依法仍不能确定的

D. 租赁物被司法机关依法查封扣押的

E. 租赁物危及承租人安全或者健康的，承租人订立合同时明知该租赁物质量不合格的

［**解析**］租赁物在承租人按照租赁合同占有期限内发生所有权变动的，不影响租赁合同的效力，选项A不符合题意。承租人经出租人同意，可以对租赁物进行改善或者增设他物。承租人未经出租人同意，对租赁物进行改善或者增设他物的，出租人可以请求承租人恢复原状或者赔偿损失，选项B不符合题意。当事人对租赁期限没有约定或者约定不明确的，可以协议补充；不能达成补充协议的，按照合同有关条款或者交易习惯确定。对于不能达成补充协议，也不能按照合同有关条款或者交易习惯确定的，视为不定期租赁；当事人可以随时解除合同，但应当在合理期限之前通知对方，选项C符合题意。租赁物被司法机关或行政机关依法查封、扣押，承租人可以解除合同，但前提条件是非因承租人原因，选项D缺少前提条件，故不选。租赁物危及承租人的安全或者健康的，即使承租人订立合同时明知该租赁物质量不合格，承租人仍然可以随时解除合同，选项E符合题意。

［**答案**］CE

知识点 4　保证合同

《民法典》规定，保证合同是为保障债权的实现，保证人和债权人约定，当债务人不履行到期债务或者发生当事人约定的情形时，保证人履行债务或者承担责任的合同。

保证合同的内容一般包括被保证的主债权的种类、数额，债务人履行债务的期限，保证的方式、范围和期间等条款。

保证合同可以是单独订立的书面合同，也可以是主债权债务合同中的保证条款。

一、保证人

《民法典》规定，机关法人不得为保证人，但是经国务院批准为使用外国政府或者国际

经济组织贷款进行转贷的除外。

以公益为目的的非营利法人、非法人组织不得为保证人。

二、保证方式

《民法典》规定，保证的方式包括一般保证和连带责任保证。

当事人在保证合同中对保证方式没有约定或者约定不明确的，按照一般保证承担保证责任。

（一）一般保证

当事人在保证合同中约定，债务人不能履行债务时，由保证人承担保证责任的，为一般保证。

一般保证的保证人在主合同纠纷未经审判或者仲裁，并就债务人财产依法强制执行仍不能履行债务前，有权拒绝向债权人承担保证责任，但是有下列情形之一的除外：

（1）债务人下落不明，且无财产可供执行。

（2）人民法院已经受理债务人破产案件。

（3）债权人有证据证明债务人的财产不足以履行全部债务或者丧失履行债务能力。

（4）保证人书面表示放弃本款规定的权利（即放弃一般保证的权利）。

（二）连带责任保证

连带责任保证的债务人不履行到期债务或者发生当事人约定的情形时，债权人可以请求债务人履行债务，也可以请求保证人在其保证范围内承担保证责任。

三、保证范围

《民法典》规定，保证的范围包括主债权及其利息、违约金、损害赔偿金和实现债权的费用。当事人另有约定的，按照其约定。

四、保证期间

《民法典》规定，保证期间是确定保证人承担保证责任的期间，不发生中止、中断和延长。

债权人与保证人可以约定保证期间，但是约定的保证期间早于主债务履行期限或者与主债务履行期限同时届满的，视为没有约定；没有约定或者约定不明确的，保证期间为主债务履行期限届满之日起 6 个月。

债权人与债务人对主债务履行期限没有约定或者约定不明确的，保证期间自债权人请求债务人履行债务的宽限期届满之日起计算。

一般保证的债权人未在保证期间对债务人提起诉讼或者申请仲裁的，保证人不再承担保证责任。

连带责任保证的债权人未在保证期间请求保证人承担保证责任的，保证人不再承担保证责任。

五、保证责任

《民法典》规定，债权人和债务人未经保证人书面同意，协商变更主债权债务合同内容，减轻债务的，保证人仍对变更后的债务承担保证责任；加重债务的，保证人对加重的部分不承担保证责任。

债权人和债务人变更主债权债务合同的履行期限，未经保证人书面同意的，保证期间不受影响。

债权人转让全部或者部分债权，未通知保证人的，该转让对保证人不发生效力。

保证人与债权人约定禁止债权转让，债权人未经保证人书面同意转让债权的，保证人对受让人不再承担保证责任。

债权人未经保证人书面同意，允许债务人转移全部或者部分债务，保证人对未经其同意转移的债务不再承担保证责任，但是债权人和保证人另有约定的除外。

实战演练

[2020 真题·单选] 下列主体中，具有保证人资格的是（　　）。

A. 公益事业单位　　B. 建筑行业协会

C. 清算中的法人　　D. 国有金融机构

[解析] 机关法人不得为保证人，但是经国务院批准为使用外国政府或者国际经济组织贷款进行转贷的除外。以公益为目的的非营利法人、非法人组织不得为保证人。“清算中的法人”是指处于清算阶段，为保管破产财产，进行清算处分、分配的法人，一般只在清算清单范围内具有民事行为能力，无法再对外行使民事法律行为，无法对外担保，不能成为保证人。

[答案] D

[经典例题·单选] 甲建设单位与乙施工单位签订了施工合同，由丙公司为甲出具工程款的支付担保，担保方式为一般保证。甲到期未能支付工程款，乙应当要求（　　）。

A. 丙先行代为清偿　　B. 甲和丙共同支付

C. 甲先行支付　　D. 甲和丙不必支付

[解析] 当事人在保证合同中约定，债务人不能履行债务时，由保证人承担保证责任的，为一般保证。因此，乙应当要求甲先行支付。

[答案] C

[经典例题·单选] 甲企业向乙银行借款 100 万元，由丙企业作为保证人。合同签订 3 个月后，甲与乙协商，将贷款金额增加到 150 万元，甲和乙通知了丙，丙未予答复。后甲到期不能偿还债务。关于该案中的保证责任承担的说法，正确的是（　　）。

A. 丙应承担 150 万元的保证责任，因为丙对于甲和乙的通知未予答复，视为默认

B. 丙不再承担保证责任，因为甲与乙变更合同条款未得到丙的同意

C. 丙不再承担保证责任，保证合同因甲、乙变更了合同的金额条款而致合同无效

D. 丙对 100 万元应承担保证责任，增加的 50 万元不承担保证责任

[解析] 债权人和债务人未经保证人书面同意，协商变更主债权债务合同内容，减轻债务的，保证人仍对变更后的债务承担保证责任；加重债务的，保证人对加重的部分不承担保证责任。

[答案] D

[经典例题·单选] 关于保证责任的说法，正确的是（　　）。

A. 当事人在保证合同中约定债务人不能履行债务时，由保证人承担保证责任的为连带责任保证

B. 当事人对保证方式没有约定或者约定不明确的，按照连带责任承担保证责任

C. 当事人对保证的范围没有约定的，保证人应当对全部债务承担责任

D. 一般保证的保证人未约定保证期间的，保证期间为主债务履行期届满前 6 个月

[解析] 选项 A 错误，当事人在保证合同中约定保证人与债务人对债务承担连带责任的，为连带责任保证。选项 B 错误，当事人在保证合同中对保证方式没有约定或者约定不明确的，按照一般保证承担保证责任。选项 D 错误，一般保证的保证人未约定保证期间的，保证期间为主债务履行期届满之日起 6 个月。

[答案] C

[2021 真题·多选] 一般保证的保证人在主合同纠纷未经审判或者仲裁，并就债务人财产依法强制执行仍不能履行债务前，无权拒绝向债权人承担保证责任的情形有（　　）。

A. 债务人下落不明，且无财产可供执行

B. 保证人口头表示放弃一般保证人的权利

C. 人民法院已经受理债务人破产案件

D. 债权人有证据证明债务人的财产不足以履行全部债务

E. 债权人有证据证明债务人丧失履行债务能力

[解析] 一般保证的保证人在主合同纠纷未经审判或者仲裁，并就债务人财产依法强制执行仍不能履行债务前，有权拒绝向债权人承担保证责任，但是有下列情形之一的除外：①债务人下落不明，且无财产可供执行；②人民法院已经受理债务人破产案件；③债权人有证据证明债务人的财产不足以履行全部债务或者丧失履行债务能力；④保证人书面表示放弃一般保证的权利。

[答案] ACDE

[2021 真题·多选] 根据《民法典》，保证合同担保的范围包括（　　）。

A. 主债权及其利息　　B. 违约金

C. 损害赔偿金　　D. 定金

E. 实现债权的费用

[解析] 保证担保的范围包括主债权及其利息、违约金、损害赔偿金和实现债权的费用。

[答案] ABCE

第五章

知识点 5 承揽合同

《民法典》规定，承揽合同是承揽人按照定作人的要求完成工作，交付工作成果，定作人支付报酬的合同。

承揽包括加工、定作、修理、复制、测试、检验等工作。

承揽合同的内容一般包括承揽的标的、数量、质量、报酬，承揽方式，材料的提供，履行期限，验收标准和方法等条款。

一、承揽人的义务

（1）按照合同约定完成承揽工作。

承揽人应当以自己的设备、技术和劳力，完成主要工作，但是当事人另有约定的除外。

承揽人将其承揽的主要工作交由第三人完成的，应当就该第三人完成的工作成果向定作人负责；未经定作人同意的，定作人也可以解除合同。

承揽人可以将其承揽的辅助工作交由第三人完成。承揽人将其承揽的辅助工作交由第三人完成的，应当就该第三人完成的工作成果向定作人负责。

（2）检验材料。

承揽人提供材料的，应当按照约定选用材料，并接受定作人检验。

定作人提供材料的，应当按照约定提供材料。承揽人对定作人提供的材料应当及时检验，发现不符合约定时，应当及时通知定作人更换、补齐或者采取其他补救措施。

承揽人不得擅自更换定作人提供的材料，不得更换不需要修理的零部件。

（3）通知。

承揽人发现定作人提供的图纸或者技术要求不合理的，应当及时通知定作人。

（4）保密。

承揽人应当按照定作人的要求保守秘密，未经定作人许可，不得留存复制品或者技术资料。

（5）接受监督检验。

承揽人在工作期间，应当接受定作人必要的监督检验。

➢ **名师点拨：**必要的监督检验非指挥管理。定作人不得因监督检验妨碍承揽人的正常工作。

（6）妥善保管定作人提供的材料以及完成的工作成果。

承揽人应当妥善保管定作人提供的材料以及完成的工作成果，因保管不善造成毁损、灭失的，应当承担赔偿责任。

（7）交付的工作成果要符合质量要求。

承揽人完成工作的，应当向定作人交付工作成果，并提交必要的技术资料和有关质量证明。

承揽人交付的工作成果不符合质量要求的，定作人可以合理选择请求承揽人承担修理、重作、减少报酬、赔偿损失等违约责任。

二、定作人的义务

（1）定作人提供材料的，按照约定提供材料。

（2）按照约定的期限支付报酬。

对支付报酬的期限没有约定或者约定不明确的，可以协议补充；不能达成补充协议的，按照合同有关条款或者交易习惯确定。仍不能确定的，定作人应当在承揽人交付工作成果时支付；工作成果部分交付的，定作人应当相应支付。

定作人未向承揽人支付报酬或者材料费等价款的，承揽人对完成的工作成果享有留置权或者有权拒绝交付，但是当事人另有约定的除外。

（3）赔偿损失。

承揽人发现定作人提供的图纸或者技术要求不合理的，应当及时通知定作人。因定作人怠于答复等原因造成承揽人损失的，应当赔偿损失。

定作人中途变更承揽工作的要求，造成承揽人损失的，应当赔偿损失。

（4）验收工作成果。

承揽人完成工作的，应当向定作人交付工作成果，并提交必要的技术资料和有关质量证明。定作人应当验收该工作成果。

三、承揽合同的解除

承揽工作需要定作人协助的，定作人有协助的义务。定作人不履行协助义务致使承揽工作不能完成的，承揽人可以催告定作人在合理期限内履行义务，并可以顺延履行期限；定作人逾期不履行的，承揽人可以解除合同。

承揽人将其承揽的主要工作交由第三人完成的，应当就该第三人完成的工作成果向定作人负责；未经定作人同意的，定作人也可以解除合同。

定作人在承揽人完成工作前可以随时解除合同，造成承揽人损失的，应当赔偿损失。

实战演练

［2023 真题·单选］ 根据《民法典》，承揽合同在承揽工作完成前，关于该合同解除的说法，正确的是（　　）。

A. 定作人可以随时解除合同，造成承揽人损失的应当赔偿

B. 定作人和承揽人均可随时解除合同

C. 定作人不得解除合同

D. 定作人经承揽人同意即可解除合同

［解析］ 定作人在承揽人完成工作前可以随时解除承揽合同，造成承揽人损失的，应当赔偿损失。

［答案］ A

［2021 真题·单选］ 关于承揽合同，说法正确的是（　　）。

A. 承揽合同应当采用书面形式

B. 承揽人发现定作人提供的图纸不合理的，可以直接修改

C. 承揽人在工作期间，应当接受定作人必要的监督检验

D. 承揽人可以根据工作需要自行决定是否留存复制品或者技术资料

［解析］ 承揽合同可以采用书面形式，也可以采用口头形式，选项 A 错误。承揽人发现定作人提供的图纸或者技术要求不合理的，应当及时通知定作人，选项 B 错误。承揽人应当按照定作人的要求保守秘密，未经定作人许可，不得留存复制品或者技术资料，选项 D 错误。承揽人在工作期间，应当接受定作人必要的监督检验，但定作人不得因监督检验妨碍承揽人的正常工作。

［答案］ C

［**2020 真题·单选**］根据《民法典》，关于承揽合同的说法，正确的是（　　）。

A. 承揽人可以将承揽的主要工作交由第三人完成，承揽人无须就第三人完成的工作成果向定作人负责

B. 承揽人在完成工作过程中，要接受定作人的指挥管理

C. 承揽人工作期间，定作人不得对其进行监督检验

D. 承揽人可以与定作人约定，承揽人使用定作人的设备完成主要工作

［**解析**］未经定作人的同意，承揽人将承揽的主要工作交由第三人完成的，定作人可以解除合同；经定作人同意的，承揽人也应就第三人完成的工作成果向定作人负责，选项 A 错误。承揽人在完成工作过程中，不受定作人的指挥管理，独立承担完成合同约定的质量、数量、期限等责任，选项 B 错误。承揽人在工作期间，应当接受定作人必要的监督检验，但定作人不得因监督检验妨碍承揽人的正常工作，选项 C 错误。

［**答案**］D

［**2018 真题·单选**］关于承揽合同当事人权利义务的说法，正确的是（　　）。

A. 定作人不得中途变更承揽工作的要求

B. 定作人提供的材料不符合约定的，承揽人可以自行更换材料

C. 承揽人向定作人交付工作成果的，定作人应当验收该工作成果

D. 定作人可以随时解除承揽合同，造成承揽人损失的，应当赔偿损失

［**解析**］选项 A 错误，定作人可以中途变更承揽工作的要求，但因此造成承揽人损失的，应当赔偿损失。选项 B 错误，承揽人提供材料的，承揽人应当按照约定选用材料，并接受定作人检验。如果定作人提供材料的，承揽人应当对定作人提供的材料及时检验，发现不符合约定时，应当及时通知定作人更换、补齐或者采取其他补救措施。承揽人不得擅自更换定作人提供的材料，不得更换不需要修理的零部件。选项 C 错误，承揽人完成工作向定作人交付工作成果，并提交了必要的技术资料和有关质量证明的，定作人应当验收该工作成果。

［**答案**］D

［**2015 真题·单选**］关于承揽合同解除的说法，正确的是（　　）。

A. 承揽人未经定作人同意将其承揽的主要工作交由第三人完成的，定作人可以解除合同

B. 除非合同当事人双方书面约定，定作人和承揽人均不得随时解除承揽合同

C. 承揽人发现定作人提供的材料不符合约定的，有权以书面通知的方式，单方解除承揽合同

D. 承揽人可以随时解除承揽合同，造成定作人损失的，应当赔偿损失

［**解析**］选项 B 错误，《民法典》规定了承揽人和定作人均享有法定解除权且定作人可以随时解除合同。选项 C 错误，定作人不履行协助义务致使承揽工作不能完成的，承揽人可以催告定作人在合理期限内履行义务，并可以顺延履行期限；定作人逾期不履行的，承揽人可以依法解除合同。定作人提供的材料不符合约定，不是承揽人解除合同的法定事由。选项 D 错误，定作人可以随时解除合同，但造成承揽人损失的，应当赔偿损失。

［**答案**］A

知识点 6 运输合同

《民法典》规定，运输合同是承运人将旅客或者货物从起运地点运输到约定地点，旅客、托运人或者收货人支付票款或者运输费用的合同。运输合同包括客运合同和货运合同。

➢ **名师点拨：**运输合同标的是运输行为。

一、托运人的权利和义务

（一）托运人的权利

在承运人将货物交付收货人之前，托运人可以要求承运人中止运输、返还货物、变更到达地或者将货物交给其他收货人，但是应当赔偿承运人因此受到的损失。

承运人未按照约定路线或者通常路线运输增加票款或者运输费用的，托运人或者收货人可以拒绝支付增加部分的票款或者运输费用。

（二）托运人的义务

1. 如实告知、申报

托运人办理货物运输，应当向承运人准确表明收货人的姓名、名称或者凭指示的收货人，货物的名称、性质、重量、数量，收货地点等有关货物运输的必要情况。

因托运人申报不实或者遗漏重要情况，造成承运人损失的，托运人应当承担赔偿责任。

货物运输需要办理审批、检验等手续的，托运人应当将办理完有关手续的文件提交承运人。

2. 按照约定的方式包装货物

对包装方式没有约定或者约定不明确的，可以协议补充；不能达成补充协议的，按照合同有关条款或者交易习惯确定。仍不能确定的，应当按照通用的方式包装；没有通用方式的，应当采取足以保护标的物且有利于节约资源、保护生态环境的包装方式。托运人违反规定的，承运人可以拒绝运输。

托运人托运易燃、易爆、有毒、有腐蚀性、有放射性等危险物品的，应当按照国家有关危险物品运输的规定对危险物品妥善包装，做出危险物品标志和标签，并将有关危险物品的名称、性质和防范措施的书面材料提交承运人。托运人违反规定的，承运人可以拒绝运输，也可以采取相应措施以避免损失的发生，因此产生的费用由托运人负担。

3. 支付运费、保管费等

托运人或者收货人不支付运费、保管费或者其他费用的，承运人对相应的运输货物享有留置权，但是当事人另有约定的除外。

二、收货人的义务

（1）及时提货。货物运输到达后，承运人知道收货人的，应当及时通知收货人，收货人应当及时提货。收货人逾期提货的，应当向承运人支付保管费等费用。

（2）检验货物。收货人提货时应当按照约定的期限检验货物。对检验货物的期限没有约定或者约定不明确的，可以协议补充；不能达成补充协议的，按照合同有关条款或者交易习惯确定。仍不能确定的，应当在合理期限内检验货物。收货人在约定的期限或者合理期限内对货物的数量、毁损等未提出异议的，视为承运人已经按照运输单证的记载交付的初步证据。

(3) 支付运费、保管费等。

➤ **名师点拨**：货运合同的收货人和托运人可以是同一人也可以不是同一人。

三、承运人的权利和义务

(一) 承运人的权利

1. 留置权

托运人或者收货人不支付运费、保管费或者其他费用的，承运人对相应的运输货物享有留置权，但是当事人另有约定的除外。

收货人不明或者收货人无正当理由拒绝受领货物的，承运人依法可以提存货物。

2. 求偿权

因托运人申报不实或者遗漏重要情况，造成承运人损失的，托运人应当承担赔偿责任。

3. 拒绝运输

托运人违反包装规定的，承运人可以拒绝运输。

(二) 承运人的义务

1. 运输旅客、货物

承运人应当在约定期限或者合理期限内将旅客、货物安全运输到约定地点。

承运人应当按照约定的或者通常的运输路线将旅客、货物运输到约定地点。

2. 及时通知收货人提货

货物运输到达后，承运人知道收货人的，应当及时通知收货人，收货人应当及时提货。收货人逾期提货的，应当向承运人支付保管费等费用。

3. 按照指示运输货物

在承运人将货物交付收货人之前，托运人可以要求承运人中止运输、返还货物、变更到达地或者将货物交给其他收货人，但是应当赔偿承运人因此受到的损失。

4. 对运输过程中货物的毁损、灭失承担赔偿责任

承运人对运输过程中货物的毁损、灭失承担赔偿责任。但是，承运人证明货物的毁损、灭失是因不可抗力、货物本身的自然性质或者合理损耗以及托运人、收货人的过错造成的，不承担赔偿责任。

两个以上承运人以同一运输方式联运的，与托运人订立合同的承运人应当对全程运输承担责任；损失发生在某一运输区段的，与托运人订立合同的承运人和该区段的承运人承担连带责任。

货物在运输过程中因不可抗力灭失，未收取运费的，承运人不得请求支付运费；已经收取运费的，托运人可以请求返还。法律另有规定的，依照其规定。

四、多式联运合同

《中华人民共和国海商法》规定，多式联运合同是指多式联运经营人以两种以上的不同运输方式，其中一种是海上运输方式，负责将货物从接收地运至目的地交付收货人，并收取全程运费的合同。

《民法典》规定，多式联运经营人负责履行或者组织履行多式联运合同，对全程运输享

有承运人的权利，承担承运人的义务。

多式联运经营人可以与参加多式联运的各区段承运人就多式联运合同的各区段运输约定相互之间的责任；但是，该约定不影响多式联运经营人对全程运输承担的义务。

多式联运经营人收到托运人交付的货物时，应当签发多式联运单据。按照托运人的要求，多式联运单据可以是可转让单据，也可以是不可转让单据。

因托运人托运货物时的过错造成多式联运经营人损失的，即使托运人已经转让多式联运单据，托运人仍然应当承担赔偿责任。

实战演练

[2024真题·单选] 根据《民法典》，托运人或者收货人不支付运费、保管费或者其他费用的，除当事人另有约定外，承运人对相应的运输货物享有（　　）。

A. 提存权　　　　B. 拍卖权

C. 拒绝运输权　　　　D. 留置权

[解析] 托运人或者收货人不支付运费、保管费或者其他费用的，承运人对相应的运输货物享有留置权，但是当事人另有约定的除外。

[答案] D

[2020真题·单选] 关于货运合同法律特征的说法，正确的是（　　）。

A. 货运合同是单务、有偿合同

B. 货运合同是实践合同

C. 货运合同的收货人和托运人可以是同一人，也可以不是同一人

D. 货运合同的标的是货物

[解析] 选项A错误，货运合同是双务、有偿合同。选项B错误，货运合同是诺成合同。选项C正确，货运合同的收货人和托运人可以是同一人，但在大多数情况下不是同一人。选项D错误，货运合同的标的是运输行为。

[答案] C

[2019真题·单选] 关于货运中的多式联运的说法，正确的是（　　）。

A. 多式联运经营人对全程运输承担义务

B. 是指两个以上承运人以同一运输方式联运

C. 多式联运单据不可以转让

D. 区段承运人与订立合同的承运人对区段运输负连带责任

[解析] 选项A正确，多式联运经营人负责履行或者组织履行多式联运合同，对全程运输享有承运人的权利，承担承运人的义务。选项B错误，所谓多式联运，是指由两种及其以上的交通工具相互衔接、转运而共同完成的运输过程。选项C错误，多式联运经营人收到托运人交付的货物时，应当签发多式联运单据。按照托运人的要求，多式联运单据可以是可转让单据，也可以是不可转让单据。选项D错误，多式联运经营人负责履行或者组织履行多式联运合同，对全程运输享有承运人的权利，承担承运人的义务，不是连带责任。

[答案] A

[**2017 真题·单选**] 关于运输合同的说法，正确的是（　　）。

A. 托运人违反包装规定的，承运人不得拒绝运输

B. 货物在运输过程中因不可抗力灭失，已收取运费的，托运人不得要求返还

C. 货物运输到达后，承运人知道收货人的，应当及时通知收货人

D. 联运合同中，损失发生在同一区段的，仅由该区段的承运人向托运人承担责任

[**解析**] 选项 A 错误，托运人应当按照约定的方式包装货物。对包装方式没有约定或者约定不明确的，可以协议补充；不能达成补充协议的，按照合同有关条款或者交易习惯确定。对于不能达成补充协议，也不能按照合同有关条款或者交易习惯确定的，应当按照通用的方式包装，没有通用方式的，应当采取足以保护标的物的包装方式。托运人违反以上规定的，承运人可以拒绝运输。选项 B 错误，货物在运输过程中因不可抗力灭失，未收取运费的，承运人不得要求支付运费；已收取运费的，托运人可以要求返还。选项 D 错误，两个以上承运人以同一运输方式联运的，与托运人订立合同的承运人应当对全程运输承担责任。损失发生在某一运输区段的，与托运人订立合同的承运人和该区段的承运人承担连带责任。

[**答案**] C

[**2014 真题·单选**] 甲代理乙与丙铁路运输公司签订了多式联运合同，由丙和丁汽车运输公司通过铁路公路联运方式将货物送至乙的工地，因在公路运输途中发生重大交通事故，致使货物受损，无法按时交货。关于责任承担的说法，正确的是（　　）。

A. 丙应向甲承担违约责任

B. 甲只能向丁主张损害赔偿

C. 丙应向乙承担违约责任

D. 乙应自行承担货物损失

[**解析**] 多式联运经营人可以与参加多式联运的各区段承运人就多式联运合同的各区段运输约定相互之间的责任，但该约定不影响多式联运经营人对全程运输承担的义务。因托运人托运货物时的过错造成多式联运经营人损失的，即使托运人已经转让多式联运单据，托运人仍然应当承担损害赔偿责任。

[**答案**] C

第五章

第六章

建设工程安全生产法律制度

本章导学

本章包括“建设单位和相关单位的安全责任制度”“施工安全生产许可证制度”“施工单位安全生产责任制度”“施工现场安全防护制度”“施工生产安全事故的应急救援和调查处理”“政府主管部门安全生产监督管理”六节内容。从考试角度来看，本章记忆性内容较多，但是考查难度不大，考点恒定且相对比较集中。从实践角度来看，本章内容与现场人员的工作紧密结合，学习起来较易掌握，做题时注意把控细节，重点记忆关键词。本章内容在考试大纲的基础上，以《中华人民共和国安全生产法》(以下简称《安全生产法》)、《建筑法》、《建设工程安全生产管理条例》为依据进行编写，补充介绍了《建筑施工企业负责人及项目负责人施工现场带班暂行办法》《建筑施工企业安全生产管理机构设置及专职安全生产管理人员配备办法》《危险性较大的分部分项工程安全管理规定》《生产安全事故报告和调查处理条例》等相关内容。

第一节 建设单位和相关单位的安全责任制度

知识点 1 建设单位的安全责任

一、建设单位应当如实向施工单位提供有关施工资料

《建筑法》规定，建设单位应当向建筑施工企业提供与施工现场相关的地下管线资料，建筑施工企业应当采取措施加以保护。

《建设工程安全生产管理条例》规定，建设单位应当向施工单位提供施工现场及毗邻区域内供水、排水、供电、供气、供热、通信、广播电视等地下管线资料，气象和水文观测资料，相邻建筑物和构筑物、地下工程的有关资料，并保证资料的真实、准确、完整。建设单位因建设工程需要，向有关部门或者单位查询上述规定的资料时，有关部门或者单位应当及时提供。

二、建设单位不得提出非法要求，不得压缩合同工期

根据《建设工程安全生产管理条例》，建设单位不得对勘察、设计、施工、工程监理等单位提出不符合建设工程安全生产法律、法规和强制性标准规定的要求，不得压缩合同约定的工期。

三、必须保证必要的安全投入

根据《建设工程安全生产管理条例》，建设单位在编制工程概算时，应当确定建设工程安全作业环境及安全施工措施所需费用。

四、不得明示或者暗示施工单位购买不符合安全要求的用具、设备、设施和器材等

根据《建设工程安全生产管理条例》，建设单位不得明示或者暗示施工单位购买、租赁、使用不符合安全施工要求的安全防护用具、机械设备、施工机具及配件、消防设施和器材。

五、申请领取施工许可证时，应当提供建设工程有关安全施工措施的资料

根据《建设工程安全生产管理条例》，建设单位在申请领取施工许可证时，应当提供建设工程有关安全施工措施的资料。依法批准开工报告的建设工程，建设单位应当自开工报告批准之日起 15 日内，将保证安全施工的措施报送建设工程所在地的县级以上地方人民政府建设行政主管部门或者其他有关部门备案。

六、依法办理申请批准手续

根据《建筑法》，有下列情形之一的，建设单位应当按照国家有关规定办理申请批准手续：①需要临时占用规划批准范围以外场地的；②可能损坏道路、管线、电力、邮电通信等公共设施的；③需要临时停水、停电、中断道路交通的；④需要进行爆破作业的；⑤法律、法规规定需要办理报批手续的其他情形。

七、依法装修

根据《建筑法》，涉及建筑主体和承重结构变动的装修工程，建设单位应当在施工前委托原设计单位或者具有相应资质条件的设计单位提出设计方案；没有设计方案的，不得施工。

八、拆除工程依法备案

根据《建设工程安全生产管理条例》，建设单位应当将拆除工程发包给具有相应资质等级的施工单位。建设单位应当在拆除工程施工 15 日前，将下列资料报送建设工程所在地的县级以上地方人民政府建设行政主管部门或者其他有关部门备案：①施工单位资质等级证明；②拟拆除建筑物、构筑物及可能危及毗邻建筑的说明；③拆除施工组织方案；④堆放、清除废弃物的措施。

实施爆破作业的，应当遵守国家有关民用爆炸物品管理的规定。

知识点 2 勘察、设计单位的安全责任

一、勘察单位相关的安全责任

根据《建设工程安全生产管理条例》，勘察单位应当按照法律、法规和工程建设强制性标准进行勘察，提供的勘察文件应当真实、准确，满足建设工程安全生产的需要。勘察单位在勘察作业时，应当严格执行操作规程，采取措施保证各类管线、设施和周边建筑物、构筑物的安全。

二、设计单位相关的安全责任

根据《建设工程安全生产管理条例》，设计单位应当按照法律、法规和工程建设强制性标准进行设计，防止因设计不合理导致生产安全事故的发生。设计单位应当考虑施工安全操作和防护的需要，对涉及施工安全的重点部位和环节在设计文件中注明，并对防范生产安全事故提出指导意见。采用新结构、新材料、新工艺的建设工程和特殊结构的建设工程，设计单位应当在设计中提出保障施工作业人员安全和预防生产安全事故的措施建议。设计单位和注册建筑师等注册执业人员应当对其设计负责。

知识点 3 工程监理、检验检测单位的安全责任

一、工程监理单位相关的安全责任

根据《建设工程安全生产管理条例》，工程监理单位相关的安全责任有：

（1）工程监理单位应当审查施工组织设计中的安全技术措施或者专项施工方案是否符合工程建设强制性标准。

（2）对在实施监理过程中发现存在安全事故隐患的情况进行处理，安全事故隐患处理程序如图 6-1-1 所示。

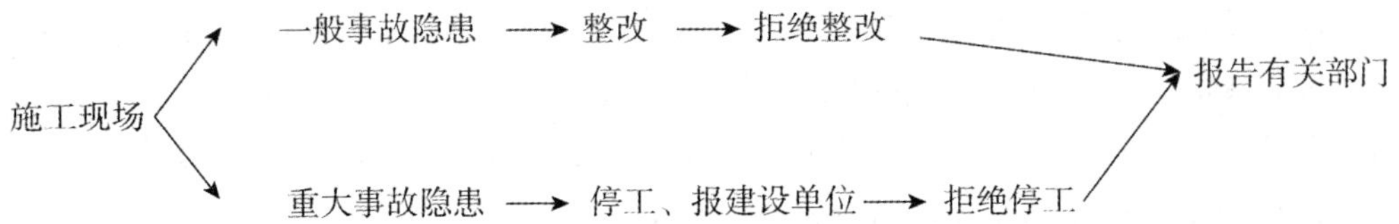

图 6-1-1　安全事故隐患处理程序

（3）工程监理单位和监理工程师应当按照法律、法规和工程建设强制性标准实施监理，并对建设工程安全生产承担监理责任。

二、检验检测单位相关的安全责任

《建设工程安全生产管理条例》规定，检验检测机构对检测合格的施工起重机械和整体提升脚手架、模板等自升式架设设施，应当出具安全合格证明文件，并对检测结果负责。

《中华人民共和国特种设备安全法》规定，特种设备检验、检测机构的检验、检测人员应当经考核，取得检验、检测人员资格，方可从事检验、检测工作。特种设备检验、检测机构的检验、检测人员不得同时在两个以上检验、检测机构中执业；变更执业机构的，应当依法办理变更手续。

特种设备检验、检测机构及其检验、检测人员对检验、检测过程中知悉的商业秘密，负有保密义务。特种设备检验、检测机构及其检验、检测人员不得从事有关特种设备的生产、经营活动，不得推荐或者监制、监销特种设备。

知识点 4　机械设备等单位的安全责任

一、提供（出租）机械设备和配件的单位相关的安全责任

《建设工程安全生产管理条例》规定，为建设工程提供机械设备和配件的单位，应当按照安全施工的要求配备齐全有效的保险、限位等安全设施和装置。

出租的机械设备和施工机具及配件，应当具有生产（制造）许可证、产品合格证。出租单位应当对出租的机械设备和施工机具及配件的安全性能进行检测，在签订租赁协议时，应当出具检测合格证明。禁止出租检测不合格的机械设备和施工机具及配件。

《建筑起重机械安全监督管理规定》进一步规定，出租单位出租的建筑起重机械和使用单位购置、租赁、使用的建筑起重机械应当具有特种设备制造许可证、产品合格证、制造监督检验证明。

出租单位在建筑起重机械首次出租前，自购建筑起重机械的使用单位在建筑起重机械首次安装前，应当持建筑起重机械特种设备制造许可证、产品合格证和制造监督检验证明到本单位工商注册所在地县级以上地方人民政府建设主管部门办理备案。

出租单位应当在签订的建筑起重机械租赁合同中，明确租赁双方的安全责任，并出具建筑起重机械特种设备制造许可证、产品合格证、制造监督检验证明、备案证明和自检合格证明，提交安装使用说明书。

有下列情形之一的建筑起重机械，不得出租、使用：①属国家明令淘汰或者禁止使用的；②超过安全技术标准或者制造厂家规定的使用年限的；③经检验达不到安全技术标准规定的；④没有完整安全技术档案的；⑤没有齐全有效的安全保护装置的。

建筑起重机械有上述第①②③项情形之一的，出租单位或者自购建筑起重机械的使用单位应当予以报废，并向原备案机关办理注销手续。

出租单位、自购建筑起重机械的使用单位，应当建立建筑起重机械安全技术档案。

二、现场安装、拆卸施工起重机械单位相关的安全责任

（1）《建设工程安全生产管理条例》规定，在施工现场安装、拆卸施工起重机械和整体提升脚手架、模板等自升式架设设施，必须由具有相应资质的单位承担。

《建筑起重机械安全监督管理规定》进一步规定，从事建筑起重机械安装、拆卸活动的单位（以下简称安装单位）应当依法取得建设主管部门颁发的相应资质和建筑施工企业安全生产许可证，并在其资质许可范围内承揽建筑起重机械安装、拆卸工程。

建筑起重机械使用单位和安装单位应当在签订的建筑起重机械安装、拆卸合同中明确双方的安全生产责任。实行施工总承包的，施工总承包单位应当与安装单位签订建筑起重机械安装、拆卸工程安全协议书。

（2）《建设工程安全生产管理条例》规定，安装、拆卸施工起重机械和整体提升脚手架、模板等自升式架设设施，应当编制拆装方案、制定安全施工措施，并由专业技术人员现场监督。

《建筑起重机械安全监督管理规定》进一步规定，安装单位应当按照建筑起重机械安装、拆卸工程专项施工方案及安全操作规程组织安装、拆卸作业。安装单位的专业技术人员、专职安全生产管理人员应当进行现场监督，技术负责人应当定期巡查。

（3）《建设工程安全生产管理条例》规定，施工起重机械和整体提升脚手架、模板等自升式架设设施安装完毕后，安装单位应当自检，出具自检合格证明，并向施工单位进行安全使用说明，办理验收手续并签字。

《建筑起重机械安全监督管理规定》进一步规定，建筑起重机械安装完毕后，安装单位应当按照安全技术标准及安装使用说明书的有关要求对建筑起重机械进行自检、调试和试运转。自检合格的，应当出具自检合格证明，并向使用单位进行安全使用说明。

建筑起重机械安装完毕后，使用单位应当组织出租、安装、监理等有关单位进行验收，或者委托具有相应资质的检验检测机构进行验收。建筑起重机械经验收合格后方可投入使用，未经验收或者验收不合格的不得使用。实行施工总承包的，由施工总承包单位组织验收。

实战演练

［2024 真题·单选］根据《建设工程安全生产管理条例》，对于特殊结构的建设工程，应当提出保障施工作业人员安全和预防生产安全事故措施建议的是（　　）。

A. 设计单位　　B. 造价咨询单位

C. 施工单位　　D. 建设单位

［解析］《建设工程安全生产管理条例》规定，采用新结构、新材料、新工艺的建设工程和特殊结构的建设工程，设计单位应当在设计中提出保障施工作业人员安全和预防生产安全事故的措施建议。

［答案］A

［2021 真题·单选］ 关于建设单位安全责任的说法，正确的是（　　）。

A. 编制工程概算时，确定工程安全生产费用

B. 工程开工前，审查施工企业的安全技术措施

C. 工程开工前，负责项目的安全技术交底

D. 对特殊结构的建设工程，提出保障安全施工的措施建议

［解析］ 建设单位在编制工程概算时，应当确定建设工程安全作业环境及安全施工措施所需费用。选项 B 属于监理单位责任；选项 C 属于施工单位责任；选项 D 属于设计单位责任。

［答案］ A

［2018 真题·单选］ 根据《建设工程安全生产管理条例》，工程监理单位对施工组织设计中的安全技术措施或者专项施工方案的审查重点是（　　）。

A. 是否达到工程使用功能要求

B. 是否达到施工进度要求

C. 是否符合工程建设强制性标准

D. 是否达到造价控制目标

［解析］《建设工程安全生产管理条例》规定，工程监理单位应当审查施工组织设计中的安全技术措施或者专项施工方案是否符合工程建设强制性标准。

［答案］ C

［经典例题·单选］ 下列责任中，属于设计单位安全责任的是（　　）。

A. 确定安全施工措施所需费用

B. 对施工安全技术措施进行审查

C. 审查专项施工方案是否符合工程建设强制性标准

D. 对涉及施工安全的重点部位和环节在设计文件中注明，并对预防生产安全事故提出指导意见

［解析］ 设计单位的安全责任：①按照法律、法规和工程建设强制性标准进行设计；②提出防范生产安全事故的指导意见和措施建议；③对设计成果承担责任。选项 A 属于建设单位的安全责任；选项 B、C 属于监理单位的安全责任。

［答案］ D

［经典例题·单选］ 根据《建筑起重机械安全监督管理规定》，关于建筑起重机械安装单位安全责任的说法，正确的是（　　）。

A. 安装单位应当与建设单位签订建筑起重机械安装工程安全协议书

B. 施工总承包企业不负责对建筑起重机械安装工程专项施工方案进行审查

C. 建筑起重机械安装完毕后，建设主管部门应当参加验收

D. 建筑起重机械安装完毕后，安装单位应当自检，出具自检合格证明

［解析］ 选项 A 错误，实行施工总承包的，施工总承包单位应当与安装单位签订建筑起重机械安装、拆卸工程安全协议书。选项 B 错误，施工总承包企业负责对建筑起重机械安装工程专项施工方案进行审查。选项 C 错误、选项 D 正确，施工起重机械和整体提升脚手架、模板等自升式架设设施安装完毕后，安装单位应当自检，出具自检合格证明，并向施工单位进行安全使用说明，办理验收手续并签字。

第六章

[答案] D

[经典例题·单选] 根据《建筑起重机械安全监督管理规定》，关于建筑起重机械安装、拆卸单位的安全责任的说法，正确的是（　　）。

A. 使用单位和安装单位就安全生产承担连带责任

B. 安装完毕后，安装单位应当自检并出具自检合格证明

C. 建筑起重机械安装、拆卸工程专项施工方案应当由本单位安全负责人签字

D. 建筑起重机械安装、拆卸工程专项施工方案报审后，应当告知工程所在地安全监督管理部门

[解析] 选项A错误，建筑起重机械使用单位和安装单位应当在签订的建筑起重机械安装、拆卸合同中明确双方的安全生产责任。选项C错误，按照安全技术标准及建筑起重机械性能要求，编制建筑起重机械安装、拆卸工程专项施工方案，并由本单位技术负责人签字。选项D错误，将建筑起重机械安装、拆卸工程专项施工方案，安装、拆卸人员名单，安装、拆卸时间等材料报施工总承包单位和监理单位审核后，告知工程所在地县级以上地方人民政府建设主管部门。

[答案] B

[2021真题·多选] 根据《建筑起重机械安全监督管理规定》，下列属于出租单位或者自购建筑起重机械的使用单位应当予以报废，并向原备案机关办理注销手续的情形有（　　）。

A. 属国家明令淘汰或者禁止使用的

B. 没有完整安全技术档案的

C. 超过安全技术标准或者制造厂家规定的使用年限的

D. 没有齐全有效的安全保护装置的

E. 经检验达不到安全技术标准规定的

[解析] 有下列情形之一的建筑起重机械，不得出租、使用：①属国家明令淘汰或者禁止使用的；②超过安全技术标准或者制造厂家规定的使用年限的；③经检验达不到安全技术标准规定的；④没有完整安全技术档案的；⑤没有齐全有效的安全保护装置的。建筑起重机械有以上第①②③项情形之一的，出租单位或者自购建筑起重机械的使用单位应当予以报废，并向原备案机关办理注销手续。

[答案] ACE

[2021真题·多选] 下列责任中，属于建设单位的安全责任的有（　　）。

A. 编制安全技术措施和安全专项施工方案

B. 总体协调总分包单位的安全生产

C. 申请中断道路交通的批准手续

D. 向施工企业提供真实、准确和完整的有关资料

E. 确定建设工程安全作业环境及安全施工措施所需费用

［解析］有下列情形之一的，建设单位应当按照国家有关规定办理申请批准手续：①需要临时占用规划批准范围以外场地的；②可能损坏道路、管线、电力、邮电通信等公共设施的；③需要临时停水、停电、中断道路交通的；④需要进行爆破作业的；⑤法律、法规规定需要办理报批手续的其他情形。选项 A、B 属于施工单位的安全责任。

［答案］CDE

［2020 真题·多选］根据《建筑起重机械安全监督管理规定》，不得出租、使用的建筑起重机械有（　　）。

A. 超过安全技术标准或者制造厂家规定的使用年限的

B. 经检验达不到安全技术标准规定的

C. 属于有可能淘汰或者限制使用的

D. 没有完整安全技术档案的

E. 没有齐全有效的安全保护装置的

［解析］有下列情形之一的建筑起重机械，不得出租、使用：①属国家明令淘汰或者禁止使用的；②超过安全技术标准或者制造厂家规定的使用年限的；③经检验达不到安全技术标准规定的；④没有完整安全技术档案的；⑤没有齐全有效的安全保护装置的。

［答案］ABDE

第二节　施工安全生产许可证制度

知识点 1　安全生产许可证适用范围

根据《安全生产许可证条例》，国家对矿山企业、建筑施工企业和危险化学品、烟花爆竹、民用爆炸物品生产企业（以下统称企业）实行安全生产许可制度。企业未取得安全生产许可证的，不得从事生产活动。

根据《建筑施工企业安全生产许可证管理规定》，建筑施工企业未取得安全生产许可证的，不得从事建筑施工活动。建筑施工企业是指从事土木工程、建筑工程、线路管道和设备安装工程及装修工程的新建、扩建、改建和拆除等有关活动的企业。

根据《安全生产许可证条例》，省、自治区、直辖市人民政府建设主管部门负责建筑施工企业安全生产许可证的颁发和管理，并接受国务院建设主管部门的指导和监督。

根据《建筑施工企业安全生产许可证管理规定》，国务院建设主管部门负责中央管理的建筑施工企业安全生产许可证的颁发和管理。省、自治区、直辖市人民政府建设主管部门负责本行政区域内上述规定以外的建筑施工企业安全生产许可证的颁发和管理，并接受国务院建设主管部门的指导和监督。市、县人民政府建设主管部门负责本行政区域内建筑施工企业安全生产许可证的监督管理，并将监督检查中发现的企业违法行为及时报告安全生产许可证颁发管理机关。

知识点 2 申请领取安全生产许可证的程序

根据《建筑施工企业安全生产许可证管理规定》，申请领取安全生产许可证的程序如图 6-2-1所示。

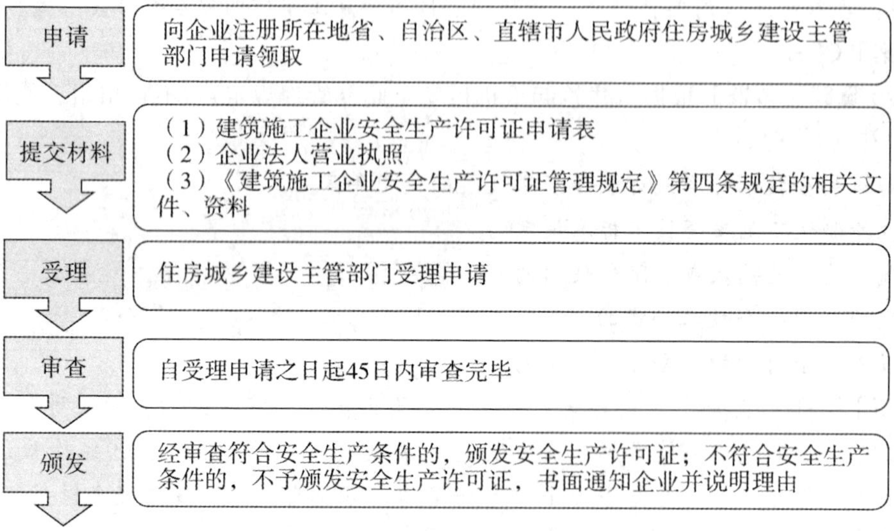

图 6-2-1　申请领取安全生产许可证的程序

知识点 3 申请领取安全生产许可证的条件

《建筑施工企业安全生产许可证管理规定》规定，建筑施工企业取得安全生产许可证，应当具备下列安全生产条件：

（1）建立、健全安全生产责任制，制定完备的安全生产规章制度和操作规程。

（2）保证本单位安全生产条件所需资金的投入。

（3）设置安全生产管理机构，按照国家有关规定配备专职安全生产管理人员。

（4）主要负责人、项目负责人、专职安全生产管理人员经建设主管部门或者其他有关部门考核合格。

（5）特种作业人员经有关业务主管部门考核合格，取得特种作业操作资格证书。

（6）管理人员和作业人员每年至少进行一次安全生产教育培训并考核合格。

（7）依法参加工伤保险，依法为施工现场从事危险作业的人员办理意外伤害保险，为从业人员交纳保险费。

（8）施工现场的办公、生活区及作业场所和安全防护用具、机械设备、施工机具及配件符合有关安全生产法律、法规、标准和规程的要求。

（9）有职业危害防治措施，并为作业人员配备符合国家标准或者行业标准的安全防护用具和安全防护服装。

（10）有对危险性较大的分部分项工程及施工现场易发生重大事故的部位、环节的预防、监控措施和应急预案。

（11）有生产安全事故应急救援预案、应急救援组织或者应急救援人员，配备必要的应急救援器材、设备。

（12）法律、法规规定的其他条件。

知识点 4　安全生产许可证的实施要求

根据《建筑施工企业安全生产许可证管理规定》，安全生产许可证的实施要求见表6-2-1。

表 6-2-1　安全生产许可证的实施要求

项目	具体要求
有效期	（1）安全生产许可证的有效期为 3 年； （2）安全生产许可证有效期满需要延期的，企业应当于期满前 3 个月向原安全生产许可证颁发管理机关申请办理延期手续； （3）企业在安全生产许可证有效期内，严格遵守有关安全生产的法律法规，未发生死亡事故的，安全生产许可证有效期届满时，经原安全生产许可证颁发管理机关同意，不再审查，安全生产许可证有效期延期 3 年
变更	建筑施工企业变更名称、地址、法定代表人等，应当在变更后 10 日内，到原安全生产许可证颁发管理机关办理安全生产许可证变更手续
注销	建筑施工企业破产、倒闭、撤销的，应当将安全生产许可证交回原安全生产许可证颁发管理机关予以注销
遗失补办	（1）建筑施工企业遗失安全生产许可证，应当立即向原安全生产许可证颁发管理机关报告，并在公众媒体上声明作废后，方可申请补办； （2）《住房和城乡建设部关于取消部分部门规章和规范性文件设定的证明事项的决定》（建法规〔2019〕6 号）进一步规定，申请人不再需要在公众媒体上声明作废，由申请人告知资质许可机关，由资质许可机关在官网发布信息
监督管理	（1）建设主管部门在审核发放施工许可证时，应当对已经确定的建筑施工企业是否有安全生产许可证进行审查，对没有取得安全生产许可证的，不得颁发施工许可证； （2）建筑施工企业取得安全生产许可证后，不得降低安全生产条件，并应当加强日常安全生产管理，接受建设主管部门的监督检查。安全生产许可证颁发管理机关发现企业不再具备安全生产条件的，应当暂扣或者吊销安全生产许可证； （3）建筑施工企业不得转让、冒用安全生产许可证或者使用伪造的安全生产许可证
撤销	安全生产许可证颁发管理机关或者其上级行政机关发现有下列情形之一的，可以撤销已经颁发的安全生产许可证： （1）安全生产许可证颁发管理机关工作人员滥用职权、玩忽职守颁发安全生产许可证的； （2）超越法定职权颁发安全生产许可证的； （3）违反法定程序颁发安全生产许可证的； （4）对不具备安全生产条件的建筑施工企业颁发安全生产许可证的； （5）依法可以撤销已经颁发的安全生产许可证的其他情形

续表

项目	具体要求
暂扣	(1) 取得安全生产许可证的建筑施工企业，发生重大安全事故的，暂扣安全生产许可证并限期整改； (2) 建筑施工企业不再具备安全生产条件的，暂扣安全生产许可证并限期整改；情节严重的，吊销安全生产许可证

知识点 5 违法行为应承担的法律责任

根据《建筑施工企业安全生产许可证管理规定》，建筑施工企业隐瞒有关情况或者提供虚假材料申请安全生产许可证的，不予受理或者不予颁发安全生产许可证，并给予警告，1 年内不得申请安全生产许可证。

建筑施工企业以欺骗、贿赂等不正当手段取得安全生产许可证的，撤销安全生产许可证，3 年内不得再次申请安全生产许可证；构成犯罪的，依法追究刑事责任。

实战演练

[2024 真题·单选] 根据《建筑施工企业安全生产许可证管理规定》，下列属于应当注销安全生产许可证情形的是（　　）。

A. 安全生产许可证颁发管理机关超越法定职权颁发安全生产许可证的

B. 施工企业破产、倒闭、撤销的

C. 安全生产许可证颁发管理机关对不具备安全生产条件的施工企业颁发安全生产许可证的

D. 安全生产许可证颁发管理机关工作人员滥用职权、玩忽职守颁发安全生产许可证的

[解析] 建筑施工企业破产、倒闭、撤销的，应当将安全生产许可证交回原安全生产许可证颁发管理机关予以注销。选项 A、C、D 属于可以撤销安全生产许可证的情形。

[答案] B

[2021 真题·单选] 根据《建筑施工企业安全生产许可证管理规定》，下列施工企业的违法行为中，属于应当撤销安全生产许可证的是（　　）。

A. 冒用安全生产许可证的

B. 安全生产许可证未办理延期手续继续从事施工活动的

C. 使用伪造的安全生产许可证的

D. 以贿赂手段取得安全生产许可证的

[解析] 建筑施工企业以欺骗、贿赂等不正当手段取得安全生产许可证的，撤销安全生产许可证，3 年内不得再次申请安全生产许可证；构成犯罪的，依法追究刑事责任。

[答案] D

[2021 真题·单选] 下列建筑施工条件中，属于建筑施工企业取得安全生产许可证应当具备的条件是（　　）。

A. 为职工办理了意外伤害保险

B. 依法参加工伤保险，为从业人员缴纳保险费

第六章

C. 保证本单位生产经营条件所需资金的投入

D. 管理人员和作业人员每年至少进行2次安全生产教育培训并考核合格

［**解析**］选项A错误、选项B正确，施工企业应依法参加工伤保险，依法为施工现场从事危险作业的人员办理意外伤害保险，为从业人员交纳保险费。选项C错误，施工企业应保证本单位安全生产条件所需资金的投入。选项D错误，管理人员和作业人员每年至少进行1次安全生产教育培训并考核合格。

［**答案**］B

［**2021真题·单选**］关于建筑施工企业安全生产许可证的说法，正确的是（　　）。

A. 企业在安全生产许可证有效期内未发生死亡事故的，安全生产许可证自动续期

B. 安全生产许可证的有效期为5年

C. 安全生产许可证有效期满前30天可以向原颁发管理机关办理延期手续

D. 安全生产许可证遗失补办，由申请人告知资质许可机关，由资质许可机关在官网发布信息

［**解析**］选项A错误，企业在安全生产许可证有效期内，严格遵守有关安全生产的法律法规，未发生死亡事故的，安全生产许可证有效期届满时，经原安全生产许可证颁发管理机关同意，不再审查，安全生产许可证有效期延期3年。选项B错误，安全生产许可证的有效期为3年。选项C错误，安全生产许可证有效期满需要延期的，企业应当于期满前3个月向原安全生产许可证颁发管理机关申请办理延期手续。

［**答案**］D

［**2020真题·单选**］根据《建筑施工企业安全生产许可证管理规定》，建筑施工企业取得安全生产许可证应当具备的条件是（　　）。

A. 特种作业人员取得特种作业操作资格证书

B. 为职工办理意外伤害保险

C. 配备兼职安全生产管理人员

D. 有职业危害防治措施，并为安全生产管理人员配备合格的安全防护用具与防护服装

［**解析**］选项B错误，施工企业应依法参加工伤保险，依法为施工现场从事危险作业的人员办理意外伤害保险，为从业人员交纳保险费。选项C错误，设置安全生产管理机构，按照国家有关规定配备专职安全生产管理人员。选项D错误，有职业危害防治措施，并为作业人员配备符合国家标准或者行业标准的劳动防护用品。

［**答案**］A

［**2019真题·单选**］关于建筑施工企业安全生产许可证的说法，正确的是（　　）。

A. 建筑施工企业变更法定代表人，应当办理安全生产许可证的变更手续

B. 安全生产许可证有效期可以自动延期

C. 安全生产许可证延期后的有效期短于原有效期

D. 建筑施工企业变更地址，安全生产许可证无须办理变更手续

[解析] 安全生产许可证的有效期为3年。安全生产许可证有效期满需要延期的，企业应当于期满前3个月向原安全生产许可证颁发管理机关申请办理延期手续，选项B错误。企业在安全生产许可证有效期内，严格遵守有关安全生产的法律法规，未发生死亡事故的，安全生产许可证有效期届满时，经原安全生产许可证颁发管理机关同意，不再审查，安全生产许可证有效期延期3年，选项C错误。建筑施工企业变更名称、地址、法定代表人等，应当在变更后10日内，到原安全生产许可证颁发管理机关办理安全生产许可证变更手续，选项D错误。

[答案] A

[经典例题·多选] 根据《安全生产许可证条例》，国家对（　　）实行安全生产许可制度。

A. 矿山企业　　B. 建筑施工企业

C. 日用化学品生产、经营、储存单位　　D. 危险化学品生产、经营、储存单位

E. 烟花爆竹、民用爆炸物品生产企业

[解析] 国家对矿山企业、建筑施工企业和危险化学品、烟花爆竹、民用爆炸物品生产企业实行安全生产许可制度。

[答案] ABE

第三节　施工单位安全生产责任制度

根据《安全生产法》，安全生产工作应当以人为本，坚持人民至上、生命至上，把保护人民生命安全摆在首位，树牢安全发展理念，坚持安全第一、预防为主、综合治理的方针，从源头上防范化解重大安全风险。

安全生产工作实行管行业必须管安全、管业务必须管安全、管生产经营必须管安全，强化和落实生产经营单位主体责任与政府监管责任，建立生产经营单位负责、职工参与、政府监管、行业自律和社会监督的机制。

生产经营单位应当具备《安全生产法》及有关法律、行政法规和国家标准或者行业标准规定的安全生产条件；不具备安全生产条件的，不得从事生产经营活动。

根据《建筑法》，建筑工程安全生产管理必须坚持安全第一、预防为主的方针，建立健全安全生产的责任制度和群防群治制度。

知识点 1　生产经营单位的安全生产保障

一、施工单位的安全生产责任

（一）施工单位主要负责人的安全生产责任

《建筑法》规定，建筑施工企业必须依法加强对建筑安全生产的管理，执行安全生产责任制度，采取有效措施，防止伤亡和其他安全生产事故的发生。建筑施工企业的法定代表人对本企业的安全生产负责。

《安全生产法》规定，生产经营单位的主要负责人对本单位安全生产工作负有下列职责：

①建立健全并落实本单位全员安全生产责任制，加强安全生产标准化建设；②组织制定并实施本单位安全生产规章制度和操作规程；③组织制定并实施本单位安全生产教育和培训计划；④保证本单位安全生产投入的有效实施；⑤组织建立并落实安全风险分级管控和隐患排查治理双重预防工作机制，督促、检查本单位的安全生产工作，及时消除生产安全事故隐患；⑥组织制定并实施本单位的生产安全事故应急救援预案；⑦及时、如实报告生产安全事故。

《建设工程安全生产管理条例》规定，施工单位主要负责人依法对本单位的安全生产工作全面负责。施工单位应当建立健全安全生产责任制度和安全生产教育培训制度，制定安全生产规章制度和操作规程，保证本单位安全生产条件所需资金的投入，对所承担的建设工程进行定期和专项安全检查，并做好安全检查记录。

（二）建筑施工企业负责人施工现场带班制度

《建筑施工企业负责人及项目负责人施工现场带班暂行办法》（建质〔2011〕111号）规定，建筑施工企业应当建立企业负责人及项目负责人施工现场带班制度，并严格考核。企业负责人带班检查是指由建筑施工企业负责人带队实施对工程项目质量安全生产状况及项目负责人带班生产情况的检查。

➢ **名师点拨：**建筑施工企业负责人是指企业的法定代表人、总经理、主管质量安全和生产工作的副总经理、总工程师和副总工程师。

建筑施工企业法定代表人是落实企业负责人及项目负责人施工现场带班制度的第一责任人，对落实带班制度全面负责。建筑施工企业负责人要定期带班检查，每月检查时间不少于其工作日的25%。建筑施工企业负责人带班检查时，应认真做好检查记录，并分别在企业和工程项目存档备查。

工程项目进行超过一定规模的危险性较大的分部分项工程施工时，建筑施工企业负责人应到施工现场进行带班检查。对于有分公司（非独立法人）的企业集团，集团负责人因故不能到现场的，可书面委托工程所在地的分公司负责人对施工现场进行带班检查。

工程项目出现险情或发现重大隐患时，建筑施工企业负责人应到施工现场带班检查，督促工程项目进行整改，及时消除险情和隐患。

二、安全生产资金投入的规定

根据《安全生产法》，生产经营单位应当具备的安全生产条件所必需的资金投入，由生产经营单位的决策机构、主要负责人或者个人经营的投资人予以保证，并对由于安全生产所必需的资金投入不足导致的后果承担责任。有关生产经营单位应当按照规定提取和使用安全生产费用，专门用于改善安全生产条件。安全生产费用在成本中据实列支。安全生产费用提取、使用和监督管理的具体办法由国务院财政部门会同国务院应急管理部门征求国务院有关部门意见后制定。

三、安全生产管理机构以及安全生产管理人员的要求

（一）安全生产管理机构以及安全生产管理人员的配置

《安全生产法》规定，矿山、金属冶炼、建筑施工、运输单位和危险物品的生产、经营、

储存、装卸单位，应当设置安全生产管理机构或者配备专职安全生产管理人员。

《建筑施工企业安全生产管理机构设置及专职安全生产管理人员配备办法》（建质〔2008〕91号）规定，建筑施工企业安全生产管理机构专职安全生产管理人员的配备应满足下列要求，并应根据企业经营规模、设备管理和生产需要予以增加：①建筑施工总承包资质序列企业：特级资质不少于6人；一级资质不少于4人；二级和二级以下资质企业不少于3人；②建筑施工专业承包资质序列企业：一级资质不少于3人；二级和二级以下资质企业不少于2人；③建筑施工劳务分包资质序列企业：不少于2人；④建筑施工企业的分公司、区域公司等较大的分支机构应依据实际生产情况配备不少于2人的专职安全生产管理人员。

建筑施工企业应当在建设工程项目组建安全生产领导小组。建设工程实行施工总承包的，安全生产领导小组由总承包企业、专业承包企业和劳务分包企业项目经理、技术负责人和专职安全生产管理人员组成。

总承包单位配备项目专职安全生产管理人员应当满足下列要求：

（1）建筑工程、装修工程按照建筑面积配备：①1万 m^2 以下的工程不少于1人；②1万～5万 m^2 的工程不少于2人；③5万 m^2 及以上的工程不少于3人，且按专业配备专职安全生产管理人员。

（2）土木工程、线路管道、设备安装工程按照工程合同价配备：①5 000万元以下的工程不少于1人；②5 000万～1亿元的工程不少于2人；③1亿元及以上的工程不少于3人，且按专业配备专职安全生产管理人员。

分包单位配备项目专职安全生产管理人员应当满足下列要求：

（1）专业承包单位应当配置至少1人，并根据所承担的分部分项工程的工程量和施工危险程度增加。

（2）劳务分包单位施工人员在50人以下的，应当配备1名专职安全生产管理人员；50～200人的，应当配备2名专职安全生产管理人员；200人及以上的，应当配备3名及以上专职安全生产管理人员，并根据所承担的分部分项工程施工危险实际情况增加，不得少于工程施工人员总人数的5‰。

采用新技术、新工艺、新材料或致害因素多、施工作业难度大的工程项目，项目专职安全生产管理人员的数量应当根据施工实际情况，在总承包单位和分包单位项目专职安全生产管理人员的配备标准上增加。

施工作业班组可以设置兼职安全巡查员，对本班组的作业场所进行安全监督检查。建筑施工企业应当定期对兼职安全巡查员进行安全教育培训。

安全生产许可证颁发管理机关颁发安全生产许可证时，应当审查建筑施工企业安全生产管理机构设置及其专职安全生产管理人员的配备情况。

建设主管部门核发施工许可证或者核准开工报告时，应当审查该工程项目专职安全生产管理人员的配备情况。

建设主管部门应当监督检查建筑施工企业安全生产管理机构及其专职安全生产管理人员

履责情况。

（二）安全生产管理机构以及安全生产管理人员的职责

《安全生产法》规定，生产经营单位的安全生产管理机构以及安全生产管理人员应履行下列职责：①组织或者参与拟订本单位安全生产规章制度、操作规程和生产安全事故应急救援预案；②组织或者参与本单位安全生产教育和培训，如实记录安全生产教育和培训情况；③组织开展危险源辨识和评估，督促落实本单位重大危险源的安全管理措施；④组织或者参与本单位应急救援演练；⑤检查本单位的安全生产状况，及时排查生产安全事故隐患，提出改进安全生产管理的建议；⑥制止和纠正违章指挥、强令冒险作业、违反操作规程的行为；⑦督促落实本单位安全生产整改措施。

生产经营单位可以设置专职安全生产分管负责人，协助本单位主要负责人履行安全生产管理职责。生产经营单位的安全生产管理机构以及安全生产管理人员应当恪尽职守，依法履行职责。生产经营单位作出涉及安全生产的经营决策，应当听取安全生产管理机构以及安全生产管理人员的意见。

项目专职安全生产管理人员具有以下主要职责：①负责施工现场安全生产日常检查并做好检查记录；②现场监督危险性较大工程安全专项施工方案实施情况；③对作业人员违规违章行为有权予以纠正或查处；④对施工现场存在的安全隐患有权责令立即整改；⑤对于发现的重大安全隐患，有权向企业安全生产管理机构报告；⑥依法报告生产安全事故情况。

四、施工项目负责人的安全生产责任

（一）施工项目负责人的安全生产责任

根据《建设工程安全生产管理条例》，施工单位的项目负责人应当由取得相应执业资格的人员担任，对建设工程项目的安全施工负责，落实安全生产责任制度、安全生产规章制度和操作规程，确保安全生产费用的有效使用，并根据工程的特点组织制定安全施工措施，消除安全事故隐患，及时、如实报告生产安全事故。

根据《建筑施工企业主要负责人、项目负责人和专职安全生产管理人员安全生产管理规定》，项目负责人对本项目安全生产管理全面负责，应当建立项目安全生产管理体系，明确项目管理人员安全职责，落实安全生产管理制度，确保项目安全生产费用有效使用。

项目负责人应当按规定实施项目安全生产管理，监控危险性较大分部分项工程，及时排查处理施工现场安全事故隐患，隐患排查处理情况应当记入项目安全管理档案；发生事故时，应当按规定及时报告并开展现场救援。

工程项目实行总承包的，总承包企业项目负责人应当定期考核分包企业安全生产管理情况。

（二）建筑施工项目负责人施工现场带班制度

《建筑施工企业负责人及项目负责人施工现场带班暂行办法》（建质〔2011〕111号）规定，建筑施工企业应当建立企业负责人及项目负责人施工现场带班制度，并严格考核。

项目负责人带班生产是指项目负责人在施工现场组织协调工程项目的质量安全生产活动。

建筑施工企业法定代表人是落实企业负责人及项目负责人施工现场带班制度的第一责任人，对落实带班制度全面负责。建筑施工企业负责人要定期带班检查，每月检查时间不少于其工作日的25%。

项目负责人是工程项目质量安全管理的第一责任人，应对工程项目落实带班制度负责。项目负责人在同一时期只能承担一个工程项目的管理工作。项目负责人带班生产时，要全面掌握工程项目质量安全生产状况，加强对重点部位、关键环节的控制，及时消除隐患。要认真做好带班生产记录并签字存档备查。项目负责人每月带班生产时间不得少于本月施工时间的80%。因其他事务需离开施工现场时，应向工程项目的建设单位请假，经批准后方可离开。离开期间应委托项目相关负责人负责其外出时的日常工作。

知识点 2 施工总承包和分包单位的安全生产责任

《建筑法》规定，施工现场安全由建筑施工企业负责。实行施工总承包的，由总承包单位负责。分包单位向总承包单位负责，服从总承包单位对施工现场的安全生产管理。

《建设工程安全生产管理条例》进一步规定，建设工程实行施工总承包的，由总承包单位对施工现场的安全生产负总责。总承包单位应当自行完成建设工程主体结构的施工。总承包单位依法将建设工程分包给其他单位的，分包合同中应当明确各自的安全生产方面的权利、义务。总承包单位和分包单位对分包工程的安全生产承担连带责任。分包单位应当服从总承包单位的安全生产管理，分包单位不服从管理导致生产安全事故的，由分包单位承担主要责任。

实行施工总承包的建设工程，由总承包单位负责上报事故。

第六章

知识点 3 施工作业人员安全生产的权利和义务

一、施工作业人员安全生产的权利

（一）获得安全保障、工伤保险和民事赔偿的权利

根据《安全生产法》，生产经营单位与从业人员订立的劳动合同，应当载明有关保障从业人员劳动安全、防止职业危害的事项，以及依法为从业人员办理工伤保险的事项。生产经营单位不得以任何形式与从业人员订立协议，免除或者减轻其对从业人员因生产安全事故伤亡依法应承担的责任。

生产经营单位发生生产安全事故后，应当及时采取措施救治有关人员。因生产安全事故受到损害的从业人员，除依法享有工伤保险外，依照有关民事法律尚有获得赔偿的权利的，有权提出赔偿要求。

（二）得知危险因素、防范措施及事故应急措施的权利

根据《安全生产法》，生产经营单位的从业人员有权了解其作业场所和工作岗位存在的危险因素、防范措施及事故应急措施，即享有安全生产的知情权。

（三）对本单位安全生产工作的批评、检举、控告及拒绝违章指挥和强令冒险作业的权利

根据《安全生产法》，从业人员有权对本单位安全生产工作中存在的问题提出批评、检举、控告；有权拒绝违章指挥和强令冒险作业。

生产经营单位不得因从业人员对本单位安全生产工作提出批评、检举、控告或者拒绝违章指挥、强令冒险作业而降低其工资、福利等待遇或者解除与其订立的劳动合同。

（四）紧急情况下停止作业和紧急撤离的权利

根据《安全生产法》，从业人员发现直接危及人身安全的紧急情况时，有权停止作业或者在采取可能的应急措施后撤离作业场所。

生产经营单位不得因从业人员在上述紧急情况下停止作业或者采取紧急撤离措施而降低其工资、福利等待遇或者解除与其订立的劳动合同。

（五）获得安全防护用具和安全防护服装的权利

根据《建设工程安全生产管理条例》，施工单位应当向作业人员提供安全防护用具和安全防护服装，并书面告知危险岗位的操作规程和违章操作的危害。

➤ **知识拓展：**根据《安全生产法》，施工作业人员还可以通过工会来维护自己的安全生产权利。例如，《安全生产法》第六十条规定，工会有权对建设项目的安全设施与主体工程同时设计、同时施工、同时投入生产和使用进行监督，提出意见。工会对生产经营单位违反安全生产法律、法规，侵犯从业人员合法权益的行为，有权要求纠正；发现生产经营单位违章指挥、强令冒险作业或者发现事故隐患时，有权提出解决的建议，生产经营单位应当及时研究答复；发现危及从业人员生命安全的情况时，有权向生产经营单位建议组织从业人员撤离危险场所，生产经营单位必须立即作出处理。工会有权依法参加事故调查，向有关部门提出处理意见，并要求追究有关人员的责任。

二、施工作业人员安全生产的义务

（1）遵守安全生产规章制度和操作规程。

（2）正确佩戴和使用劳动防护用品。

根据《安全生产法》，从业人员在作业过程中，应当严格落实岗位安全责任，遵守本单位的安全生产规章制度和操作规程，服从管理，正确佩戴和使用劳动防护用品。

（3）接受安全生产教育和培训。

根据《安全生产法》，从业人员应当接受安全生产教育和培训，掌握本职工作所需的安全生产知识，提高安全生产技能，增强事故预防和应急处理能力。

（4）对事故隐患或者其他不安全因素进行报告。

根据《安全生产法》，从业人员发现事故隐患或者其他不安全因素，应当立即向现场安全生产管理人员或者本单位负责人报告；接到报告的人员应当及时予以处理。

三、被派遣劳动者的权利和义务

《安全生产法》规定：生产经营单位使用被派遣劳动者的，被派遣劳动者享有本法规定的从业人员的权利，并应当履行本法规定的从业人员的义务。

知识点 4　施工单位安全生产教育培训的规定

一、生产经营单位主要负责人、安全生产管理人员考核的规定

《安全生产法》规定，生产经营单位的主要负责人和安全生产管理人员必须具备与本单位所从事的生产经营活动相应的安全生产知识和管理能力。

《建设工程安全生产管理条例》进一步规定，施工单位的主要负责人、项目负责人、专职安全生产管理人员应当经建设行政主管部门或者其他有关部门考核合格后方可任职。

根据《建筑施工企业主要负责人、项目负责人和专职安全生产管理人员安全生产管理规定》，“安管人员”应当通过其受聘企业，向企业工商注册地的省、自治区、直辖市人民政府住房城乡建设主管部门申请安全生产考核，并取得安全生产考核合格证书。安全生产考核不得收费。

➤ **名师点拨：**安管人员指建筑施工企业主要负责人、项目负责人和专职安全生产管理人员。

二、从业人员安全生产教育和培训的规定

根据《建筑法》，建筑施工企业应当建立健全劳动安全生产教育培训制度，加强对职工安全生产的教育培训；未经安全生产教育培训的人员，不得上岗作业。

根据《安全生产法》，生产经营单位应当对从业人员进行安全生产教育和培训，保证从业人员具备必要的安全生产知识，熟悉有关的安全生产规章制度和安全操作规程，掌握本岗位的安全操作技能，了解事故应急处理措施，知悉自身在安全生产方面的权利和义务。未经安全生产教育和培训合格的从业人员，不得上岗作业。

根据《建设工程安全生产管理条例》，施工单位应当对管理人员和作业人员每年至少进行1次安全生产教育培训，其教育培训情况记入个人工作档案。安全生产教育培训考核不合格的人员，不得上岗。

作业人员进入新的岗位或者新的施工现场前，应当接受安全生产教育培训。未经教育培训或者教育培训考核不合格的人员，不得上岗作业。

第六章

三、特种作业人员的范围和资格

《安全生产法》规定，生产经营单位的特种作业人员必须按照国家有关规定经专门的安全作业培训，取得相应资格，方可上岗作业。

根据《建设工程安全生产管理条例》，垂直运输机械作业人员、安装拆卸工、爆破作业人员、起重信号工、登高架设作业人员等特种作业人员，必须按照国家有关规定经过专门的安全作业培训，并取得特种作业操作资格证书后，方可上岗作业。

根据《建筑施工特种作业人员管理规定》（建质〔2008〕75号），建筑施工特种作业包括：①建筑电工；②建筑架子工；③建筑起重信号司索工；④建筑起重机械司机；⑤建筑起重机械安装拆卸工；⑥高处作业吊篮安装拆卸工；⑦经省级以上人民政府建设主管部门认定的其他特种作业。

建筑施工特种作业人员必须经建设主管部门考核合格，取得建筑施工特种作业人员操作资格证书，方可上岗从事相应作业。

四、采用新工艺、新技术、新材料或者使用新设备的安全生产教育和培训规定

根据《安全生产法》，生产经营单位采用新工艺、新技术、新材料或者使用新设备，必须了解、掌握其安全技术特性，采取有效的安全防护措施，并对从业人员进行专门的安全生

产教育和培训。

根据《建设工程安全生产管理条例》，施工单位在采用新技术、新工艺、新设备、新材料时，应当对作业人员进行相应的安全生产教育培训。

五、被派遣劳动者的安全生产教育和培训规定

根据《安全生产法》，生产经营单位使用被派遣劳动者的，应当将被派遣劳动者纳入本单位从业人员统一管理，对被派遣劳动者进行岗位安全操作规程和安全操作技能的教育和培训。劳务派遣单位应当对被派遣劳动者进行必要的安全生产教育和培训。

实战演练

[2024 真题 · 单选] 某工程施工作业人员张某在作业过程中，发现正在吊装的预制构件在高空失衡晃动将要脱落，直接危及施工现场安全，立即停止作业并迅速躲避。张某的行为属于行使（　　）。

A. 获得救治权　　　　B. 拒绝违章指挥权

C. 正当防卫权　　　　D. 紧急避险权

[解析]《安全生产法》规定，从业人员发现直接危及人身安全的紧急情况时，有权停止作业或者在采取可能的应急措施后撤离作业场所。其属于紧急避险权。

[答案] D

[2024 真题 · 单选] 根据《建筑施工企业负责人及项目负责人施工现场带班暂行办法》，项目负责人每月带班生产时间不得少于本月施工时间的（　　）。

A. 40%　　　　B. 80%

C. 50%　　　　D. 60%

[解析] 项目负责人每月带班生产时间不得少于本月施工时间的 80%。

[答案] B

[2021 真题 · 单选] 根据《安全生产法》，施工企业主要负责人对安全生产的责任是（　　）。

A. 工程项目实行总承包的，定期考核分包单位安全生产管理情况

B. 保证本企业安全生产投入的有效实施

C. 督促落实本企业重大危险源的安全管理措施

D. 在施工现场组织协调工程项目安全生产活动

[解析] 生产经营单位的主要负责人对本单位安全生产工作负有下列职责：①建立健全并落实本单位全员安全生产责任制，加强安全生产标准化建设；②组织制定并实施本单位安全生产规章制度和操作规程；③组织制定并实施本单位安全生产教育和培训计划；④保证本单位安全生产投入的有效实施；⑤组织建立并落实安全风险分级管控和隐患排查治理双重预防工作机制，督促、检查本单位的安全生产工作，及时消除生产安全事故隐患；⑥组织制定并实施本单位的生产安全事故应急救援预案；⑦及时、如实报告生产安全事故。

[答案] B

［2021 真题·单选］总承包项目工地大型塔吊倾倒造成伤亡事故的，负责上报事故的单位是（　）。

A. 施工总承包单位　　B. 建设单位　　C. 监理单位　　D. 项目经理

［解析］实行施工总承包的建设工程，由总承包单位负责上报事故。

［答案］A

［2021 真题·单选］下列安全生产责任中，属于建设工程项目专职安全生产管理人员职责的是（　）。

A. 组织制定并实施生产安全事故应急救援预案

B. 保证本单位安全投入的有效实施

C. 督促检查危险性较大工程的安全生产工作，及时消除生产安全事故隐患

D. 现场监督危险性较大工程安全专项施工方案实施情况

［解析］项目专职安全生产管理人员具有以下主要职责：①负责施工现场安全生产日常检查并做好检查记录；②现场监督危险性较大工程安全专项施工方案实施情况；③对作业人员违规违章行为有权予以纠正或查处；④对施工现场存在的安全隐患有权责令立即整改；⑤对于发现的重大安全隐患，有权向企业安全生产管理机构报告；⑥依法报告生产安全事故情况。选项 A、B、C 属于企业负责人的安全生产责任。

［答案］D

［2020 真题·单选］关于施工企业项目负责人安全生产责任的说法，正确的是（　）。

A. 应当监控分部分项工程的安全生产情况

B. 每月带班生产时间不得少于本月施工时间的 60%

C. 每月带班检查时间不得少于其工作日的 25%

D. 应当对工程项目落实带班制度负责

［解析］项目负责人应当按规定实施项目安全生产管理，监控危险性较大的分部分项工程，及时排查处理施工现场安全事故隐患，隐患排查处理情况应当记入项目安全管理档案；发生事故时，应当按规定及时报告并开展现场救援，选项 A 错误。项目负责人每月带班生产时间不得少于本月施工时间的 80%，建筑施工企业负责人要定期带班检查，每月检查时间不少于其工作日的 25%，选项 B、C 错误。项目负责人是工程项目质量安全管理的第一责任人，应对工程项目落实带班制度负责，选项 D 正确。

［答案］D

［2020 真题·单选］建设工程施工总承包单位依法将建设工程进行分包，关于安全生产责任的说法，正确的是（　）。

A. 分包工程的安全生产由分包单位独立承担责任

B. 分包工程的安全生产由施工总承包单位承担全部责任

C. 分包合同应当明确总、分包单位各自的安全生产责任

D. 施工总承包单位和分包单位对施工现场安全生产承担同等责任

[解析] 总承包单位和分包单位对分包工程的安全生产承担连带责任。总承包单位依法将建设工程分包给其他单位的，分包合同中应当明确各自的安全生产方面的权利、义务。分包单位应当服从总承包单位的安全生产管理，分包单位不服从管理导致生产安全事故的，由分包单位承担主要责任。

[答案] C

[2019 真题 · 单选] 根据《建筑施工企业主要负责人、项目负责人和专职安全生产管理人员安全生产管理规定》，属于项目负责人安全生产职责的是（ ）。

A. 建立安全生产管理制度　　B. 建立项目安全生产管理体系

C. 监控分部分项工程　　D. 及时报告质量问题

[解析] 项目负责人对本项目安全生产管理全面负责，应当建立项目安全生产管理体系，明确项目管理人员安全职责，落实安全生产管理制度，确保项目安全生产费用有效使用。项目负责人应当按规定实施项目安全生产管理，监控危险性较大分部分项工程，及时排查处理施工现场安全事故隐患，隐患排查处理情况应当记入项目安全管理档案；发生事故时，应当按规定及时报告并开展现场救援。工程项目实行总承包的，总承包企业项目负责人应当定期考核分包企业安全生产管理情况。

[答案] B

[2024 真题 · 多选] 关于施工企业全员安全生产教育培训的说法，正确的有（ ）。

A. 施工企业开展职业教育的情况应当纳入企业社会责任报告

B. 施工企业应当对管理人员和作业人员每年至少进行 2 次安全生产教育培训

C. 未经安全生产教育培训的人员，不得上岗作业

D. 施工企业使用被派遣劳动者的，应当对被派遣劳动者进行岗位安全操作规程和安全操作技能的教育和培训

E. 劳动派遣单位应当对派遣劳动者进行必要的安全生产教育和培训

[解析]《建设工程安全生产管理条例》规定，施工单位应当对管理人员和作业人员每年至少进行 1 次安全生产教育培训，其教育培训情况记入个人工作档案。安全生产教育培训考核不合格的人员，不得上岗。因此，选项 B 错误。

[答案] ACDE

[2015 真题 · 多选] 下列各项权利中，属于施工作业人员安全生产权利的有（ ）。

A. 检举权　　B. 接受安全教育培训的权利

C. 危险报告权　　D. 控告权

E. 批评权

[解析] 施工作业人员应当享有的安全生产权利有：①施工安全生产的知情权和建议权；②施工安全防护用品的获得权；③批评、检举、控告权及拒绝违章指挥权；④紧急避险权；⑤获得工伤保险和意外伤害保险赔偿的权利；⑥请求民事赔偿权。选项 B、C 属于施工作业人员的安全生产义务。

[答案] ADE

第四节　施工现场安全防护制度

知识点 1 编制安全技术措施、专项施工方案和安全技术交底的规定

一、《建筑法》的相关规定

建筑施工企业在编制施工组织设计时，应当根据建筑工程的特点制定相应的安全技术措施；对专业性较强的工程项目，应当编制专项安全施工组织设计，并采取安全技术措施。

二、《建设工程安全生产管理条例》的相关规定

施工单位应当在施工组织设计中编制安全技术措施和施工现场临时用电方案，对下列达到一定规模的危险性较大的分部分项工程编制专项施工方案，并附具安全验算结果，经施工单位技术负责人、总监理工程师签字后实施，由专职安全生产管理人员进行现场监督：①基坑支护与降水工程；②土方开挖工程；③模板工程；④起重吊装工程；⑤脚手架工程；⑥拆除、爆破工程；⑦国务院建设行政主管部门或者其他有关部门规定的其他危险性较大的工程。

对上述所列工程中涉及深基坑、地下暗挖工程、高大模板工程的专项施工方案，施工单位还应当组织专家进行论证、审查。

建设工程施工前，施工单位负责项目管理的技术人员应当对有关安全施工的技术要求向施工作业班组、作业人员作出详细说明，并由双方签字确认。

三、《危险性较大的分部分项工程安全管理规定》的相关规定

危险性较大的分部分项工程是指房屋建筑和市政基础设施工程在施工过程中，容易导致人员群死群伤或者造成重大经济损失的分部分项工程。

（一）专项施工方案

施工单位应当在危大工程施工前组织工程技术人员编制专项施工方案。实行施工总承包的，专项施工方案应当由施工总承包单位组织编制。危大工程实行分包的，专项施工方案可以由相关专业分包单位组织编制。

专项施工方案应当由施工单位技术负责人审核签字、加盖单位公章，并由总监理工程师审查签字、加盖执业印章后方可实施。

危大工程实行分包并由分包单位编制专项施工方案的，专项施工方案应当由总承包单位技术负责人及分包单位技术负责人共同审核签字并加盖单位公章。

对于超过一定规模的危大工程，施工单位应当组织召开专家论证会对专项施工方案进行论证。实行施工总承包的，由施工总承包单位组织召开专家论证会。专家论证前专项施工方案应当通过施工单位审核和总监理工程师审查。

专家应当从地方人民政府住房城乡建设主管部门建立的专家库中选取，符合专业要求且人数不得少于5名。与本工程有利害关系的人员不得以专家身份参加专家论证会。

专家论证会后，应当形成论证报告，对专项施工方案提出通过、修改后通过或者不通过的一致意见。专家对论证报告负责并签字确认。

专项施工方案经论证需修改后通过的，施工单位应当根据论证报告修改完善后，重新履行“专项施工方案应当由施工单位技术负责人审核签字、加盖单位公章，并由总监理工程师审查签字、加盖执业印章后方可实施”的程序。专项施工方案经论证不通过的，施工单位修改后应当按照本规定的要求重新组织专家论证。

（二）现场安全管理

施工单位应当在施工现场显著位置公告危大工程名称、施工时间和具体责任人员，并在危险区域设置安全警示标志。

专项施工方案实施前，编制人员或者项目技术负责人应当向施工现场管理人员进行方案交底。施工现场管理人员应当向作业人员进行安全技术交底，并由双方和项目专职安全生产管理人员共同签字确认。

施工单位应当严格按照专项施工方案组织施工，不得擅自修改专项施工方案。因规划调整、设计变更等原因确需调整的，修改后的专项施工方案应当按照本规定重新审核和论证。涉及资金或者工期调整的，建设单位应当按照约定予以调整。

施工单位应当对危大工程施工作业人员进行登记，项目负责人应当在施工现场履职。项目专职安全生产管理人员应当对专项施工方案实施情况进行现场监督，对未按照专项施工方案施工的，应当要求立即整改，并及时报告项目负责人，项目负责人应当及时组织限期整改。施工单位应当按照规定对危大工程进行施工监测和安全巡视，发现危及人身安全的紧急情况，应当立即组织作业人员撤离危险区域。

监理单位应当结合危大工程专项施工方案编制监理实施细则，并对危大工程施工实施专项巡视检查。

监理单位发现施工单位未按照专项施工方案施工的，应当要求其进行整改；情节严重的，应当要求其暂停施工，并及时报告建设单位。施工单位拒不整改或者不停止施工的，监理单位应当及时报告建设单位和工程所在地住房城乡建设主管部门。

对于按照规定需要进行第三方监测的危大工程，建设单位应当委托具有相应勘察资质的单位进行监测。监测单位应当编制监测方案。监测方案由监测单位技术负责人审核签字并加盖单位公章，报送监理单位后方可实施。

监测单位应当按照监测方案开展监测，及时向建设单位报送监测成果，并对监测成果负责；发现异常时，及时向建设、设计、施工、监理单位报告，建设单位应当立即组织相关单位采取处置措施。

对于按照规定需要验收的危大工程，施工单位、监理单位应当组织相关人员进行验收。验收合格的，经施工单位项目技术负责人及总监理工程师签字确认后，方可进入下一道工序。危大工程验收合格后，施工单位应当在施工现场明显位置设置验收标识牌，公示验收时间及责任人员。

危大工程发生险情或者事故时，施工单位应当立即采取应急处置措施，并报告工程所在地住房城乡建设主管部门。建设、勘察、设计、监理等单位应当配合施工单位开展应急抢险工作。

危大工程应急抢险结束后，建设单位应当组织勘察、设计、施工、监理等单位制定工程恢复方案，并对应急抢险工作进行后评估。

施工、监理单位应当建立危大工程安全管理档案。施工单位应当将专项施工方案及审核、专家论证、交底、现场检查、验收及整改等相关资料纳入档案管理。监理单位应当将监理实施细则、专项施工方案审查、专项巡视检查、验收及整改等相关资料纳入档案管理。

实战演练

[经典例题·单选] 根据《危险性较大的分部分项工程安全管理规定》，关于危大工程的说法，正确的是（　　）。

A. 建设单位应当委托具有相应质量检测资质的单位进行监测

B. 监测方案由监测单位负责人审核签字并加盖单位公章

C. 监测单位发现异常时，及时向建设、设计、施工、监理单位报告

D. 监测单位及时向建设行政主管部门报送监测成果，并对监测成果负责

[解析] 对于按照规定需要进行第三方监测的危大工程，建设单位应当委托具有相应勘察资质的单位进行监测，选项A错误。监测方案由监测单位技术负责人审核签字并加盖单位公章，报送监理单位后方可实施，选项B错误。监测单位应当按照监测方案开展监测，及时向建设单位报送监测成果，并对监测成果负责；发现异常时，及时向建设、设计、施工、监理单位报告，建设单位应当立即组织相关单位采取处置措施，选项C错误。

[答案] D

[经典例题·单选] 关于危险性较大的分部分项工程专项施工方案的说法，错误的是（　　）。

A. 危险性较大的分部分项工程实行施工总承包的，专项施工方案应当由施工总承包单位组织编制

B. 危险性较大的分部分项工程实行分包的，专项施工方案可以由相关专业分包单位组织编制

C. 施工企业应当组织召开专家论证会对全部危险性较大的分部分项工程专项施工方案进行论证

D. 分包单位编制危险性较大的分部分项工程专项施工方案的，应当由施工总承包单位技术负责人及分包单位技术负责人共同审核签字并加盖单位公章

[解析] 对于超过一定规模的危大工程，施工单位应当组织召开专家论证会对专项施工方案进行论证，选项C错误。

[答案] C

［2024 真题·多选］根据《建设工程安全生产管理条例》，下列分部分项工程中，属于达到一定规模的危险性较大，需要编制专项施工方案，并附具安全验算结果的有（　　）。

A. 模板工程　　B. 脚手架工程

C. 装饰装修工程　　D. 拆除、爆破工程

E. 土方开挖工程

［解析］《建设工程安全生产管理条例》规定，施工单位应当在施工组织设计中编制安全技术措施和施工现场临时用电方案，对下列达到一定规模的危险性较大的分部分项工程编制专项施工方案，并附具安全验算结果，经施工单位技术负责人、总监理工程师签字后实施，由专职安全生产管理人员进行现场监督：①基坑支护与降水工程；②土方开挖工程；③模板工程；④起重吊装工程；⑤脚手架工程；⑥拆除、爆破工程；⑦国务院建设行政主管部门或者其他有关部门规定的其他危险性较大的工程。上述工程中涉及深基坑、地下暗挖工程、高大模板工程的专项施工方案，施工单位还应当组织专家进行论证、审查。

［答案］ABDE

［2024 真题·多选］关于危险性较大的分部分项工程专项施工方案的说法，正确的有（　　）。

A. 施工企业应当在危险性较大的分部分项工程施工前组织工程技术人员编制专项施工方案

B. 专项施工方案应当由施工企业负责人审核签字，加盖单位公章

C. 专项施工方案经论证不通过的，施工企业修改后应当重新组织专家论证

D. 危险性较大的分部分项工程实行分包的，由施工总承包单位编制专项施工方案

E. 专项施工方案经论证需修改后通过的，施工企业根据论证报告修改完善后，可以直接实施

［解析］选项B错误，专项施工方案应当由施工单位技术负责人审核签字、加盖单位公章，并由总监理工程师审查签字、加盖执业印章后方可实施。选项D错误，危险性较大的分部分项工程实行施工总承包的，专项施工方案应当由施工总承包单位组织编制；实行分包的，专项施工方案可以由相关专业分包单位组织编制。选项E错误，专项施工方案经论证需修改后通过的，施工单位应当根据论证报告修改完善后，专项施工方案应当由施工单位技术负责人审核签字、加盖单位公章，并由总监理工程师审查签字、加盖执业印章后方可实施。专项施工方案经论证不通过的，施工单位修改后应当按照规定的要求重新组织专家论证。

［答案］AC

［经典例题·多选］根据《建设工程安全生产管理条例》，关于对达到一定规模、危险性较大的分部分项工程编制的专项施工方案的说法，正确的有（　　）。

A. 应当附具安全验算结果

B. 应当经施工企业技术负责人签字

C. 应当经总监理工程师签字

D. 由专职安全生产管理人员进行现场监督

E. 应当经建设单位负责人签字

［解析］对下列达到一定规模的危险性较大的分部分项工程编制专项施工方案，并附具安全验算结果，经施工单位技术负责人、总监理工程师签字后实施，由专职安全生产管理人员进行现场监督：①基坑支护与降水工程；②土方开挖工程；③模板工程；④起重吊装工程；⑤脚手架工程；⑥拆除、爆破工程；⑦国务院建设行政主管部门或者其他有关部门规定的其他危险性较大的工程。

［答案］ABCD

知识点 2 施工现场安全防范措施、安全生产费用的规定

一、施工现场安全防范措施的规定

（一）施工现场实行封闭管理

《建筑法》规定，建筑施工企业应当在施工现场采取维护安全、防范危险、预防火灾等措施；有条件的，应当对施工现场实行封闭管理。

施工现场对毗邻的建筑物、构筑物和特殊作业环境可能造成损害的，建筑施工企业应当采取安全防护措施。

《建设工程安全生产管理条例》规定，施工单位对因建设工程施工可能造成损害的毗邻建筑物、构筑物和地下管线等，应当采取专项防护措施。施工单位应当遵守有关环境保护法律、法规的规定，在施工现场采取措施，防止或者减少粉尘、废气、废水、固体废物、噪声、振动和施工照明对人和环境的危害和污染。在城市市区内的建设工程，施工单位应当对施工现场实行封闭围挡。

（二）安全警示标志及危险部位的安全防护措施

《建设工程安全生产管理条例》规定，施工单位应当在施工现场入口处、施工起重机械、临时用电设施、脚手架、出入通道口、楼梯口、电梯井口、孔洞口、桥梁口、隧道口、基坑边沿、爆破物及有害危险气体和液体存放处等危险部位，设置明显的安全警示标志。安全警示标志必须符合国家标准。施工单位应当根据不同施工阶段和周围环境及季节、气候的变化，在施工现场采取相应的安全施工措施。施工现场暂时停止施工的，施工单位应当做好现场防护，所需费用由责任方承担，或者按照合同约定执行。

（三）施工现场临时工程管理

施工单位应当将施工现场的办公、生活区与作业区分开设置，并保持安全距离；办公、生活区的选址应当符合安全性要求。职工的膳食、饮水、休息场所等应当符合卫生标准。施工单位不得在尚未竣工的建筑物内设置员工集体宿舍。施工现场临时搭建的建筑物应当符合安全使用要求。施工现场使用的装配式活动房屋应当具有产品合格证。

（四）施工现场建立消防安全责任制度

根据《建设工程安全生产管理条例》，施工单位应当在施工现场建立消防安全责任制度，确定消防安全责任人，制定用火、用电、使用易燃易爆材料等各项消防安全管理制度和操作规程，设置消防通道、消防水源，配备消防设施和灭火器材，并在施工现场入口处设置明显标志。

（五）安全防护用具、机械设备、施工机具及配件的安全管理

根据《建设工程安全生产管理条例》，施工单位采购、租赁的安全防护用具、机械设备、施工机具及配件，应当具有生产（制造）许可证、产品合格证，并在进入施工现场前进行查验。施工现场的安全防护用具、机械设备、施工机具及配件必须由专人管理，定期进行检查、维修和保养，建立相应的资料档案，并按照国家有关规定及时报废。

施工单位在使用施工起重机械和整体提升脚手架、模板等自升式架设设施前，应当组织有关单位进行验收，也可以委托具有相应资质的检验检测机构进行验收；使用承租的机械设备和施工机具及配件的，由施工总承包单位、分包单位、出租单位和安装单位共同进行验收。验收合格的方可使用。《特种设备安全监察条例》规定的施工起重机械，在验收前应当经有相应资质的检验检测机构监督检验合格。

施工单位应当自施工起重机械和整体提升脚手架、模板等自升式架设设施验收合格之日起 30 日内，向建设行政主管部门或者其他有关部门登记。登记标志应当置于或者附着于该设备的显著位置。

（六）危险作业的安全管理规定

根据《危险化学品安全生产管理条例》，生产、储存危险化学品的单位，应当对其铺设的危险化学品管道设置明显标志，并对危险化学品管道定期检查、检测。

进行可能危及危险化学品管道安全的施工作业，施工单位应当在开工的 7 日前书面通知管道所属单位，并与管道所属单位共同制定应急预案，采取相应的安全防护措施。管道所属单位应当指派专门人员到现场进行管道安全保护指导。

二、施工现场安全生产费用的规定

根据《建设工程安全生产管理条例》，施工单位主要负责人应当保证本单位安全生产条件所需资金的投入。施工单位对列入建设工程概算的安全作业环境及安全施工措施所需费用，应当用于施工安全防护用具及设施的采购和更新、安全施工措施的落实、安全生产条件的改善，不得挪作他用。

（一）建设工程施工企业安全生产费用提取标准

《企业安全生产费用提取和使用管理办法》（财资〔2022〕136 号）规定，建设工程施工企业以建筑安装工程造价为依据，于月末按工程进度计算提取企业安全生产费用。提取标准如下：

（1）矿山工程 3.5%。

（2）铁路工程、房屋建筑工程、城市轨道交通工程 3%。

（3）水利水电工程、电力工程 2.5%。

（4）冶炼工程、机电安装工程、化工石油工程、通信工程 2%。

（5）市政公用工程、港口与航道工程、公路工程 1.5%。

建设工程施工企业编制投标报价应当包含并单列企业安全生产费用，竞标时不得删减。国家对基本建设投资概算另有规定的，从其规定。

建设单位应当在合同中单独约定并于工程开工日 1 个月内向承包单位支付至少 50%企

业安全生产费用。

总包单位应当在合同中单独约定并于分包工程开工日1个月内将至少50%企业安全生产费用直接支付分包单位并监督使用，分包单位不再重复提取。

工程竣工决算后结余的企业安全生产费用，应当退回建设单位。

《建筑安装工程费用项目组成》（建标〔2013〕44号）规定，安全文明施工费包括：

（1）环境保护费，是指施工现场为达到环保部门要求所需要的各项费用。

（2）文明施工费，是指施工现场文明施工所需要的各项费用。

（3）安全施工费，是指施工现场安全施工所需要的各项费用。

（4）临时设施费，是指施工企业为进行建设工程施工所必须搭设的生活和生产用的临时建筑物、构筑物和其他临时设施费用。包括临时设施的搭设、维修、拆除、清理费或摊销费等。

（二）建设工程施工企业安全费用的报价与支付

根据《建筑工程安全防护、文明施工措施费用及使用管理规定》（建办〔2005〕89号），投标方应当根据现行标准规范，结合工程特点、工期进度和作业环境要求，在施工组织设计文件中制定相应的安全防护、文明施工措施，并按照招标文件要求结合自身的施工技术水平、管理水平对工程安全防护、文明施工措施项目单独报价。投标方安全防护、文明施工措施的报价，不得低于依据工程所在地工程造价管理机构测定费率计算所需费用总额的90%。

建设单位与施工单位在施工合同中对安全防护、文明施工措施费用预付、支付计划未作约定或约定不明的，合同工期在1年以内的，建设单位预付安全防护、文明施工措施项目费用不得低于该费用总额的50%；合同工期在1年以上的（含1年），预付安全防护、文明施工措施费用不得低于该费用总额的30%，其余费用应当按照施工进度支付。

实行工程总承包的，总承包单位依法将建筑工程分包给其他单位的，总承包单位与分包单位应当在分包合同中明确安全防护、文明施工措施费用由总承包单位统一管理。安全防护、文明施工措施由分包单位实施的，由分包单位提出专项安全防护措施及施工方案，经总承包单位批准后及时支付所需费用。

（三）建设工程施工企业安全费用使用范围

《企业安全生产费用提取和使用管理办法》规定，建设工程施工企业安全生产费用应当用于以下支出：

（1）完善、改造和维护安全防护设施设备支出（不含“三同时”要求初期投入的安全设施），包括施工现场临时用电系统、洞口或临边防护、高处作业或交叉作业防护、临时安全防护、支护及防治边坡滑坡、工程有害气体监测和通风、保障安全的机械设备、防火、防爆、防触电、防尘、防毒、防雷、防台风、防地质灾害等设施设备支出。

（2）应急救援技术装备、设施配置及维护保养支出，事故逃生和紧急避难设施设备的配置和应急救援队伍建设、应急预案制修订与应急演练支出。

（3）开展施工现场重大危险源检测、评估、监控支出，安全风险分级管控和事故隐患排查整改支出，工程项目安全生产信息化建设、运维和网络安全支出。

（4）安全生产检查、评估评价（不含新建、改建、扩建项目安全评价）、咨询和标准化建设支出。

（5）配备和更新现场作业人员安全防护用品支出。

（6）安全生产宣传、教育、培训和从业人员发现并报告事故隐患的奖励支出。

（7）安全生产适用的新技术、新标准、新工艺、新装备的推广应用支出。

（8）安全设施及特种设备检测检验、检定校准支出。

（9）安全生产责任保险支出。

（10）与安全生产直接相关的其他支出。

（四）监督管理

根据《建筑工程安全防护、文明施工措施费用及使用管理规定》（建办〔2005〕89号），施工单位应当确保安全防护、文明施工措施费专款专用，在财务管理中单独列出安全防护、文明施工措施项目费用清单备查。施工单位安全生产管理机构和专职安全生产管理人员负责对建筑工程安全防护、文明施工措施的组织实施进行现场监督检查，并有权向建设主管部门反映情况。工程总承包单位对建筑工程安全防护、文明施工措施费用的使用负总责。总承包单位应当按照本规定及合同约定及时向分包单位支付安全防护、文明施工措施费用。总承包单位不按本规定和合同约定支付费用，造成分包单位不能及时落实安全防护措施导致发生事故的，由总承包单位负主要责任。

实战演练

［2024真题·单选］关于建设工程施工企业安全生产费用提取和使用的说法，正确的是（　　）。

A. 施工企业可以根据安全生产实际需要，适当提高或降低安全费用提取标准

B. 施工企业以建筑安装工程造价为依据提取企业安全生产费用

C. 建设单位应当于签订施工合同前支付施工企业安全生产费用

D. 竣工决算后结余的安全生产费用归属于施工企业

［解析］《企业安全生产费用提取和使用管理办法》规定：本办法公布前，地方各级人民政府已制定下发企业安全费用提取使用办法且提取标准如果低于本办法规定的标准的，应当按照本办法进行调整，选项A错误。建设工程施工企业以建筑安装工程造价为依据，于月末按工程进度计算提取企业安全生产费用，选项B正确。建设单位应当在合同中单独约定并于工程开工日1个月内向承包单位支付至少50%企业安全生产费用，选项C错误。工程竣工决算后结余的企业安全生产费用，应当退回建设单位，选项D错误。

［答案］B

［2024真题·单选］关于建设工程施工企业安全生产费用提取的说法，正确的是（　　）。

A. 施工企业提取的安全生产费用不列入工程造价

B. 施工企业不得提高安全生产费用提取标准

C. 施工企业以建筑安装工程造价为计提依据

D. 总承包单位与分包单位按比例各自提取安全生产费用

［解析］选项A错误，建设工程施工企业提取的安全费用列入工程造价，在竞标时，不得删减，列入标外管理（超纲内容）。选项B错误，《企业安全生产费用提取和使用管理办法》规定：本办法公布前，地方各级人民政府已制定下发企业安全费用提取使用办法且提取标准如果低于本办法规定的标准的，应当按照本办法进行调整。选项C正确，建设工程施工企业以建筑安装工程造价为依据，于月末按工程进度计算提取企业安全生产费用。选项D错误，建设单位应当在合同中单独约定并于工程开工日1个月内向承包单位支付至少50%企业安全生产费用。总包单位应当在合同中单独约定并于分包工程开工日1个月内将至少50%企业安全生产费用直接支付给分包单位并监督使用，分包单位不再重复提取。

［答案］C

知识点 3 施工现场消防安全责任

一、《建设工程安全生产管理条例》的规定

施工单位应当在施工现场建立消防安全责任制度，确定消防安全责任人，制定用火、用电、使用易燃易爆材料等各项消防安全管理制度和操作规程，设置消防通道、消防水源，配备消防设施和灭火器材，并在施工现场入口处设置明显标志。

➢ **名师点拨：**消防安全责任人一般为机关、团体、企业、事业等单位的法定代表人。

二、《中华人民共和国消防法》的规定

建设工程的消防设计、施工必须符合国家工程建设消防技术标准。建设、设计、施工、工程监理等单位依法对建设工程的消防设计、施工质量负责。

对按照国家工程建设消防技术标准需要进行消防设计的建设工程，实行建设工程消防设计审查验收制度。

国务院住房和城乡建设主管部门规定的特殊建设工程，建设单位应当将消防设计文件报送住房和城乡建设主管部门审查，住房和城乡建设主管部门依法对审查的结果负责。上述规定以外的其他建设工程，建设单位申请领取施工许可证或者申请批准开工报告时应当提供满足施工需要的消防设计图纸及技术资料。

特殊建设工程未经消防设计审查或者审查不合格的，建设单位、施工单位不得施工；其他建设工程，建设单位未提供满足施工需要的消防设计图纸及技术资料的，有关部门不得发放施工许可证或者批准开工报告。

机关、团体、企业、事业等单位应当履行下列消防安全职责：①落实消防安全责任制，制定本单位的消防安全制度、消防安全操作规程，制定灭火和应急疏散预案；②按照国家标准、行业标准配置消防设施、器材，设置消防安全标志，并定期组织检验、维修，确保完好有效；③对建筑消防设施每年至少进行1次全面检测，确保完好有效，检测记录应当完整准确，存档备查；④保障疏散通道、安全出口、消防车通道畅通，保证防火防烟分区、防火间距符合消防技术标准；⑤组织防火检查，及时消除火灾隐患；⑥组织进行有针对性的消防演练；⑦法律、法规规定的其他消防安全职责。

单位的主要负责人是本单位的消防安全责任人。

县级以上地方人民政府消防救援机构应当将发生火灾可能性较大以及发生火灾可能造成重大的人身伤亡或者财产损失的单位，确定为本行政区域内的消防安全重点单位，并由应急管理部门报本级人民政府备案。

消防安全重点单位除应当履行上述规定的职责外，还应当履行下列消防安全职责：①确定消防安全管理人，组织实施本单位的消防安全管理工作；②建立消防档案，确定消防安全重点部位，设置防火标志，实行严格管理；③实行每日防火巡查，并建立巡查记录；④对职工进行岗前消防安全培训，定期组织消防安全培训和消防演练。

禁止在具有火灾、爆炸危险的场所吸烟、使用明火。因施工等特殊情况需要使用明火作业的，应当按照规定事先办理审批手续，采取相应的消防安全措施；作业人员应当遵守消防安全规定。

三、《消防安全责任制实施办法》（国办发〔2017〕87号）的规定

坚持安全自查、隐患自除、责任自负。机关、团体、企业、事业等单位是消防安全的责任主体，法定代表人、主要负责人或实际控制人是本单位、本场所消防安全责任人，对本单位、本场所消防安全全面负责。消防安全重点单位应当确定消防安全管理人，组织实施本单位的消防安全管理工作。

机关、团体、企业、事业等单位应当落实消防安全主体责任，履行下列职责：

（1）明确各级、各岗位消防安全责任人及其职责，制定本单位的消防安全制度、消防安全操作规程、灭火和应急疏散预案。定期组织开展灭火和应急疏散演练，进行消防工作检查考核，保证各项规章制度落实。

（2）保证防火检查巡查、消防设施器材维护保养、建筑消防设施检测、火灾隐患整改、专职或志愿消防队和微型消防站建设等消防工作所需资金的投入。生产经营单位安全费用应当保证适当比例用于消防工作。

（3）按照相关标准配备消防设施、器材，设置消防安全标志，定期检验维修，对建筑消防设施每年至少进行1次全面检测，确保完好有效。设有消防控制室的，实行24 h值班制度，每班不少于2人，并持证上岗。

（4）保障疏散通道、安全出口、消防车通道畅通，保证防火防烟分区、防火间距符合消防技术标准。人员密集场所的门窗不得设置影响逃生和灭火救援的障碍物。保证建筑构件、建筑材料和室内装修装饰材料等符合消防技术标准。

（5）定期开展防火检查、巡查，及时消除火灾隐患。

（6）根据需要建立专职或志愿消防队、微型消防站，加强队伍建设，定期组织训练演练，加强消防装备配备和灭火药剂储备，建立与公安消防队联勤联动机制，提高扑救初起火灾能力。

（7）消防法律、法规、规章以及政策文件规定的其他职责。

消防安全重点单位除履行上述规定的职责外，还应当履行下列职责：

（1）明确承担消防安全管理工作的机构和消防安全管理人并报知当地公安消防部门，组织实施本单位消防安全管理。消防安全管理人应当经过消防培训。

（2）建立消防档案，确定消防安全重点部位，设置防火标志，实行严格管理。

(3) 安装、使用电器产品、燃气用具和敷设电气线路、管线必须符合相关标准和用电、用气安全管理规定，并定期维护保养、检测。

(4) 组织员工进行岗前消防安全培训，定期组织消防安全培训和疏散演练。

(5) 根据需要建立微型消防站，积极参与消防安全区域联防联控，提高自防自救能力。

(6) 积极应用消防远程监控、电气火灾监测、物联网技术等技防物防措施。

建设工程的建设、设计、施工和监理等单位应当遵守消防法律、法规、规章和工程建设消防技术标准，在工程设计使用年限内对工程的消防设计、施工质量承担终身责任。

实战演练

[2024 真题·多选] 根据《建设工程安全生产管理条例》，下列职责中，属于施工企业在施工现场的消防安全责任的有（　　）。

A. 在施工现场建立消防安全责任制度

B. 确定消防安全责任人

C. 建立专职消防队

D. 制定用火、用电等消防安全管理制度和操作规程

E. 设置消防通道、消防水源，配备消防设施和灭火器材

[解析]《建设工程安全生产管理条例》规定，施工单位应当在施工现场建立消防安全责任制度，确定消防安全责任人，制定用火、用电、使用易燃易爆材料等各项消防安全管理制度和操作规程，设置消防通道、消防水源，配备消防设施和灭火器材，并在施工现场入口处设置明显标志。

[答案] ABDE

第五节　施工生产安全事故的应急救援和调查处理

知识点 1　生产安全事故的等级划分标准

一、通用事故分级的规定

《生产安全事故报告和调查处理条例》（国务院令第 493 号）规定，根据生产安全事故（以下简称事故）造成的人员伤亡或者直接经济损失，事故一般分为以下等级：

(1) 特别重大事故，是指造成 30 人以上死亡，或者 100 人以上重伤（包括急性工业中毒，下同），或者 1 亿元以上直接经济损失的事故。

(2) 重大事故，是指造成 10 人以上 30 人以下死亡，或者 50 人以上 100 人以下重伤，或者 5 000 万元以上 1 亿元以下直接经济损失的事故。

(3) 较大事故，是指造成 3 人以上 10 人以下死亡，或者 10 人以上 50 人以下重伤，或者 1 000 万元以上 5 000 万元以下直接经济损失的事故。

(4) 一般事故，是指造成 3 人以下死亡，或者 10 人以下重伤，或者 1 000 万元以下直

接经济损失的事故。

其中所称的“以上”包括本数，所称的“以下”不包括本数。

生产安全事故的等级划分标准如图 6-5-1 所示。

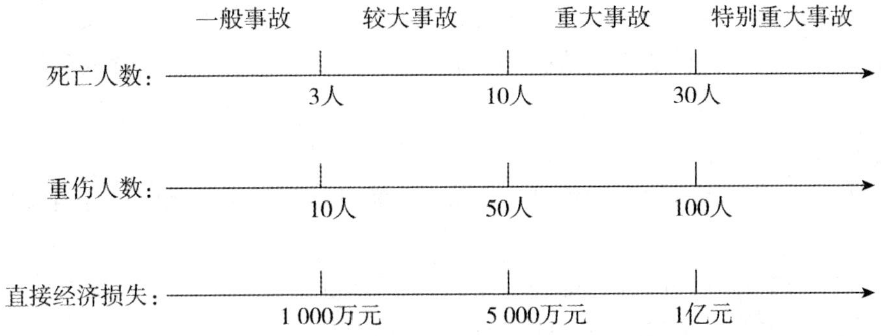

图 6-5-1　生产安全事故的等级划分标准

二、特殊事故分级的规定

（一）补充分级

国务院安全生产监督管理部门可以会同国务院有关部门，制定事故等级划分的补充性规定。

（二）社会影响恶劣事故

《生产安全事故报告和调查处理条例》（国务院令第 493 号）规定：没有造成人员伤亡，但是社会影响恶劣的事故，国务院或者有关地方人民政府认为需要调查处理的，依照本条例的有关规定执行。

第六章

知识点 2　生产安全事故应急救援预案的编制

根据《生产安全事故应急预案管理办法》，产安全事故应急预案编制的相关规定如下：

（1）应急管理部负责全国应急预案的综合协调管理工作。国务院其他负有安全生产监督管理职责的部门在各自职责范围内，负责相关行业、领域应急预案的管理工作。

县级以上地方各级人民政府应急管理部门负责本行政区域内应急预案的综合协调管理工作。县级以上地方各级人民政府其他负有安全生产监督管理职责的部门按照各自的职责负责有关行业、领域应急预案的管理工作。

（2）生产经营单位主要负责人负责组织编制和实施本单位的应急预案，并对应急预案的真实性和实用性负责；各分管负责人应当按照职责分工落实应急预案规定的职责。

（3）应急预案的编制应当遵循以人为本、依法依规、符合实际、注重实效的原则，以应急处置为核心，明确应急职责、规范应急程序、细化保障措施。

（4）应急预案的编制应当符合下列基本要求：①有关法律、法规、规章和标准的规定；②本地区、本部门、本单位的安全生产实际情况；③本地区、本部门、本单位的危险性分析情况；④应急组织和人员的职责分工明确，并有具体的落实措施；⑤有明确、具体的应急程序和处置措施，并与其应急能力相适应；⑥有明确的应急保障措施，满足本地区、本部门、本单位的应急工作需要；⑦应急预案基本要素齐全、完整，应急预案附件提供的信息准确；

⑧应急预案内容与相关应急预案相互衔接。

(5) 地方各级人民政府应急管理部门和其他负有安全生产监督管理职责的部门应当根据法律、法规、规章和同级人民政府以及上一级人民政府应急管理部门和其他负有安全生产监督管理职责的部门的应急预案，结合工作实际，组织编制相应的部门应急预案。部门应急预案应当根据本地区、本部门的实际情况，明确信息报告、响应分级、指挥权移交、警戒疏散等内容。

(6) 生产经营单位应急预案应当包括向上级应急管理机构报告的内容、应急组织机构和人员的联系方式、应急物资储备清单等附件信息。附件信息发生变化时，应当及时更新，确保准确有效。

(7) 生产经营单位编制的各类应急预案之间应当相互衔接，并与相关人民政府及其部门、应急救援队伍和涉及的其他单位的应急预案相衔接。

(8) 生产经营单位应当在编制应急预案的基础上，针对工作场所、岗位的特点，编制简明、实用、有效的应急处置卡。应急处置卡应当规定重点岗位、人员的应急处置程序和措施，以及相关联络人员和联系方式，便于从业人员携带。

知识点 3 生产安全事故应急救援预案的评审、公布和备案

《生产安全事故应急救援预案管理办法》规定，地方各级人民政府应急管理部门应当组织有关专家对本部门编制的部门应急预案进行审定；必要时，可以召开听证会，听取社会有关方面的意见。

参加应急预案评审的人员应当包括有关安全生产及应急管理方面的专家。评审人员与所评审应急预案的生产经营单位有利害关系的，应当回避。

地方各级人民政府应急管理部门的应急预案，应当报同级人民政府备案，同时抄送上一级人民政府应急管理部门，并依法向社会公布。

知识点 4 生产安全事故应急预案的实施

《生产安全事故应急救援预案管理办法》规定，县级以上地方人民政府以及县级以上人民政府负有安全生产监督管理职责的部门，乡、镇人民政府以及街道办事处等地方人民政府派出机关，应当至少每 2 年组织 1 次生产安全事故应急救援预案演练。

易燃易爆物品、危险化学品等危险物品的生产、经营、储存、运输单位，矿山、金属冶炼、城市轨道交通运营、建筑施工单位，以及宾馆、商场、娱乐场所、旅游景区等人员密集场所经营单位，应当至少每半年组织 1 次生产安全事故应急救援预案演练。

应急救援队伍根据救援命令参加生产安全事故应急救援所耗费用，由事故责任单位承担；事故责任单位无力承担的，由有关人民政府协调解决。

危险物品的生产、经营、储存单位以及矿山、金属冶炼、城市轨道交通运营、建筑施工单位应当建立应急组织；生产经营规模较小的，可以不建立应急救援组织，但应当指定兼职的应急救援人员。

第六章

知识点 5　施工生产安全事故报告制度

生产经营单位发生生产安全事故后，事故现场有关人员应当立即报告本单位负责人。单位负责人接到事故报告后，应当迅速采取有效措施，组织抢救，防止事故扩大，减少人员伤亡和财产损失，并按照国家有关规定立即如实报告当地负有安全生产监督管理职责的部门，不得隐瞒不报、谎报或者迟报，不得故意破坏事故现场、毁灭有关证据。

一、事故报告的内容

关于生产安全事故报告的内容，不同的法律规范，其规定有所不同，具体内容见表6-5-1。

表 6-5-1　事故报告的内容

《房屋市政工程生产安全事故报告和查处工作规程》的规定	《生产安全事故报告和调查处理条例》的规定
(1) 事故的发生时间、地点和工程项目名称； (2) 事故已经造成或者可能造成的伤亡人数（包括下落不明人数）； (3) 事故工程项目的建设单位及项目负责人、施工单位及其法定代表人和项目经理、监理单位及其法定代表人和项目总监； (4) 事故的简要经过和初步原因； (5) 其他应当报告的情况	(1) 事故发生单位概况； (2) 事故发生的时间、地点以及事故现场情况； (3) 事故的简要经过； (4) 事故已经造成或者可能造成的伤亡人数（包括下落不明的人数）和初步估计的直接经济损失； (5) 已经采取的措施； (6) 其他应当报告的情况

事故报告后出现新情况的，应当及时补报。自事故发生之日起 30 日内，事故造成的伤亡人数发生变化的，应当及时补报。道路交通事故、火灾事故自发生之日起 7 日内，事故造成的伤亡人数发生变化的，应当及时补报。

二、事故报告的流程

事故报告的流程如图 6-5-2 所示。

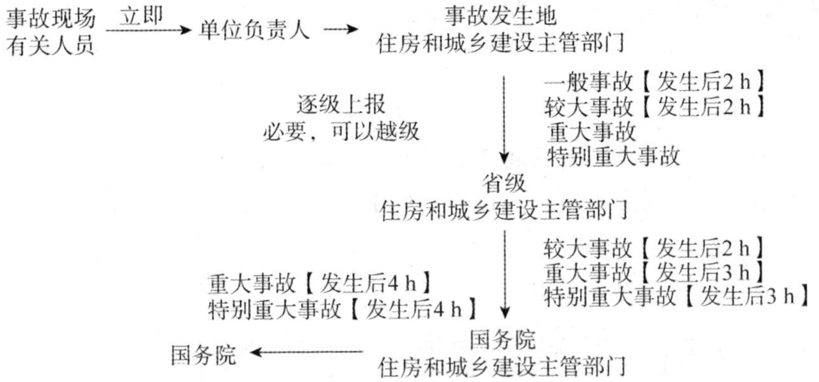

图 6-5-2　事故报告的流程

知识点 6　施工生产安全事故调查制度

事故调查应当坚持实事求是、尊重科学的原则，及时、准确地查清事故经过、事故原因和事故损失，查明事故性质，认定事故责任。

不同级别生产安全事故调查主体见表 6-5-2。

表 6-5-2　不同级别生产安全事故调查主体

<table>
<tr><th>事故等级</th><th colspan="3">调查主体</th><th>备注</th></tr>
<tr><td>特别重大事故</td><td colspan="3">国务院或者国务院授权有关部门组织事故调查组进行调查</td><td>—</td></tr>
<tr><td>重大事故</td><td colspan="2">事故发生地省级人民政府</td><td rowspan="3">可以直接组织事故调查组进行调查，也可以授权或者委托有关部门组织事故调查组进行调查</td><td rowspan="3">事故发生地与事故发生单位不在同一个县级以上行政区域的，由事故发生地人民政府负责调查，事故发生单位所在地人民政府应当派人参加</td></tr>
<tr><td>较大事故</td><td colspan="2">设区的市级人民政府</td></tr>
<tr><td>一般事故</td><td>县级人民政府</td><td>未造成伤亡的，可以委托事故发生单位组织事故调查组进行调查</td></tr>
</table>

自事故发生之日起 30 日内（道路交通事故、火灾事故自发生之日起 7 日内），因事故伤亡人数变化导致事故等级发生变化，依照《生产安全事故报告和调查处理条例》规定应当由上级人民政府负责调查的，上级人民政府可以另行组织事故调查组进行调查。

一、调查组的组成及职责

事故调查组的组成应当遵循精简、效能的原则。根据事故的具体情况，事故调查组由有关人民政府、安全生产监督管理部门、负有安全生产监督管理职责的有关部门、监察机关、公安机关以及工会派人组成，并应当邀请人民检察院派人参加。事故调查组可以聘请有关专家参与调查。

事故调查组应当履行下列职责：

（1）查明事故发生的经过、原因、人员伤亡情况及直接经济损失。

（2）认定事故的性质和事故责任。

（3）提出对事故责任者的处理建议。

（4）总结事故教训，提出防范和整改措施。

（5）提交事故调查报告。

二、事故调查报告

事故调查组应当自事故发生之日起 60 日内提交事故调查报告；特殊情况下，经负责事故调查的人民政府批准，提交事故调查报告的期限可以适当延长，但延长的期限最长不超过 60 日。

关于生产安全事故调查报告的内容，不同的法律规范，其规定有所不同，具体内容见表 6-5-3。

表 6-5-3　生产安全事故调查报告的内容

《住房和城乡建设部〈关于做好房屋建筑和市政基础设施工程质量事故报告和调查处理工作的通知〉》的规定	《生产安全事故报告和调查处理条例》的规定
（1）事故项目及各参建单位概况； （2）事故发生经过和事故救援情况； （3）事故造成的人员伤亡和直接经济损失； （4）事故项目有关质量检测报告和技术分析报告； （5）事故发生的原因和事故性质； （6）事故责任的认定和事故责任者的处理建议； （7）事故防范和整改措施	（1）事故发生单位概况； （2）事故发生经过和事故救援情况； （3）事故造成的人员伤亡和直接经济损失； （4）事故发生的原因和事故性质； （5）事故责任的认定以及对事故责任者的处理建议； （6）事故防范和整改措施
事故调查报告应当附具有关证据材料。事故调查组成员应当在事故调查报告上签名	

负责事故调查处理的国务院有关部门和地方人民政府应当在批复事故调查报告后1年内，组织有关部门对事故整改和防范措施落实情况进行评估，并及时向社会公开评估结果；对不履行职责导致事故整改和防范措施没有落实的有关单位和人员，应当按照有关规定追究责任。

知识点 7　施工生产安全事故处理

重大事故、较大事故、一般事故，负责事故调查的人民政府应当自收到事故调查报告之日起15日内做出批复；特别重大事故，30日内做出批复，特殊情况下，批复时间可以适当延长，但延长的时间最长不超过30日。

实战演练

［2024真题·单选］根据《生产安全事故报告和调查处理条例》，关于生产安全事故等级划分标准的说法，正确的是（　　）。

A. 造成20人死亡的事故属于较大事故

B. 造成4 000万元直接经济损失的事故属于重大事故

C. 造成1 500万元直接经济损失的事故属于一般事故

D. 造成40人死亡的事故属于特别重大事故

［解析］选项A错误，造成20人死亡的事故属于重大事故。选项B错误，造成4 000万元直接经济损失的事故属于较大事故。选项C错误，造成1 500万元直接经济损失的事故属于较大事故。

［答案］D

［2021真题·单选］下列职责中，属于施工生产安全事故调查组职责的是（　　）。

A. 查明事故发生的时间　　B. 追究责任人的法律责任

C. 提出对受伤人员的赔偿方案　　D. 提出对事故责任者的处理建议

［解析］事故调查组应当履行下列职责：①查明事故发生的经过、原因、人员伤亡情况及直接经济损失；②认定事故的性质和事故责任；③提出对事故责任者的处理建议；④总结事故教训，提出防范和整改措施；⑤提交事故调查报告。

［答案］D

[2020 真题·单选] 根据《生产安全事故应急条例》，应急救援队伍根据救援命令参加生产安全事故应急救援所耗费用，由（　　）承担。

A. 事故责任单位　　B. 有关人民政府

C. 应急救援队伍　　D. 事故责任个人

[解析] 应急救援队伍根据救援命令参加生产安全事故应急救援所耗费用，由事故责任单位承担；事故责任单位无力承担的，由有关人民政府协调解决。

[答案] A

[2018 真题·单选] 某起生产安全事故造成 9 人死亡，51 人重伤，直接经济损失为 2 000 万元。根据《生产安全事故报告和调查处理条例》，该事故为（　　）。

A. 特别重大事故　　B. 重大事故

C. 较大事故　　D. 一般事故

[解析] 重大事故，是指造成 10 人以上 30 人以下死亡，或者 50 人以上 100 人以下重伤，或者 5 000 万元以上 1 亿元以下直接经济损失的事故。

[答案] B

[经典例题·单选] 2023 年 7 月 1 日，某工程施工过程中发生坍塌事故，造成人员伤亡，次日在救援中找到 2 具尸体，另有 10 人受伤。根据《房屋市政工程生产安全事故报告和查处工作规程》，该事故造成的伤亡人数发生变化应当补报的最迟日期为（　　）。

A. 2023 年 7 月 6 日

B. 2023 年 7 月 8 日

C. 2023 年 7 月 15 日

D. 2023 年 7 月 31 日

[解析] 自事故发生之日起 30 日内，事故造成的伤亡人数发生变化的，应当及时补报。

[答案] D

[经典例题·多选] 根据《生产安全事故报告和调查处理条例》，事故报告的内容应当包括（　　）。

A. 事故工程项目的造价咨询单位及其法定代表人

B. 事故发生的时间、地点以及事故现场情况

C. 事故已经造成或者可能造成的伤亡人数

D. 事故的简要经过

E. 事故工程项目的施工单位及其法定代表人和项目经理

[解析] 事故报告应当包括下列内容：①事故发生单位概况；②事故发生的时间、地点以及事故现场情况；③事故的简要经过；④事故已经造成或者可能造成的伤亡人数（包括下落不明的人数）和初步估计的直接经济损失；⑤已经采取的措施；⑥其他应当报告的情况。

[答案] BCD

第六节　政府主管部门安全生产监督管理

知识点 1　建设工程安全生产的监督管理体制

一、《建设工程安全生产管理条例》的相关规定

（1）国务院负责安全生产监督管理的部门依照《中华人民共和国安全生产法》的规定，对全国建设工程安全生产工作实施综合监督管理。

县级以上地方人民政府负责安全生产监督管理的部门依照《中华人民共和国安全生产法》的规定，对本行政区域内建设工程安全生产工作实施综合监督管理。

（2）国务院建设行政主管部门对全国的建设工程安全生产实施监督管理。国务院铁路、交通、水利等有关部门按照国务院规定的职责分工，负责有关专业建设工程安全生产的监督管理。

县级以上地方人民政府建设行政主管部门对本行政区域内的建设工程安全生产实施监督管理。县级以上地方人民政府交通、水利等有关部门在各自的职责范围内，负责本行政区域内的专业建设工程安全生产的监督管理。

（3）建设行政主管部门在审核发放施工许可证时，应当对建设工程是否有安全施工措施进行审查，对没有安全施工措施的，不得颁发施工许可证。

建设行政主管部门或者其他有关部门对建设工程是否有安全施工措施进行审查时，不得收取费用。

（4）建设行政主管部门或者其他有关部门可以将施工现场的监督检查委托给建设工程安全监督机构具体实施。

二、《房屋建筑和市政基础设施工程施工安全监督规定》的相关规定

国务院住房城乡建设主管部门负责指导全国房屋建筑和市政基础设施工程施工安全监督工作。县级以上地方人民政府住房城乡建设主管部门负责本行政区域内房屋建筑和市政基础设施工程施工安全监督工作。县级以上地方人民政府住房城乡建设主管部门可以将施工安全监督工作委托所属的施工安全监督机构具体实施。

住房城乡建设主管部门应当加强施工安全监督机构建设，建立施工安全监督工作考核制度。

（一）施工安全监督机构和人员

施工安全监督机构和人员应具备的条件见表 6-6-1。

第六章

表 6-6-1 施工安全监督机构和人员应具备的条件

施工安全监督机构应具备的条件	施工安全监督人员应具备的条件
（1）具有完整的组织体系，岗位职责明确； （2）具有符合《房屋建筑和市政基础设施工程施工安全监督规定》第六条规定的施工安全监督人员，人员数量满足监督工作需要且专业结构合理，其中监督人员应当占监督机构总人数的 75%以上； （3）具有固定的工作场所，配备满足监督工作需要的仪器、设备、工具及安全防护用品； （4）有健全的施工安全监督工作制度，具备与监督工作相适应的信息化管理条件	（1）具有工程类相关专业大专及以上学历或初级及以上专业技术职称； （2）具有两年及以上施工安全管理经验； （3）熟悉掌握相关法律法规和工程建设标准规范； （4）经业务培训考核合格，取得相关执法证书； （5）具有良好的职业道德

（二）施工安全监督的内容

县级以上地方人民政府住房城乡建设主管部门或其所属的施工安全监督机构（以下合称监督机构）应当对本行政区域内已办理施工安全监督手续并取得施工许可证的工程项目实施施工安全监督。

施工安全监督主要包括以下内容：

（1）抽查工程建设责任主体履行安全生产职责情况。

（2）抽查工程建设责任主体执行法律、法规、规章、制度及工程建设强制性标准情况。

（3）抽查建筑施工安全生产标准化开展情况。

（4）组织或参与工程项目施工安全事故的调查处理。

（5）依法对工程建设责任主体违法违规行为实施行政处罚。

（6）依法处理与工程项目施工安全相关的投诉、举报。

（三）施工安全监督的程序

监督机构实施工程项目的施工安全监督，应当依照下列程序进行：

（1）受理建设单位申请并办理工程项目安全监督手续。

（2）制定工程项目施工安全监督工作计划并组织实施。

（3）实施工程项目施工安全监督抽查并形成监督记录。

（4）评定工程项目安全生产标准化工作并办理终止施工安全监督手续。

（5）整理工程项目施工安全监督资料并立卷归档。

（四）施工安全监督的措施

监督机构实施工程项目的施工安全监督，有权采取下列措施：

（1）要求工程建设责任主体提供有关工程项目安全管理的文件和资料。

（2）进入工程项目施工现场进行安全监督抽查。

（3）发现安全隐患，责令整改或暂时停止施工。

（4）发现违法违规行为，按权限实施行政处罚或移交有关部门处理。

（5）向社会公布工程建设责任主体安全生产不良信息。

三、《房屋建筑和市政基础设施工程施工安全监督工作规程》的相关规定

（1）监督机构应当根据工程项目实际情况，编制《施工安全监督工作计划》，明确主要监督内容、抽查频次、监督措施等。对含有超过一定规模的危险性较大分部分项工程的工程项目、近一年发生过生产安全事故的施工企业承接的工程项目应当增加抽查次数。施工安全监督过程中，对发生过生产安全事故以及检查中发现安全隐患较多的工程项目，应当调整监督工作计划，增加抽查次数。

（2）监督人员应当如实记录监督抽查情况，监督抽查结束后形成监督记录并整理归档。监督记录包括抽查时间、范围、部位、内容、结果及必要的影像资料等。

（3）工程项目因故中止施工的，建设单位应当向监督机构申请办理中止施工安全监督手续，并提交中止施工的时间、原因、在施部位及安全保障措施等资料。监督机构收到建设单位提交的资料后，经查验符合要求的，应当在5个工作日内向建设单位发放《中止施工安全监督告知书》。监督机构对工程项目中止施工期间不实施施工安全监督。

（4）中止施工的工程项目恢复施工，建设单位应当向监督机构申请办理恢复施工安全监督手续，并提交经建设、监理、施工单位项目负责人签字并加盖单位公章的复工条件验收报告。监督机构收到建设单位提交的复工条件验收报告后，经查验符合复工条件的，应当在5个工作日内向建设单位发放《恢复施工安全监督告知书》，对工程项目恢复实施施工安全监督。

（5）工程项目完工办理竣工验收前，建设单位应当向监督机构申请办理终止施工安全监督手续，并提交经建设、监理、施工单位确认的工程施工结束证明，施工单位应当提交经建设、监理单位审核的项目安全生产标准化自评材料。监督机构收到建设单位提交的资料后，经查验符合要求的，在5个工作日内向建设单位发放《终止施工安全监督告知书》，同时终止对工程项目的施工安全监督。监督机构应当按照有关规定，对项目安全生产标准化作出评定，并向施工单位发放《项目安全生产标准化考评结果告知书》。

（6）工程项目终止施工安全监督后，监督机构应当整理工程项目的施工安全监督资料，包括监督文书、抽查记录、项目安全生产标准化自评材料等，形成工程项目的施工安全监督档案。工程项目施工安全监督档案保存期限三年，自归档之日起计算。

（7）监督机构应当将工程建设责任主体安全生产不良行为及处罚结果、工程项目安全生产标准化考评结果记入施工安全信用档案，并向社会公开。

知识点 2 政府主管部门对涉及安全生产事项的审查及执法职权

一、安全生产监管部门的职责

《安全生产法》规定，负有安全生产监督管理职责的部门依照有关法律、法规的规定，对涉及安全生产的事项需要审查批准（包括批准、核准、许可、注册、认证、颁发证照等，下同）或者验收的，必须严格依照有关法律、法规和国家标准或者行业标准规定的安全生产条件和程序进行审查；不符合有关法律、法规和国家标准或者行业标准规定的安全生产条件

的，不得批准或者验收通过。对未依法取得批准或者验收合格的单位擅自从事有关活动的，负责行政审批的部门发现或者接到举报后应当立即予以取缔，并依法予以处理。对已经依法取得批准的单位，负责行政审批的部门发现其不再具备安全生产条件的，应当撤销原批准。

负有安全生产监督管理职责的部门对涉及安全生产的事项进行审查、验收，不得收取费用；不得要求接受审查、验收的单位购买其指定品牌或者指定生产、销售单位的安全设备、器材或者其他产品。

二、安全生产监管部门的职权

根据《安全生产法》，安全生产监管部门进行监督检查，行使以下职权：

（1）进入生产经营单位进行检查，调阅有关资料，向有关单位和人员了解情况。

（2）对检查中发现的安全生产违法行为，当场予以纠正或者要求限期改正。

（3）对检查中发现的事故隐患，应当责令立即排除；重大事故隐患排除前或者排除过程中无法保证安全的，应当责令从危险区域内撤出作业人员，责令暂时停产停业或者停止使用相关设施、设备；重大事故隐患排除后，经审查同意，方可恢复生产经营和使用。

（4）对有根据认为不符合保障安全生产的国家标准或者行业标准的设施、设备、器材以及违法生产、储存、使用、经营、运输的危险物品予以查封或者扣押，对违法生产、储存、使用、经营危险物品的作业场所予以查封，并依法作出处理决定。

监督检查不得影响被检查单位的正常生产经营活动。

负有安全生产监督管理职责的部门依法对存在重大事故隐患的生产经营单位作出停产停业、停止施工、停止使用相关设施或者设备的决定，生产经营单位应当依法执行，及时消除事故隐患。生产经营单位拒不执行，有发生生产安全事故的现实危险的，在保证安全的前提下，经本部门主要负责人批准，负有安全生产监督管理职责的部门可以采取通知有关单位停止供电、停止供应民用爆炸物品等措施，强制生产经营单位履行决定。通知应当采用书面形式，有关单位应当予以配合。

负有安全生产监督管理职责的部门依照前文规定采取停止供电措施，除有危及生产安全的紧急情形外，应当提前 24 h 通知生产经营单位。

知识点 3 安全生产举报处理、相关信息系统和工艺、设备、材料淘汰制度

《安全生产法》规定，受理的举报事项经调查核实后，应当形成书面材料；需要落实整改措施的，报经有关负责人签字并督促落实。对不属于本部门职责，需要由其他有关部门进行调查处理的，转交其他有关部门处理。涉及人员死亡的举报事项，应当由县级以上人民政府组织核查处理。

任何单位或者个人对事故隐患或者安全生产违法行为，均有权向负有安全生产监督管理职责的部门报告或者举报。因安全生产违法行为造成重大事故隐患或者导致重大事故，致使国家利益或者社会公共利益受到侵害的，人民检察院可以根据民事诉讼法、行政诉讼法的相关规定提起公益诉讼。

负有安全生产监督管理职责的部门应当建立安全生产违法行为信息库，如实记录生产经

营单位及其有关从业人员的安全生产违法行为信息；对违法行为情节严重的生产经营单位及其有关从业人员，应当及时向社会公告，并通报行业主管部门、投资主管部门、自然资源主管部门、生态环境主管部门、证券监督管理机构以及有关金融机构。有关部门和机构应当对存在失信行为的生产经营单位及其有关从业人员采取加大执法检查频次、暂停项目审批、上调有关保险费率、行业或者职业禁入等联合惩戒措施，并向社会公示。

国家对严重危及生产安全的工艺、设备实行淘汰制度。具体目录由国务院应急管理部门会同国务院有关部门制定并公布。法律、行政法规对目录的制定另有规定的，适用其规定。省、自治区、直辖市人民政府可以根据本地区实际情况制定并公布具体目录，对上述规定以外的危及生产安全的工艺、设备予以淘汰。生产经营单位不得使用应当淘汰的危及生产安全的工艺、设备。

实战演练

[2024 真题·单选] 关于建设工程安全生产监督管理体制的说法，错误的是（　　）。

A. 国务院负责安全生产监督管理的部门对全国建设工程安全生产工作实施综合监督管理

B. 国务院建设行政主管部门对全国的建设工程安全生产实施监督管理

C. 施工安全监督人员应当具有五年及以上施工安全管理经验

D. 县级以上地方人民政府住房城乡建设主管部门可以将施工安全监督工作委托所属的施工安全监督机构具体实施

[解析] 选项 A 正确，国务院负责安全生产监督管理的部门依照《安全生产法》的规定，对全国建设工程安全生产工作实施综合监督管理。选项 B 正确，国务院建设行政主管部门对全国的建设工程安全生产实施监督管理。选项 C 错误，施工安全监督人员应具备下列条件：①具有工程类相关专业大专及以上学历或初级及以上专业技术职称；②具有两年及以上施工安全管理经验；③熟悉掌握相关法律法规和工程建设标准规范；④经业务培训考核合格，取得相关执法证书；⑤具有良好的职业道德。选项 D 正确，县级以上地方人民政府住房城乡建设主管部门可以将施工安全监督工作委托所属的施工安全监督机构具体实施。

[答案] C

[经典例题·单选] 负有安全生产监督管理职责的部门依照有关法律、法规的规定，对涉及安全生产的事项需要审查批准或者验收的，必须严格依照有关法律、法规，国家标准或行业标准规定的安全生产条件和程序进行。根据《安全生产法》的规定，关于负有安全生产监督管理职责的部门行使行政许可审批职权的说法，正确的是（　　）。

A. 对涉及安全生产的事项进行审查、验收时，应当公示收费标准

B. 为保障安全，有权要求接受审查、验收的单位使用指定的品牌的安全设施

C. 对已依法取得批准但不再具备安全生产条件的单位，应当撤销原批准

D. 对未依法取得批准的单位，应当立即予以取消并处以罚款

[解析] 选项A错误，负有安全生产监督管理职责的部门对涉及安全生产的事项进行审查、验收，不得收取费用。选项B错误，不得要求接受审查、验收的单位购买其指定品牌或者指定生产、销售单位的安全设备、器材或者其他产品。选项D错误，对未依法取得批准或者验收合格的单位擅自从事有关活动的，负责行政审批的部门发现或者接到举报后应当立即予以取缔，并依法予以处理。

[答案] C

[经典例题·多选] 根据《房屋建筑和市政基础设施工程施工安全监督规定》，关于建设工程安全生产的监督管理体制的说法，正确的有（　　）。

A. 国务院住房城乡建设主管部门对全国房屋建筑和市政基础设施工程施工安全监督工作实施综合监督管理

B. 施工安全监督人员应当具有3年及以上施工安全管理经验

C. 监督机构应当对本行政区域内已办理施工安全监督手续并取得施工许可证的工程项目实施施工安全监督

D. 监督机构对工程项目中止施工期间不实施施工安全监督

E. 工程项目经建设、施工单位确认施工结束的，监督机构对工程项目终止施工安全监督

[解析] 选项A错误，国务院负责安全生产监督管理的部门对全国建设工程安全生产工作实施综合监督管理。国务院住房城乡建设主管部门负责指导全国房屋建筑和市政基础设施工程施工安全监督工作。选项B错误，施工安全监督人员应当具有两年及以上施工安全管理经验。选项E错误，工程项目经建设、监理、施工单位确认施工结束的，监督机构对工程项目中止施工安全监督。

[答案] CD

[经典例题·多选] 某应急管理局两名执法人员前往辖区施工现场进行安全检查。根据《安全生产法》，关于检查执行人员行使职权的做法，正确的有（　　）。

A. 检查发现特种作业岗位操作人员无岗上证，当场作出罚款1万元的处罚

B. 没收检查发现的不符合安全生产国家标准或行业标准的器材

C. 主动出示执法证件，进入施工现场进行检查，调阅监控台账和工人培训记录

D. 检查发现一处设备存在明显泄露隐患，危及岗位工人安全，责令立即停止设备运行

E. 查封检查发现的未经批准违法存储危险化学品的临时仓库

[解析] 选项A错误，对检查中发现的安全生产违法行为，当场予以纠正或者要求限期改正。选项B错误，对有根据认为不符合保障安全生产的国家标准或者行业标准的设施、设备、器材，以及违法生产、储存、使用、经营、运输的危险物品予以查封或者扣押。

[答案] CDE

第七章

建设工程质量法律制度

本章导学

本章包括“工程建设标准”“无障碍环境建设制度”“建设单位及相关单位的质量责任和义务”“施工单位的质量责任和义务”“建设工程竣工验收制度”“建设工程质量保修制度”六节内容。从考试角度来看，本章记忆性内容较多，但是考查难度不大，考点恒定且相对比较集中。从实践角度来看，本章内容与现场人员的工作紧密结合，学习起来较易掌握，做题时注意把控细节，重点记忆关键词。本章内容在考试大纲的基础上，以《建筑法》《建设工程质量管理条例》为依据进行编写，补充介绍了《城市建设档案管理规定》《中华人民共和国城乡规划法》《中华人民共和国消防法》《民用建筑节能条例》《中华人民共和国环境保护法》《建设工程质量保证金管理办法》等相关内容。

第一节　工程建设标准

根据《中华人民共和国标准化法》（以下简称《标准化法》），标准（含标准样品）是指农业、工业、服务业以及社会事业等领域需要统一的技术要求。

知识点 1　工程建设标准的分类

根据《标准化法》，标准包括国家标准、行业标准、地方标准和团体标准、企业标准。国家标准分为强制性标准和推荐性标准，行业标准、地方标准是推荐性标准。

强制性标准必须执行。国家鼓励采用推荐性标准。

一、国家标准

（一）国家标准的范围

根据《工程建设国家标准管理办法》，对需要在全国范围内统一的下列技术要求，应当制定国家标准：①工程建设勘察、规划、设计、施工（包括安装）及验收等通用的质量要求；②工程建设通用的有关安全、卫生和环境保护的技术要求；③工程建设通用的术语、符号、代号、量与单位、建筑模数和制图方法；④工程建设通用的试验、检验和评定等方法；⑤工程建设通用的信息技术要求；⑥国家需要控制的其他工程建设通用的技术要求。

国家标准分为强制性标准和推荐性标准。

下列标准属于强制性标准：①工程建设勘察、规划、设计、施工（包括安装）及验收等通用的综合标准和重要的通用的质量标准；②工程建设通用的有关安全、卫生和环境保护的标准；③工程建设重要的通用的术语、符号、代号、量与单位、建筑模数和制图方法标准；④工程建设重要的通用的试验、检验和评定方法等标准；⑤工程建设重要的通用的信息技术标准；⑥国家需要控制的其他工程建设通用的标准。

强制性标准以外的标准是推荐性标准。

根据《标准化法》，对保障人身健康和生命财产安全、国家安全、生态环境安全以及满足经济社会管理基本需要的技术要求，应当制定强制性国家标准。

（二）国家标准的制定

1. 制定程序

根据《工程建设国家标准管理办法》，制订国家标准的工作程序按准备、征求意见、送审和报批四个阶段进行。

2. 国家标准的审批、发布

根据《标准化法》，国务院有关行政主管部门依据职责负责强制性国家标准的项目提出、组织起草、征求意见和技术审查。国务院标准化行政主管部门负责强制性国家标准的立项、编号和对外通报。国务院标准化行政主管部门，应当对拟制定的强制性国家标准是否符合应当制定强制性国家标准范围的规定进行立项审查，对符合规定的予以立项。

省、自治区、直辖市人民政府标准化行政主管部门可以向国务院标准化行政主管部门提出强制性国家标准的立项建议，由国务院标准化行政主管部门会同国务院有关行政主管部门决定。社会团体、企业事业组织以及公民可以向国务院标准化行政主管部门提出强制性国家标准的立项建议，国务院标准化行政主管部门认为需要立项的，会同国务院有关行政主管部门决定。

强制性国家标准由国务院批准发布或者授权批准发布。

推荐性国家标准由国务院标准化行政主管部门制定。

强制性标准文本应当免费向社会公开。国家推动免费向社会公开推荐性标准文本。

根据《工程建设国家标准管理办法》，国家标准由国务院工程建设行政主管部门审查批准，由国务院标准化行政主管部门统一编号，由国务院标准化行政主管部门和国务院工程建设行政主管部门联合发布。

《强制性国家标准管理办法》规定，强制性国家标准发布后实施前，企业可以选择执行原强制性国家标准或者新强制性国家标准。

新强制性国家标准实施后，原强制性国家标准同时废止。

3. 国家标准的编号

根据《工程建设国家标准管理办法》，国家标准的编号由国家标准代号、发布标准的顺序号和发布标准的年号组成，并应当符合统一格式。

强制性国家标准的编号格式如图 7-1-1 所示，推荐性国家标准的编号格式如图 7-1-2 所示。

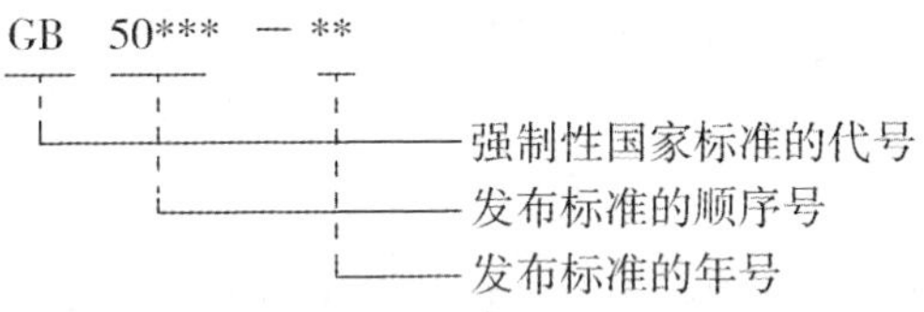

图 7-1-1　强制性国家标准的编号

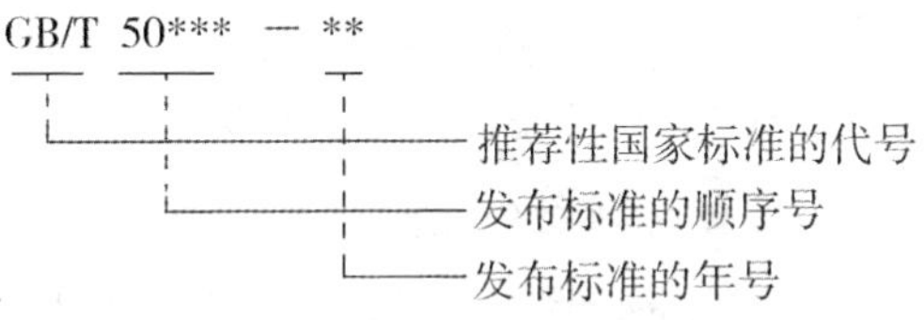

图 7-1-2　推荐性国家标准的编号

4. 国家标准的复审与修订

根据《工程建设国家标准管理办法》，国家标准实施后，应当根据科学技术的发展和工程建设的需要，由该国家标准的管理部门适时组织有关单位进行复审。复审一般在国家标准实施后 5 年进行一次。

根据《强制性国家标准管理办法》，组织起草部门应当根据反馈和评估情况，对强制性国家标准进行复审，提出继续有效、修订或者废止的结论，并送国务院标准化行政主管部门。复审周期一般不得超过 5 年。

二、行业标准

根据《标准化法》，对没有推荐性国家标准、需要在全国某个行业范围内统一的技术要求，可以制定行业标准。行业标准由国务院有关行政主管部门制定，报国务院标准化行政主管部门备案。

根据《中华人民共和国标准化法实施条例》，行业标准由国务院有关行政主管部门编制计划、组织草拟，统一审批、编号、发布，并报国务院标准化行政主管部门备案。行业标准在相应的国家标准实施后，自行废止。

根据《工程建设行业标准管理办法》，行业标准不得与国家标准相抵触。有关行业标准之间应当协调、统一、避免重复。

制订、修订行业标准的工作程序，可以按准备、征求意见、送审和报批四个阶段进行。

行业标准的编写应当符合工程建设标准编写的统一规定。

行业标准由国务院有关行政主管部门审批、编号和发布。其中，两个以上部门共同制订的行业标准，由有关的行政主管部门联合审批、发布，并由其主编部门负责编号。

行业标准的某些规定与国家标准不一致时，必须有充分的科学依据和理由，并经国家标准的审批部门批准。行业标准在相应的国家标准实施后，应当及时修订或废止。

行业标准实施后，该标准的批准部门应当根据科学技术的发展和工程建设的实际需要适时进行复审，确认其继续有效或予以修订、废止。一般5年复审一次，复审结果报国务院工程建设行政主管部门备案。

三、地方标准

根据《标准化法》，为满足地方自然条件、风俗习惯等特殊技术要求，可以制定地方标准。

地方标准由省、自治区、直辖市人民政府标准化行政主管部门制定；设区的市级人民政府标准化行政主管部门根据本行政区域的特殊需要，经所在地省、自治区、直辖市人民政府标准化行政主管部门批准，可以制定本行政区域的地方标准。地方标准由省、自治区、直辖市人民政府标准化行政主管部门报国务院标准化行政主管部门备案，由国务院标准化行政主管部门通报国务院有关行政主管部门。

四、团体标准和企业标准

根据《标准化法》，国家鼓励学会、协会、商会、联合会、产业技术联盟等社会团体协调相关市场主体共同制定满足市场和创新需要的团体标准，由本团体成员约定采用或者按照本团体的规定供社会自愿采用。

企业可以根据需要自行制定企业标准，或者与其他企业联合制定企业标准。

国家支持在重要行业、战略性新兴产业、关键共性技术等领域利用自主创新技术制定团体标准、企业标准。

推荐性国家标准、行业标准、地方标准、团体标准、企业标准的技术要求不得低于强制性国家标准的相关技术要求。

国家鼓励社会团体、企业制定高于推荐性标准相关技术要求的团体标准、企业标准。

国家实行团体标准、企业标准自我声明公开和监督制度。企业应当公开其执行的强制性标准、推荐性标准、团体标准或者企业标准的编号和名称；企业执行自行制定的企业标准的，还应当公开产品、服务的功能指标和产品的性能指标。国家鼓励团体标准、企业标准通过标准信息公共服务平台向社会公开。企业应当按照标准组织生产经营活动，其生产的产品、提供的服务应当符合企业公开标准的技术要求。

知识点 2　工程建设强制性标准实施的规定

一、采用的新技术、新工艺、新材料等的具体规定

根据《实施工程建设强制性标准监督规定》，建设工程勘察、设计文件中规定采用的新技术、新材料，可能影响建设工程质量和安全，又没有国家技术标准的，应当由国家认可的检测机构进行试验、论证，出具检测报告，并经国务院有关主管部门或者省、自治区、直辖市人民政府有关主管部门组织的建设工程技术专家委员会审定后，方可使用。

工程建设中采用国际标准或者国外标准，现行强制性标准未作规定的，建设单位应当向国务院住房城乡建设主管部门或者国务院有关主管部门备案。

二、实施工程建设强制性标准的监督机构

根据《实施工程建设强制性标准监督规定》，监督机构见表 7-1-1。

表 7-1-1　监督机构

监督机构	监督阶段
建设项目规划审查机构	工程建设规划阶段
施工图设计文件审查单位	工程建设勘察、设计阶段
建筑安全监督管理机构	工程建设施工阶段
工程质量监督机构	工程建设施工、监理、验收等阶段

建设项目规划审查机关、施工设计图设计文件审查单位、建筑安全监督管理机构、工程质量监督机构的技术人员必须熟悉、掌握工程建设强制性标准。

工程建设标准批准部门应当定期对建设项目规划审查机关、施工图设计文件审查单位、建筑安全监督管理机构、工程质量监督机构实施强制性标准的监督进行检查，对监督不力的单位和个人，给予通报批评，建议有关部门处理。

三、强制性标准监督检查的方式和内容

根据《实施工程建设强制性标准监督规定》，工程建设标准批准部门应当对工程项目执行强制性标准情况进行监督检查。监督检查可以采取重点检查、抽查和专项检查的方式。

强制性标准监督检查的内容包括：①有关工程技术人员是否熟悉、掌握强制性标准；②工程项目的规划、勘察、设计、施工、验收等是否符合强制性标准的规定；③工程项目采用的材料、设备是否符合强制性标准的规定；④工程项目的安全、质量是否符合强制性标准的规定；⑤工程中采用的导则、指南、手册、计算机软件的内容是否符合强制性标准的规定。

实战演练

［**2023 真题·单选**］关于团体标准的说法，正确的是（　　）。

A. 团体标准的技术要求不得高于强制性标准的相关技术要求

B. 在重要行业、战略性新兴产业、关键共性技术等领域制定团体标准必须利用自主创新技术

C. 国家鼓励社会团体制定高于推荐性标准相关技术要求的团体标准

D. 团体标准对本团体成员单位强制适用

第七章

［解析］选项A错误，团体标准的技术要求不得低于强制性标准的相关技术要求。选项B错误，国家支持在重要行业、战略性新兴产业、关键共性技术等领域利用自主创新技术制定团体标准、企业标准。选项C正确，国家鼓励社会团体制定高于推荐性标准相关技术要求的团体标准。选项D错误，国家鼓励学会、协会、商会、联合会、产业技术联盟等社会团体协调相关市场主体共同制定满足市场和创新需要的团体标准，由本团体成员约定采用或者按照本团体的规定供社会自愿采用。

［答案］C

［2022真题·单选］关于对工程建设各阶段执行强制性标准情况实施监督的机构，说法正确的是（　　）。

A. 工程建设全过程的执行情况由建设项目规划审查机构实施监督

B. 工程建设前期咨询阶段的执行情况由工程质量监督机构实施监督

C. 工程建设验收阶段的执行情况由建筑安全监督管理机构实施监督

D. 工程建设勘察阶段的执行情况由施工图设计文件审查机构实施监督

［解析］建设项目规划审查机构应当对工程建设规划阶段执行强制性标准的情况实施监督，选项A错误。工程质量监督机构应当对工程建设施工、监理、验收等阶段执行强制性标准的情况实施监督，选项B错误。建筑安全监督管理机构应当对工程建设施工阶段执行施工安全强制性标准的情况实施监督，选项C错误。施工图设计文件审查单位应当对工程建设勘察、设计阶段执行强制性标准的情况实施监督，选项D正确。

［答案］D

［2021真题·单选］关于工程建设强制性国家标准的说法，正确的是（　　）。

A. 标准可以由行业主管部门发布

B. 对标准解释的效力低于标准本身

C. 对标准进行复审的周期一般不得超过3年

D. 标准文本应当免费向社会公开

［解析］选项A错误，国务院标准化行政主管部门负责强制性国家标准的立项、编号和对外通报。选项B错误，强制性国家标准的解释与标准具有同等效力。选项C错误，复审周期一般不得超过5年。选项D正确，强制性标准文本应当免费向社会公开。

［答案］D

［2021真题·单选］关于工程建设强制性标准实施的说法，正确的是（　　）。

A. 工程建设标准批准部门应当将强制性标准监督检查结果在一定范围内公告

B. 强制性国家标准发布后实施前，企业应当继续执行原强制性国家标准

C. 建设工程设计文件中可能影响建设工程质量和安全且无国家技术标准的新材料，一律不得使用

D. 工程建设中采用国际标准，而现行强制标准未作规定的，建设单位应当向省级住房城乡建设主管部门备案

［解析］选项B错误，《强制性国家标准管理办法》规定，强制性国家标准发布后实施前，企业可以选择执行原强制性国家标准或者新强制性国家标准。选项C错误，建设工程勘

第七章

察、设计文件中规定采用的新技术、新材料，可能影响建设工程质量和安全，又没有国家技术标准的，应当由国家认可的检测机构进行试验、论证，出具检测报告，并经国务院有关主管部门或者省、自治区、直辖市人民政府有关主管部门组织的建设工程技术专家委员会审定后，方可使用。选项D错误，工程建设中采用国际标准或者国外标准，而现行强制性标准未作规定的，建设单位应当向国务院住房城乡建设主管部门或者国务院有关主管部门备案。

［答案］A

［2018真题·单选］根据《实施工程建设强制性标准监督规定》，下列情形中，不属于强制性标准监督检查内容的是（　　）。

A. 工程项目规划、勘察、设计、施工阶段是否符合强制性标准

B. 工程项目使用的材料、设备是否符合强制性标准

C. 工程管理人员是否熟悉强制性标准

D. 工程项目的安全、质量是否符合强制性标准

［解析］强制性标准监督检查的内容包括：①工程技术人员是否熟悉、掌握强制性标准；②工程项目的规划、勘察、设计、施工、验收等是否符合强制性标准的规定；③工程项目采用的材料、设备是否符合强制性标准的规定；④工程项目的安全、质量是否符合强制性标准的规定；⑤工程项目采用的导则、指南、手册、计算机软件的内容是否符合强制性标准的规定。

［答案］C

［经典例题·单选］根据《标准化法》，关于企业标准的说法，正确的是（　　）。

A. 企业标准的制定应当经过行业主管部门批准

B. 企业标准可以高于国家标准

C. 企业标准应当高于行业标准

D. 企业标准应当与团体标准相符

［解析］企业根据需要自主制定、实施企业标准，选项A错误。鼓励企业制定高于国家标准、行业标准、地方标准，具有竞争力的企业标准，选项C错误。企业标准不要求与团体标准相符，选项D错误。

［答案］B

［经典例题·多选］下列工程建设国家标准中，属于强制性标准的有（　　）。

A. 工程建设规划、施工等通用的综合标准

B. 工程建设重要的通用的制图方法标准

C. 工程建设重要的通用的试验、检验和评定方法标准

D. 工程建设重要的通用的信息管理标准

E. 工程建设通用的有关安全和环境保护的标准

［解析］下列标准属于强制性标准：①工程建设勘察、规划、设计、施工（包括安装）及验收等通用的综合标准和重要的通用的质量标准；②工程建设通用的有关安全、卫生和环境保护的标准；③工程建设重要的通用的术语、符号、代号、量与单位、建筑模数和制图方法标准；④工程建设重要的通用的试验、检验和评定方法等标准；⑤工程建设重要的通用的信息技术标准（选项D错误）；⑥国家需要控制的其他工程建设通用的标准。

［答案］ABCE

知识点 3 建设工程抗震管理制度

《建设工程抗震管理条例》规定，建设工程抗震应当坚持以人为本、全面设防、突出重点的原则。

国务院住房和城乡建设主管部门对全国的建设工程抗震实施统一监督管理。国务院交通运输、水利、工业和信息化、能源等有关部门按照职责分工，负责对全国有关专业建设工程抗震的监督管理。县级以上地方人民政府住房和城乡建设主管部门对本行政区域内的建设工程抗震实施监督管理。县级以上地方人民政府交通运输、水利、工业和信息化、能源等有关部门在各自职责范围内，负责对本行政区域内有关专业建设工程抗震的监督管理。县级以上人民政府其他有关部门应当依照《建设工程抗震管理条例》和其他有关法律、法规的规定，在各自职责范围内负责建设工程抗震相关工作。

一、建设工程抗震的勘察、设计和施工

新建、扩建、改建建设工程，应当符合抗震设防强制性标准。

（一）建设单位的抗震设防责任

《建设工程抗震管理条例》规定，建设单位应当对建设工程勘察、设计和施工全过程负责，在勘察、设计和施工合同中明确拟采用的抗震设防强制性标准，按照合同要求对勘察设计成果文件进行核验，组织工程验收，确保建设工程符合抗震设防强制性标准。建设单位不得明示或者暗示勘察、设计、施工等单位和从业人员违反抗震设防强制性标准，降低工程抗震性能。

建设单位应当将建筑的设计使用年限、结构体系、抗震设防烈度、抗震设防类别等具体情况和使用维护要求记入使用说明书，并将使用说明书交付使用人或者买受人。

建设单位应当组织勘察、设计、施工、工程监理单位建立隔震减震工程质量可追溯制度，利用信息化手段对隔震减震装置采购、勘察、设计、进场检测、安装施工、竣工验收等全过程的信息资料进行采集和存储，并纳入建设项目档案。

（二）设计单位的抗震设防责任

《建设工程抗震管理条例》规定，对位于高烈度设防地区、地震重点监视防御区的下列建设工程，设计单位应当在初步设计阶段按照国家有关规定编制建设工程抗震设防专篇，并作为设计文件组成部分：①重大建设工程；②地震时可能发生严重次生灾害的建设工程；③地震时使用功能不能中断或者需要尽快恢复的建设工程。

对超限高层建筑工程，设计单位应当在设计文件中予以说明，建设单位应当在初步设计阶段将设计文件等材料报送省、自治区、直辖市人民政府住房和城乡建设主管部门进行抗震设防审批。住房和城乡建设主管部门应当组织专家审查，对采取的抗震设防措施合理可行的，予以批准。超限高层建筑工程抗震设防审批意见应当作为施工图设计和审查的依据。

（三）施工单位的抗震设防责任

《建设工程抗震管理条例》规定，工程总承包单位、施工单位及工程监理单位应当建立建设工程质量责任制度，加强对建设工程抗震设防措施施工质量的管理。国家鼓励工程总承包单位、施工单位采用信息化手段采集、留存隐蔽工程施工质量信息。施工单位应当按照抗

震设防强制性标准进行施工。

隔震减震装置用于建设工程前，施工单位应当在建设单位或者工程监理单位监督下进行取样，送建设单位委托的具有相应建设工程质量检测资质的机构进行检测。禁止使用不合格的隔震减震装置。实行施工总承包的，隔震减震装置属于建设工程主体结构的施工，应当由总承包单位自行完成。

二、建设工程抗震的鉴定、加固和维护

（一）鉴定

《建设工程抗震管理条例》规定，国家实行建设工程抗震性能鉴定制度。按照《中华人民共和国防震减灾法》第三十九条规定应当进行抗震性能鉴定的建设工程，由所有权人委托具有相应技术条件和技术能力的机构进行鉴定。国家鼓励对除上述规定以外的未采取抗震设防措施或者未达到抗震设防强制性标准的已经建成的建设工程进行抗震性能鉴定。

➢ **知识链接：**《中华人民共和国防震减灾法》第三十九条规定，已经建成的下列建设工程，未采取抗震设防措施或者抗震设防措施未达到抗震设防要求的，应当按照国家有关规定进行抗震性能鉴定，并采取必要的抗震加固措施：①重大建设工程；②可能发生严重次生灾害的建设工程；③具有重大历史、科学、艺术价值或者重要纪念意义的建设工程；④学校、医院等人员密集场所的建设工程；⑤地震重点监视防御区内的建设工程。

抗震性能鉴定结果应当对建设工程是否存在严重抗震安全隐患以及是否需要进行抗震加固作出判定。

抗震性能鉴定结果应当真实、客观、准确。

（二）加固

《建设工程抗震管理条例》规定，建设工程所有权人应当对存在严重抗震安全隐患的建设工程进行安全监测，并在加固前采取停止或者限制使用等措施。对抗震性能鉴定结果判定需要进行抗震加固且具备加固价值的已经建成的建设工程，所有权人应当进行抗震加固。位于高烈度设防地区、地震重点监视防御区的学校、幼儿园、医院、养老机构、儿童福利机构、应急指挥中心、应急避难场所、广播电视等已经建成的建筑进行抗震加固时，应当经充分论证后采用隔震减震等技术，保证其抗震性能符合抗震设防强制性标准。

抗震加固应当依照《建设工程质量管理条例》等规定执行，并符合抗震设防强制性标准。竣工验收合格后，应当通过信息化手段或者在建设工程显著部位设置永久性标牌等方式，公示抗震加固时间、后续使用年限等信息。

（三）维护

《建设工程抗震管理条例》规定，建设工程所有权人应当按照规定对建设工程抗震构件、隔震沟、隔震缝、隔震减震装置及隔震标识进行检查、修缮和维护，及时排除安全隐患。任何单位和个人不得擅自变动、损坏或者拆除建设工程抗震构件、隔震沟、隔震缝、隔震减震装置及隔震标识。任何单位和个人发现擅自变动、损坏或者拆除建设工程抗震构件、隔震沟、隔震缝、隔震减震装置及隔震标识的行为，有权予以制止，并向住房和城乡建设主管部门或者其他有关监督管理部门报告。

三、建设工程抗震的保障措施

《建设工程抗震管理条例》规定，县级以上人民政府应当加强对建设工程抗震管理工作的组织领导，建立建设工程抗震管理工作机制，将相关工作纳入本级国民经济和社会发展规划。县级以上人民政府应当将建设工程抗震工作所需经费列入本级预算。县级以上地方人民政府应当组织有关部门，结合本地区实际开展地震风险分析，并按照风险程度实行分类管理。

县级以上地方人民政府对未采取抗震设防措施或者未达到抗震设防强制性标准的老旧房屋抗震加固给予必要的政策支持。国家鼓励建设工程所有权人结合电梯加装、节能改造等开展抗震加固，提升老旧房屋抗震性能。

县级以上人民政府住房和城乡建设主管部门或者其他有关监督管理部门应当制定建设工程抗震新技术推广目录，加强对建设工程抗震管理和技术人员的培训。

四、建设工程抗震的监督管理

《建设工程抗震管理条例》规定，县级以上人民政府住房和城乡建设主管部门和其他有关监督管理部门应当按照职责分工，加强对建设工程抗震设防强制性标准执行情况的监督检查。县级以上人民政府住房和城乡建设主管部门应当会同有关部门建立完善建设工程抗震设防数据信息库，并与应急管理、地震等部门实时共享数据。

县级以上人民政府住房和城乡建设主管部门或者其他有关监督管理部门履行建设工程抗震监督管理职责时，有权采取以下措施：

（1）对建设工程或者施工现场进行监督检查。

（2）向有关单位和人员调查了解相关情况。

（3）查阅、复制被检查单位有关建设工程抗震的文件和资料。

（4）对抗震结构材料、构件和隔震减震装置实施抽样检测。

（5）查封涉嫌违反抗震设防强制性标准的施工现场。

（6）发现可能影响抗震质量的问题时，责令相关单位进行必要的检测、鉴定。

县级以上人民政府住房和城乡建设主管部门或者其他有关监督管理部门开展监督检查时，可以委托专业机构进行抽样检测、抗震性能鉴定等技术支持工作。

县级以上人民政府住房和城乡建设主管部门或者其他有关监督管理部门应当建立建设工程抗震责任企业及从业人员信用记录制度，将相关信用记录纳入全国信用信息共享平台。

任何单位和个人对违反《建设工程抗震管理条例》规定的违法行为，有权进行举报。接到举报的住房和城乡建设主管部门或者其他有关监督管理部门应当进行调查，依法处理，并为举报人保密。

实战演练

［2024 真题·单选］根据《建设工程抗震管理条例》，关于建设工程抗震相关主体责任和义务的说法，正确的是（　　）。

A. 设计单位应当将建筑抗震设防烈度等情况记入建筑使用说明书

B. 建设单位应当组织工程各参建单位建立隔震减震工程质量可追溯制度

C. 实行施工总承包的项目，隔震减震装置可以由专业承包单位完成施工

D. 施工单位应当对已经建成的建设工程的工程抗震构件进行检查和修缮

［解析］选项 A 错误，建设单位应当将建筑的设计使用年限、结构体系、抗震设防烈度、抗震设防类别等具体情况和使用维护要求记入使用说明书，并将使用说明书交付使用人或者买受人。选项 B 正确，建设单位应当组织勘察、设计、施工、工程监理单位建立隔震减震工程质量可追溯制度，利用信息化手段对隔震减震装置采购、勘察、设计、进场检测、安装施工、竣工验收等全过程的信息资料进行采集和存储，并纳入建设项目档案。选项 C 错误，实行施工总承包的，隔震减震装置属于建设工程主体结构的施工，应当由总承包单位自行完成。选项 D 错误，建设工程所有权人应当按照规定对建设工程抗震构件、隔震沟、隔震缝、隔震减震装置及隔震标识进行检查、修缮和维护，及时排除安全隐患。

［答案］B

［经典例题·单选］实行施工总承包的，隔震减震装置属于建设工程主体结构的施工，应当由（　　）完成。

A. 质量检测机构　　B. 专业分包单位

C. 专业抗震施工单位　　D. 总承包单位

［解析］实行施工总承包的，隔震减震装置属于建设工程主体结构的施工，应当由总承包单位自行完成。

［答案］D

［经典例题·单选］关于政府主管部门对超限高层建筑工程抗震设防监管的说法，正确的是（　　）。

A. 对超限高层建筑工程，施工单位应在设计文件中予以说明

B. 建设单位应当在方案设计阶段将设计文件等材料报送主管部门进行抗震设防审批

C. 建设单位应当组织专家审查，对采取的抗震设防措施合理可行的，予以批准

D. 超限高层建筑工程抗震设防审批意见应当作为施工图设计和审查的依据

［解析］对超限高层建筑工程，设计单位应当在设计文件中予以说明，建设单位应当在初步设计阶段将设计文件等材料报送省、自治区、直辖市人民政府住房和城乡建设主管部门进行抗震设防审批。住房和城乡建设主管部门应当组织专家审查，对采取的抗震设防措施合理可行的，予以批准。超限高层建筑工程抗震设防审批意见应当作为施工图设计和审查的依据。

［答案］D

［经典例题·多选］关于建设工程抗震设防责任的说法，错误的是（　　）。

A. 在勘察、设计和施工合同中明确拟采用的抗震设防强制性标准

B. 工程总承包单位应当建立建设工程质量责任制度

C. 施工单位应当将建筑的设计使用年限、结构体系、抗震设防烈度、抗震设防类别等具体情况和使用维护要求记入使用说明书

D. 建设单位应当组织勘察、设计、施工、工程监理单位建立隔震减震工程质量可追溯制度

E. 隔震减震装置用于建设工程前，建设单位应当在工程监理单位监督下进行取样送检

［解析］建设单位应当将建筑的设计使用年限、结构体系、抗震设防烈度、抗震设防类别等具体情况和使用维护要求记入使用说明书，并将使用说明书交付使用人或者买受人。隔震减震装置用于建设工程前，施工单位应当在建设单位或者工程监理单位监督下进行取样。

［答案］CE

第二节　无障碍环境建设制度

知识点 1　无障碍设施建设

《无障碍环境建设法》规定，国家采取措施推进无障碍环境建设，为残疾人、老年人自主安全地通行道路、出入建筑物以及使用其附属设施、搭乘公共交通运输工具，获取、使用和交流信息，获得社会服务等提供便利。残疾人、老年人之外的其他人有无障碍需求的，可以享受无障碍环境便利。

无障碍环境建设应当与适老化改造相结合，遵循安全便利、实用易行、广泛受益的原则。

县级以上人民政府应当将无障碍环境建设纳入国民经济和社会发展规划，将所需经费纳入本级预算，建立稳定的经费保障机制。

县级以上人民政府应当统筹协调和督促指导有关部门在各自职责范围内做好无障碍环境建设工作。县级以上人民政府住房和城乡建设、民政、工业和信息化、交通运输、自然资源、文化和旅游、教育、卫生健康等部门应当在各自职责范围内，开展无障碍环境建设工作。乡镇人民政府、街道办事处应当协助有关部门做好无障碍环境建设工作。

新建、改建、扩建的居住建筑、居住区、公共建筑、公共场所、交通运输设施、城乡道路等，应当符合无障碍设施工程建设标准。

无障碍设施应当与主体工程同步规划、同步设计、同步施工、同步验收、同步交付使用，并与周边的无障碍设施有效衔接、实现贯通。无障碍设施应当设置符合标准的无障碍标识，并纳入周边环境或者建筑物内部的引导标识系统。

根据《无障碍环境建设法》，无障碍环境建设过程中，相关单位和机构应遵循表 7-2-1 的规定。

表 7-2-1 相关单位和机构应遵循的规定

相关单位	应遵循的规定
工程建设单位	应当将无障碍设施建设经费纳入工程建设项目概预算
	不得明示或者暗示设计、施工单位违反无障碍设施工程建设标准
	不得擅自将未经验收或者验收不合格的无障碍设施交付使用
工程设计单位	应当按照无障碍设施工程建设标准进行设计
工程施工、监理单位	应当按照施工图设计文件以及相关标准进行无障碍设施施工和监理
施工图审查机构	应当按照法律、法规和无障碍设施工程建设标准，对无障碍设施设计内容进行审查；不符合有关规定的，不予审查通过

住房和城乡建设等主管部门对未按照法律、法规和无障碍设施工程建设标准开展无障碍设施验收或者验收不合格的，不予办理竣工验收备案手续。

无障碍设施所有权人或者管理人应当对无障碍设施履行以下维护和管理责任，保障无障碍设施功能正常和使用安全：

（1）对损坏的无障碍设施和标识进行维修或者替换。

（2）对需改造的无障碍设施进行改造。

（3）纠正占用无障碍设施的行为。

（4）进行其他必要的维护和保养。

所有权人、管理人和使用人之间有约定的，由约定的责任人负责维护和管理。

知识点 2 无障碍环境建设保障措施

根据《无障碍环境建设法》，无障碍环境建设保障措施包括以下内容。

一、开展宣传教育

国家开展无障碍环境理念的宣传教育，普及无障碍环境知识，传播无障碍环境文化，提升全社会的无障碍环境意识。新闻媒体应当积极开展无障碍环境建设方面的公益宣传。

国家推广通用设计理念，建立健全国家标准、行业标准、地方标准，鼓励发展具有引领性的团体标准、企业标准，加强标准之间的衔接配合，构建无障碍环境建设标准体系。地方结合本地实际制定的地方标准不得低于国家标准的相关技术要求。

二、制定相关标准和制度

制定或者修改涉及无障碍环境建设的标准，应当征求残疾人、老年人代表以及残疾人联合会、老龄协会等组织的意见。残疾人联合会、老龄协会等组织可以依法提出制定或者修改无障碍环境建设标准的建议。

国家建立健全无障碍设计、设施、产品、服务的认证和无障碍信息的评测制度，并推动结果采信应用。

国家通过经费支持、政府采购、税收优惠等方式，促进新科技成果在无障碍环境建设中的运用，鼓励无障碍技术、产品和服务的研发、生产、应用和推广，支持无障碍设施、信息和服务的融合发展。

三、建立人才培养机制

国家建立无障碍环境建设相关领域人才培养机制。国家鼓励高等学校、中等职业学校等开设无障碍环境建设相关专业和课程，开展无障碍环境建设理论研究、国际交流和实践活动。建筑、交通运输、计算机科学与技术等相关学科专业应当增加无障碍环境建设的教学和实践内容，相关领域职业资格、继续教育以及其他培训的考试内容应当包括无障碍环境建设知识。

国家鼓励机关、企业事业单位、社会团体以及其他社会组织，对工作人员进行无障碍服务知识与技能培训。

文明城市、文明村镇、文明单位、文明社区、文明校园等创建活动，应当将无障碍环境建设情况作为重要内容。

四、实施监督管理

县级以上人民政府及其有关主管部门依法对无障碍环境建设进行监督检查，根据工作需要开展联合监督检查。

国家实施无障碍环境建设目标责任制和考核评价制度。县级以上地方人民政府根据本地区实际，制定具体考核办法。

县级以上地方人民政府有关主管部门定期委托第三方机构开展无障碍环境建设评估，并将评估结果向社会公布，接受社会监督。

县级以上人民政府建立无障碍环境建设信息公示制度，定期发布无障碍环境建设情况。

任何组织和个人有权向政府有关主管部门提出加强和改进无障碍环境建设的意见和建议，对违反《无障碍环境建设法》规定的行为进行投诉、举报。县级以上人民政府有关主管部门接到涉及无障碍环境建设的投诉和举报，应当及时处理并予以答复。残疾人联合会、老龄协会等组织根据需要，可以聘请残疾人、老年人代表以及具有相关专业知识的人员，对无障碍环境建设情况进行监督。新闻媒体可以对无障碍环境建设情况开展舆论监督。

对违反《无障碍环境建设法》规定损害社会公共利益的行为，人民检察院可以提出检察建议或者提起公益诉讼。

实战演练

[2024 真题 · 单选] 根据《无障碍环境建设法》，关于无障碍环境建设宣传教育的说法，正确的是（　　）。

A. 高等学校、中等职业学校等应当开设无障碍环境建设相关专业和课程

B. 各类职业资格和继续教育的考试内容应当包括无障碍环境建设知识

C. 建筑、交通运输等相关学科专业应当增加无碍环境建设的教学和实践内容

D. 企业事业单位应当对工作人员进行无障碍服务知识与技能培训

[解析] 选项 A 错误，国家鼓励高等学校、中等职业学校等开设无障碍环境建设相关专业和课程，开展无障碍环境建设理论研究、国际交流和实践活动。选项 B 错误、选项 C 正确，建筑、交通运输、计算机科学与技术等相关学科专业应当增加无障碍环境建设的教

学和实践内容，相关领域职业资格、继续教育以及其他培训的考试内容应当包括无障碍环境建设知识。选项D错误，国家鼓励机关、企业事业单位、社会团体以及其他社会组织，对工作人员进行无障碍服务知识与技能培训。

[答案] C

[2024 真题·多选] 根据《无障碍环境建设法》，关于县级以上人民政府有关主管部门对无障碍建设监督管理的说法，正确的有（　　）。

A. 根据工作需要开展联合监督检查

B. 及时处理并答复涉及无障碍环境建设的投诉

C. 不定期发布无障碍环境建设情况

D. 对无障碍环境建设情况开展舆论监督

E. 定期委托第三方机构开展无障碍环境建设评估

[解析] 选项A正确，《无障碍环境建设法》规定，县级以上人民政府及其有关主管部门依法对无障碍环境建设进行监督检查，根据工作需要开展联合监督检查。选项B正确，县级以上人民政府有关主管部门接到涉及无障碍环境建设的投诉和举报，应当及时处理并予以答复。选项C错误，县级以上人民政府建立无障碍环境建设信息公示制度，定期发布无障碍环境建设情况。选项D错误，新闻媒体可以对无障碍环境建设情况开展舆论监督。选项E正确，县级以上地方人民政府有关主管部门定期委托第三方机构开展无障碍环境建设评估，并将评估结果向社会公布，接受社会监督。

[答案] ABE

[2024 真题·多选] 根据《无障碍环境建设法》，关于无障碍环境建设监督管理的说法，正确的有（　　）。

A. 县级以上人民政府建立无障碍环境建设信息公示制度，定期发布无障碍环境建设情况

B. 无障碍环境建设评估结果应当向社会公布

C. 残疾人联合会应当聘请残疾人代表对无障碍环境建设情况进行监督

D. 对违反《无障碍环境建设法》规定损害社会公共利益的行为，老年人代表可以提起公益诉讼

E. 乡镇人民政府应当在职责范围内，开展无障碍环境建设工作

[解析] 选项C错误，残疾人联合会、老龄协会等组织根据需要，可以聘请残疾人、老年人代表以及具有相关专业知识的人员，对无障碍环境建设情况进行监督。选项D错误，对违反《无障碍环境建设法》规定损害社会公共利益的行为，人民检察院可以提出检察建议或者提起公益诉讼。选项E错误，乡镇人民政府、街道办事处应当协助有关部门做好无障碍环境建设工作。

[答案] AB

第三节　建设单位及相关单位的质量责任和义务

知识点 1 建设单位的质量责任和义务

一、依法发包工程，不得肢解发包

根据《建设工程质量管理条例》，建设单位应当将工程发包给具有相应资质等级的单位。建设单位不得将建设工程肢解发包。

建设单位应当依法对工程建设项目的勘察、设计、施工、监理以及与工程建设有关的重要设备、材料等的采购进行招标。

二、提供与建设工程有关的原始资料

根据《建设工程质量管理条例》，建设单位必须向有关的勘察、设计、施工、工程监理等单位提供与建设工程有关的原始资料。原始资料必须真实、准确、齐全。

三、不得提出非法要求

《建设工程质量管理条例》规定，建设工程发包单位不得迫使承包方以低于成本的价格竞标，不得任意压缩合理工期。建设单位不得明示或者暗示设计单位或者施工单位违反工程建设强制性标准，降低建设工程质量。

《建筑法》规定，建设单位不得以任何理由，要求建筑设计单位或者建筑施工企业在工程设计或者施工作业中，违反法律、行政法规和建筑工程质量、安全标准，降低工程质量。建筑设计单位和建筑施工企业对建设单位违反上述规定提出的降低工程质量的要求，应当予以拒绝。

四、将施工图设计文件依法送审

根据《建设工程质量管理条例》，施工图设计文件审查的具体办法，由国务院建设行政主管部门会同国务院其他有关部门制定。施工图设计文件未经审查批准的，不得使用。

五、实行监理的建设工程依法委托监理

根据《建设工程质量管理条例》，实行监理的建设工程，建设单位应当委托具有相应资质等级的工程监理单位进行监理，也可以委托具有工程监理相应资质等级并与被监理工程的施工承包单位没有隶属关系或者其他利害关系的该工程的设计单位进行监理。

下列建设工程必须实行监理：①国家重点建设工程；②大中型公用事业工程；③成片开发建设的住宅小区工程；④利用外国政府或者国际组织贷款、援助资金的工程；⑤国家规定必须实行监理的其他工程。

➢ **名师点拨：** 成片开发建设的住宅小区工程是指建筑面积在 5 万 m^2 以上的住宅建设工程。

六、按照规定办理工程质量监督手续

根据《建设工程质量管理条例》，建设单位在领取施工许可证或者开工报告前，应当按

照国家有关规定办理工程质量监督手续，工程质量监督手续可以与施工许可证或者开工报告合并办理。

七、保证建筑材料、建筑构配件和设备符合设计文件和合同要求

根据《建设工程质量管理条例》，按照合同约定，由建设单位采购建筑材料、建筑构配件和设备的，建设单位应当保证建筑材料、建筑构配件和设备符合设计文件和合同要求。建设单位不得明示或者暗示施工单位使用不合格的建筑材料、建筑构配件和设备。

八、依法进行装修工程

《建设工程质量管理条例》规定，涉及建筑主体和承重结构变动的装修工程，建设单位应当在施工前委托原设计单位或者具有相应资质等级的设计单位提出设计方案；没有设计方案的，不得施工。房屋建筑使用者在装修过程中，不得擅自变动房屋建筑主体和承重结构。

➤ **知识拓展：** 关于建设单位的质量责任和义务，《住房和城乡建设部关于落实建设单位工程质量首要责任的通知》也规定，建设单位是工程质量第一责任人，依法对工程质量承担全面责任。建设单位要严格履行基本建设程序，禁止未取得施工许可等建设手续开工建设。严格执行工程发包承包法规制度，依法将工程发包给具备相应资质的勘察、设计、施工、监理等单位，不得肢解发包工程、违规指定分包单位，不得直接发包预拌混凝土等专业分包工程，不得指定按照合同约定应由施工单位购入用于工程的装配式建筑构配件、建筑材料和设备或者指定生产厂、供应商。按规定提供与工程建设有关的原始资料，并保证资料真实、准确、齐全。

知识点 2　勘察、设计单位的质量责任和义务

《建筑法》规定，建筑工程的勘察、设计单位必须对其勘察、设计的质量负责。勘察、设计文件应当符合有关法律、行政法规的规定和建筑工程质量、安全标准、建筑工程勘察、设计技术规范以及合同的约定。

根据《建设工程质量管理条例》，勘察、设计单位相关的质量责任和义务有：

（1）依法承揽工程。

从事建设工程勘察、设计的单位应当依法取得相应等级的资质证书，并在其资质等级许可的范围内承揽工程。禁止勘察、设计单位超越其资质等级许可的范围或者以其他勘察、设计单位的名义承揽工程。禁止勘察、设计单位允许其他单位或者个人以本单位的名义承揽工程。

勘察、设计单位不得转包或者违法分包所承揽的工程。

（2）必须按照工程建设强制性标准进行勘察、设计。

勘察、设计单位必须按照工程建设强制性标准进行勘察、设计，并对其勘察、设计的质量负责。注册建筑师、注册结构工程师等注册执业人员应当在设计文件上签字，对设计文件负责。

（3）勘察单位提供的地质、测量、水文等勘察成果必须真实、准确。

（4）设计单位应当根据勘察成果文件进行建设工程设计。设计文件应当符合国家规定的

第七章

设计深度要求，注明工程合理使用年限。

➢ **名师点拨：** 结合《建设工程质量管理条例》的相关规定可以得知，合理使用年限自竣工验收合格之日起计算。

（5）选用的建筑材料、建筑构配件和设备质量必须符合国家规定的标准。

设计单位在设计文件中选用的建筑材料、建筑构配件和设备，应当注明规格、型号、性能等技术指标，其质量要求必须符合国家规定的标准。除有特殊要求的建筑材料、专用设备、工艺生产线等外，设计单位不得指定生产厂、供应商。

根据《建筑法》，设计文件选用的建筑材料、建筑构配件和设备，应当注明其规格、型号、性能等技术指标，其质量要求必须符合国家规定的标准。

（6）设计单位应当就审查合格的施工图设计文件向施工单位作出详细说明。

（7）设计单位应当参与建设工程质量事故分析，并对因设计造成的质量事故，提出相应的技术处理方案。

知识点 3 工程监理单位的质量责任和义务

根据《建设工程质量管理条例》，工程监理单位的质量责任和义务有：

（1）依法承担工程监理业务。

工程监理单位应当依法取得相应等级的资质证书，并在其资质等级许可的范围内承担工程监理业务。禁止工程监理单位超越本单位资质等级许可的范围或者以其他工程监理单位的名义承担工程监理业务。禁止工程监理单位允许其他单位或者个人以本单位的名义承担工程监理业务。工程监理单位不得转让工程监理业务。

➢ **名师点拨：** 监理没有转包或分包的说法，只能自己承担监理业务。

（2）工程监理单位与被监理工程的施工承包单位以及建筑材料、建筑构配件和设备供应单位有隶属关系或者其他利害关系的，不得承担该项建设工程的监理业务。

（3）工程监理的依据。

工程监理单位应当依照法律、法规以及有关技术标准、设计文件和建设工程承包合同，代表建设单位对施工质量实施监理，并对施工质量承担监理责任。

（4）工程监理的权限。

工程监理单位应当选派具备相应资格的总监理工程师和监理工程师进驻施工现场。

未经监理工程师签字，建筑材料、建筑构配件和设备不得在工程上使用或者安装，施工单位不得进行下一道工序的施工。未经总监理工程师签字，建设单位不拨付工程款，不进行竣工验收。

（5）工程监理的形式。

监理工程师应当按照工程监理规范的要求，采取旁站、巡视和平行检验等形式，对建设工程实施监理。

实战演练

［2024真题·单选］关于建设单位质量责任和义务的说法，正确的是（　　）。

A. 不得直接发包预拌混凝土专业分包工程

B. 不得购入用于工程的装配式建筑构配件、建筑材料和设备

C. 在开工前办理的工程质量监督手续应当与施工许可证或者开工报告合并办理

D. 在办理工程质量监督手续前签署工程质量终身责任承诺书的项目负责人不得更换

［解析］选项A正确、选项B错误，《住房和城乡建设部关于落实建设单位工程质量首要责任的通知》规定，建设单位应当严格执行工程发包承包法规制度，依法将工程发包给具备相应资质的勘察、设计、施工、监理等单位，不得肢解发包工程、违规指定分包单位，不得直接发包预拌混凝土等专业分包工程，不得指定按照合同约定应由施工单位购入用于工程的装配式建筑构配件、建筑材料和设备或者指定生产厂、供应商。选项C错误，《建设工程质量管理条例》规定，建设单位在开工前，应当按照国家有关规定办理工程质量监督手续，工程质量监督手续可以与施工许可证或者开工报告合并办理。选项D错误，项目负责人应当在办理工程质量监督手续前签署工程质量终身责任承诺书，连同法定代表人授权书，报工程质量监督机构备案。项目负责人如有更换的，应当按规定办理变更程序，重新签署工程质量终身责任承诺书，连同法定代表人授权书，报工程质量监督机构备案。

［答案］A

［2021真题·单选］关于建设工程依法实行工程监理的说法，正确的是（　　）。

A. 建设单位应当委托该工程的设计单位进行工程监理

B. 建设单位应当委托具有相应资质等级的工程监理单位进行监理

C. 工程监理单位不得与建设单位有隶属关系

D. 工程监理单位不得与该工程的设计单位有隶属关系

［解析］实行监理的建设工程，建设单位应当委托具有相应资质等级的工程监理单位进行监理，也可以委托具有工程监理相应资质等级，并与被监理工程的施工承包单位没有隶属关系或者其他利害关系的该工程的设计单位进行监理。工程监理单位与被监理工程的施工承包单位以及建筑材料、建筑构配件和设备供应单位有隶属关系或者其他利害关系的，不得承担该项建设工程的监理业务。

［答案］B

［2020真题·单选］关于工程建设中建筑材料的说法，正确的是（　　）。

A. 对于建设单位负责供应的建筑材料在工程上使用后被查实不合格的，由建设单位与施工企业承担连带责任

B. 对于有特殊要求的建筑材料，设计单位可以指定生产厂家

C. 建设单位负责供应的建筑材料经施工企业检验不合格的，由施工企业负责向材料供应商退换

D. 未经总监理工程师签字，建筑材料不得在工程上使用或者安装

[解析] 选项A、C错误，对于建设单位负责供应的材料设备，在使用前施工单位应当按照规定对其进行检验和试验，如果不合格，不得在工程上使用，并应通知建设单位予以退换。选项B正确，除有特殊要求的建筑材料、专用设备、工艺生产线等外，设计单位不得指定生产厂、供应商。选项D错误，未经总监理工程师签字，建设单位不拨付工程款，不进行竣工验收。

[答案] B

[2018真题·单选] 根据《建设工程质量管理条例》，关于工程监理单位质量责任和义务的说法，正确的是（　　）。

A. 监理单位不得与被监理工程的设计单位有利害关系

B. 监理单位对施工质量实施监理，并对施工质量承担监理责任

C. 未经总监理工程师签字，建筑材料不得在工程上使用

D. 施工图深化文件是监理工作的主要依据

[解析] 选项A错误，《建筑法》《建设工程质量管理条例》都规定，工程监理单位与被监理工程的施工承包单位以及建筑材料、建筑构配件和设备供应单位有隶属关系或者其他利害关系的，不得承担该项建设工程的监理业务。选项C错误，《建设工程质量管理条例》规定，工程监理单位应当选派具备相应资格的总监理工程师和监理工程师进驻施工现场。未经监理工程师签字，建筑材料、建筑构配件和设备不得在工程上使用或者安装，施工单位不得进行下一道工序的施工。未经总监理工程师签字，建设单位不拨付工程款，不进行竣工验收。选项D错误，监理工作的主要依据有：①法律、法规，如《建筑法》《民法典》《建设工程质量管理条例》等；②有关技术标准，如《工程建设标准强制性条文》以及建设工程承包合同中确认采用的推荐性标准等；③设计文件，施工图设计等设计文件既是施工的依据，也是监理单位对施工活动进行监督管理的依据；④建设工程承包合同，监理单位据此监督施工单位是否全面履行合同约定的义务。

[答案] B

[经典例题·单选] 关于设计单位质量责任和义务的说法，正确的是（　　）。

A. 设计文件中选用的建筑材料、建筑构配件和设备，应当注明规格、型号、性能等技术指标

B. 设计单位不能任意压缩合理工期

C. 设计单位应当就审查合格的施工图设计文件向建设单位作出详细说明

D. 设计单位应当将施工图设计文件报有关部门审查

[解析] 设计单位在设计文件中选用的建筑材料、建筑构配件和设备，应当注明规格、型号、性能等技术指标，其质量要求必须符合国家规定的标准。除有特殊要求的建筑材料、专用设备、工艺生产线等外，设计单位不得指定生产厂、供应商。选项B、D错误，属于建设单位的质量责任和义务。选项C错误，设计单位应当就审查合格的施工图设计文件向施工单位作出详细说明。

[答案] A

[经典例题·多选] 根据《建设工程质量管理条例》，关于勘察、设计单位质量责任和义务的说法，正确的有（　　）。

A. 勘察、设计单位应当在其资质等级许可的范围内承揽工程

B. 勘察文件应注明工程使用年限

C. 勘察、设计单位必须按照工程建设强制性标准进行勘察、设计

D. 注册建筑师、注册结构工程师等注册执业人员应当在设计文件上签字并对设计文件负责

E. 有特殊要求的建筑材料、专用设备、工艺生产线等可由设计单位指定

[答案] ACDE

[解析] 设计文件应当符合国家规定的设计深度要求，注明工程合理使用年限，不是勘察文件，选项B错误。

[经典例题·多选] 根据《建设工程质量管理条例》，必须实行监理的建设工程有（　　）。

A. 国家重点建设工程

B. 大中型公用事业工程

C. 成片开发建设的住宅小区工程

D. 限额以下的小型住宅工程

E. 利用国际组织贷款的工程

[解析] 下列建设工程必须实行监理：①国家重点建设工程；②大中型公用事业工程；③成片开发建设的住宅小区工程；④利用外国政府或者国际组织贷款、援助资金的工程；⑤国家规定必须实行监理的其他工程。

[答案] ABCE

[经典例题·多选] 根据《建设工程质量管理条例》，工程监理单位不得与被监理工程的（　　）有隶属关系或者其他利害关系。

A. 建筑材料供应单位

B. 设计单位

C. 建设单位

D. 施工承包单位

E. 设备供应单位

[解析] 工程监理单位与被监理工程的施工承包单位以及建筑材料、建筑构配件和设备供应单位有隶属关系或者其他利害关系的，不得承担该建设工程的监理业务。

[答案] ADE

第四节　施工单位的质量责任和义务

知识点 1　对施工质量负责和总分包单位的质量责任

一、建筑施工企业对施工质量负责

《建筑法》规定，建筑施工企业对工程的施工质量负责。

《建设工程质量管理条例》规定，施工单位对建设工程的施工质量负责。施工单位应当建立质量责任制，确定工程项目的项目经理、技术负责人和施工管理负责人。

二、总分包单位的质量责任

根据《建筑法》，建筑工程实行总承包的，工程质量由工程总承包单位负责，总承包单位将建筑工程分包给其他单位的，应当对分包工程的质量与分包单位承担连带责任。分包单位应当接受总承包单位的质量管理。

根据《建设工程质量管理条例》，建设工程实行总承包的，总承包单位应当对全部建设工程质量负责；建设工程勘察、设计、施工、设备采购的一项或者多项实行总承包的，总承包单位应当对其承包的建设工程或者采购的设备的质量负责。

总承包单位依法将建设工程分包给其他单位的，分包单位应当按照分包合同的约定对其分包工程的质量向总承包单位负责，总承包单位与分包单位对分包工程的质量承担连带责任。

知识点 2 按照工程设计图纸和施工技术标准施工的规定

根据《建筑法》，建筑施工企业必须按照工程设计图纸和施工技术标准施工，不得偷工减料。工程设计的修改由原设计单位负责，建筑施工企业不得擅自修改工程设计。

根据《建设工程质量管理条例》，施工单位必须按照工程设计图纸和施工技术标准施工，不得擅自修改工程设计，不得偷工减料。施工单位在施工过程中发现设计文件和图纸有差错的，应当及时提出意见和建议。

知识点 3 建筑材料、设备等的检验检测

《建设工程质量管理条例》规定，建筑施工企业必须按照工程设计要求、施工技术标准和合同的约定，对建筑材料、建筑构配件和设备进行检验，不合格的不得使用。

一、检测机构资质管理

检测机构应当按照规定取得建设工程质量检测机构资质，并在资质许可的范围内从事建设工程质量检测活动。未取得相应资质证书的，不得承担规定的建设工程质量检测业务。

检测机构资质分为综合类资质、专项类资质。

申请检测机构资质的单位应当是具有独立法人资格的企业、事业单位，或者依法设立的合伙企业，并具备相应的人员、仪器设备、检测场所、质量保证体系等条件。

资质证书有效期为5年。检测机构需要延续资质证书有效期的，应当在资质证书有效期届满30个工作日前向资质许可机关提出资质延续申请。

检测机构在资质证书有效期内名称、地址、法定代表人等发生变更的，应当在办理营业执照或者法人证书变更手续后30个工作日内办理资质证书变更手续。

二、检测活动管理

根据《建设工程质量检测管理办法》，检测活动管理的相关规定如下：

检测机构与所检测建设工程相关的建设、施工、监理单位，以及建筑材料、建筑构配件和设备供应单位不得有隶属关系或者其他利害关系。

检测机构及其工作人员不得推荐或者监制建筑材料、建筑构配件和设备。

委托方应当委托具有相应资质的检测机构开展建设工程质量检测业务。

建设单位应当在编制工程概预算时合理核算建设工程质量检测费用，单独列支并按照合同约定及时支付。

建设单位委托检测机构开展建设工程质量检测活动的，建设单位或者监理单位应当对建设工程质量检测活动实施见证。见证人员应当制作见证记录，记录取样、制样、标识、封志、送检以及现场检测等情况，并签字确认。

建设单位委托检测机构开展建设工程质量检测活动的，施工人员应当在建设单位或者监理单位的见证人员监督下现场取样。

委托单应当由送检人员、见证人员等签字确认。检测机构接收检测试样时，应当对试样状况、标识、封志等符合性进行检查，确认无误后方可进行检测。

检测报告经检测人员、审核人员、检测机构法定代表人或者其授权的签字人等签署，并加盖检测专用章后方可生效。【三字一章】

检测机构在检测过程中发现建设、施工、监理单位存在违反有关法律法规规定和工程建设强制性标准等行为，以及检测项目涉及结构安全、主要使用功能检测结果不合格的，应当及时报告建设工程所在地县级以上地方人民政府住房和城乡建设主管部门。

检测结果利害关系人对检测结果存在争议的，可以委托共同认可的检测机构复检。

检测机构应当单独建立检测结果不合格项目台账。

检测机构跨省、自治区、直辖市承担检测业务的，应当向建设工程所在地的省、自治区、直辖市人民政府住房和城乡建设主管部门备案。

检测机构不得有下列行为：

（1）超出资质许可范围从事建设工程质量检测活动。

（2）转包或者违法分包建设工程质量检测业务。

（3）涂改、倒卖、出租、出借或者以其他形式非法转让资质证书。

（4）违反工程建设强制性标准进行检测。

（5）使用不能满足所开展建设工程质量检测活动要求的检测人员或者仪器设备。

（6）出具虚假的检测数据或者检测报告。

检测人员不得有下列行为：

（1）同时受聘于两家或者两家以上检测机构。

（2）违反工程建设强制性标准进行检测。

（3）出具虚假的检测数据。

（4）违反工程建设强制性标准进行结论判定或者出具虚假判定结论。

知识点 4 见证取样和送检

根据《房屋建筑工程和市政基础设施工程实行见证取样和送检的规定》，见证取样和送检的规定如下：

见证取样和送检是指在建设单位或工程监理单位人员的见证下，由施工单位的现场试验人员对工程中涉及结构安全的试块、试件和材料在现场取样，并送至经过省级以上建设行政主管部门对其资质认可和质量技术监督部门对其计量认证的质量检测单位进行检测。

涉及结构安全的试块、试件和材料见证取样和送检的比例不得低于有关技术标准中规定应取样数量的30%。

下列试块、试件和材料必须实施见证取样和送检：

（1）用于承重结构的混凝土试块。

（2）用于承重墙体的砌筑砂浆试块。

（3）用于承重结构的钢筋及连接接头试件。

（4）用于承重墙的砖和混凝土小型砌块。

（5）用于拌制混凝土和砌筑砂浆的水泥。

（6）用于承重结构的混凝土中使用的掺加剂。

（7）地下、屋面、厕浴间使用的防水材料。

（8）国家规定必须实行见证取样和送检的其他试块、试件和材料。

取样人员应在试样或其包装上作出标识、封志。标识和封志应标明工程名称、取样部位、取样日期、样品名称和样品数量，并由见证人员和取样人员签字。见证人员和取样人员应对试样的代表性和真实性负责。

知识点 5 施工质量检验和返修的规定

一、施工质量检验的规定

《建设工程质量管理条例》规定，施工单位必须建立、健全施工质量的检验制度，严格工序管理，做好隐蔽工程的质量检查和记录。隐蔽工程在隐蔽前，施工单位应当通知建设单位和建设工程质量监督机构。

《建设工程施工合同（示范文本）》（GF—2017—0201）进一步规定，隐蔽工程检查应符合下列要求：

（一）承包人自检

承包人应当对工程隐蔽部位进行自检，并经自检确认是否具备覆盖条件。

（二）检查程序

除专用合同条款另有约定外，工程隐蔽部位经承包人自检确认具备覆盖条件的，承包人应在共同检查前48 h书面通知监理人检查，通知中应载明隐蔽检查的内容、时间和地点，并应附有自检记录和必要的检查资料。

监理人应按时到场并对隐蔽工程及其施工工艺、材料和工程设备进行检查。经监理人检查确认质量符合隐蔽要求，并在验收记录上签字后，承包人才能进行覆盖。经监理人检查质量不合格的，承包人应在监理人指示的时间内完成修复，并由监理人重新检查，由此增加的费用和（或）延误的工期由承包人承担。

除专用合同条款另有约定外，监理人不能按时进行检查的，应在检查前24 h向承包人提交书面延期要求，但延期不能超过48 h，由此导致工期延误的，工期应予以顺延。监理人未按时进行检查，也未提出延期要求的，视为隐蔽工程检查合格，承包人可自行完成覆盖工作，并作相应记录报送监理人，监理人应签字确认。监理人事后对检查记录有疑问的，可按约定重新检查。

（三）重新检查

承包人覆盖工程隐蔽部位后，发包人或监理人对质量有疑问的，可要求承包人对已覆盖的部位进行钻孔探测或揭开重新检查，承包人应遵照执行，并在检查后重新覆盖恢复原状。经检查证明工程质量符合合同要求的，由发包人承担由此增加的费用和（或）延误的工期，并支付承包人合理的利润；经检查证明工程质量不符合合同要求的，由此增加的费用和（或）延误的工期由承包人承担。

（四）承包人私自覆盖

承包人未通知监理人到场检查，私自将工程隐蔽部位覆盖的，监理人有权指示承包人钻孔探测或揭开检查，无论工程隐蔽部位质量是否合格，由此增加的费用和（或）延误的工期均由承包人承担。

二、施工返修的规定

根据《建设工程质量管理条例》，施工单位对施工中出现质量问题的建设工程或者竣工验收不合格的建设工程，应当负责返修。

根据《民法典》，因施工人的原因致使建设工程质量不符合约定的，发包人有权请求施工人在合理期限内无偿修理或者返工、改建。经过修理或者返工、改建后，造成逾期交付的，施工人应当承担违约责任。

根据《建筑法》，建筑工程竣工时，屋顶、墙面不得留有渗漏、开裂等质量缺陷；对已发现的质量缺陷，建筑施工企业应当修复。

《建设工程施工合同（示范文本）》（GF—2017—0201）进一步规定，因承包人原因造成工程不合格的，发包人有权随时要求承包人采取补救措施，直至达到合同要求的质量标准，由此增加的费用和（或）延误的工期由承包人承担。因发包人原因造成工程不合格的，由此增加的费用和（或）延误的工期由发包人承担，并支付承包人合理的利润。

➢ **名师点拨：** 质量问题，无论谁的原因造成，都由施工单位负责返修，费用由相关责任方负责。

第七章

实战演练

［**2024真题·单选**］关于施工单位施工质量检验和返修的说法，正确的是（　　）。

A. 隐蔽工程在隐蔽前，应当通知建设单位和勘察、设计单位

B. 建设工程竣工验收不合格的，施工单位应当负责返修

C. 因建设单位原因导致工程质量缺陷的，施工单位应当无偿修复

D. 因修复工程质量缺陷造成逾期交付的，施工单位均应承担违约责任

［**解析**］选项A错误，隐蔽工程在隐蔽前，施工单位应当通知建设单位和建设工程质量监督机构。选项B正确，施工单位对施工中出现质量问题的建设工程或者竣工验收不合格的建设工程，应当负责返修。选项C、D错误，因施工人的原因致使建设工程质量不符合约定的，发包单位有权请求施工人在合理期限内无偿修理或者返工、改建。经过修理或者返工、改建后，造成逾期交付的，施工人应当承担违约责任。

［**答案**］B

[2022 真题·单选] 关于建设工程见证取样的说法，正确的是（　　）。

A. 试样由取样人员作出标识、封志，由见证人员签字并对其代表性和真实性负责

B. 涉及结构安全的试块、试件和材料见证取样和送检的比例不得低于有关技术标准中规定应取样数量的 50%

C. 见证人员应当由施工企业中具备施工试验知识的专业技术人员担任

D. 见证人员的基本信息应当书面通知检测单位

[解析] 标识和封志应标明工程名称、取样部位、取样日期、样品名称和样品数量，并由见证人员和取样人员签字，见证人员和取样人员应对试样的代表性和真实性负责，选项 A 错误。涉及结构安全的试块、试件和材料见证取样和送检的比例不得低于有关技术标准中规定应取样数量的 30%，选项 B 错误。见证人员应由建设单位或该工程的监理单位具备建筑施工试验知识的专业技术人员担任，选项 C 错误。

[答案] D

[2021 真题·单选] 关于建设工程总分包责任的说法，正确的是（　　）。

A. 总承包单位应当对分包工程的质量与分包单位向建设单位承担连带责任

B. 分包工程出现质量问题，建设单位仅能要求分包单位承担责任

C. 经建设单位同意分包的工程，总承包单位对分包工程的质量可以不承担责任

D. 总承包单位与分包单位对分包工程的质量各自向建设单位承担相应责任

[解析] 建筑工程实行总承包的，工程质量由工程总承包单位负责，总承包单位将建筑工程分包给其他单位的，应当对分包工程的质量与分包单位承担连带责任。分包单位应当接受总承包单位的质量管理。

[答案] A

[2021 真题·单选] 关于建设工程返修的说法，正确的是（　　）。

A. 施工企业仅对已完成的工程负责返修

B. 对施工中出现质量问题的建设工程，无论是否属于施工企业原因造成的，施工企业都应当负责返修

C. 对竣工验收不合格的建设工程，若是非施工企业原因造成的质量问题，施工企业不负责返修

D. 对竣工验收不合格的建设工程，若是施工企业原因造成的质量问题，由施工企业有偿返修

[解析] 选项 A 错误，不论是施工过程中出现质量问题的建设工程，还是竣工验收时发现质量问题的工程，施工单位都要负责返修。选项 C 错误，对于非施工单位原因造成的质量问题，施工单位也应当负责返修，但是因此造成的损失及返修费用由责任方负责。选项 D 错误，因施工人的原因致使建设工程质量不符合约定的，发包人有权请求施工人在合理期限内无偿修理或者返工、改建。返修作为施工单位的法定义务，其返修包括施工过程中出现质量问题的建设工程和竣工验收不合格的建设工程两种情形。

[答案] B

［2021 真题·单选］关于工程质量检测的说法，正确的是（　　）。

A. 检测报告必须由检测机构法定代表人签署

B. 检测机构可以是不具有独立法人资格的非营利性中介机构

C. 检测人员不得同时受聘于两个或两个以上检测机构

D. 检测数据和检测报告仅供施工企业参考

［解析］检测报告经检测人员签字、检测机构法定代表人或者其授权的签字人签署，并加盖检测机构公章或者检测专用章后方可生效。工程质量检测机构是具有独立法人资格的中介机构。检测报告经建设单位或者工程监理单位确认后，由施工单位归档。

［答案］C

［2021 真题·单选］施工人员对涉及结构安全的试块，应当现场采样并提交检测，负责见证监督的单位是（　　）。

A. 设计单位或者监理单位

B. 建设工程质量监督机构或者监理单位

C. 施工图审查机构或者建设单位

D. 监理单位或者建设单位

［解析］施工人员对涉及结构安全的试块、试件以及有关材料，应当在建设单位或者工程监理单位监督下现场取样，并送具有相应资质等级的质量检测单位进行检测。

［答案］D

［2021 真题·单选］关于工程质量检测的说法，正确的是（　　）。

A. 检测机构应当建立档案管理制度，并应当单独建立检测结果不合格项目台账

B. 应当由施工企业委托具有相应资质的检测机构进行检测

C. 检测机构可以监制建筑材料、构配件和设备

D. 检测报告经设计单位或者工程监理单位确认后，由建设单位归档

［解析］检测机构应当建立档案管理制度，并应当单独建立检测结果不合格项目台账，选项 A 正确。质量检测业务由工程项目建设单位委托具有相应资质的检测机构进行检测，选项 B 错误。检测机构和检测人员不得推荐或者监制建筑材料、构配件和设备，选项 C 错误。检测报告经建设单位或者工程监理单位确认后，由施工单位归档，选项 D 错误。

［答案］A

［2020 真题·单选］施工企业在施工过程中发现设计文件和图纸有差错的，应当（　　）。

A. 及时提出意见和建议

B. 继续按照设计文件和图纸进行施工

C. 由施工企业技术负责人按照技术标准修改设计文件和图纸

D. 按照通常做法施工

［解析］施工单位在施工过程中发现设计文件和图纸有差错的，应当及时提出意见和建议。

［答案］A

第五节　建设工程竣工验收制度

知识点 1　竣工验收的主体和法定条件

根据《建设工程质量管理条例》的规定，竣工验收的时间、主体和法定条件见表 7-5-1。

表 7-5-1　竣工验收的时间、主体和法定条件

项目	内容
竣工验收时间	收到建设工程竣工报告后
竣工验收主体	建设单位组织
	设计、施工、工程监理等有关单位参加
竣工验收条件	（1）完成建设工程设计和合同约定的各项内容； （2）有完整的技术档案和施工管理资料； （3）有工程使用的主要建筑材料、建筑构配件和设备的进场试验报告； （4）有勘察、设计、施工、工程监理等单位分别签署的质量合格文件； （5）有施工单位签署的工程保修书

建设工程经验收合格的，方可交付使用。

知识点 2　建设工程档案资料管理

根据《建设工程质量管理条例》，建设单位应当严格按照国家有关档案管理的规定，及时收集、整理建设项目各环节的文件资料，建立、健全建设项目档案，并在建设工程竣工验收后，及时向建设行政主管部门或者其他有关部门移交建设项目档案。

根据《城市建设档案管理规定》，建设单位应当在工程竣工验收后 3 个月内，向城建档案馆报送一套符合规定的工程建设档案。凡工程建设档案不齐全的，应当限期补充。停建、缓建工程的档案，暂由建设单位保管。撤销单位的工程建设档案，应当向上级主管机关或者城建档案馆移交。

对改建、扩建和重要部位维修的工程，建设单位应当组织设计、施工单位据实修改、补充和完善原建设工程档案。凡结构和平面布置等改变的，应当重新编制建设工程档案，并在工程竣工后 3 个月内向城建档案馆报送。

《建设工程文件归档规范》进一步规定，工程文件应随工程建设进度同步形成，不得事后补编。每项建设工程应编制一套电子档案，随纸质档案一并移交城建档案管理机构。电子档案签署了具有法律效力的电子印章或电子签名的，可不移交相应纸质档案。

建设工程项目实行总承包管理的，总包单位应负责收集、汇总各分包单位形成的工程档案，并应及时向建设单位移交；各分包单位应将本单位形成的工程文件整理、立卷后及时移交总包单位。建设工程项目由几个单位承包的，各承包单位应负责收集、整理立卷其承包项目的工程文件，并应及时向建设单位移交。

➢ **知识拓展**：城建档案管理部门要规范建设工程档案移交内容，对于加盖电子签章、具备法律效力、符合归档要求的电子文件，可不移交相应纸质档案（竣工图除外）。对于数字化扫描

形成的电子文件，实行纸质、电子双套制移交。对于工程建设项目原生电子档案、建筑信息模型（BIM）等，应一并移交。建设工程档案移交可实行“验收+承诺”或在工程竣工验收备案前一次性移交等方式，对建设周期长或在线上归档的建设工程，可以分阶段验收，分阶段移交。

知识点 3 规划、消防、节能和环保验收

一、规划验收的规定

根据《城乡规划法》，县级以上地方人民政府城乡规划主管部门按照国务院规定对建设工程是否符合规划条件予以核实。未经核实或者经核实不符合规划条件的，建设单位不得组织竣工验收。建设单位应当在竣工验收后6个月内向城乡规划主管部门报送有关竣工验收资料。

二、消防验收的规定

根据《中华人民共和国消防法》，国务院住房和城乡建设主管部门规定应当申请消防验收的建设工程竣工，建设单位应当向住房和城乡建设主管部门申请消防验收。

上述规定以外的其他建设工程，建设单位在验收后应当报住房和城乡建设主管部门备案，住房和城乡建设主管部门应当进行抽查。

依法应当进行消防验收的建设工程，未经消防验收或者消防验收不合格的，禁止投入使用；其他建设工程经依法抽查不合格的，应当停止使用。

三、节能验收的规定

《民用建筑节能条例》规定，建设单位组织竣工验收，应当对民用建筑是否符合民用建筑节能强制性标准进行查验；对不符合民用建筑节能强制性标准的，不得出具竣工验收合格报告。

《建筑节能工程施工质量验收标准》进一步规定，建筑节能工程为单位工程的一个分部工程，可按照分项工程进行验收。当建筑节能分项工程的工程量较大时，可将分项工程分为若干个检验批进行验收。

建筑节能分部工程的质量验收，应在施工单位自检合格，且检验批、分项工程全部验收合格的基础上，进行外墙节能构造、外窗气密性能现场实体检验和设备系统节能性能检测，确认建筑节能工程质量达到验收条件后方可进行。

参加建筑节能工程验收的各方人员应具备相应的资格，其程序和组织应符合下列规定：

（1）节能工程检验批验收和隐蔽工程验收应由专业监理工程师组织并主持，施工单位相关专业的质量检查员与施工员参加验收。

（2）节能分项工程验收应由专业监理工程师组织并主持，施工单位项目技术负责人和相关专业的质量检查员、施工员参加验收；必要时可邀请主要设备、材料供应商及分包单位、设计单位相关专业的人员参加验收。

（3）节能分部工程验收应由总监理工程师组织并主持，施工单位项目负责人、项目技术负责人和相关专业的负责人、质量检查员、施工员参加验收；施工单位的质量、技术负责人应参加验收；设计单位项目负责人及相关专业负责人应参加验收；主要设备、材料供应商及分包单位负责人应参加验收。

《节约能源法》规定，国家实行固定资产投资项目节能评估和审查制度。不符合强制性

节能标准的项目，建设单位不得开工建设；已经建成的，不得投入生产、使用。政府投资项目不符合强制性节能标准的，依法负责项目审批的机关不得批准建设。具体办法由国务院管理节能工作的部门会同国务院有关部门制定。

建筑工程的建设、设计、施工和监理单位应当遵守建筑节能标准。不符合建筑节能标准的建筑工程，建设主管部门不得批准开工建设；已经开工建设的，应当责令停止施工、限期改正；已经建成的，不得销售或者使用。

四、环保验收的规定

根据《中华人民共和国环境保护法》，建设项目中防治污染的设施，应当与主体工程同时设计、同时施工、同时投产使用。防治污染的设施应当符合经批准的环境影响评价文件的要求，不得擅自拆除或者闲置。

根据《建设项目环境保护管理条例》，编制环境影响报告书、环境影响报告表的建设项目竣工后，建设单位应当按照国务院环境保护行政主管部门规定的标准和程序，对配套建设的环境保护设施进行验收，编制验收报告。

建设单位在环境保护设施验收过程中，应当如实查验、监测、记载建设项目环境保护设施的建设和调试情况，不得弄虚作假。除按照国家规定需要保密的情形外，建设单位应当依法向社会公开验收报告。

分期建设、分期投入生产或者使用的建设项目，其相应的环境保护设施应当分期验收。

编制环境影响报告书、环境影响报告表的建设项目，其配套建设的环境保护设施经验收合格，方可投入生产或者使用；未经验收或者验收不合格的，不得投入生产或者使用。上述规定的建设项目投入生产或者使用后，应当按照国务院环境保护行政主管部门的规定开展环境影响后评价。

知识点 4 竣工验收报告备案

第七章

根据《建设工程质量管理条例》的规定，建设单位应当自建设工程竣工验收合格之日起15日内，将建设工程竣工验收报告和规划、公安消防、环保等部门出具的认可文件或者准许使用文件报建设行政主管部门或者其他有关部门备案。

《房屋建筑工程和市政基础设施工程竣工验收备案管理办法》进一步规定：建设单位应当自工程竣工验收合格之日起15日内，依照本办法规定，向工程所在地的县级以上地方人民政府建设主管部门（以下简称备案机关）备案。

建设单位办理工程竣工验收备案应当提交下列文件：

（1）工程竣工验收备案表。

（2）工程竣工验收报告。竣工验收报告应当包括工程报建日期，施工许可证号，施工图设计文件审查意见，勘察、设计、施工、工程监理等单位分别签署的质量合格文件及验收人员签署的竣工验收原始文件，市政基础设施的有关质量检测和功能性试验资料以及备案机关认为需要提供的有关资料。

（3）法律、行政法规规定应当由规划、环保等部门出具的认可文件或者准许使用文件。

（4）施工单位签署的工程质量保修书。

（5）法规、规章规定必须提供的其他文件。

商品住宅还应当提交《住宅质量保证书》和《住宅使用说明书》。

备案机关收到建设单位报送的竣工验收备案文件，验证文件齐全后，应当在工程竣工验收备案表上签署文件收讫。工程竣工验收备案表一式两份，一份由建设单位保存，一份留备案机关存档。

工程质量监督机构应当在工程竣工验收之日起 5 日内，向备案机关提交工程质量监督报告。

备案机关发现建设单位在竣工验收过程中有违反国家有关建设工程质量管理规定行为的，应当在收讫竣工验收备案文件 15 日内，责令停止使用，重新组织竣工验收。

实战演练

［2024 真题·单选］关于建筑工程节能验收的说法，正确的是（　　）。

A. 国家实行固定资产投资项目节能评估和备案制度

B. 对不符合推荐性节能标准的项目，建设单位不得开工建设

C. 建筑节能分部工程验收合格后方可进行单位工程竣工验收

D. 建筑节能检验批、分项工程全部合格即可进行节能分部工程验收

［解析］选项 A 错误，国家实行固定资产投资项目节能评估和审查制度。选项 B 错误，不符合强制性节能标准的项目，建设单位不得开工建设；已经建成的，不得投入生产、使用。选项 C 正确，单位工程竣工验收应在建筑节能分部工程验收合格后进行。选项 D 错误，建筑节能分部工程的质量验收，应在施工单位自检合格，且检验批、分项工程全部合格的基础上，进行外墙节能构造、外窗气密性现场实体检测和设备系统节能性能检测，确认建筑节能工程质量达到验收的条件后方可进行。

［答案］C

［2023 真题·单选］根据《城市建设档案管理规定》和《建设工程文件归档规范》，关于工程竣工验收后提交档案资料的说法，正确的是（　　）。

A. 勘察、设计、施工、监理等单位应当将本单位形成的工程文件立卷后向城建档案馆移交

B. 对改建的工程，建设单位应当组织设计、施工单位据实修改、补充和完善原建设工程档案

C. 建设单位应当在工程竣工验收后 6 个月内，向城建档案馆报送建设工程档案

D. 施工分包单位应将本单位形成的工程文件立卷后向建设单位移交

［解析］选项 A 错误，《建设工程文件归档规范》规定，勘察、设计、施工、监理等单位应将本单位形成的工程文件立卷后向建设单位移交。选项 B 正确，对改建、扩建和重要部位维修的工程，建设单位应当组织设计、施工单位据实修改、补充和完善原建设工程档案。选项 C 错误，建设单位应当在工程竣工验收后 3 个月内，向城建档案馆报送一套符合规定的建设工程档案。选项 D 错误，各分包单位应将本单位形成的工程文件整理、立卷后及时移交总包单位。

［答案］B

［2021 真题·单选］建筑节能分部工程验收的主持人应当是（　　）。

A. 施工企业项目经理　　B. 设计单位节能设计负责人

C. 总监理工程师（建设单位项目负责人）　　D. 施工企业技术负责人

［解析］节能分部工程验收应由总监理工程师（建设单位项目负责人）主持，施工单位项目经理、项目技术负责人和相关专业的质量检查员、施工员参加，施工单位的质量或技术负责人应参加，设计单位节能设计人员应参加。

［答案］C

［经典例题·单选］关于建设工程竣工规划验收的说法，正确的是（　　）。

A. 建设单位应当向住房城乡建设主管部门提出竣工规划验收申请

B. 建设工程未经核实或者核实不符合规划条件的，建设单位不得组织竣工验收

C. 对于验收合格的建设工程，城乡规划行政主管部门出具建设工程规划许可证

D. 建设单位应当在竣工验收后 3 个月内向城乡规划主管部门报送有关竣工验收材料

［解析］县级以上地方人民政府城乡规划主管部门对建设工程是否符合规划条件予以核实；未经核实或者经核实不符合规划条件的，建设单位不得组织竣工验收；建设单位应当在竣工验收后 6 个月内向城乡规划主管部门报送有关竣工验收资料。建设工程竣工后，建设单位应当依法向城乡规划行政主管部门提出竣工规划验收申请。对于验收合格的，由城乡规划行政主管部门出具规划认可文件或核发建设工程竣工规划验收合格证。

［答案］B

［2021 真题·多选］建设工程竣工验收应当具备的条件有（　　）。

A. 有完整的技术档案和施工管理资料

B. 有施工企业签署的工程保修书

C. 有工程使用的主要建筑材料、建筑构配件和设备的进场试验报告

D. 有勘察、设计、施工、监理等单位分别签署的质量合格文件

E. 已经办理工程竣工资料归档手续

［解析］建设工程竣工验收应当具备下列条件：①完成建设工程设计和合同约定的各项内容；②有完整的技术档案和施工管理资料；③有工程使用的主要建筑材料、建筑构配件和设备的进场试验报告；④有勘察、设计、施工、工程监理等单位分别签署的质量合格文件；⑤有施工单位签署的工程保修书。

［答案］ABCD

［2020 真题·多选］根据《房屋建筑工程和市政基础设施工程竣工验收备案管理办法》，建设单位办理工程竣工验收备案应当提交的文件包括（　　）。

A. 规划、环保等部门出具的许可文件或者准许使用文件

B. 建筑工程施工许可证

C. 工程竣工验收报告

D. 施工企业签署的工程质量保修书

E. 工程竣工验收备案表

［解析］建设单位办理工程竣工验收备案应当提交下列文件：①工程竣工验收备案表。②工程竣工验收报告。竣工验收报告应当包括工程报建日期，施工许可证号，施工图设计文件审查意见，勘察、设计、施工、工程监理等单位分别签署的质量合格文件及验收人员签署的竣工验收原始文件，市政基础设施的有关质量检测和功能性试验资料以及备案机关认为需要提供的有关资料。③法律、行政法规规定应当由规划、环保等部门出具的认可文件或者准许使用文件。④施工单位签署的工程质量保修书。⑤法规、规章规定必须提供的其他文件。商品住宅还应当提交《住宅质量保证书》和《住宅使用说明书》。

［答案］CDE

第六节 建设工程质量保修制度

知识点 1 质量保修书和最低保修期限的规定

一、质量保修书

根据《建设工程质量管理条例》，建设工程实行质量保修制度。建设工程承包单位在向建设单位提交工程竣工验收报告时，应当向建设单位出具质量保修书。质量保修书中应当明确建设工程的保修范围、保修期限和保修责任等。

根据《建筑法》，建筑工程的保修范围应当包括地基基础工程、主体结构工程、屋面防水工程和其他土建工程，以及电气管线、上下水管线的安装工程，供热、供冷系统工程等项目。

二、建设工程的最低保修期限

根据《建设工程质量管理条例》，在正常使用条件下，建设工程的最低保修期限为：

（1）基础设施工程、房屋建筑的地基基础工程和主体结构工程，为设计文件规定的该工程的合理使用年限。

（2）屋面防水工程、有防水要求的卫生间、房间和外墙面的防渗漏，为5年。

（3）供热与供冷系统，为2个采暖期、供冷期。

（4）电气管线、给排水管道、设备安装和装修工程，为2年。

其他项目的保修期限由发包方与承包方约定。

建设工程的保修期，自竣工验收合格之日起计算。

建设工程在保修范围和保修期限内发生质量问题的，施工单位应当履行保修义务，并对造成的损失承担赔偿责任。

建设工程在超过合理使用年限后需要继续使用的，产权所有人应当委托具有相应资质等级的勘察、设计单位鉴定，并根据鉴定结果采取加固、维修等措施，重新界定使用期。

知识点 2 质量责任的损失赔偿

《最高人民法院关于审理建设工程施工合同纠纷案件适用法律问题的解释（一）》（法释〔2020〕25号）规定，因保修人未及时履行保修义务，导致建筑物毁损或者造成人身损害、财产损失的，保修人应当承担赔偿责任。保修人与建筑物所有人或者发包人对建筑物毁损均有过错的，各自承担相应的责任。

《建设工程质量管理条例》释义规定：

（1）施工单位未按国家有关规范、标准和设计要求施工，造成的质量缺陷，由施工单位负责返修并承担经济责任。

（2）由于设计方面的原因造成的质量缺陷，先由施工单位负责维修，其经济责任按有关规定通过建设单位向设计单位索赔。

（3）因建筑材料、构配件和设备质量不合格引起的质量缺陷，先由施工单位负责维修，其经济责任属于施工单位采购的或经其验收同意的，由施工单位承担经济责任；属于建设单位采购的，由建设单位承担经济责任。

（4）因建设单位（含监理单位）错误管理造成的质量缺陷，先由施工单位负责维修，其经济责任由建设单位承担，如属监理单位责任，则由建设单位向监理单位索赔。

（5）因使用单位使用不当造成的损坏问题，先由施工单位负责维修，其经济责任由使用单位自行负责。

（6）因地震、洪水、台风等不可抗拒原因造成的损坏问题，先由施工单位负责维修，建设参与各方根据国家具体政策分担经济责任。

➢ **名师点拨：** 发生质量问题，无论谁的原因一律由施工单位负责维修，谁的责任谁承担经济责任。

知识点 3 工程质量保证金的规定

《建设工程质量保证金管理办法》（建质〔2017〕138 号）规定，建设工程质量保证金（以下简称保证金）是指发包人与承包人在建设工程承包合同中约定，从应付的工程款中预留，用以保证承包人在缺陷责任期内对建设工程出现的缺陷进行维修的资金。

缺陷是指建设工程质量不符合工程建设强制性标准、设计文件，以及承包合同的约定。

缺陷责任期一般为 1 年，最长不超过 2 年，由发、承包双方在合同中约定。

发包人应当在招标文件中明确保证金预留、返还等内容，并与承包人在合同条款中对涉及保证金的下列事项进行约定：①保证金预留、返还方式；②保证金预留比例、期限；③保证金是否计付利息，如计付利息，利息的计算方式；④缺陷责任期的期限及计算方式；⑤保证金预留、返还及工程维修质量、费用等争议的处理程序；⑥缺陷责任期内出现缺陷的索赔方式；⑦逾期返还保证金的违约金支付办法及违约责任。

缺陷责任期内，实行国库集中支付的政府投资项目，保证金的管理应按国库集中支付的有关规定执行。其他政府投资项目，保证金可以预留在财政部门或发包方。缺陷责任期内，如发包方被撤销，保证金随交付使用资产一并移交使用单位管理，由使用单位代行发包人职责。

社会投资项目采用预留保证金方式的，发、承包双方可以约定将保证金交由第三方金融机构托管。

推行银行保函制度，承包人可以银行保函替代预留保证金。

在工程项目竣工前，已经缴纳履约保证金的，发包人不得同时预留工程质量保证金。采用工程质量保证担保、工程质量保险等其他保证方式的，发包人不得再预留保证金。

发包人应按照合同约定方式预留保证金，保证金总预留比例不得高于工程价款结算总额的3%。合同约定由承包人以银行保函替代预留保证金的，保函金额不得高于工程价款结算总额的3%。

缺陷责任期从工程通过竣工验收之日起计。由于承包人原因导致工程无法按规定期限进行竣工验收的，缺陷责任期从实际通过竣工验收之日起计。由于发包人原因导致工程无法按规定期限进行竣工验收的，在承包人提交竣工验收报告90天后，工程自动进入缺陷责任期。

缺陷责任期内，由承包人原因造成的缺陷，承包人应负责维修，并承担鉴定及维修费用。如承包人不维修也不承担费用，发包人可按合同约定从保证金或银行保函中扣除，费用超出保证金额的，发包人可按合同约定向承包人进行索赔。承包人维修并承担相应费用后，不免除对工程的损失赔偿责任。

由他人原因造成的缺陷，发包人负责组织维修，承包人不承担费用，且发包人不得从保证金中扣除费用。

缺陷责任期内，承包人认真履行合同约定的责任，到期后，承包人向发包人申请返还保证金。

发包人在接到承包人返还保证金申请后，应于14天内会同承包人按照合同约定的内容进行核实。如无异议，发包人应当按照约定将保证金返还给承包人。对返还期限没有约定或者约定不明确的，发包人应当在核实后14天内将保证金返还承包人，逾期未返还的，依法承担违约责任。发包人在接到承包人返还保证金申请后14天内不予答复，经催告后14天内仍不予答复，视同认可承包人的返还保证金申请。

实战演练

［2024真题·单选］根据《建设工程质量保证金管理办法》，关于缺陷责任期的说法，正确的是（　　）。

A. 由于发包人原因导致工程无法按规定期限进行竣工验收的，在承包人提交竣工验收报告90天后，工程自动进入缺陷责任期

B. 缺陷责任期最短不得少于2年，具体期限由发、承包双方在合同中约定

C. 缺陷责任期从承包人提交竣工验收报告之日起计

D. 由于承包人原因导致工程无法按规定期限进行竣工验收的，缺陷责任期从实际完成竣工验收备案之日起计

［解析］选项B错误，缺陷责任期一般为1年，最长不超过2年，由发、承包双方在合同中约定。选项C错误，缺陷责任期从工程通过竣工验收之日起计。选项D错误，由于承包人原因导致工程无法按规定期限进行竣工验收的，缺陷责任期从实际通过竣工验收之日起计。

［答案］A

［2020真题·单选］关于建设工程质量保修期限的说法，正确的是（　　）。

A. 地基基础工程的主体结构的保修期不低于50年

B. 建设单位与施工企业在保修合同中约定的保修期限应当高于法定的最低保修期限

C. 建设工程的法定保修期限为其最低保修期限

D. 建设工程超过主体结构保修期的，不得继续使用

[解析]《建设工程质量管理条例》规定，在正常使用条件下，基础设施工程、房屋建筑的地基基础工程和主体结构工程的最低保修期限为设计文件规定的该工程的合理使用年限，选项A错误。建设单位与施工单位经平等协商另行签订保修合同的，其保修期限可以高于法定的最低保修期限，但不能低于最低保修期限，否则视作无效，选项B错误。《建设工程质量管理条例》规定，建设工程在超过合理使用年限后需要继续使用的，产权所有人应当委托具有相应资质等级的勘察、设计单位鉴定，并根据鉴定结果采取加固、维修等措施，重新界定使用期，选项D错误。

[答案] C

[经典例题·单选] 关于建设工程质量保修的说法，正确的是（　　）。

A. 不同类型的建设工程，质量保修范围不同

B. 合同约定的保修期限不能高于法定保修期限

C. 工程的合理使用年限与施工企业的质量责任年限无关

D. 建设工程保修期的起始日是工程实际竣工之日

[解析] 选项B错误，合同约定的保修期限可以高于法定的最低保修期限。选项C错误，工程的合理使用年限与施工企业的质量责任年限有关。选项D错误，建设工程保修期的起始日是工程竣工验收合格之日。

[答案] A

[2022真题·多选] 根据《建设工程质量保证金管理办法》，关于缺陷责任期确定的说法，正确的有（　　）。

A. 由于承包人原因导致迟延进行竣工验收的，缺陷责任期从合同约定的竣工之日起计

B. 缺陷责任期一般为1年，最长不超过2年

C. 缺陷责任期从工程通过竣工验收之日起计

D. 由于承包人原因导致工程无法按规定期限进行竣工验收的，缺陷责任期从实际通过竣工验收之日起计

E. 由于发包人原因导致工程无法按规定期限进行竣工验收的，在承包人提交竣工验收报告90天后，工程自动进入缺陷责任期

[解析]《建设工程质量保证金管理办法》规定，缺陷责任期一般为1年，最长不超过2年，由发、承包双方在合同中约定，选项B正确。缺陷责任期从工程通过竣工验收之日起计，选项C正确。由于承包人原因导致工程无法按规定期限进行竣工验收的，缺陷责任期从实际通过竣工验收之日起计，选项A错误、选项D正确。由于发包人原因导致工程无法按规定期限进行竣工验收的，在承包人提交竣工验收报告90天后，工程自动进入缺陷责任期，选项E正确。

[答案] BCDE

［**2021 真题·多选**］根据《建设工程质量管理条例》，下列工程中，法定最低保修期限为 2 年的有（　　）。

A. 房屋建筑的主体结构工程

B. 装修工程

C. 给排水管道工程

D. 屋面防水工程

E. 设备安装工程

［**解析**］电气管线、给排水管道、设备安装和装修工程，保修期为 2 年。

［**答案**］BCE

［**2020 真题·多选**］建设工程承包单位应当向建设单位出具质量保修书，其内容包括建设工程的（　　）。

A. 保修范围

B. 工程概况和施工管理要求

C. 保修期限

D. 保修责任

E. 超过合理使用年限继续使用的条件

［**解析**］质量保修书中应当明确建设工程的保修范围、保修期限和保修责任等。

［**答案**］ACD

［**2020 真题·多选**］关于建设工程质量保修制度的说法，正确的有（　　）。

A. 施工企业不履行保修义务或者拖延履行保修义务的，责令改正，处 5 万元以上 30 万元以下的罚款

B. 由他人原因造成的缺陷，承包人负责组织维修并承担相应费用

C. 承包人维修并承担相应费用后，对工程的损失赔偿责任即可免除

D. 缺陷责任期内，由承包人原因造成的缺陷，承包人应当负责维修，并承担鉴定及维修费用

E. 质量保证金应当在缺陷责任期到期后，由承包人向发包人申请返还

［**解析**］选项 A 错误，《建设工程质量管理条例》规定，施工单位不履行保修义务或者拖延履行保修义务的，责令改正，处 10 万元以上 20 万元以下的罚款，并对在保修期内因质量缺陷造成的损失承担赔偿责任。选项 B 错误，由他人原因造成的缺陷，发包人负责组织维修，承包人不承担费用，且发包人不得从保证金中扣除费用。选项 C 错误，承包人维修并承担相应费用后，不免除对工程的损失赔偿责任。选项 D 正确，缺陷责任期内，由承包人原因造成的缺陷，承包人应负责维修，并承担鉴定及维修费用。选项 E 正确，缺陷责任期内，承包人认真履行合同约定的责任，到期后，承包人向发包人申请返还保证金。

［**答案**］DE

第八章

建设工程环境保护和历史文化遗产保护法律制度

本章导学

本章包括“建设工程环境保护制度”“施工中历史文化遗产保护制度”两节内容。其中，“建设工程环境保护制度”以《中华人民共和国环境保护法》（以下简称《环境保护法》）为基础，结合《中华人民共和国噪声污染防治法》（以下简称《噪声污染防治法》）、《中华人民共和国大气污染防治法》、《中华人民共和国水污染防治法》、《中华人民共和国固体废物污染环境防治法》（以下简称《固体废物污染环境防治法》）等相关法律法规进行编写。“施工中历史文化遗产保护制度”以《中华人民共和国文物保护法》（以下简称《文物保护法》）为主线，结合《中华人民共和国文物保护法实施条例》（以下简称《文物保护法实施条例》）、《历史文化名城名镇名村保护条例》等相关法律法规进行编写。此外，考试中对“建设工程环境保护制度”的考查较多，且较易得分；而“施工中历史文化遗产保护制度”的知识点较难记忆，不易得分。

第一节　建设工程环境保护制度

知识点 1　建设工程大气污染防治

大气污染是由于人类活动或自然过程引起某些物质进入大气中，呈现出足够的浓度，并达到有害的程度，以至破坏生态系统和人类正常生存和生活条件，危害人或物的现象。

根据《大气污染防治法》，建设工程中涉及大气污染防治的相关规定见表 8-1-1。

表 8-1-1　建设工程中涉及大气污染防治的相关规定

项目	相关规定
企业事业单位和其他生产经营者大气污染防治	(1) 企业事业单位和其他生产经营者应当采取有效措施，防止、减少大气污染，对所造成的损害依法承担责任； (2) 企业事业单位和其他生产经营者建设对大气环境有影响的项目，应当依法进行环境影响评价、公开环境影响评价文件； (3) 企业事业单位和其他生产经营者向大气排放污染物的，应当依照法律法规和国务院生态环境主管部门的规定设置大气污染物排放口。禁止通过偷排、篡改或者伪造监测数据、以逃避现场检查为目的的临时停产、非紧急情况下开启应急排放通道、不正常运行大气污染防治设施等逃避监管的方式排放大气污染物； (4) 企业事业单位和其他生产经营者应当按照国家有关规定和监测规范，对其排放的工业废气和《大气污染防治法》第七十八条规定名录中所列有毒有害大气污染物进行监测，并保存原始监测记录
建设单位大气污染防治	(1) 建设单位应当将防治扬尘污染的费用列入工程造价，并在施工承包合同中明确施工单位扬尘污染防治责任； (2) 暂时不能开工的建设用地，建设单位应当对裸露地面进行覆盖；超过 3 个月的，应当进行绿化、铺装或者遮盖
施工单位大气污染防治	(1) 施工单位应当制定具体的施工扬尘污染防治实施方案； (2) 施工单位应当在施工工地设置硬质围挡，并采取覆盖、分段作业、择时施工、洒水抑尘、冲洗地面和车辆等有效防尘降尘措施。建筑土方、工程渣土、建筑垃圾应当及时清运；在场地内堆存的，应当采用密闭式防尘网遮盖。工程渣土、建筑垃圾应当进行资源化处理； (3) 施工单位应当在施工工地公示扬尘污染防治措施、负责人、扬尘监督管理主管部门等信息
重点区域大气污染防治	(1) 编制可能对国家大气污染防治重点区域的大气环境造成严重污染的有关工业园区、开发区、区域产业和发展等规划，应当依法进行环境影响评价； (2) 重点区域内有关省、自治区、直辖市建设可能对相邻省、自治区、直辖市大气环境质量产生重大影响的项目，应当及时通报有关信息，进行会商。会商意见及其采纳情况作为环境影响评价文件审查或者审批的重要依据； (3) 国家大气污染防治重点区域内新建、改建、扩建用煤项目的，应当实行煤炭的等量或者减量替代

第八章

续表

项目	相关规定
机动车大气污染防治	在用机动车排放大气污染物超过标准的，应当进行维修；经维修或者采用污染控制技术后，大气污染物排放仍不符合国家在用机动车排放标准的，应当强制报废。其所有人应当将机动车交售给报废机动车回收拆解企业，由报废机动车回收拆解企业按照国家有关规定进行登记、拆解、销毁等处理。国家鼓励和支持高排放机动车船、非道路移动机械提前报废
其他	(1) 国家对严重污染大气环境的工艺、设备和产品实行淘汰制度。被淘汰的设备和产品，不得转让给他人使用； (2) 运输煤炭、垃圾、渣土、砂石、土方、灰浆等散装、流体物料的车辆应当采取密闭或者其他措施防止物料遗撒造成扬尘污染，并按照规定路线行驶。装卸物料应当采取密闭或者喷淋等方式防治扬尘污染； (3) 贮存煤炭、煤矸石、煤渣、煤灰、水泥、石灰、石膏、砂土等易产生扬尘的物料应当密闭；不能密闭的，应当设置不低于堆放物高度的严密围挡，并采取有效覆盖措施防治扬尘污染。码头、矿山、填埋场和消纳场应当实施分区作业，并采取有效措施防治扬尘污染

《住房和城乡建设部办公厅关于进一步加强施工工地和道路扬尘管控工作的通知》（建办质〔2019〕23号）规定，应积极采取施工工地防尘降尘措施，提高文明施工和绿色施工水平。主要防尘降尘措施如下：

(1) 对施工现场实行封闭管理。城市范围内主要路段的施工工地应设置高度不小于2.5 m的封闭围挡，一般路段的施工工地应设置高度不小于1.8 m的封闭围挡。

(2) 加强物料管理。在规定区域内的施工现场应使用预拌混凝土及预拌砂浆；采用现场搅拌混凝土或砂浆的场所应采取封闭、降尘、降噪措施。

(3) 注重降尘作业。施工现场土方作业应采取防止扬尘措施，主要道路应定期清扫、洒水。

(4) 硬化路面和清洗车辆。施工现场的主要道路及材料加工区地面应进行硬化处理，道路应畅通，路面应平整坚实。施工现场出入口应设置车辆冲洗设施，并对驶出车辆进行清洗。

(5) 清运建筑垃圾。土方和建筑垃圾的运输应采用封闭式运输车辆或采取覆盖措施。建筑物内施工垃圾的清运，应采用器具或管道运输，严禁随意抛掷。施工现场严禁焚烧各类废弃物。

(6) 加强监测监控。鼓励施工工地安装在线监测和视频监控设备，并与当地有关主管部门联网。

第八章

实战演练

[2019真题·单选] 暂时不能开工的建设用地，超过（　　）个月的，应当进行绿化、铺装或者遮盖。

A. 1　　B. 3

C. 2　　D. 6

［解析］暂时不能开工的建设用地，建设单位应当对裸露地面进行覆盖；超过3个月的，应当进行绿化、铺装或者遮盖。

［答案］B

［2021 真题·多选］关于施工现场大气污染防治的说法，正确的有（　　）。

A. 施工合同应当明确施工企业扬尘污染防治责任

B. 工程渣土、建筑垃圾应当进行资源化处理

C. 小型工程的工程造价可以不列支防治扬尘污染的费用

D. 施工工地应当公示扬尘污染的相关信息

E. 暂时不能开工的施工工地，施工企业应当对裸露地面进行覆盖

［解析］选项A正确、选项C错误，建设单位应当将防治扬尘污染的费用列入工程造价，并在施工承包合同中明确施工单位扬尘污染防治责任。选项B正确，工程渣土、建筑垃圾应当进行资源化处理。选项D正确，施工单位应制定具体的施工扬尘污染防治实施方案，在施工工地公示扬尘污染防治措施、负责人、扬尘监督管理主管部门等信息。选项E错误，暂时不能开工的建设用地，建设单位应当对裸露地面进行覆盖；超过3个月的，应当进行绿化、铺装或者遮盖。

［答案］ABD

知识点 2 建设工程水污染防治

水污染是指水体因某种物质的介入，而导致其化学、物理、生物或者放射性等方面特性的改变，从而影响水的有效利用，危害人体健康或者破坏生态环境，造成水质恶化的现象。

一、《水污染防治法》的相关规定

（一）水污染防治监督管理

（1）新建、改建、扩建直接或者间接向水体排放污染物的建设项目和其他水上设施，应当依法进行环境影响评价。

建设单位在江河、湖泊新建、改建、扩建排污口的，应当取得水行政主管部门或者流域管理机构同意；涉及通航、渔业水域的，环境保护主管部门在审批环境影响评价文件时，应当征求交通、渔业主管部门的意见。

建设项目的水污染防治设施，应当与主体工程同时设计、同时施工、同时投入使用。水污染防治设施应当符合经批准或者备案的环境影响评价文件的要求。

（2）国家对重点水污染物排放实施总量控制制度。

（3）直接或者间接向水体排放工业废水和医疗污水，以及其他按照规定应当取得排污许可证方可排放的废水、污水的企业事业单位和其他生产经营者，应当取得排污许可证；城镇污水集中处理设施的运营单位，也应当取得排污许可证。排污许可证应当明确排放水污染物的种类、浓度、总量和排放去向等要求。

禁止企业事业单位和其他生产经营者无排污许可证，或者违反排污许可证的规定向水体排放上述规定的废水、污水。

(4) 实行排污许可管理的企业事业单位和其他生产经营者应当按照国家有关规定和监测规范，对所排放的水污染物自行监测，并保存原始监测记录。

(二) 水污染防治措施

1. 一般规定

禁止向水体排放油类、酸液、碱液或者剧毒废液。禁止在水体清洗装贮过油类或者有毒污染物的车辆和容器。

禁止向水体排放、倾倒放射性固体废物或者含有高放射性和中放射性物质的废水。向水体排放含低放射性物质的废水，应当符合国家有关放射性污染防治的规定和标准。向水体排放含热废水，应当采取措施，保证水体的水温符合水环境质量标准。

禁止向水体排放、倾倒工业废渣、城镇垃圾和其他废弃物。禁止将含有汞、镉、砷、铬、铅、氰化物、黄磷等的可溶性剧毒废渣向水体排放、倾倒或者直接埋入地下。存放可溶性剧毒废渣的场所，应当采取防水、防渗漏、防流失的措施。

禁止在江河、湖泊、运河、渠道、水库最高水位线以下的滩地和岸坡堆放、存贮固体废弃物和其他污染物。

禁止利用渗井、渗坑、裂隙、溶洞，私设暗管，篡改、伪造监测数据，或者不正常运行水污染防治设施等逃避监管的方式排放水污染物。

2. 工业水污染防治

国家对严重污染水环境的落后工艺和设备实行淘汰制度。

国务院经济综合宏观调控部门会同国务院有关部门，公布限期禁止采用的严重污染水环境的工艺名录和限期禁止生产、销售、进口、使用的严重污染水环境的设备名录。

生产者、销售者、进口者或者使用者应当在规定的期限内停止生产、销售、进口或者使用列入前款规定的设备名录中的设备。工艺的采用者应当在规定的期限内停止采用列入前款规定的工艺名录中的工艺。

依照上述规定被淘汰的设备，不得转让给他人使用。

3. 城镇水污染防治

城镇污水应当集中处理。

城镇污水集中处理设施的运营单位按照国家规定向排污者提供污水处理的有偿服务，收取污水处理费用，保证污水集中处理设施的正常运行。收取的污水处理费用应当用于城镇污水集中处理设施的建设运行和污泥处理处置，不得挪作他用。

(三) 饮用水水源和其他特殊水体保护

国家建立饮用水水源保护区制度。饮用水水源保护区分为一级保护区和二级保护区；必要时，可以在饮用水水源保护区外围划定一定的区域作为准保护区。

在饮用水水源保护区内，禁止设置排污口。

禁止在饮用水水源一级保护区内新建、改建、扩建与供水设施和保护水源无关的建设项目；已建成的与供水设施和保护水源无关的建设项目，由县级以上人民政府责令拆除或者关闭。禁止在饮用水水源一级保护区内从事网箱养殖、旅游、游泳、垂钓或者其他可能污染饮用水水体的活动。

禁止在饮用水水源二级保护区内新建、改建、扩建排放污染物的建设项目；已建成的排放污染物的建设项目，由县级以上人民政府责令拆除或者关闭。在饮用水水源二级保护区内从事网箱养殖、旅游等活动的，应当按照规定采取措施，防止污染饮用水水体。

禁止在饮用水水源准保护区内新建、扩建对水体污染严重的建设项目；改建建设项目，不得增加排污量。

二、《城镇排水与污水处理条例》的相关规定

（一）规划与建设

县级以上地方人民政府应当按照城镇排涝要求，结合城镇用地性质和条件，加强雨水管网、泵站以及雨水调蓄、超标雨水径流排放等设施建设和改造。

新建、改建、扩建市政基础设施工程应当配套建设雨水收集利用设施，增加绿地、砂石地面、可渗透路面和自然地面对雨水的滞渗能力，利用建筑物、停车场、广场、道路等建设雨水收集利用设施，削减雨水径流，提高城镇内涝防治能力。

新区建设与旧城区改建，应当按照城镇排水与污水处理规划确定的雨水径流控制要求建设相关设施。

（二）排水

从事工业、建筑、餐饮、医疗等活动的企业事业单位、个体工商户（以下称排水户）向城镇排水设施排放污水的，应当向城镇排水主管部门申请领取污水排入排水管网许可证。城镇排水主管部门应当按照国家有关标准，重点对影响城镇排水与污水处理设施安全运行的事项进行审查。

排水户应当按照污水排入排水管网许可证的要求排放污水。

（三）污水处理

排水单位和个人应当按照国家有关规定缴纳污水处理费。

向城镇污水处理设施排放污水、缴纳污水处理费的，不再缴纳排污费。

排水监测机构接受城镇排水主管部门委托从事有关监测活动，不得向城镇污水处理设施维护运营单位和排水户收取任何费用。

（四）设施维护与保护

新建、改建、扩建建设工程，不得影响城镇排水与污水处理设施安全。

建设工程开工前，建设单位应当查明工程建设范围内地下城镇排水与污水处理设施的相关情况。城镇排水主管部门及其他相关部门和单位应当及时提供相关资料。

建设工程施工范围内有排水管网等城镇排水与污水处理设施的，建设单位应当与施工单位、设施维护运营单位共同制定设施保护方案，并采取相应的安全保护措施。

因工程建设需要拆除、改动城镇排水与污水处理设施的，建设单位应当制定拆除、改动方案，报城镇排水主管部门审核，并承担重建、改建和采取临时措施的费用。

实战演练

[2024 真题 · 单选] 关于施工水污染防治禁止事项的说法，正确的是（　　）。

A. 禁止向水体排放含放射性物质的废水

B. 禁止向水体排放含热废水

C. 禁止向城镇排水设施排放污水

D. 禁止向水体排放工业废渣

[解析] 选项 A 错误，禁止向水体排放、倾倒放射性固体废物或者含有高放射性和中放射性物质的废水。选项 B 错误，向水体排放含热废水，应当采取措施，保证水体的水温符合水环境质量标准。选项 C 错误，从事工业、建筑、餐饮、医疗等活动的企业事业单位、个体工商户（简称排水户）向城镇排水设施排放污水的，应当向城镇排水主管部门申请领取污水排入排水管网许可证。选项 D 正确，禁止向水体排放、倾倒工业废渣、城镇垃圾和其他废弃物。

[答案] D

[2023 真题 · 多选] 根据《水污染防治法》，应当取得排污许可证的单位（　　）。

A. 工业废气回收单位

B. 排放工业废气的单位

C. 直接或间接向水体排放工业废水和医疗污水的企业事业单位

D. 集中供热设施的燃煤热源生产运营单位

E. 城镇污水集中处理设施的运营单位

[解析] 直接或者间接向水体排放工业废水和医疗污水以及其他按照规定应当取得排污许可证方可排放的废水、污水的企业事业单位，应当取得排污许可证；城镇污水集中处理设施的运营单位，也应当取得排污许可证。

[答案] CE

知识点 3 建设工程固体废物污染环境防治

一、《固体废物污染环境防治法》的相关规定

固体废物，是指在生产、生活和其他活动中产生的丧失原有利用价值或者虽未丧失利用价值但被抛弃或者放弃的固态、半固态和置于容器中的气态的物品、物质以及法律、行政法规规定纳入固体废物管理的物品、物质。经无害化加工处理，并且符合强制性国家产品质量标准，不会危害公众健康和生态安全，或者根据固体废物鉴别标准和鉴别程序认定为不属于固体废物的除外。

建筑垃圾，是指建设单位、施工单位新建、改建、扩建和拆除各类建筑物、构筑物、管网等，以及居民装饰装修房屋过程中产生的弃土、弃料和其他固体废物。

危险废物，是指列入国家危险废物名录或者根据国家规定的危险废物鉴别标准和鉴别方法认定的具有危险特性的固体废物。

（一）监督管理

（1）建设产生、贮存、利用、处置固体废物的项目，应当依法进行环境影响评价，并遵守国家有关建设项目环境保护管理的规定。

（2）建设项目的环境影响评价文件确定需要配套建设的固体废物污染环境防治设施，应当与主体工程同时设计、同时施工、同时投入使用。建设项目的初步设计，应当按照环境保护设计规范的要求，将固体废物污染环境防治内容纳入环境影响评价文件，落实防治固体废物污染环境和破坏生态的措施以及固体废物污染环境防治设施投资概算。

建设单位应当依照有关法律法规的规定，对配套建设的固体废物污染环境防治设施进行验收，编制验收报告，并向社会公开。

（3）在生态保护红线区域、永久基本农田集中区域和其他需要特别保护的区域内，禁止建设工业固体废物、危险废物集中贮存、利用、处置的设施、场所和生活垃圾填埋场。

（二）工业固体废物

（1）产生工业固体废物的单位应当取得排污许可证。排污许可的具体办法和实施步骤由国务院规定。

产生工业固体废物的单位应当向所在地生态环境主管部门提供工业固体废物的种类、数量、流向、贮存、利用、处置等有关资料，以及减少工业固体废物产生、促进综合利用的具体措施，并执行排污许可管理制度的相关规定。

（2）产生工业固体废物的单位应当根据经济、技术条件对工业固体废物加以利用；对暂时不利用或者不能利用的，应当按照国务院生态环境等主管部门的规定建设贮存设施、场所，安全分类存放，或者采取无害化处置措施。贮存工业固体废物应当采取符合国家环境保护标准的防护措施。

建设工业固体废物贮存、处置的设施、场所，应当符合国家环境保护标准。

（3）产生工业固体废物的单位终止的，应当在终止前对工业固体废物的贮存、处置的设施、场所采取污染防治措施，并对未处置的工业固体废物作出妥善处置，防止污染环境。

（4）矿山企业应当采取科学的开采方法和选矿工艺，减少尾矿、煤矸石、废石等矿业固体废物的产生量和贮存量。

国家鼓励采取先进工艺对尾矿、煤矸石、废石等矿业固体废物进行综合利用。

尾矿、煤矸石、废石等矿业固体废物贮存设施停止使用后，矿山企业应当按照国家有关环境保护等规定进行封场，防止造成环境污染和生态破坏。

（三）建筑垃圾

（1）国家鼓励采用先进技术、工艺、设备和管理措施，推进建筑垃圾源头减量，建立建筑垃圾回收利用体系。县级以上地方人民政府应当推动建筑垃圾综合利用产品应用。

（2）县级以上地方人民政府环境卫生主管部门负责建筑垃圾污染环境防治工作，建立建筑垃圾全过程管理制度，规范建筑垃圾产生、收集、贮存、运输、利用、处置行为，推进综合利用，加强建筑垃圾处置设施、场所建设，保障处置安全，防止污染环境。

（3）工程施工单位应当编制建筑垃圾处理方案，采取污染防治措施，并报县级以上地方人民政府环境卫生主管部门备案。

工程施工单位应当及时清运工程施工过程中产生的建筑垃圾等固体废物，并按照环境卫生主管部门的规定进行利用或者处置。

工程施工单位不得擅自倾倒、抛撒或者堆放工程施工过程中产生的建筑垃圾。

（四）危险废物

对危险废物的容器和包装物以及收集、贮存、运输、利用、处置危险废物的设施、场所，应当按照规定设置危险废物识别标志。

从事收集、贮存、利用、处置危险废物经营活动的单位，应当按照国家有关规定申请取得许可证。

禁止无许可证或者未按照许可证规定从事危险废物收集、贮存、利用、处置的经营活动。

禁止将危险废物提供或者委托给无许可证的单位或者其他生产经营者从事收集、贮存、利用、处置活动。

收集、贮存危险废物，应当按照危险废物特性分类进行。禁止混合收集、贮存、运输、处置性质不相容而未经安全性处置的危险废物。

贮存危险废物应当采取符合国家环境保护标准的防护措施。禁止将危险废物混入非危险废物中贮存。

从事收集、贮存、利用、处置危险废物经营活动的单位，贮存危险废物不得超过 1 年；确需延长期限的，应当报经颁发许可证的生态环境主管部门批准；法律、行政法规另有规定的除外。

因发生事故或者其他突发性事件，造成危险废物严重污染环境的单位，应当立即采取有效措施消除或者减轻对环境的污染危害，及时通报可能受到污染危害的单位和居民，并向所在地生态环境主管部门和有关部门报告，接受调查处理。

二、《住房和城乡建设部关于推进建筑垃圾减量化的指导意见》的相关规定

推进建筑垃圾减量化是建筑垃圾治理体系的重要内容，是节约资源、保护环境的重要举措。主要措施如下。

（1）开展绿色策划。包括落实企业主体责任、实施新型建造方式、采用新型组织模式等。

（2）实施绿色设计。包括树立全寿命期理念、提高设计质量。

（3）推广绿色施工。包括：

①编制专项方案。施工单位应组织编制施工现场建筑垃圾减量化专项方案，明确建筑垃圾减量化目标和职责分工，提出源头减量、分类管理、就地处置、排放控制的具体措施。

②做好设计深化和施工组织优化。

③强化施工质量管控。

④提高临时设施和周转材料的重复利用率。

⑤推行临时设施和永久性设施的结合利用。

⑥实行建筑垃圾分类管理。施工单位应建立建筑垃圾分类收集与存放管理制度，实行分类收集、分类存放、分类处置。鼓励以末端处置为导向对建筑垃圾进行细化分类。严禁将危险废物和生活垃圾混入建筑垃圾。

⑦引导施工现场建筑垃圾再利用。

⑧减少施工现场建筑垃圾排放。

实战演练

[2022真题·单选] 根据《住房和城乡建设部关于推进建筑垃圾减量化的指导意见》，关于建筑垃圾处理的说法，正确的是（　　）。

A. 建设单位应当建立建筑垃圾分类收集与存放管理制度

B. 建筑垃圾实行分类收集、分类存放、统一处置制度

C. 鼓励以前端收集为导向对建筑垃圾进行细化分类

D. 落实建设单位建筑垃圾减量化的首要责任

[解析]《住房和城乡建设部关于推进建筑垃圾减量化的指导意见》规定，施工单位应建立建筑垃圾分类收集与存放管理制度，实行分类收集、分类存放、分类处置，选项A、B错误。鼓励以末端处置为导向对建筑垃圾进行细化分类，严禁将危险废物和生活垃圾混入建筑垃圾，选项C错误。

[答案] D

[2021真题·单选] 关于危险废物污染环境防治的说法，正确的是（　　）。

A. 危险废物的容器和包装物应当根据实际需要设置危险废物识别标志

B. 从事危险废物经营活动的单位，应当按照国家有关规定申请取得许可证

C. 将危险废物与旅客在同一运输工具上运载的，应当按照国家有关规定申请取得许可证

D. 危险废物的容器和包装物转作他用时，应当经行政主管部门批准

[解析] 选项A错误，对危险废物的容器和包装物以及收集、贮存、运输、利用、处置危险废物的设施、场所，应当按照规定设置危险废物识别标志。选项B正确，从事收集、贮存、利用、处置危险废物经营活动的单位，应当按照国家有关规定申请取得许可证。选项C错误，禁止将危险废物与旅客在同一运输工具上载运。选项D错误，收集、贮存、运输、利用、处置危险废物的场所、设施、设备和容器、包装物及其他物品转作他用时，应当按照国家有关规定经过消除污染处理，方可使用。

[答案] B

知识点4　建设工程噪声污染防治

噪声污染，是指超过噪声排放标准或者未依法采取防控措施产生噪声，并干扰他人正常生活、工作和学习的现象。

一、噪声污染防治标准

（1）国务院生态环境主管部门根据国家声环境质量标准和国家经济、技术条件，制定国家噪声排放标准以及相关的环境振动控制标准。

（2）省、自治区、直辖市人民政府对尚未制定国家噪声排放标准的，可以制定地方噪声排放标准；对已经制定国家噪声排放标准的，可以制定严于国家噪声排放标准的地方噪声排放标准。地方噪声排放标准应当报国务院生态环境主管部门备案。

二、噪声污染防治的监督管理

《噪声污染防治法》规定，新建、改建、扩建可能产生噪声污染的建设项目，应当依法进行环境影响评价。

建设项目的噪声污染防治设施应当与主体工程同时设计、同时施工、同时投产使用。

建设项目在投入生产或者使用之前，建设单位应当依照有关法律法规的规定，对配套建设的噪声污染防治设施进行验收，编制验收报告，并向社会公开。未经验收或者验收不合格的，该建设项目不得投入生产或者使用。

建设单位应当按照规定将噪声污染防治费用列入工程造价，在施工合同中明确施工单位的噪声污染防治责任。

三、建筑施工噪声污染防治

《噪声污染防治法》规定，施工单位应当按照规定制定噪声污染防治实施方案，采取有效措施，减少振动、降低噪声。建设单位应当监督施工单位落实噪声污染防治实施方案。

在噪声敏感建筑物集中区域施工作业，应当优先使用低噪声施工工艺和设备。国务院工业和信息化主管部门会同国务院生态环境、住房和城乡建设、市场监督管理等部门，公布低噪声施工设备指导名录并适时更新。

在噪声敏感建筑物集中区域施工作业，建设单位应当按照国家规定，设置噪声自动监测系统，与监督管理部门联网，保存原始监测记录，对监测数据的真实性和准确性负责。

在噪声敏感建筑物集中区域，禁止夜间进行产生噪声的建筑施工作业，但抢修、抢险施工作业，因生产工艺要求或者其他特殊需要必须连续施工作业的除外。因特殊需要必须连续施工作业的，应当取得地方人民政府住房和城乡建设、生态环境主管部门或者地方人民政府指定的部门的证明，并在施工现场显著位置公示或者以其他方式公告附近居民。

所谓噪声敏感建筑物，是指用于居住、科学研究、医疗卫生、文化教育、机关团体办公、社会福利等需要保持安静的建筑物。

所谓夜间，是指晚上 10 点至次日早晨 6 点之间的期间，设区的市级以上人民政府可以另行规定本行政区域夜间的起止时间，夜间时段长度为 8 h。

所谓噪声敏感建筑物集中区域，是指以用于居住、科学研究、医疗卫生、文化教育、机关团体办公、社会福利等的建筑物为主的区域。

四、其他规定

在噪声敏感建筑物集中区域，禁止新建排放噪声的工业企业，改建、扩建工业企业的，应当采取有效措施防止工业噪声污染。

对已竣工交付使用的住宅楼、商铺、办公楼等建筑物进行室内装修活动，应当按照规定限定作业时间，采取有效措施，防止、减轻噪声污染。

机动车、铁路机车车辆、城市轨道交通车辆、机动船舶等交通运输工具运行时，应当按照规定使用喇叭等声响装置。警车、消防救援车、工程救险车、救护车等机动车安装、使用警报器，应当符合国务院公安等部门的规定；非执行紧急任务，不得使用警报器。

实战演练

［2024 真题·单选］根据《噪声污染防治法》，关于建筑施工噪声污染防治的说法，正确的是（　　）。

A. 对已交付使用的建筑物进行室内装修时应当采取有效噪声防治措施

B. 建设单位应当按照规定制定噪声污染防治实施方案

C. 施工单位应当按照规定将噪声污染防治费用列入工程造价

D. 严禁施工单位夜间进行产生噪声的建筑施工作业

［解析］选项 A 正确，对已竣工交付使用的住宅楼、商铺、办公楼等建筑物进行室内装修活动，应当按照规定限定作业时间，采取有效措施，防止、减轻噪声污染。选项 B 错误，施工单位应当按照规定制定噪声污染防治实施方案，采取有效措施，减少振动、降低噪声。选项 C 错误，建设单位应当按照规定将噪声污染防治费用列入工程造价，在施工合同中明确施工单位的噪声污染防治责任。选项 D 错误，在噪声敏感建筑物集中区域，禁止夜间进行产生噪声的建筑施工作业，但抢修、抢险施工作业，因生产工艺要求或者其他特殊需要必须连续施工作业的除外。

［答案］A

［2023 真题·多选］根据《噪声污染防治法》，关于建设工程噪声污染防治的说法，正确的有（　　）。

A. 施工企业应当按照规定将噪声污染防治费用列入工程造价

B. 建设项目的噪声污染防治设施应当与主体工程同时招标

C. 建设单位应当监督施工单位落实噪声污染防治实施方案

D. 建设项目投产使用前，建设单位应当依照规定对配套建设的噪声污染防治设施进行验收

E. 配套建设的噪声污染防治设施验收不合格的，该建设项目不得投产使用

［解析］选项 A 错误，建设单位应当按照规定将噪声污染防治费用列入工程造价。选项 B 错误，建设项目的噪声污染防治设施应当与主体工程同时设计、同时施工、同时投产使用。

［答案］CDE

［2020 真题改编·多选］在噪声敏感建筑物集中区域内，禁止夜间进行产生噪声的建筑施工作业，但（　　）除外。

A. 经监理单位同意的

B. 抢修作业

C. 抢险作业

D. 因生产工艺上的要求必须连续作业的

E. 因特殊需要必须连续作业的

［解析］在噪声敏感建筑物集中区域，禁止夜间进行产生噪声的建筑施工作业，但抢修、抢险施工作业，因生产工艺要求或者其他特殊需要必须连续施工作业的除外。

［答案］BCDE

［2017 真题改编 · 多选］在噪声敏感建筑物集中区域内，未取得地方人民政府住房和城乡建设、生产环境主管部门或者地方人民政府指定的部门的证明即可在夜间进行产生噪声污染的建筑施工作业有（　　）。

A. 抢修作业

B. 抢险作业

C. 生产工艺上要求必须连续进行的作业

D. 保密工程作业

E. 产生环境噪声污染较轻的作业

［解析］在噪声敏感建筑物集中区域，禁止夜间进行产生噪声的建筑施工作业，但抢修、抢险施工作业，因生产工艺要求或者其他特殊需要必须连续施工作业的除外。因特殊需要必须连续施工作业的，应当取得地方人民政府住房和城乡建设、生态环境主管部门或者地方人民政府指定的部门的证明，并在施工现场显著位置公示或者以其他方式公告附近居民。

［答案］ABC

第二节　施工中历史文化遗产保护制度

知识点 1 受法律保护的文物范围

一、文物及文物保护单位的分级

根据《文物保护法》，古文化遗址、古墓葬、古建筑、石窟寺、石刻、壁画、近代现代重要史迹和代表性建筑等不可移动文物，根据它们的历史、艺术、科学价值，可以分别确定为全国重点文物保护单位，省级文物保护单位，市、县级文物保护单位。

历史上各时代重要实物、艺术品、文献、手稿、图书资料、代表性实物等可移动文物，分为珍贵文物和一般文物；珍贵文物分为一级文物、二级文物、三级文物。

二、受国家保护的文物范围

《文物保护法》规定，在中华人民共和国境内，下列文物受国家保护：

（1）具有历史、艺术、科学价值的古文化遗址、古墓葬、古建筑、石窟寺和石刻、壁画。

（2）与重大历史事件、革命运动或者著名人物有关的以及具有重要纪念意义、教育意义或者史料价值的近代现代重要史迹、实物、代表性建筑。

（3）历史上各时代珍贵的艺术品、工艺美术品。

（4）历史上各时代重要的文献资料以及具有历史、艺术、科学价值的手稿和图书资料等。

（5）反映历史上各时代、各民族社会制度、社会生产、社会生活的代表性实物。

文物认定的标准和办法由国家文物行政部门制定，并报国务院批准。

具有科学价值的古脊椎动物化石和古人类化石同文物一样受国家保护。

三、属于国家所有的文物范围

根据《文物保护法》，中华人民共和国境内地下、内水和领海中遗存的一切文物，属于国家所有。

（一）可移动文件

下列可移动文物，属于国家所有：

（1）中国境内出土的文物，国家另有规定的除外。

（2）国有文物收藏单位以及其他国家机关、部队和国有企业、事业组织等收藏、保管的文物。

（3）国家征集、购买的文物。

（4）公民、法人和其他组织捐赠给国家的文物。

（5）法律规定属于国家所有的其他文物。

属于国家所有的可移动文物的所有权不因其保管、收藏单位的终止或者变更而改变。

（二）不可移动文物

古文化遗址、古墓葬、石窟寺属于国家所有。国家指定保护的纪念建筑物、古建筑、石刻、壁画、近代现代代表性建筑等不可移动文物，除国家另有规定的以外，属于国家所有。

国有不可移动文物的所有权不因其所依附的土地所有权或者使用权的改变而改变。

四、水下文物的保护范围

根据《中华人民共和国水下文物保护管理条例》（以下简称《水下文物保护管理条例》），水下文物是指遗存于下列水域的具有历史、艺术和科学价值的人类文化遗产：

（1）遗存于中国内水、领海内的一切起源于中国的、起源国不明的和起源于外国的文物。（属于国家所有）

（2）遗存于中国领海以外，依照中国法律由中国管辖的其他海域内的起源于中国的和起源国不明的文物。（属于国家所有）

（3）遗存于外国领海以外的其他管辖海域以及公海区域内的起源于中国的文物。（国家享有辨认器物物主的权利）

以上规定内容不包括1911年以后的与重大历史事件、革命运动以及著名人物无关的水下遗存。

知识点 2　在文物保护单位保护范围和建设控制地带施工的规定

一、历史文化名城

（一）历史文化名城申报

根据《文物保护法实施条例》，历史文化名城，由国务院建设行政主管部门会同国务院文物行政主管部门报国务院核定公布。

历史文化街区、村镇，由省、自治区、直辖市人民政府城乡规划行政主管部门会同文物行政主管部门报本级人民政府核定公布。

根据《历史文化名城名镇名村保护条例》，具备下列条件的城市、镇、村庄，可以申报历史文化名城、名镇、名村：

(1) 保存文物特别丰富。

(2) 历史建筑集中成片。

(3) 保留着传统格局和历史风貌。

(4) 历史上曾经作为政治、经济、文化、交通中心或者军事要地，或者发生过重要历史事件，或者其传统产业、历史上建设的重大工程对本地区的发展产生过重要影响，或者能够集中反映本地区建筑的文化特色、民族特色。

申报历史文化名城的，在所申报的历史文化名城保护范围内还应当有2个以上的历史文化街区。

(二) 历史文化名城保护

根据《历史文化名城名镇名村保护条例》，历史文化名城、名镇、名村应当整体保护，保持传统格局、历史风貌和空间尺度，不得改变与其相互依存的自然景观和环境。

在历史文化名城、名镇、名村保护范围内从事建设活动，应当符合保护规划的要求，不得损害历史文化遗产的真实性和完整性，不得对其传统格局和历史风貌构成破坏性影响。

在历史文化名城、名镇、名村保护范围内禁止进行下列活动：

(1) 开山、采石、开矿等破坏传统格局和历史风貌的活动。

(2) 占用保护规划确定保留的园林绿地、河湖水系、道路等。

(3) 修建生产、储存爆炸性、易燃性、放射性、毒害性、腐蚀性物品的工厂、仓库等。

(4) 在历史建筑上刻划、涂污。

在历史文化名城、名镇、名村保护范围内进行下列活动，应当保护其传统格局、历史风貌和历史建筑；制订保护方案，经城市、县人民政府城乡规划主管部门会同同级文物主管部门批准，并依照有关法律、法规的规定办理相关手续：

(1) 改变园林绿地、河湖水系等自然状态的活动。

(2) 在核心保护范围内进行影视摄制、举办大型群众性活动。

(3) 其他影响传统格局、历史风貌或者历史建筑的活动。

对历史文化街区、名镇、名村核心保护范围内的建筑物、构筑物，应当区分不同情况，采取相应措施，实行分类保护。历史文化街区、名镇、名村核心保护范围内的历史建筑，应当保持原有的高度、体量、外观形象及色彩等。

在历史文化街区、名镇、名村核心保护范围内，不得进行新建、扩建活动。但是，新建、扩建必要的基础设施和公共服务设施除外。

在历史文化街区、名镇、名村核心保护范围内，新建、扩建必要的基础设施和公共服务设施的，城市、县人民政府城乡规划主管部门核发建设工程规划许可证、乡村建设规划许可证前，应当征求同级文物主管部门的意见。

在历史文化街区、名镇、名村核心保护范围内，拆除历史建筑以外的建筑物、构筑物或者其他设施的，应当经城市、县人民政府城乡规划主管部门会同同级文物主管部门批准。

城市、县人民政府应当在历史文化街区、名镇、名村核心保护范围的主要出入口设置标志牌。

任何单位或者个人不得损坏或者擅自迁移、拆除历史建筑。

二、文物保护单位的保护范围和建设控制地带

（一）文物保护单位的保护范围

根据《文物保护法实施条例》，文物保护单位的保护范围，是指对文物保护单位本体及周围一定范围实施重点保护的区域。

全国重点文物保护单位和省级文物保护单位自核定公布之日起1年内，由省、自治区、直辖市人民政府划定必要的保护范围，作出标志说明，建立记录档案，设置专门机构或者指定专人负责管理。

设区的市、自治州级和县级文物保护单位自核定公布之日起1年内，由核定公布该文物保护单位的人民政府划定保护范围，作出标志说明，建立记录档案，设置专门机构或者指定专人负责管理。

（二）文物保护单位的建设控制地带

根据《文物保护法实施条例》，文物保护单位的建设控制地带，是指在文物保护单位的保护范围外，为保护文物保护单位的安全、环境、历史风貌对建设项目加以限制的区域。

文物保护单位的建设控制地带，应当根据文物保护单位的类别、规模、内容以及周围环境的历史和现实情况合理划定。

（三）文物保护单位的保护范围和建设控制地带的施工规定

根据《文物保护法实施条例》，承担文物保护单位的修缮、迁移、重建工程的单位，应当同时取得文物行政主管部门发给的相应等级的文物保护工程资质证书和建设行政主管部门发给的相应等级的资质证书。其中，不涉及建筑活动的文物保护单位的修缮、迁移、重建，应当由取得文物行政主管部门发给的相应等级的文物保护工程资质证书的单位承担。

文物行政主管部门在审批文物保护单位的修缮计划和工程设计方案前，应当征求上一级人民政府文物行政主管部门的意见。

根据《文物保护法》，文物保护单位的保护范围内不得进行其他建设工程或者爆破、钻探、挖掘等作业。但是，因特殊情况需要在文物保护单位的保护范围内进行其他建设工程或者爆破、钻探、挖掘等作业的，必须保证文物保护单位的安全，并经核定公布该文物保护单位的人民政府批准，在批准前应当征得上一级人民政府文物行政部门同意；在全国重点文物保护单位的保护范围内进行其他建设工程或者爆破、钻探、挖掘等作业的，必须经省、自治区、直辖市人民政府批准，在批准前应当征得国务院文物行政部门同意。

在文物保护单位的建设控制地带内进行建设工程，不得破坏文物保护单位的历史风貌；工程设计方案应当根据文物保护单位的级别，经相应的文物行政部门同意后，报城乡建设规划部门批准。

在文物保护单位的保护范围和建设控制地带内，不得建设污染文物保护单位及其环境的

设施，不得进行可能影响文物保护单位安全及其环境的活动。对已有的污染文物保护单位及其环境的设施，应当限期治理。

建设工程选址，应当尽可能避开不可移动文物；因特殊情况不能避开的，对文物保护单位应当尽可能实施原址保护。实施原址保护的，建设单位应当事先确定保护措施，根据文物保护单位的级别报相应的文物行政部门批准；未经批准的，不得开工建设。

实战演练

［2023 真题·单选］根据《历史文化名城名镇名村保护条例》，禁止在历史文化街区、名镇、名村核心保护范围内进行新建扩建活动，但允许建设的项目是（　　）。

A. 重大历史题材影视摄制基地项目

B. 自然保护区旅游开发项目

C. 重大体育赛事场馆项目

D. 必要的基础设施和公共服务设施项目

［解析］在历史文化街区、名镇、名村核心保护范围内，不得进行新建、扩建活动。但是，新建、扩建必要的基础设施和公共服务设施除外。

［答案］D

［2021 真题·单选］根据《历史文化名城名镇名村保护条例》，可以申报历史文化名城、名镇、名村的是（　　）。

A. 保存文物比较丰富的城市

B. 能够反映本地区建筑的文化特色的镇

C. 保留着传统格局和历史风貌的村庄

D. 历史上建设的工程对本地区发展产生较大影响的城市

［解析］具备下列条件的城市、镇、村庄，可以申报历史文化名城、名镇、名村：①保存文物特别丰富；②历史建筑集中成片；③保留着传统格局和历史风貌；④历史上曾经作为政治、经济、文化、交通中心或者军事要地，或者发生过重要历史事件，或者其传统产业、历史上建设的重大工程对本地区的发展产生过重要影响，或者能够集中反映本地区建筑的文化特色、民族特色。

［答案］C

［2020 真题·单选］根据《历史文化名城名镇名村保护条例》，在历史文化名城、名镇、名村保护范围内可以进行的活动是（　　）。

A. 开山、采石、开矿等破坏传统格局和历史风貌的活动

B. 占用保护规划确定保留的道路

C. 在核心保护范围内举办大型群众性活动

D. 为响应国家扶贫政策修建生产爆炸性物品的工厂

［解析］在历史文化名城、名镇、名村保护范围内进行下列活动，应当保护其传统格局、历史风貌和历史建筑；制订保护方案，经城市、县人民政府城乡规划主管部门会同同级文物主管部门批准，并依照有关法律、法规的规定办理相关手续：①改变园林绿地、河湖水系等自然状态的活动；②在核心保护范围内进行影视摄制、举办大型群众性活动；③其他影响传统格局、历史风貌或者历史建筑的活动。

［答案］C

［2019 真题·单选］根据《文物保护法》，属于受国家保护的文物的是（　　）。

A. 具有历史价值的壁画

B. 与历史事件有关的史迹

C. 古脊椎动物化石

D. 古人类化石

［解析］在中华人民共和国境内，下列文物受国家保护：①具有历史、艺术、科学价值的古文化遗址、古墓葬、古建筑、石窟寺和石刻、壁画；②与重大历史事件、革命运动或者著名人物有关的以及具有重要纪念意义、教育意义或者史料价值的近代现代重要史迹、实物、代表性建筑；③历史上各时代珍贵的艺术品、工艺美术品；④历史上各时代重要的文献资料以及具有历史、艺术、科学价值的手稿和图书资料等；⑤反映历史上各时代、各民族社会制度、社会生产、社会生活的代表性实物。文物认定的标准和办法由国务院文物行政部门制定，并报国务院批准。具有科学价值的古脊椎动物化石和古人类化石同文物一样受国家保护。

［答案］A

［2018 真题·单选］关于国家所有的不可移动文物范围的说法，正确的是（　　）。

A. 纪念建筑物属于国家所有

B. 近代现代代表性建筑属于国家所有

C. 石刻属于国家所有

D. 古文化遗址属于国家所有

［解析］古文化遗址、古墓葬、石窟寺属于国家所有。国家指定保护的纪念建筑物、古建筑、石刻、壁画、近代现代代表性建筑等不可移动文物，除国家另有规定的以外，属于国家所有。

［答案］D

［2016 真题·单选］下列文物中，属于国家所有的是（　　）。

A. 祖传文物

B. 我国邻海毗邻海域中遗存的文物

C. 民营企业家捐赠给国家的文物

D. 遗存于公海的起源于中国的文物

［解析］下列可移动文物，属于国家所有：①中国境内出土的文物，国家另有规定的除外；②国有文物收藏单位以及其他国家机关、部队和国有企业、事业组织等收藏、保管的文物；③国家征集、购买的文物；④公民、法人和其他组织捐赠给国家的文物；⑤法律规定属于国家所有的其他文物。

［答案］C

第九章

建设工程劳动保障法律制度

本章导学

本章包括“劳动合同制度”“劳动用工和工资支付保障”“劳动安全卫生和保护”“工伤保险制度”“劳动争议的解决”五节内容。本章内容在考试大纲的基础上，参照《中华人民共和国劳动合同法》（以下简称《劳动合同法》）、《保障农民工工资支付条例》《中华人民共和国劳动法》《工伤保险条例》《最高人民法院关于审理劳动争议案件适用法律问题的解释（一）》《中华人民共和国劳动争议调解仲裁法》（以下简称《劳动争议调解仲裁法》）等相关法律法规进行编写。学习时以记忆关键词为主，学习重点为“劳动合同制度”和“工伤保险制度”。

第一节　劳动合同制度

《劳动合同法》规定，订立劳动合同，应当遵循合法、公平、平等自愿、协商一致、诚实信用的原则。依法订立的劳动合同具有约束力，用人单位与劳动者应当履行劳动合同约定的义务。

知识点 1 劳动合同的订立

一、书面劳动合同

根据《劳动合同法》，用人单位自用工之日起即与劳动者建立劳动关系。用人单位应当建立职工名册备查。

建立劳动关系，应当订立书面劳动合同。已建立劳动关系，未同时订立书面劳动合同的，应当自用工之日起1个月内订立书面劳动合同。用人单位与劳动者在用工前订立劳动合同的，劳动关系自用工之日起建立。

用人单位自用工之日起超过1个月不满1年未与劳动者订立书面劳动合同的，应当向劳动者每月支付2倍的工资。

劳动合同订立的时间关系如图9-1-1所示。

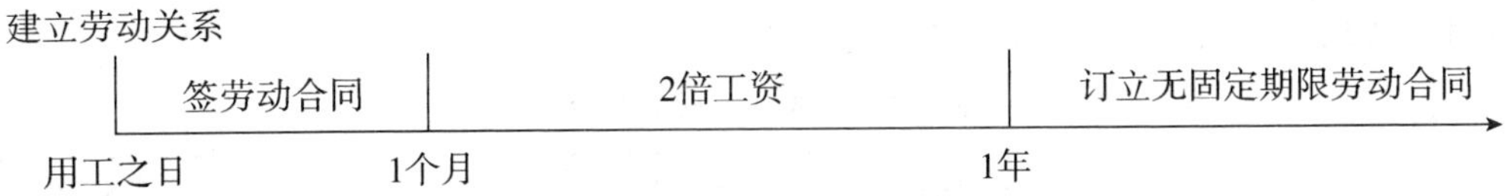

图 9-1-1　劳动合同订立的时间关系图

➤ **名师点拨：**根据《劳动合同法》，非全日制用工双方当事人可以订立口头协议。非全日制用工，是指以小时计酬为主，劳动者在同一用人单位一般平均每日工作时间不超过4 h，每周工作时间累计不超过24 h的用工形式。

二、劳动合同订立的限制

根据《劳动合同法》，用人单位招用劳动者时，应当如实告知劳动者工作内容、工作条件、工作地点、职业危害、安全生产状况、劳动报酬，以及劳动者要求了解的其他情况；用人单位有权了解劳动者与劳动合同直接相关的基本情况，劳动者应当如实说明。

用人单位招用劳动者，不得扣押劳动者的居民身份证和其他证件，不得要求劳动者提供担保或者以其他名义向劳动者收取财物。

三、劳动合同的种类

根据《劳动合同法》，劳动合同分为固定期限劳动合同、无固定期限劳动合同和以完成一定工作任务为期限的劳动合同，见表9-1-1。

表 9-1-1 劳动合同的种类

种类	相关规定
固定期限劳动合同	是指用人单位与劳动者约定合同终止时间的劳动合同
	用人单位与劳动者协商一致，可以订立固定期限劳动合同
无固定期限劳动合同	是指用人单位与劳动者约定无确定终止时间的劳动合同
	有下列情形之一，劳动者提出或者同意续订、订立劳动合同的，除劳动者提出订立固定期限劳动合同外，应当订立无固定期限劳动合同： （1）劳动者在该用人单位连续工作满 10 年的； （2）用人单位初次实行劳动合同制度或者国有企业改制重新订立劳动合同时，劳动者在该用人单位连续工作满 10 年且距法定退休年龄不足 10 年的； （3）连续订立 2 次固定期限劳动合同，且劳动者没有《劳动合同法》第三十九条和第四十条第一项、第二项规定的情形，续订劳动合同的
	用人单位自用工之日起满 1 年不与劳动者订立书面劳动合同的，视为用人单位与劳动者已订立无固定期限劳动合同
	用人单位违反《劳动合同法》规定不与劳动者订立无固定期限劳动合同的，自应当订立无固定期限劳动合同之日起向劳动者每月支付 2 倍的工资
以完成一定工作任务为期限的劳动合同	是指用人单位与劳动者约定以某项工作的完成为合同期限的劳动合同

四、劳动合同的内容

根据《劳动合同法》，劳动合同的内容见表 9-1-2。

表 9-1-2 劳动合同的内容

必备条款	选择条款
（1）用人单位的名称、住所和法定代表人或者主要负责人； （2）劳动者的姓名、住址和居民身份证或者其他有效身份证件号码； （3）劳动合同期限； （4）工作内容和工作地点； （5）工作时间和休息休假； （6）劳动报酬； （7）社会保险； （8）劳动保护、劳动条件和职业危害防护； （9）法律、法规规定应当纳入劳动合同的其他事项	（1）试用期； （2）培训； （3）保守秘密； （4）补充保险； （5）福利待遇

五、劳动报酬的规定

《劳动合同法》规定，劳动合同对劳动报酬和劳动条件等标准约定不明确，引发争议的，用人单位与劳动者可以重新协商；协商不成的，适用集体合同规定；没有集体合同或者集体合同未规定劳动报酬的，实行同工同酬；没有集体合同或者集体合同未规定劳动条件等标准的，适用国家有关规定。

六、关于试用期的规定

根据《劳动合同法》，试用期的规定见表 9-1-3。

表 9-1-3　试用期的规定

时间限制	劳动合同期限（X）	试用期（Y）
	3 个月$\leqslant X<$1 年	$Y\leqslant$1 个月
	1 年$\leqslant X<$3 年	$Y\leqslant$2 个月
	$X\geqslant$3 年	$Y\leqslant$6 个月
	无固定期限劳动合同	
	以完成一定工作任务为期限的劳动合同	不得约定试用期
	$X<$3 个月	
试用期工资	《劳动合同法实施条例》规定，劳动者在试用期的工资不得低于本单位相同岗位最低档工资的 80%或者不得低于劳动合同约定工资的 80%，并不得低于用人单位所在地的最低工资标准 ➤ **名师点拨：** 有约定从约定的 80%，没有约定看相同岗位最低档工资不得低于 80%，并不得低于用人单位所在地的最低工资标准	
其他规定	（1）同一用人单位与同一劳动者只能约定一次试用期； （2）试用期包含在劳动合同期限内； （3）劳动合同仅约定试用期的，试用期不成立，该期限为劳动合同期限	

➤ **名师点拨：** 劳动期限和试用期的时间关系如图 9-1-2 所示。

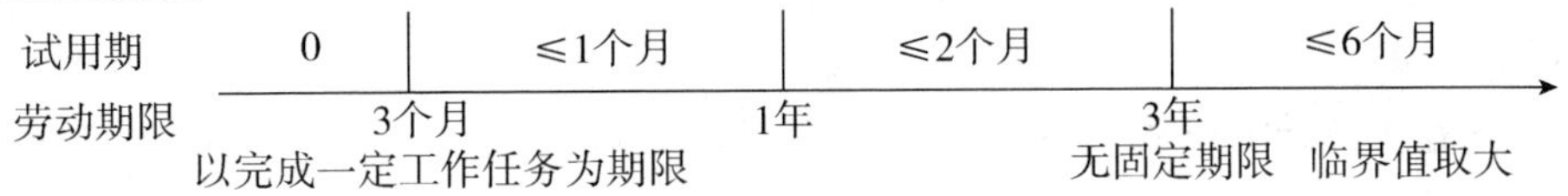

图 9-1-2　劳动期限和试用期的时间关系

实战演练

[2024 真题 · 单选] 关于非全日制用工的说法，正确的是（　　）。

A. 非全日制用工双方当事人可以订立口头协议

B. 非全日制用工以日计酬为主

C. 劳动者在不同用人单位每周工作时间不超过 24 h 的，为非全日制用工

D. 劳动者在同一用人单位每日工作时间不超过 4 h 的，为非全日制用工

[解析]《劳动合同法》规定，非全日制用工，是指以小时计酬为主，劳动者在同一用人单位一般平均每日工作时间不超过 4 h，每周工作时间累计不超过 24 h 的用工形式，选项 B、C、D 错误。

[答案] A

[2023 真题 · 单选] 某施工企业与劳动者董某签订了一份期限为 2 年半的劳动合同。根据《劳动合同法》，该劳动合同中约定的试用期最长不得超过（　　）个月。

A. 1　　　B. 3

C. 2　　　D. 6

[解析] 劳动合同期限 1 年以上不满 3 年的，试用期不得超过 2 个月。

[答案] C

[2020 真题·单选] 关于劳动合同试用期的说法，正确的是（　　）。

A. 初次订立劳动合同的，可以仅约定试用期，而不约定劳动合同期限

B. 试用期不包含在劳动合同期限之内

C. 同一用人单位与同一劳动者只能约定 1 次试用期

D. 劳动合同期限不满 1 年的，不得约定试用期

[解析] 选项 A 错误，劳动合同仅约定试用期的，试用期不成立，该期限为劳动合同期限。选项 B 错误，试用期包含在劳动合同期限内。选项 D 错误，以完成一定工作任务为期限的劳动合同或者劳动合同期限不满 3 个月的，不得约定试用期。

[答案] C

[2024 真题·多选] 根据《劳动合同法》，按期限划分，劳动合同可以分为（　　）。

A. 固定期限劳动合同

B. 无固定期限劳动合同

C. 非全日制用工劳动合同

D. 以完成一定工作任务为期限的劳动合同

E. 零散用工劳动合同

[解析] 按照劳动合同的期限划分，劳动合同分为固定期限劳动合同、无固定期限劳动合同和以完成一定工作任务为期限的劳动合同。

[答案] ABD

[2022 真题·多选] 下列情形中，劳动者提出或者同意续订、订立劳动合同的，除劳动者提出订立无固定期限劳动合同外，用人单位应当与劳动者订立无固定期限劳动合同的有（　　）。

A. 乙连续 2 次与某施工企业订立期限为 2 年的劳动合同，续订劳动合同的

B. 丁应聘时要求订立无固定期限劳动合同的

C. 用人单位未及时缴纳社会保险，戊要求订立无固定期限劳动合同的

D. 甲在某施工企业连续工作超过 10 年的

E. 用人单位初次实行劳动合同制度时，丙在该用人单位连续工作满 10 年且距法定退休年龄不足 10 年的

[解析]《劳动合同法》规定，有下列情形之一，劳动者提出或者同意续订、订立劳动合同的，除劳动者提出订立固定期限劳动合同外，应当订立无固定期限劳动合同：①劳动者在该用人单位连续工作满 10 年的，选项 D 正确；②用人单位初次实行劳动合同制度或者国有企业改制重新订立劳动合同时，劳动者在该用人单位连续工作满 10 年且距法定退休年龄不足 10 年的，选项 E 正确；③连续订立 2 次固定期限劳动合同，且劳动者没有《劳动合同法》第三十九条和第四十条第一项、第二项规定的情形，续订劳动合同的。选项 A 描述不完善，故不选。

[答案] DE

［2021 真题 · 多选］下列条款中，劳动合同应当具备的条款有（　　）。

A. 试用期　　B. 社会保险

C. 劳动合同期限　　D. 工作方法与要求

E. 工作内容和工作地点

［解析］劳动合同应当具备以下条款：①用人单位的名称、住所和法定代表人或者主要负责人；②劳动者的姓名、住址和居民身份证或者其他有效身份证件号码；③劳动合同期限；④工作内容和工作地点；⑤工作时间和休息休假；⑥劳动报酬；⑦社会保险；⑧劳动保护、劳动条件和职业危害防护；⑨法律、法规规定应当纳入劳动合同的其他事项。劳动合同除上述规定的必备条款外，用人单位与劳动者可以约定试用期、培训、保守秘密、补充保险和福利待遇等其他事项。

［答案］BCE

［2018 真题 · 多选］关于劳动合同订立的说法，正确的有（　　）。

A. 试用期包含在劳动合同期限内　　B. 固定期限劳动合同不能超过 10 年

C. 商业保险是劳动合同的必备条款　　D. 劳动关系自劳动合同订立之日起建立

E. 建立全日制劳动关系，应当订立书面劳动合同

［解析］选项 A 正确，试用期包含在劳动合同期限内。选项 B 错误，固定期限劳动合同是指用人单位与劳动者约定合同终止时间的劳动合同，即劳动合同双方当事人在劳动合同中明确规定了合同效力的起始和终止的时间。劳动合同期限届满，劳动关系即告终止。固定期限劳动合同可以是 1 年、2 年，也可以是 5 年、10 年，甚至更长时间。选项 C 错误，劳动合同应当具备以下条款：①用人单位的名称、住所和法定代表人或者主要负责人；②劳动者的姓名、住址和居民身份证或者其他有效身份证件号码；③劳动合同期限；④工作内容和工作地点；⑤工作时间和休息休假；⑥劳动报酬；⑦社会保险；⑧劳动保护、劳动条件和职业危害防护；⑨法律、法规规定应当纳入劳动合同的其他事项。选项 D 错误，用人单位自用工之日起即与劳动者建立劳动关系。选项 E 正确，按照《劳动合同法》的规定，除了非全日制用工可以订立口头协议外，建立劳动关系应当订立书面劳动合同。

［答案］AE

［2014 真题 · 多选］根据《劳动合同法》，用人单位在与劳动者签订合同时采取的正当行为有（　　）。

A. 约定专业技术培训服务违约金　　B. 扣押居民身份证

C. 签订竞业限制协议书　　D. 扣押职业资格证

E. 要求提供担保

［解析］订立劳动合同，应当遵循合法、公平、平等自愿、协商一致、诚实信用的原则。用人单位招用劳动者，不得扣押劳动者的居民身份证或者其他证件，不得要求劳动者提供担保或者以其他名义向劳动者收取财物。

［答案］AC

知识点 2 劳动合同的效力

一、生效时间规定

《劳动合同法》规定，用人单位与劳动者协商一致，并经用人单位与劳动者在劳动合同文本上签字或者盖章生效。

劳动合同文本由用人单位和劳动者各执一份。

二、无效的情形及处理

《劳动合同法》规定，下列劳动合同无效或者部分无效：

（1）以欺诈、胁迫的手段或者乘人之危，使对方在违背真实意思的情况下订立或者变更劳动合同的。

（2）用人单位免除自己的法定责任、排除劳动者权利的。

（3）违反法律、行政法规强制性规定的。

对劳动合同的无效或者部分无效有争议的，由劳动争议仲裁机构或者人民法院确认。

《劳动合同法》规定，劳动合同部分无效，不影响其他部分效力的，其他部分仍然有效。

劳动合同被确认无效，劳动者已付出劳动的，用人单位应当向劳动者支付劳动报酬。劳动报酬的数额，参照本单位相同或者相近岗位劳动者的劳动报酬确定。

劳动合同依照上述第（1）、（2）、（3）规定被确认无效，给对方造成伤害的，有过错的一方应当承担赔偿责任。

实战演练

[2023 真题·多选] 根据《劳动合同法》，下列劳动合同中，属于无效或者部分无效的有（　　）。

A. 以欺诈、胁迫的手段订立的劳动合同

B. 以虚假的意思表示订立的劳动合同

C. 乘人之危，使对方在违背真实意思的情况下订立的劳动合同

D. 用人单位免除自己的法定责任、排除劳动者权利的劳动合同

E. 违反法律、行政法规强制性规定的劳动合同

[解析]《劳动合同法》规定，下列劳动合同无效或者部分无效：①以欺诈、胁迫的手段或者乘人之危，使对方在违背真实意思的情况下订立或者变更劳动合同的；②用人单位免除自己的法定责任、排除劳动者权利的；③违反法律、行政法规强制性规定的。

[答案] ACDE

知识点 3 劳动合同的履行、变更

《劳动合同法》规定，用人单位与劳动者应当按照劳动合同的约定，全面履行各自的义务。

一、劳动合同的履行

《中华人民共和国劳动法》（以下简称《劳动法》）规定，工资应当以货币形式按月支付

给劳动者本人。不得克扣或者无故拖欠劳动者的工资。

劳动者在法定休假日和婚丧假期间以及依法参加社会活动期间，用人单位应当依法支付工资。

用人单位应当按照劳动合同约定和国家规定，向劳动者及时足额支付劳动报酬。用人单位拖欠或者未足额支付劳动报酬的，劳动者可以依法向当地人民法院申请支付令，人民法院应当依法发出支付令。

➢ **名师点拨**：劳动报酬由货币工资（包括各种工资、奖金、津贴、补贴等）、实物报酬、社会保险组成。

用人单位应当严格执行劳动定额标准，不得强迫或者变相强迫劳动者加班。用人单位安排加班的，应当按照国家有关规定向劳动者支付加班费。

劳动者拒绝用人单位管理人员违章指挥、强令冒险作业的，不视为违反劳动合同。

劳动者对危害生命安全和身体健康的劳动条件，有权对用人单位提出批评、检举和控告。

二、劳动合同的变更

《劳动合同法》规定，用人单位变更名称、法定代表人、主要负责人或者投资人等事项，不影响劳动合同的履行。

用人单位发生合并或者分立等情况，原劳动合同继续有效，劳动合同由承继其权利和义务的用人单位继续履行。

用人单位与劳动者协商一致，可以变更劳动合同约定的内容。变更劳动合同，应当采用书面形式。

变更后的劳动合同文本由用人单位和劳动者各执一份。

实战演练

[2020真题·单选] 关于劳动合同履行的说法，正确的是（　　）。

A. 用人单位变更名称，原劳动合同可终止

B. 用人单位发生合并或者分立，原劳动合同解除

C. 用人单位变更投资人不影响劳动合同的履行

D. 用人单位变更法定代表人，应当重新订立劳动合同

[解析] 用人单位变更名称、法定代表人、主要负责人或者投资人等事项，不影响劳动合同的履行。用人单位发生合并或者分立等情况，原劳动合同继续有效，劳动合同由承继其权利和义务的用人单位继续履行。

[答案] C

[2017真题·单选] 关于用人单位向劳动者支付报酬的说法，正确的是（　　）。

A. 劳动者依法参加社会活动期间，用人单位应当依法支付工资

B. 劳动报酬中的货币工资不包括津贴、补贴和奖金

C. 用人单位支付的工资可以以实物或有价证券等形式代替货币形式支付

D. 劳动者在婚丧假期间，用人单位可以不支付工资

[解析] 选项A正确，选项C、D错误，工资应当以货币形式按月支付给劳动者本人，不得克扣或者无故拖欠劳动者的工资。劳动者在法定休假日和婚丧假期间以及依法参加社会活动期间，用人单位应当依法支付工资。选项B错误，工资是指用人单位依据国家有关规定和劳动关系双方的约定，以货币形式支付给劳动者的劳动报酬，如计时工资、计件工资、奖金、津贴和补贴等。

[答案] A

[2017真题改编·单选] 关于劳动合同效力的说法，正确的是（　　）。

A. 用人单位投资人发生变更，原劳动合同继续有效

B. 存在用人单位免除自己的法定责任，排除劳动者权利条款的，劳动合同全部无效

C. 用人单位发生合并或者分立，须与劳动者重新签订劳动合同

D. 劳动合同被确认无效，用人单位无须向劳动者支付劳动报酬

[解析] 选项A正确，用人单位变更名称、法定代表人、主要负责人或者投资人等事项，不影响劳动合同履行。选项B错误，劳动合同部分无效，不影响其他部分效力的，其他部分仍然有效。选项C错误，用人单位发生合并或者分立等情况，原劳动合同继续有效，劳动合同由承继其权利和义务的用人单位继续履行。选项D错误，劳动合同被确认无效，劳动者已付出劳动的，用人单位应当向劳动者支付劳动报酬。

[答案] A

[2021真题·多选] 劳动者的货币工资有（　　）。

A. 工资　　B. 奖金

C. 保险金　　D. 津贴

E. 补贴

[解析] 货币工资包括各种工资、奖金、津贴、补贴等。

[答案] ABDE

知识点 4 劳动合同的解除和终止

解除劳动合同是指在劳动合同终止日期前劳动者或用工单位单方或协商一致解除劳动合同的行为。终止劳动合同是指劳动合同满足某些条件后，自动终止的行为。

一、劳动合同的解除

《劳动合同法》规定，用人单位与劳动者协商一致，可以解除劳动合同。

（一）劳动者单方解除劳动合同的规定

根据《劳动合同法》，劳动者单方解除劳动合同的相关规定见表9-1-4。

表9-1-4 劳动者解除劳动合同的相关内容

类型	解除原因	程序	解除成本
提前告知解除	无原因	试用期内提前3日（书面形式、口头形式）	无经济补偿
		试用期满提前30日（书面形式）	

第九章

续表

类型	解除原因	程序	解除成本
即时告知解除	用人单位有下列情形之一的，劳动者可以解除劳动合同： (1) 未按照劳动合同约定提供劳动保护或者劳动条件的； (2) 未及时足额支付劳动报酬的； (3) 未依法为劳动者缴纳社会保险费的； (4) 用人单位的规章制度违反法律、法规的规定，损害劳动者权益的； (5) 因《劳动合同法》第二十六条第一款规定的情形致使劳动合同无效的； ➤ **名师点拨：** 规定的情形指用人单位以欺诈、胁迫的手段或者乘人之危，使劳动者在违背真实意思的情况下订立或者变更劳动合同的。 (6) 法律、行政法规规定劳动者可以解除劳动合同的其他情形		有 经济补偿
无须告知立即解除	(1) 用人单位以暴力、威胁或者非法限制人身自由的手段强迫劳动者劳动的； (2) 用人单位违章指挥、强令冒险作业危及劳动者人身安全的		

(二) 用人单位单方解除劳动合同的规定

根据《劳动合同法》，用人单位单方解除劳动合同的相关规定见表 9-1-5。

表 9-1-5　用人单位解除劳动合同的相关内容

类型	解除原因	程序	解除成本
过失性解除	劳动者有下列情形之一的，用人单位可以解除劳动合同： (1) 在试用期间被证明不符合录用条件的； (2) 严重违反用人单位的规章制度的； (3) 严重失职，营私舞弊，给用人单位造成重大损害的； (4) 劳动者同时与其他用人单位建立劳动关系，对完成本单位的工作任务造成严重影响，或者经用人单位提出，拒不改正的； (5) 因《劳动合同法》第二十六条第一款第一项规定的情形致使劳动合同无效的； ➤ **名师点拨：** 规定的情形指劳动者以欺诈的手段，使用人单位在违背真实意思的情况下订立或者变更劳动合同的。 (6) 被依法追究刑事责任的	无须提前通知	无 经济补偿

第九章

续表

类型	解除原因	程序	解除成本
非过失性解除	有下列情形之一的，用人单位可以提前解除劳动合同： (1) 劳动者患病或者非因工负伤，在规定的医疗期满后不能从事原工作，也不能从事由用人单位另行安排的工作的； (2) 劳动者不能胜任工作，经过培训或者调整工作岗位，仍不能胜任工作的； (3) 劳动合同订立时所依据的客观情况发生重大变化，致使劳动合同无法履行，经用人单位与劳动者协商，未能就变更劳动合同内容达成协议的	提前30日以书面形式通知或者额外支付劳动者1个月工资	有 经济补偿
经济性裁员	(1) 有下列情形之一，用人单位可以裁减人员： ①依照《中华人民共和国企业破产法》(以下简称《企业破产法》) 规定进行重整的； ②生产经营发生严重困难的； ③企业转产、重大技术革新或者经营方式调整，经变更劳动合同后，仍需裁减人员的； ④其他因劳动合同订立时所依据的客观经济情况发生重大变化，致使劳动合同无法履行的； (2) 裁减人员时，应当优先留用下列人员： ①与本单位订立较长期限的固定期限劳动合同的； ②与本单位订立无固定期限劳动合同的； ③家庭无其他就业人员，有需要扶养的老人或者未成年人的； 用人单位依照 (1) 的规定裁减人员，在6个月内重新招用人员的，应当通知被裁减的人员，并在同等条件下优先招用被裁减的人员	需要裁减人员20人以上或者裁减不足20人但占企业职工总数10%以上的，用人单位提前30日向工会或者全体职工说明情况，听取工会或者职工的意见后，裁减人员方案经向劳动行政部门报告，可以裁减人员	有 经济补偿

(三) 用人单位不得单方解除劳动合同的规定

根据《劳动合同法》，劳动者有下列情形之一的，用人单位不得依照《劳动合同法》第四十条、第四十一条的规定解除劳动合同：

(1) 从事接触职业病危害作业的劳动者未进行离岗前职业健康检查，或者疑似职业病病人在诊断或者医学观察期间的。

(2) 在本单位患职业病或者因工负伤并被确认丧失或者部分丧失劳动能力的。

(3) 患病或者非因工负伤，在规定的医疗期内的。

(4) 女职工在孕期、产期、哺乳期的。

(5) 在本单位连续工作满15年，且距法定退休年龄不足5年的。

(6) 法律、行政法规规定的其他情形。

用人单位违反《劳动合同法》规定解除或者终止劳动合同，劳动者要求继续履行劳动合同的，用人单位应当继续履行；劳动者不要求继续履行劳动合同或者劳动合同已经不能继续履行的，用人单位应当支付赔偿金。

用人单位违反《劳动合同法》规定解除或者终止劳动合同的，应当依照《劳动合同法》

第四十七条规定的经济补偿标准的2倍向劳动者支付赔偿金。

➢ **名师点拨：**继续履行劳动合同和双倍经济补偿只能选择一项。

二、劳动合同终止

《劳动合同法》规定，有下列情形之一的，劳动合同终止：①劳动合同期满的；②劳动者开始依法享受基本养老保险待遇的；③劳动者死亡，或者被人民法院宣告死亡或者宣告失踪的；④用人单位被依法宣告破产的；⑤用人单位被吊销营业执照、责令关闭、撤销或者用人单位决定提前解散的；⑥法律、行政法规规定的其他情形。

《劳动合同法》规定，有下列情形之一的，用人单位应当向劳动者支付经济补偿：

(1) 劳动者依照《劳动合同法》第三十八条规定解除劳动合同的。(劳动者通知解除、无须通知立即解除情形)

(2) 用人单位依照《劳动合同法》第三十六条规定向劳动者提出解除劳动合同并与劳动者协商一致解除劳动合同的。

(3) 用人单位依照《劳动合同法》第四十条规定解除劳动合同的。(用人单位预告解除情形)

(4) 用人单位依照《劳动合同法》第四十一条第一款规定解除劳动合同的。(用人单位破产重整、经济性裁员)

(5) 除用人单位维持或者提高劳动合同约定条件续订劳动合同，劳动者不同意续订的情形外，依照《劳动合同法》第四十四条第一项规定终止固定期限劳动合同的。(用人单位降低约定条件)

(6) 依照《劳动合同法》第四十四条第四项、第五项规定终止劳动合同的。(用人单位破产倒闭，劳动合同终止)

(7) 法律、行政法规规定的其他情形。

经济补偿按劳动者在本单位工作的年限，每满1年支付1个月工资的标准向劳动者支付。6个月以上不满1年的，按1年计算；不满6个月的，向劳动者支付半个月工资的经济补偿。

劳动者月工资高于用人单位所在直辖市、设区的市级人民政府公布的本地区上年度职工月平均工资3倍的，向其支付经济补偿的标准按职工月平均工资3倍的数额支付，向其支付经济补偿的年限最高不超过12年。

月工资是指劳动者在劳动合同解除或者终止前12个月的平均工资。

➢ **名师点拨：**经济补偿标准的计算。

用职工月工资与当地上年度职工月平均工资3倍相比：

(1) 低于3倍的，经济补偿金＝工作年限×月工资。

(2) 高于3倍的，经济补偿金＝工作年限（≤12年）×当地上年度职工月平均工资3倍。

工作满1年，补偿1个月；工作6个月至1年，补偿1个月；工作不满6个月，补偿0.5个月。

实战演练

[2023 真题·单选] 陈某应聘到某施工企业，双方于 2022 年 3 月 12 日签订了劳动合同。合同中约定试用期 2 个月，签约次日合同开始履行，2022 年 6 月 17 日，陈某因找到新的工作拟解除原劳动合同。根据《劳动合同法》，关于该劳动合同解除的说法，正确的是（　　）。

A. 陈某辞职必须取得用人单位同意

B. 陈某口头通知用人单位即可解除劳动合同

C. 陈某应提前 30 日以书面形式通知用人单位

D. 陈某应报请劳动行政主管部门同意后以书面形式通知用人单位

[解析] 劳动者提前 30 日以书面形式通知用人单位，可以解除劳动合同。劳动者在试用期内提前 3 日通知用人单位，可以解除劳动合同。本题中试用期已过，所以劳动者需要提前 30 日以书面形式通知用人单位来解除合同。

[答案] C

[2019 真题·单选] 甲与某施工企业于 2018 年 6 月 1 日签订了 3 年的劳动合同，其中约定试用期 3 个月，次日合同开始履行，2018 年 10 月 12 日，甲拟解除劳动合同，则（　　）。

A. 必须取得用人单位同意

B. 口头通知用人单位即可

C. 应当提前 30 日以书面形式通知用人单位

D. 应当报请劳动行政主管部门同意后以书面形式通知用人单位

[解析] 劳动者提前 30 日以书面形式通知用人单位，可以解除劳动合同。劳动者在试用期内提前 3 日通知用人单位，可以解除劳动合同。

[答案] C

[2024 真题·多选] 某公司进入破产重整程序，需要裁员 30 人。根据《劳动合同法》，属于应当优先留用的人员有（　　）。

A. 与该公司订立无固定期限劳动合同的

B. 家庭有未成年人的

C. 与该公司订立较长期限的固定期限劳动合同的

D. 家庭无其他就业人员，有需要扶养的老人的

E. 新入职但负有工伤的

[解析] 裁减人员时，应当优先留用下列人员：①与本单位订立较长期限的固定期限劳动合同的；②与本单位订立无固定期限劳动合同的；③家庭无其他就业人员，有需要扶养的老人或者未成年人的。

[答案] ACD

[2023 真题·多选] 根据《劳动合同法》，用人单位可以提前 30 天以书面形式通知劳动者本人解除劳动合同的情形有（　　）。

A. 劳动者非因工负伤，医疗期满后不能从事原工作，也不能从事由用人单位另行安排的工作的

B. 女职工在孕期、产期、哺乳期的

C. 劳动者不能胜任工作，经过培训或者调整工作岗位，仍不能胜任工作岗位的

D. 劳动合同订立时所依据的客观情况发生重大变化，致使原劳动合同无法履行，经当事人协商不能就变更劳动合同达成协议的

E. 患职业病者因工负伤并被确认丧失或者部分丧失劳动能力的

[解析] 有以下情况之一的，用人单位提前 30 日以书面形式通知劳动者本人或者额外支付劳动者 1 个月工资后，可以解除劳动合同：①劳动者患病或者非因工负伤，在规定的医疗期满后不能从事原工作，也不能从事由用人单位另行安排的工作的；②劳动者不能胜任工作，经过培训或者调整工作岗位，仍不能胜任工作的；③劳动合同订立时所依据的客观情况发生重大变化，致使劳动合同无法履行，经用人单位与劳动者协商，未能就变更劳动合同内容达成协议的。选项 B、E 属于用人单位不得解除劳动合同的情形。

[答案] ACD

[2021 真题 · 多选] 某施工企业生产经营发生严重困难，拟裁员 20 人以上，当该企业裁员时，应当优先留用的人员有（　　）。

A. 家庭无其他就业人员，有需要扶养的老人或者未成年人的

B. 与本企业订立无固定期限劳动合同的

C. 在本企业连续工作满 15 年的

D. 在本企业因工负伤并被确认部分丧失劳动能力的

E. 与本企业订立较长期限的固定期限劳动合同的

[解析] 裁减人员时，应当优先留用下列三种人员：①与本单位订立较长期限的固定期限劳动合同的；②与本单位订立无固定期限劳动合同的；③家庭无其他就业人员，有需要扶养的老人或者未成年人的。

[答案] ABE

[2021 真题 · 多选] 根据《劳动合同法》，劳动合同终止的情形有（　　）。

A. 劳动者开始依法享受基本养老保险待遇的

B. 用人单位营业执照到期的

C. 用人单位进入破产重整程序的

D. 劳动者死亡，或者被人民法院宣告死亡或者宣告失踪的

E. 用人单位决定提前解散的

[解析] 有下列情形之一的，劳动合同终止：①劳动合同期满的；②劳动者开始依法享受基本养老保险待遇的；③劳动者死亡，或者被人民法院宣告死亡或者宣告失踪的；④用人单位被依法宣告破产的；⑤用人单位被吊销营业执照、责令关闭、撤销或者用人单位决定提前解散的；⑥法律、行政法规规定的其他情形。

[答案] ADE

[2020 真题 · 多选] 用人单位可以不提前通知，直接解除劳动合同的情形有（　　）。

A. 劳动者在试用期间被证明不符合录用条件的

B. 劳动者被依法追究刑事责任的

C. 劳动者同时与其他用人单位建立劳动关系的

D. 劳动者不能胜任工作，经过培训仍不能胜任工作的

E. 劳动者非因工负伤，在规定的医疗期满后不能从事原工作的

[**解析**]《劳动合同法》规定，劳动者有下列情形之一的，用人单位无须提前通知即可解除劳动合同：①在试用期间被证明不符合录用条件的；②严重违反用人单位的规章制度的；③严重失职，营私舞弊，给用人单位造成重大损害的；④劳动者同时与其他用人单位建立劳动关系，对完成本单位的工作任务造成严重影响，或者经用人单位提出，拒不改正的；⑤因《劳动合同法》第二十六条第一款第一项规定的情形致使劳动合同无效的；⑥被依法追究刑事责任的。

[**答案**] AB

[**2018 真题·多选**] 根据《劳动合同法》，劳动者有下列情形之一，用人单位可以解除劳动合同的有（　　）。

A. 劳动者不能胜任工作

B. 劳动者在试用期内不符合录用条件

C. 劳动者严重违反用人单位的规章制度

D. 劳动者被依法追究刑事责任

E. 劳动者患病

[**解析**]《劳动合同法》规定，劳动者有下列情形之一的，用人单位可以解除劳动合同：①在试用期间被证明不符合录用条件的；②严重违反用人单位的规章制度的；③严重失职，营私舞弊，给用人单位造成重大损害的；④劳动者同时与其他用人单位建立劳动关系，对完成本单位的工作任务造成严重影响，或者经用人单位提出，拒不改正的；⑤因《劳动合同法》第二十六条第一款第一项规定的情形致使劳动合同无效的；⑥被依法追究刑事责任的。《劳动合同法》规定，有下列情形之一的，用人单位提前 30 日以书面形式通知劳动者本人或者额外支付劳动者 1 个月工资后，可以解除劳动合同：①劳动者患病或者非因工负伤，在规定的医疗期满后不能从事原工作，也不能从事由用人单位另行安排的工作的；②劳动者不能胜任工作，经过培训或者调整工作岗位，仍不能胜任工作的；③劳动合同订立时所依据的客观情况发生重大变化，致使劳动合同无法履行，经用人单位与劳动者协商，未能就变更劳动合同内容达成协议的。

[**答案**] BCD

第二节　劳动用工和工资支付保障

知识点 1　劳务派遣

劳务派遣是指由劳务单位与派遣劳动者订立劳动合同，把劳动者派向其他用工单位，再由其用工单位向派遣机构支付一笔服务费用的一种用工形式，典型特点是招聘和用工分离。劳务派遣关系如图 9-2-1 所示。

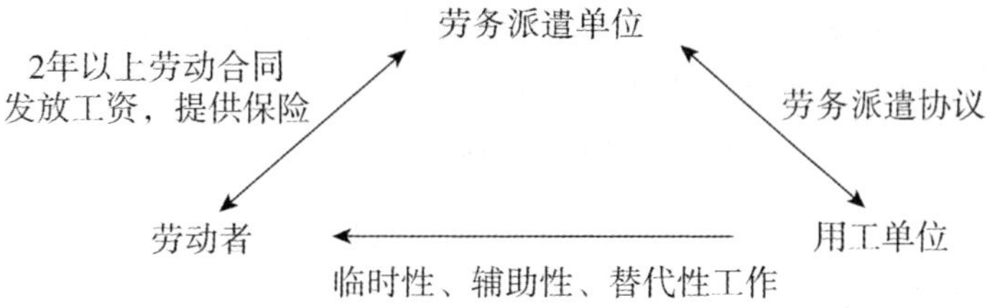

图 9-2-1　劳务派遣关系图

一、劳务派遣单位

《劳动合同法》规定，经营劳务派遣业务应当具备下列条件：①注册资本不得少于人民币 200 万元；②有与开展业务相适应的固定的经营场所和设施；③有符合法律、行政法规规定的劳务派遣管理制度；④法律、行政法规规定的其他条件。

经营劳务派遣业务，应当向劳动行政部门依法申请行政许可；经许可的，依法办理相应的公司登记。未经许可，任何单位和个人不得经营劳务派遣业务。

劳务派遣单位应当履行用人单位对劳动者的义务。劳务派遣单位与被派遣劳动者订立的劳动合同，除应当载明《劳动合同法》规定的事项外，还应当载明被派遣劳动者的用工单位以及派遣期限、工作岗位等情况。

➢ **名师点拨：** 必备条款、选择条款。

劳务派遣单位应当与被派遣劳动者订立 2 年以上的固定期限劳动合同，按月支付劳动报酬；被派遣劳动者在无工作期间，劳务派遣单位应当按照所在地人民政府规定的最低工资标准，向其按月支付报酬。

劳务派遣单位应当将劳务派遣协议的内容告知被派遣劳动者。劳务派遣单位不得克扣用工单位按照劳务派遣协议支付给被派遣劳动者的劳动报酬。劳务派遣单位和用工单位不得向被派遣劳动者收取费用。

《劳务派遣暂行规定》规定，劳务派遣单位可以依法与被派遣劳动者约定试用期。劳务派遣单位与同一被派遣劳动者只能约定一次试用期。

被派遣劳动者在用工单位因工作遭受事故伤害的，劳务派遣单位应当依法申请工伤认定，用工单位应当协助工伤认定的调查核实工作。劳务派遣单位承担工伤保险责任，但可以与用工单位约定补偿办法。

二、用工单位

根据《劳动合同法》，劳务派遣单位派遣劳动者应当与接受以劳务派遣形式用工的单位（以下简称用工单位）订立劳务派遣协议。劳务派遣协议应当约定派遣岗位和人员数量、派遣期限、劳动报酬和社会保险费的数额与支付方式以及违反协议的责任。

用工单位应当根据工作岗位的实际需要与劳务派遣单位确定派遣期限，不得将连续用工期限分割订立数个短期劳务派遣协议。

用工单位应当履行下列义务：

（1）执行国家劳动标准，提供相应的劳动条件和劳动保护。

（2）告知被派遣劳动者的工作要求和劳动报酬。

(3) 支付加班费、绩效奖金，提供与工作岗位相关的福利待遇。

(4) 对在岗被派遣劳动者进行工作岗位所必需的培训。

(5) 连续用工的，实行正常的工资调整机制。

用工单位不得将被派遣劳动者再派遣到其他用人单位。

三、被派遣劳动者

根据《劳动合同法》，被派遣劳动者享有与用工单位的劳动者同工同酬的权利。用工单位应当按照同工同酬原则，对被派遣劳动者与本单位同类岗位的劳动者实行相同的劳动报酬分配办法。用工单位无同类岗位劳动者的，参照用工单位所在地相同或者相近岗位劳动者的劳动报酬确定。

被派遣劳动者有《劳动合同法》第三十九条和第四十条第一项、第二项规定情形的，用工单位可以将劳动者退回劳务派遣单位，劳务派遣单位依照《劳动合同法》有关规定，可以与劳动者解除劳动合同。

➢ **名师点拨：**用人单位立即解除、预告解除的情形。

根据《劳务派遣暂行规定》，有下列情形之一的，用工单位可以将被派遣劳动者退回劳务派遣单位：

(1) 用工单位有《劳动合同法》第四十条第三项、第四十一条规定情形的。

(2) 用工单位被依法宣告破产、吊销营业执照、责令关闭、撤销、决定提前解散或者经营期限届满不再继续经营的。

(3) 劳务派遣协议期满终止的。

被派遣劳动者退回后在无工作期间，劳务派遣单位应当按照不低于所在地人民政府规定的最低工资标准，向其按月支付报酬。

四、劳务派遣用工范围

根据《劳动合同法》，劳动合同用工是我国的企业基本用工形式。劳务派遣用工是补充形式，只能在临时性、辅助性或者替代性的工作岗位上实施。

临时性工作岗位是指存续时间不超过 6 个月的岗位；辅助性工作岗位是指为主营业务岗位提供服务的非主营业务岗位；替代性工作岗位是指用工单位的劳动者因脱产学习、休假等原因无法工作的一定期间内，可以由其他劳动者替代工作的岗位。

用人单位不得设立劳务派遣单位向本单位或者所属单位派遣劳动者。

实战演练

[2024 真题·单选] 关于劳务派遣的说法，正确的是（　　）。

A. 劳务派遣中的劳动关系与用工关系相分离

B. 劳务派遣主要涉及劳务派遣单位和劳动者双方法律关系

C. 劳务派遣是目前建筑行业的主要用工形式

D. 劳务派遣单位不得与劳动者约定试用期

[**解析**] 选项B错误，劳务派遣涉及劳务派遣单位、用工单位和被派遣的劳动者三方主体，形成特殊的三方法律关系。选项C错误，劳务派遣是指依法设立的劳务派遣机构（派遣单位）与接受派遣的单位（用工单位）订立劳务派遣协议，约定由派遣单位根据用工单位的用工需求招聘劳动者，并把劳动者派到用工单位去劳动的一种用工方式。劳动派遣用工属于补充形式。选项D错误，根据《劳务派遣暂行规定》，劳务派遣单位可以依法与被派遣劳动者约定试用期。劳务派遣单位与同一被派遣劳动者只能约定一次试用期。

[**答案**] A

[**经典例题·单选**] 关于劳务派遣的说法，正确的是（　　）。

A. 甲可以被劳务派遣公司派到某施工企业担任安全员

B. 乙可以被劳务派遣公司派到某公司做临时性工作1年以上

C. 丙在无工作期间，其所属劳务派遣公司不再向其支付工资

D. 劳务派遣协议中应当载明社会保险费的数额

[**解析**] 劳务派遣用工是补充形式，只能在临时性、辅助性或者替代性的工作岗位上实施，选项A错误。临时性工作岗位是指存续时间不超过6个月的岗位，选项B错误。被派遣劳动者在无工作期间，劳务派遣单位应当按照所在地人民政府规定的最低工资标准，向其按月支付报酬，选项C错误。

[**答案**] D

[**2020真题·多选**] 关于劳务派遣协议的说法，正确的有（　　）。

A. 劳务派遣协议不得约定用工单位可以将被派遣劳动者再派遣到其他用人单位

B. 劳务派遣单位应当将劳务派遣协议的内容告知被派遣劳动者

C. 实施劳务派遣的，由用工单位与劳动者订立劳务派遣协议

D. 被派遣劳动者享有与用工单位的劳动者同工同酬的权利，劳务派遣协议另有约定的除外

E. 劳务派遣协议的法律性质是劳动合同

[**解析**] 选项C错误，劳务派遣单位派遣劳动者应当与接受以劳务派遣形式用工的单位订立劳务派遣协议。选项D错误，《劳动合同法》规定，被派遣劳动者享有与用工单位的劳动者同工同酬的权利。选项E错误，劳务派遣协议的法律性质是劳动派遣合同。

[**答案**] AB

[**2017真题·多选**] 关于劳务派遣的说法，正确的有（　　）。

A. 用工单位可以将被派遣劳动者再派遣到与其签订合同的其他用人单位

B. 经营劳务派遣业务应当申请行政许可，办理公司登记

C. 除岗前培训费以外，劳务派遣单位不得再向被派遣劳动者收取费用

D. 劳务派遣用工只能在临时性、辅助性或替代性的工作岗位上实施

E. 劳务派遣的用工方式使劳动者的聘用与使用分离

［解析］选项A错误，用工单位不得将被派遣劳动者再派遣到其他用人单位。选项C错误，劳务派遣单位应当将劳务派遣协议的内容告知被派遣劳动者。劳务派遣单位不得克扣用工单位按照劳务派遣协议支付给被派遣劳动者的劳动报酬。劳务派遣单位和用工单位不得向被派遣劳动者收取费用。

［答案］BDE

知识点 2 工资交付保障

一、《劳动法》的相关规定

第四十五条　国家实行带薪年休假制度。劳动者连续工作一年以上的，享受带薪年休假。具体办法由国务院规定。

第四十六条　工资分配应当遵循按劳分配原则，实行同工同酬。工资水平在经济发展的基础上逐步提高。国家对工资总量实行宏观调控。

第四十七条　用人单位根据本单位的生产经营特点和经济效益，依法自主确定本单位的工资分配方式和工资水平。

第四十八条　国家实行最低工资保障制度。最低工资的具体标准由省、自治区、直辖市人民政府规定，报国务院备案。用人单位支付劳动者的工资不得低于当地最低工资标准。

➤ **知识拓展**：《最低工资规定》（劳动保障部令第21号）第十二条规定，在劳动者提供正常劳动的情况下，用人单位应支付给劳动者的工资在剔除下列各项以后，不得低于当地最低工资标准：①延长工作时间工资；②中班、夜班、高温、低温、井下、有毒有害等特殊工作环境、条件下的津贴；③法律、法规和国家规定的劳动者福利待遇等。实行计件工资或提成工资等工资形式的用人单位，在科学合理的劳动定额基础上，其支付劳动者的工资不得低于相应的最低工资标准。

二、《工资支付暂行规定》的相关规定

第五条　工资应当以法定货币支付。不得以实物及有价证券替代货币支付。

第六条　用人单位应将工资支付给劳动者本人。劳动者本人因故不能领取工资时，可由其亲属或委托他人代领。用人单位可委托银行代发工资。用人单位必须书面记录支付劳动者工资的数额、时间、领取者的姓名以及签字，并保存两年以上备查。用人单位在支付工资时应向劳动者提供一份其个人的工资清单。

第七条　工资必须在用人单位与劳动者约定的日期支付。如遇节假日或休息日，则应提前在最近的工作日支付。工资至少每月支付一次，实行周、日、小时工资制的可按周、日、小时支付工资。

第八条　对完成一次性临时劳动或某项具体工作的劳动者，用人单位应按有关协议或合同规定在其完成劳动任务后即支付工资。

第九条　劳动关系双方依法解除或终止劳动合同时，用人单位应在解除或终止劳动合同时一次付清劳动者工资。

第十条　劳动者在法定工作时间内依法参加社会活动期间，用人单位应视同其提供了正

常劳动而支付工资。社会活动包括：依法行使选举权或被选举权；当选代表出席乡（镇）、区以上政府、党派、工会、青年团、妇女联合会等组织召开的会议；出任人民法庭证明人；出席劳动模范、先进工作者大会；《工会法》规定的不脱产工会基层委员会委员因工会活动占用的生产或工作时间；其他依法参加的社会活动。

第十一条　劳动者依法享受年休假、探亲假、婚假、丧假期间，用人单位应按劳动合同规定的标准支付劳动者工资。

第十二条　非因劳动者原因造成单位停工、停产在一个工资支付周期内的，用人单位应按劳动合同规定的标准支付劳动者工资。超过一个工资支付周期的，若劳动者提供了正常劳动，则支付给劳动者的劳动报酬不得低于当地的最低工资标准；若劳动者没有提供正常劳动，应按国家有关规定办理。

第十三条　用人单位在劳动者完成劳动定额或规定的工作任务后，根据实际需要安排劳动者在法定标准工作时间以外工作的，应按以下标准支付工资：

（1）用人单位依法安排劳动者在日法定标准工作时间以外延长工作时间的，按照不低于劳动合同规定的劳动者本人小时工资标准的150％支付劳动者工资；

（2）用人单位依法安排劳动者在休息日工作，而又不能安排补休的，按照不低于劳动合同规定的劳动者本人日或小时工资标准的200％支付劳动者工资；

（3）用人单位依法安排劳动者在法定休假节日工作的，按照不低于劳动合同规定的劳动者本人日或小时工资标准的300％支付劳动者工资。

实行计件工资的劳动者，在完成计件定额任务后，由用人单位安排延长工作时间的，应根据上述规定的原则，分别按照不低于其本人法定工作时间计件单价的150％、200％、300％支付其工资。

经劳动行政部门批准实行综合计算工时工作制的，其综合计算工作时间超过法定标准工作时间的部分，应视为延长工作时间，并应按本规定支付劳动者延长工作时间的工资。

实行不定时工时制度的劳动者，不执行上述规定。

三、《保障农民工工资支付条例》的相关规定

第六条　用人单位实行农民工劳动用工实名制管理，与招用的农民工书面约定或者通过依法制定的规章制度规定工资支付标准、支付时间、支付方式等内容。

第十条（节选）　被拖欠工资的农民工有权依法投诉，或者申请劳动争议调解仲裁和提起诉讼。任何单位和个人对拖欠农民工工资的行为，有权向人力资源社会保障行政部门或者其他有关部门举报。

第十一条　农民工工资应当以货币形式，通过银行转账或者现金支付给农民工本人，不得以实物或者有价证券等其他形式替代。

第十二条　用人单位应当按照与农民工书面约定或者依法制定的规章制度规定的工资支付周期和具体支付日期足额支付工资。

第十三条　实行月、周、日、小时工资制的，按照月、周、日、小时为周期支付工资；实行计件工资制的，工资支付周期由双方依法约定。

第十四条　用人单位与农民工书面约定或者依法制定的规章制度规定的具体支付日期，可以在农民工提供劳动的当期或者次期。具体支付日期遇法定节假日或者休息日的，应当在法定节假日或者休息日前支付。用人单位因不可抗力未能在支付日期支付工资的，应当在不可抗力消除后及时支付。

第十五条（节选）　用人单位应当按照工资支付周期编制书面工资支付台账，并至少保存3年。用人单位向农民工支付工资时，应当提供农民工本人的工资清单。

第十六条　用人单位拖欠农民工工资的，应当依法予以清偿。

第十八条　用工单位使用个人、不具备合法经营资格的单位或者未依法取得劳务派遣许可证的单位派遣的农民工，拖欠农民工工资的，由用工单位清偿，并可以依法进行追偿。

第二十四条　建设单位应当向施工单位提供工程款支付担保。建设单位与施工总承包单位依法订立书面工程施工合同，应当约定工程款计量周期、工程款进度结算办法以及人工费用拨付周期，并按照保障农民工工资按时足额支付的要求约定人工费用。人工费用拨付周期不得超过1个月。建设单位与施工总承包单位应当将工程施工合同保存备查。

第二十五条　施工总承包单位与分包单位依法订立书面分包合同，应当约定工程款计量周期、工程款进度结算办法。

第二十六条　施工总承包单位应当按照有关规定开设农民工工资专用账户，专项用于支付该工程建设项目农民工工资。开设、使用农民工工资专用账户有关资料应当由施工总承包单位妥善保存备查。

第三十条　分包单位对所招用农民工的实名制管理和工资支付负直接责任。施工总承包单位对分包单位劳动用工和工资发放等情况进行监督。分包单位拖欠农民工工资的，由施工总承包单位先行清偿，再依法进行追偿。工程建设项目转包，拖欠农民工工资的，由施工总承包单位先行清偿，再依法进行追偿。

四、《拖欠农民工工资失信联合惩戒对象名单管理暂行办法》的相关规定

第四条　失信联合惩戒名单管理实行“谁执法、谁认定、谁负责”，遵循依法依规、客观公正、公开透明、动态管理的原则。

实施失信联合惩戒名单管理，应当依法依规加强信用信息安全和个人信息保护。人力资源社会保障行政部门及其工作人员对实施失信联合惩戒名单管理过程中知悉的国家秘密、商业秘密、个人隐私，应当依法依规予以保密。

第五条　用人单位拖欠农民工工资，具有下列情形之一，经人力资源社会保障行政部门依法责令限期支付工资，逾期未支付的，人力资源社会保障行政部门应当作出列入决定，将该用人单位及其法定代表人或者主要负责人、直接负责的主管人员和其他直接责任人员（以下简称当事人）列入失信联合惩戒名单：

（1）克扣、无故拖欠农民工工资达到认定拒不支付劳动报酬罪数额标准的。

（2）因拖欠农民工工资违法行为引发群体性事件、极端事件造成严重不良社会影响的。

第六条　人力资源社会保障行政部门在作出列入决定前，应当告知当事人拟列入失信联合惩戒名单的事由、依据、提出异议等依法享有的权利和本办法第七条可以不予列入失信联合惩戒名单的规定。

当事人自收到告知之日起 5 个工作日内，可以向人力资源社会保障行政部门提出异议。对异议期内提出的异议，人力资源社会保障行政部门应当自收到异议之日起 5 个工作日内予以核实，并将结果告知当事人。

第七条 用人单位在人力资源社会保障行政部门作出列入决定前，已经改正拖欠农民工工资违法行为，且作出不再拖欠农民工工资书面信用承诺的，可以不予列入失信联合惩戒名单。

第八条 人力资源社会保障行政部门应当自责令限期支付工资文书指定期限届满之日起 20 个工作日内作出列入决定。情况复杂的，经人力资源社会保障行政部门负责人批准，可以延长 20 个工作日。

人力资源社会保障行政部门作出列入决定，应当制作列入决定书。列入决定书应当载明列入事由、列入依据、联合惩戒措施提示、提前移出条件和程序、救济措施等，并按照有关规定交付或者送达当事人。

第九条 作出列入决定的人力资源社会保障行政部门应当按照政府信息公开等有关规定，通过本部门门户网站和其他指定的网站公开失信联合惩戒名单。

第十条 作出列入决定的人力资源社会保障行政部门应当按照有关规定，将失信联合惩戒名单信息共享至同级信用信息共享平台，供相关部门作为在各自职责范围内按照《保障农民工工资支付条例》等有关规定，对被列入失信联合惩戒名单的当事人实施联合惩戒的依据。

对被列入失信联合惩戒名单的当事人，由相关部门在政府资金支持、政府采购、招投标、融资贷款、市场准入、税收优惠、评优评先、交通出行等方面依法依规予以限制。

第十一条 当事人被列入失信联合惩戒名单的期限为 3 年，自人力资源社会保障行政部门作出列入决定之日起计算。

第十二条 用人单位同时符合下列条件的，可以向作出列入决定的人力资源社会保障行政部门申请提前移出失信联合惩戒名单：

（1）已经改正拖欠农民工工资违法行为的。

（2）自改正之日起被列入失信联合惩戒名单满 6 个月的。

（3）作出不再拖欠农民工工资书面信用承诺的。

第十三条 用人单位符合本办法第十二条规定条件，但是具有下列情形之一的，不得提前移出失信联合惩戒名单：

（1）列入失信联合惩戒名单期限内再次发生拖欠农民工工资违法行为的。

（2）因涉嫌拒不支付劳动报酬犯罪正在刑事诉讼期间或者已经被追究刑事责任的。

（3）法律、法规和党中央、国务院政策文件规定的其他情形。

第十四条 用人单位申请提前移出失信联合惩戒名单，应当提交书面申请、已经改正拖欠农民工工资违法行为的证据和不再拖欠农民工工资书面信用承诺。

人力资源社会保障行政部门应当自收到用人单位提前移出失信联合惩戒名单申请之日起 15 个工作日内予以核实，决定是否准予提前移出，制作决定书并按照有关规定交付或者送达用人单位。不予提前移出的，应当说明理由。

人力资源社会保障行政部门准予用人单位提前移出失信联合惩戒名单的，应当将该用人单位的其他当事人一并提前移出失信联合惩戒名单。

第十五条　申请提前移出的用人单位故意隐瞒真实情况、提供虚假资料，情节严重的，由作出提前移出决定的人力资源社会保障行政部门撤销提前移出决定，恢复列入状态。列入的起止时间重新计算。

第十六条　列入决定所依据的责令限期支付工资文书被依法撤销的，作出列入决定的人力资源社会保障行政部门应当撤销列入决定。

第十七条　有下列情形之一的，作出列入决定的人力资源社会保障行政部门应当于10个工作日内将当事人移出失信联合惩戒名单，在本部门门户网站停止公开相关信息，并告知第九条规定的有关网站：

（1）当事人被列入失信联合惩戒名单期限届满的。

（2）人力资源社会保障行政部门决定提前移出失信联合惩戒名单的。

（3）列入决定被依法撤销的。

当事人被移出失信联合惩戒名单的，人力资源社会保障行政部门应当及时将移出信息共享至同级信用信息共享平台，相关部门联合惩戒措施按照规定终止。

五、《工程建设领域农民工工资保证金规定》的相关规定

第二条　本规定所指工资保证金，是指工程建设领域施工总承包单位（包括直接承包建设单位发包工程的专业承包企业）在银行设立账户并按照工程施工合同额的一定比例存储，专项用于支付为所承包工程提供劳动的农民工被拖欠工资的专项资金。

工资保证金可以用银行类金融机构出具的银行保函替代，有条件的地区还可探索引入工程担保公司保函或工程保证保险。

第三条　工程建设领域工资保证金的存储比例、存储形式、减免措施以及使用返还等事项适用本规定。

第十一条　工资保证金按工程施工合同额（或年度合同额）的一定比例存储，原则上不低于1%，不超过3%，单个工程合同额较高的，可设定存储上限。

施工总承包单位在同一工资保证金管理地区有多个在建工程，存储比例可适当下浮但不得低于施工合同额（或年度合同额）的0.5%。

施工合同额低于300万元的工程，且该工程的施工总承包单位在签订施工合同前一年内承建的工程未发生工资拖欠的，各地区可结合行业保障农民工工资支付实际，免除该工程存储工资保证金。

前款规定的施工合同额可适当调整，调整范围由省级人力资源社会保障行政部门会同行业工程建设主管部门确定，并报人力资源社会保障部、住房和城乡建设部、交通运输部、水利部、铁路局、民航局备案。

第十九条　施工总承包单位所承包工程发生拖欠农民工工资的，经人力资源社会保障行政部门依法作出责令限期清偿或先行清偿的行政处理决定，施工总承包单位到期拒不履行的，属地人力资源社会保障行政部门可以向经办银行出具《农民工工资保证金支付通知书》（以下简称《支付通知书》），书面通知有关施工总承包单位和经办银行。经办银行应在收到

《支付通知书》5个工作日内，从工资保证金账户中将相应数额的款项以银行转账方式支付给属地人力资源社会保障行政部门指定的被拖欠工资农民工本人。

施工总承包单位采用银行保函替代工资保证金，发生前款情形的，提供银行保函的经办银行应在收到《支付通知书》5个工作日内，依照银行保函约定支付农民工工资。

第二十条 工资保证金使用后，施工总承包单位应当自使用之日起10个工作日内将工资保证金补足。

采用银行保函替代工资保证金发生前款情形的，施工总承包单位应在10个工作日内提供与原保函相同担保范围和担保金额的新保函。施工总承包单位开立新保函后，原保函即行失效。

第二十三条 施工总承包单位认为行政部门的行政行为损害其合法权益的，可以依法申请行政复议或者向人民法院提起行政诉讼。

第二十四条 工资保证金实行专款专用，除用于清偿或先行清偿施工总承包单位所承包工程拖欠农民工工资外，不得用于其他用途。

除法律另有规定外，工资保证金不得因支付为本工程提供劳动的农民工工资之外的原因被查封、冻结或者划拨。

第二十五条 人力资源社会保障行政部门应加强监管，对施工总承包单位未依据《保障农民工工资支付条例》和本规定存储、补足工资保证金（或提供、更新保函）的，应按照《保障农民工工资支付条例》第五十五条规定追究其法律责任。

第二十六条 属地人力资源社会保障行政部门要建立工资保证金管理台账，严格规范财务、审计制度，加强账户监管，确保专款专用。

行业工程建设主管部门对在日常监督检查中发现的未按规定存储工资保证金问题，应及时通报同级人力资源社会保障行政部门。对未按规定执行工资保证金制度的施工单位，除依法给予行政处罚（处理）外，应按照有关规定计入其信用记录，依法实施信用惩戒。

对行政部门擅自减免、超限额收缴、违规挪用、无故拖延返还工资保证金的，要严肃追究责任，依法依规对有关责任人员实行问责；涉嫌犯罪的，移送司法机关处理。

六、《工程建设领域农民工工资专用账户管理暂行办法》的相关规定

第二条 本办法所称农民工工资专用账户（以下简称专用账户）是指施工总承包单位（以下简称总包单位）在工程建设项目所在地银行业金融机构（以下简称银行）开立的，专项用于支付农民工工资的专用存款账户。人工费用是指建设单位向总包单位专用账户拨付的专项用于支付农民工工资的工程款。

第六条 专用账户按工程建设项目开立。总包单位应当在工程施工合同签订之日起30日内开立专用账户，并与建设单位、开户银行签订资金管理三方协议。专用账户名称为总包单位名称加工程建设项目名称后加“农民工工资专用账户”。总包单位应当在专用账户开立后的30日内报项目所在地专用账户监管部门备案。监管部门由各省、自治区、直辖市根据《保障农民工工资支付条例》确定。总包单位有2个及以上工程建设项目的，可开立新的专用账户，也可在符合项目所在地监管要求的情况下，在已有专用账户下按项目分别管理。

第十五条 工程建设领域总包单位对农民工工资支付负总责，推行分包单位农民工工资委托总包单位代发制度（以下简称总包代发制度）。工程建设项目施行总包代发制度的，总包单位与分包单位签订委托工资支付协议。

第十六条　总包单位或者分包单位应当按照相关行业工程建设主管部门的要求开展农民工实名制管理工作，依法与所招用的农民工订立劳动合同并进行用工实名登记。总包单位和分包单位对农民工实名制基本信息进行采集、核实、更新，建立实名制管理台账。工程建设项目应结合行业特点配备农民工实名制管理所必需的软硬件设施设备。未与总包单位或者分包单位订立劳动合同并进行用工实名登记的人员，不得进入项目现场施工。

第十八条　总包单位应当按时将审核后的工资支付表等工资发放资料报送开户银行，开户银行应当及时将工资通过专用账户直接支付到农民工本人的银行账户，并由总包单位向分包单位提供代发工资凭证。

第十九条　农民工工资卡实行一人一卡、本人持卡，用人单位或者其他人员不得以任何理由扣押或者变相扣押。开户银行应采取有效措施，积极防范本机构农民工工资卡被用于出租、出售、洗钱、赌博、诈骗和其他非法活动。

第二十一条　总包单位应当将专用账户有关资料、用工管理台账等妥善保存，至少保存至工程完工且工资全部结清后3年。

第二十二条　建设单位在签订工程监理合同时，可通过协商委托监理单位实施农民工工资支付审核及监督。

实战演练

[经典例题·单选] 根据《工资支付暂行条例》，关于工资支付时间保障制度的说法，错误的是（　　）。

A. 如遇节假日，应提前在最近的工作日支付

B. 如遇休息日，应推后在最近的工作日支付

C. 工资必须在用人单位与劳动者约定的日期支付

D. 终止劳动合同时，应在终止劳动合同时一次付清劳动者工资

[解析] 工资必须在用人单位与劳动者约定的日期支付。如遇节假日或休息日，则应提前在最近的工作日支付。劳动关系双方依法解除或终止劳动合同时，用人单位应在解除或终止劳动合同时一次付清劳动者工资。

[答案] B

[经典例题·单选] 关于农民工工资基本保障制度，说法错误的是（　　）。

A. 农民工有按时足额获得工资的权利

B. 任何单位和个人不得拖欠农民工工资

C. 实行计件工资制的，按照月、周、日、小时为周期支付工资

D. 用人单位拖欠农民工工资的，应当依法予以清偿

[解析] 选项C错误，实行月、周、日、小时工资制的，按照月、周、日、小时为周期支付工资；实行计件工资制的，工资支付周期由双方依法约定。

[答案] C

［经典例题·单选］下列情形中，不属于可以申请提前移出失信联合惩戒名单的是（　　）。

A. 已经改正拖欠农民工工资违法行为的

B. 被列入失信联合惩戒名单满 1 年的

C. 作出不再拖欠农民工工资书面信用承诺的

D. 自改正之日起被列入失信联合惩戒名单满 6 个月的

［解析］用人单位同时符合下列条件的，可以向作出列入决定的人力资源社会保障行政部门申请提前移出失信联合惩戒名单：①已经改正拖欠农民工工资违法行为的；②自改正之日起被列入失信联合惩戒名单满 6 个月的；③作出不再拖欠农民工工资书面信用承诺的。

［答案］B

［2024 真题·多选］关于工程建设领域农民工工资支付保障的说法，正确的有（　　）。

A. 施工合同额低于 300 万元的工程，且该工程的施工总承包单位在办理施工许可证的三年内承建的工程未发生工资拖欠的，免除该工程存储农民工工资保证金

B. 任何施工企业和个人不得拖欠农民工工资

C. 施工企业支付的农民工工资不得低于当地最低工资标准

D. 农民工工资保证金可以用来支付工程款、材料费

E. 施工总承包单位在同一工资保证金管理地区有多个在建工程，农民工工资保证金存储比例可适当下浮

［解析］选项 A 错误，施工合同额低于 300 万元的工程，且该工程的施工总承包单位在签订施工合同前一年内承建的工程未发生工资拖欠的，各地区可结合行业保障农民工工资支付实际，免除该工程存储工资保证金。选项 D 错误，农民工工资保证金实行专款专用，除用于清偿或先行清偿施工总承包单位所承包工程拖欠农民工工资外，不得用于其他用途。选项 E 错误，施工总承包单位在同一工资保证金管理地区有多个在建工程，农民工工资保证金存储比例可适当下浮但不得低于施工合同额（或年度合同额）的 0.5%。

［答案］BC

［经典例题·多选］关于农民工工资支付的说法，正确的有（　　）。

A. 施工总承包单位应当按照有关规定开设农民工工资专用账户

B. 工资保证金按工程施工合同额（或年度合同额）的一定比例存储

C. 施工总承包单位应当自工程取得施工许可证前，开立工资保证金专门账户

D. 施工合同额低于 300 万元的工程，免除该工程存储工资保证金

E. 工资保证金实行专款专用，只能用于清偿或先行清偿施工总承包单位所承包工程拖欠农民工工资

［解析］选项 C 错误，总包单位应当在工程施工合同签订之日起 30 日内开立专用账户，并与建设单位、开户银行签订资金管理三方协议。选项 D 错误，施工合同额低于 300 万元的工程，且该工程的施工总承包单位在签订施工合同前一年内承建的工程未发生工资拖欠的，各地区可结合行业保障农民工工资支付实际，免除该工程存储工资保证金。

［答案］ABE

第三节　劳动安全卫生和保护

知识点 1 劳动安全卫生

根据《劳动法》，用人单位必须建立、健全劳动安全卫生制度，严格执行国家劳动安全卫生规程和标准，对劳动者进行劳动安全卫生教育，防止劳动过程中的事故，减少职业危害。

劳动安全卫生设施必须符合国家规定的标准。新建、改建、扩建工程的劳动安全卫生设施必须与主体工程同时设计、同时施工、同时投入生产和使用。

用人单位必须为劳动者提供符合国家规定的劳动安全卫生条件和必要的劳动防护用品，对从事有职业危害作业的劳动者应当定期进行健康检查。

从事特种作业的劳动者必须经过专门培训并取得特种作业资格。

劳动者对用人单位管理人员违章指挥、强令冒险作业，有权拒绝执行；对危害生命安全和身体健康的行为，有权提出批评、检举和控告。

根据《中华人民共和国职业病防治法》（以下简称《职业病防治法》），劳动者享有下列职业卫生保护权利：

（1）获得职业卫生教育、培训。

（2）获得职业健康检查、职业病诊疗、康复等职业病防治服务。

（3）了解工作场所产生或者可能产生的职业病危害因素、危害后果和应当采取的职业病防护措施。

（4）要求用人单位提供符合防治职业病要求的职业病防护设施和个人使用的职业病防护用品，改善工作条件。

（5）对违反职业病防治法律、法规以及危及生命健康的行为提出批评、检举和控告。

（6）拒绝违章指挥和强令进行没有职业病防护措施的作业。

（7）参与用人单位职业卫生工作的民主管理，对职业病防治工作提出意见和建议。

知识点 2 劳动保护

一、女职工的特殊保护

女职工特殊保护的相关规定见表 9-3-1。

表 9-3-1　女职工特殊保护的相关规定

情形	相关规定
一般规定	根据《女职工劳动保护特别规定》，女职工禁忌从事的劳动范围： （1）矿山井下作业； （2）体力劳动强度分级标准中规定的第四级体力劳动强度的作业； （3）每小时负重 6 次以上、每次负重超过 20 kg 的作业，或者间断负重、每次负重超过 25 kg 的作业

第九章

续表

情形	相关规定
经期	根据《女职工劳动保护特别规定》，女职工在经期禁忌从事的劳动范围： (1) 冷水作业分级标准中规定的第二级、第三级、第四级冷水作业； (2) 低温作业分级标准中规定的第二级、第三级、第四级低温作业； (3) 体力劳动强度分级标准中规定的第三级、第四级体力劳动强度的作业； (4) 高处作业分级标准中规定的第三级、第四级高处作业
孕期	根据《女职工劳动保护特别规定》及《劳动法》可知： (1) 不得安排女职工在怀孕期间从事国家规定的第三级体力劳动强度的劳动和孕期禁忌从事的劳动； (2) 对怀孕 7 个月以上的女职工，不得安排其延长工作时间和夜班劳动； (3) 怀孕女职工在劳动时间内进行产前检查，所需时间计入劳动时间
产期	根据《劳动法》，女职工生育享受不少于 90 天的产假
哺乳期	根据《劳动法》，不得安排女职工在哺乳未满 1 周岁的婴儿期间从事国家规定的第三级体力劳动强度的劳动和哺乳期禁忌从事的其他劳动，不得安排其延长工作时间和夜班劳动

二、未成年工的特殊保护

根据《劳动法》《中华人民共和国未成年人保护法》《未成年工特殊保护规定》，未成年特殊保护的规定见表 9-3-2。

表 9-3-2　未成年特殊保护的规定

项目	相关规定
年龄	(1) 任何组织或者个人不得招用未满 16 周岁未成年人（$X<16$ 周岁）； (2) 未成年工是指年满 16 周岁未满 18 周岁的劳动者（$16\leqslant X<18$ 周岁）； (3) 不适宜未成年人活动的场所不得招用已满 16 周岁的未成年人
工作内容	(1) 不得安排未成年工从事矿山井下、有毒有害、国家规定的第四级体力劳动强度的劳动和其他禁忌从事的劳动； (2) 招用已满 16 周岁未成年人，不得安排其从事过重、有毒、有害等危害未成年人身心健康的劳动或者危险作业
健康保护	用人单位应按下列要求对未成年工定期进行健康检查： (1) 安排工作岗位之前； (2) 工作满 1 年； (3) 年满 18 周岁，距前一次的体检时间已超过半年
其他	(1) 对未成年工的使用和特殊保护实行登记制度； (2) 未成年工须持《未成年工登记证》上岗

三、职业病防治规定

职业病是指企业、事业单位和个体经济组织等用人单位的劳动者在职业活动中，因接触粉尘、放射性物质和其他有毒、有害因素而引起的疾病。职业病的分类和目录由国务院卫生行政部门会同国务院劳动保障行政部门制定、调整并公布。

（一）前期预防

《职业病防治法》规定，职业病防治工作坚持预防为主、防治结合的方针，建立用人单位负责、行政机关监管、行业自律、职工参与和社会监督的机制，实行分类管理、综合治理。

国家建立职业病危害项目申报制度。用人单位工作场所存在职业病目录所列职业病的危害因素的，应当及时、如实向所在地卫生行政部门申报危害项目，接受监督。职业病危害因素分类目录由国务院卫生行政部门制定、调整并公布。职业病危害项目申报的具体办法由国务院卫生行政部门制定。

新建、扩建、改建建设项目和技术改造、技术引进项目可能产生职业病危害的，建设单位在可行性论证阶段应当进行职业病危害预评价。

建设项目的职业病防护设施所需费用应当纳入建设项目工程预算，并与主体工程同时设计，同时施工，同时投入生产和使用。建设项目在竣工验收前，建设单位应当进行职业病危害控制效果评价。

（二）劳动过程中的防护与管理

1. 职业病的防护

《职业病防治法》规定，用人单位必须采用有效的职业病防护设施，并为劳动者提供个人使用的职业病防护用品。用人单位为劳动者个人提供的职业病防护用品必须符合防治职业病的要求；不符合要求的，不得使用。

产生职业病危害的用人单位，应当在醒目位置设置公告栏，公布有关职业病防治的规章制度、操作规程、职业病危害事故应急救援措施和工作场所职业病危害因素检测结果。对产生严重职业病危害的作业岗位，应当在其醒目位置，设置警示标识和中文警示说明。警示说明应当载明产生职业病危害的种类、后果、预防以及应急救治措施等内容。

用人单位应当按照国务院卫生行政部门的规定，定期对工作场所进行职业病危害因素检测、评价。检测、评价结果存入用人单位职业卫生档案，定期向所在地卫生行政部门报告并向劳动者公布。发现工作场所职业病危害因素不符合国家职业卫生标准和卫生要求时，用人单位应当立即采取相应治理措施，仍然达不到国家职业卫生标准和卫生要求的，必须停止存在职业病危害因素的作业；职业病危害因素经治理后，符合国家职业卫生标准和卫生要求的，方可重新作业。

任何单位和个人不得生产、经营、进口和使用国家明令禁止使用的可能产生职业病危害的设备或者材料。任何单位和个人不得将产生职业病危害的作业转移给不具备职业病防护条件的单位和个人。不具备职业病防护条件的单位和个人不得接受产生职业病危害的作业。

2. 职业病的管理制度

《职业病防治法》规定，用人单位与劳动者订立劳动合同（含聘用合同，下同）时，应当将工作过程中可能产生的职业病危害及其后果、职业病防护措施和待遇等如实告知劳动者，并在劳动合同中写明，不得隐瞒或者欺骗。劳动者在已订立劳动合同期间因工作岗位或者工作内容变更，从事与所订立劳动合同中未告知的存在职业病危害的作业时，用人单位应当依照前款规定，向劳动者履行如实告知的义务，并协商变更原劳动合同相关条款。用人单位违反上述规定的，劳动者有权拒绝从事存在职业病危害的作业，用人单位不得因此解除与劳动者所订立的劳动合同。

对从事接触职业病危害作业的劳动者，用人单位应当按照国务院卫生行政部门的规定组织上岗前、在岗期间和离岗时的职业健康检查，并将检查结果书面告知劳动者。职业健康检查费用由用人单位承担。用人单位不得安排未经上岗前职业健康检查的劳动者从事接触职业病危害的作业；不得安排有职业禁忌的劳动者从事其所禁忌的作业；对在职业健康检查中发现有与所从事的职业相关的健康损害的劳动者，应当调离原工作岗位，并妥善安置；对未进行离岗前职业健康检查的劳动者不得解除或者终止与其订立的劳动合同。

用人单位应当为劳动者建立职业健康监护档案，并按照规定的期限妥善保存。职业健康监护档案应当包括劳动者的职业史、职业病危害接触史、职业健康检查结果和职业病诊疗等有关个人健康资料。劳动者离开用人单位时，有权索取本人职业健康监护档案复印件，用人单位应当如实、无偿提供，并在所提供的复印件上签章。

发生或者可能发生急性职业病危害事故时，用人单位应当立即采取应急救援和控制措施，并及时报告所在地卫生行政部门和有关部门。

（三）职业病诊断与职业病病人保障

《职业病防治法》规定，劳动者可以在用人单位所在地、本人户籍所在地或者经常居住地依法承担职业病诊断的医疗卫生机构进行职业病诊断。

职业病诊断标准和职业病诊断、鉴定办法由国务院卫生行政部门制定。职业病伤残等级的鉴定办法由国务院劳动保障行政部门会同国务院卫生行政部门制定。

用人单位应当如实提供职业病诊断、鉴定所需的劳动者职业史和职业病危害接触史、工作场所职业病危害因素检测结果等资料；卫生行政部门应当监督检查和督促用人单位提供上述资料；劳动者和有关机构也应当提供与职业病诊断、鉴定有关的资料。职业病诊断、鉴定机构需要了解工作场所职业病危害因素情况时，可以对工作场所进行现场调查，也可以向卫生行政部门提出，卫生行政部门应当在十日内组织现场调查。用人单位不得拒绝、阻挠。

职业病诊断、鉴定过程中，用人单位不提供工作场所职业病危害因素检测结果等资料的，诊断、鉴定机构应当结合劳动者的临床表现、辅助检查结果和劳动者的职业史、职业病危害接触史，并参考劳动者的自述、卫生行政部门提供的日常监督检查信息等，作出职业病诊断、鉴定结论。

职业病病人的诊疗、康复费用，伤残以及丧失劳动能力的职业病病人的社会保障，按照国家有关工伤保险的规定执行。职业病病人除依法享有工伤保险外，依照有关民事法律，尚有获得赔偿权利的，有权向用人单位提出赔偿要求。劳动者被诊断患有职业病，但用人单位没有依法参加工伤保险的，其医疗和生活保障由该用人单位承担。

实战演练

[2024 真题·单选] 根据《职业病防治法》，劳动者享有的职业卫生保护权利是（　　）。

A. 获得职业安全教育培训

B. 要求用人单位提供安全防护设施

C. 建立职业卫生管理制度和操作规程

D. 对职业病防治工作提出意见和建议

[解析]《职业病防治法》规定，劳动者享有下列职业卫生保护权利：①获得职业卫生教育、培训；②获得职业健康检查、职业病诊疗、康复等职业病防治服务；③了解工作场所产生或者可能产生的职业病危害因素、危害后果和应当采取的职业病防护措施；④要求用人单位提供符合防治职业病要求的职业病防护设施和个人使用的职业病防护用品，改善工作条件；⑤对违反职业病防治法律、法规以及危及生命健康的行为提出批评、检举和控告；⑥拒绝违章指挥和强令进行没有职业病防护措施的作业；⑦参与用人单位职业卫生工作的民主管理，对职业病防治工作提出意见和建议。

[答案] D

[2024 真题·单选] 关于职业病防治管理的说法，正确的是（　　）。

A. 用人单位工作场所存在疾病危害因素的，应当向所在地安全生产监督管理部门申报危害项目，接受监督

B. 安全生产监督管理部门应当定期对工作场所进行职业病危害因素检测、评价

C. 职业病危害因素检测、评价结果，应当由安全生产监督管理部门向社会公布

D. 产生职业病危害的用人单位，应当在醒目位置设置公告栏，公布有关职业病防治的规章制度和操作规程

[解析]《职业病防治法》规定，用人单位应当按照国务院安全生产监督管理部门的规定，定期对工作场所进行职业病危害因素检测、评价，其结果存入用人单位职业卫生档案，定期向所在地安全生产监督管理部门报告并向劳动者公布，选项 B、C 错误。为了保障劳动者的知情权及人身健康，产生职业病危害的用人单位，应当在醒目位置设置公告栏，公布有关职业病防治的规章制度、操作规程、职业病危害事故应急救援措施和工作场所职业病危害因素检测结果。对产生严重职业病危害的作业岗位，应当在其醒目位置，设置警示标志和中文警示说明，警示说明应当载明产生职业病危害的种类、后果、预防以及应急救治措施等内容，选项 D 错误。

[答案] A

[经典例题·单选] 根据《职业病防治法》，用人单位组织的职业健康检查费用由（　　）承担。

A. 劳动者　　B. 用人单位

C. 劳动和社会保障部门　　D. 工会组织

[解析] 对从事接触职业病危害的作业的劳动者，用人单位应当按照国务院卫生行政部门的规定组织上岗前、在岗期间和离岗时的职业健康检查，并将检查结果书面告知劳动者。职业健康检查费用由用人单位承担。

[答案] B

[经典例题·单选] 用人单位工作场所存在职业病目录所列职业病的危害因素的，应当及时、如实向（ ）申报危害项目。

A. 所在地卫生行政部门
B. 市级卫生行政部门
C. 所在地安全生产监督管理部门
D. 劳动保障行政部门

[解析] 国家建立职业病危害项目申报制度。用人单位工作场所存在职业病目录所列职业病的危害因素的，应当及时、如实向所在地卫生行政部门申报危害项目，接受监督。

[答案] A

[经典例题·单选] 根据《职业病防治法》，关于职业危害的警示告知制度的说法，错误的是（ ）。

A. 产生职业病危害的用人单位，应当在醒目位置设置公告栏，公布有关职业病防治的规章制度、操作规程等
B. 对产生严重职业病危害的作业岗位，应当在其醒目位置，设置警示标识和中文警示说明
C. 用人单位与劳动者订立劳动合同时，应当将工作过程中可能产生的职业病危害及其后果等如实告知劳动者，可以不在合同中列明
D. 劳动者有权拒绝从事存在职业病危害的作业

[解析] 用人单位与劳动者订立劳动合同时，应当将工作过程中可能产生的职业病危害及其后果、职业病防护措施和待遇等如实告知劳动者，并在劳动合同中写明，不得隐瞒或者欺骗。

[答案] C

[2021 真题·单选] 某女职工与用人单位订立劳动合同从事后勤工作，约定劳动合同期限为 2 年。关于该女职工权益保护的说法，正确的是（ ）。

A. 公司应当定期安排该女职工进行健康检查
B. 公司可以安排该女职工在经期从事国家规定的第三级体力劳动强度的劳动
C. 若该女职工哺乳的孩子已满 18 个月，公司可以安排夜班劳动
D. 若该女职工已怀孕 5 个月，公司不得安排夜班劳动

[解析] 选项 A 错误，用人单位应当对未成年工定期进行健康检查。选项 B 错误，不得安排女职工在经期从事高处、低温、冷水作业和国家规定的第三级体力劳动强度的劳动。选项 C 正确，不得安排女职工在哺乳未满 1 周岁的婴儿期间从事国家规定的第三级体力劳动强度的劳动和哺乳期禁忌从事的其他劳动，不得安排其延长工作时间和夜班劳动。选项 D 错误，对怀孕 7 个月以上的女职工，不得安排其延长工作时间和夜班劳动。

[答案] C

[2021 真题·多选] 关于未成年工劳动保护的说法，正确的有（ ）。

A. 用人单位在未成年工上岗前应当对其进行有关的职业安全卫生教育和培训
B. 用人单位不得安排未成年工从事矿山井下的劳动
C. 用人单位应当对未成年工定期进行健康检查
D. 用人单位不得安排未成年工从事国家规定的第四级体力劳动强度的劳动
E. 用人单位不得安排未成年工从事建设工程施工的劳动

[解析] 不得安排未成年工从事矿山井下、有毒有害、国家规定的第四级体力劳动强度的劳动和其他禁忌从事的劳动。用人单位应当对未成年工定期进行健康检查。未成年工上岗前，用人单位应对其进行有关的职业安全卫生教育和培训。

[答案] ABCD

第四节　工伤保险制度

知识点 1 工伤认定

一、工伤认定的标准

根据《工伤保险条例》，工伤认定的标准见表 9-4-1。

表 9-4-1　工伤认定的标准

应当认定为工伤的情形（需举证）	视同工伤的情形
(1) 在工作时间和工作场所内，因工作原因受到事故伤害的； (2) 工作时间前后在工作场所内，从事与工作有关的预备性或者收尾性工作受到事故伤害的； (3) 在工作时间和工作场所内，因履行工作职责受到暴力等意外伤害的； (4) 患职业病的； (5) 因工外出期间，由于工作原因受到伤害或者发生事故下落不明的； (6) 在上下班途中，受到非本人主要责任的交通事故或者城市轨道交通、客运轮渡、火车事故伤害的； (7) 法律、行政法规规定应当认定为工伤的其他情形	(1) 在工作时间和工作岗位，突发疾病死亡或者在 48 h 之内经抢救无效死亡的； (2) 在抢险救灾等维护国家利益、公共利益活动中受到伤害的； (3) 职工原在军队服役，因战、因公负伤致残，已取得革命伤残军人证，到用人单位后旧伤复发的

职工符合上述规定，但是有下列情形之一的，不得认定为工伤或者视同工伤：①故意犯罪的；②醉酒或者吸毒的；③自残或者自杀的。

二、工伤认定的申请

职工发生事故伤害或者按照职业病防治法规定被诊断、鉴定为职业病的，所在单位应当自事故伤害发生之日或者被诊断、鉴定为职业病之日起 30 日内，向统筹地区社会保险行政部门提出工伤认定申请。遇有特殊情况，经报社会保险行政部门同意，申请时限可以适当延长。

用人单位未按上述规定提出工伤认定申请的，工伤职工或者其近亲属、工会组织在事故伤害发生之日或者被诊断、鉴定为职业病之日起 1 年内，可以直接向用人单位所在地统筹地区社会保险行政部门提出工伤认定申请。

按照上述规定应当由省级社会保险行政部门进行工伤认定的事项，根据属地原则由用人单位所在地的设区的市级社会保险行政部门办理。用人单位未在规定的时限内提交工伤认定申请，在此期间发生符合《工伤保险条例》规定的工伤待遇等有关费用由该用人单位负担。

三、工伤认定需提交的材料

《工伤保险条例》规定，提出工伤认定申请应当提交下列材料：

（1）工伤认定申请表。

（2）与用人单位存在劳动关系（包括事实劳动关系）的证明材料。

（3）医疗诊断证明或者职业病诊断证明书（或者职业病诊断鉴定书）。

工伤认定申请表应当包括事故发生的时间、地点、原因以及职工伤害程度等基本情况。

工伤认定申请人提供材料不完整的，社会保险行政部门应当一次性书面告知工伤认定申请人需要补正的全部材料。申请人按照书面告知要求补正材料后，社会保险行政部门应当受理。

四、工伤认定的结果

社会保险行政部门受理工伤认定申请后，根据审核需要可以对事故伤害进行调查核实，用人单位、职工、工会组织、医疗机构以及有关部门应当予以协助。职业病诊断和诊断争议的鉴定，依照职业病防治法的有关规定执行。对依法取得职业病诊断证明书或者职业病诊断鉴定书的，社会保险行政部门不再进行调查核实。

职工或者其近亲属认为是工伤，用人单位不认为是工伤的，由用人单位承担举证责任。

社会保险行政部门应当自受理工伤认定申请之日起 60 日内作出工伤认定的决定，并书面通知申请工伤认定的职工或者其近亲属和该职工所在单位。社会保险行政部门对受理的事实清楚、权利义务明确的工伤认定申请，应当在 15 日内作出工伤认定的决定。作出工伤认定决定需要以司法机关或者有关行政主管部门的结论为依据的，在司法机关或者有关行政主管部门尚未作出结论期间，作出工伤认定决定的时限中止。社会保险行政部门工作人员与工伤认定申请人有利害关系的，应当回避。

五、劳动能力鉴定

劳动能力鉴定是指劳动功能障碍程度和生活自理障碍程度的等级鉴定。劳动功能障碍分为十个伤残等级，最重的为一级，最轻的为十级。生活自理障碍分为三个等级：生活完全不能自理、生活大部分不能自理和生活部分不能自理。

劳动能力鉴定由用人单位、工伤职工或者其直系亲属向设区的市级劳动能力鉴定委员会提出申请，并提供工伤认定决定和职工工伤医疗的有关资料。

申请鉴定的单位或者个人对设区的市级劳动能力鉴定委员会作出的鉴定结论不服的，可以在收到该鉴定结论之日起 15 日内向省、自治区、直辖市劳动能力鉴定委员会提出再次鉴定申请。省、自治区、直辖市劳动能力鉴定委员会作出的劳动能力鉴定结论为最终结论。

实战演练

［**2024 真题·单选**］根据《工伤保险条例》，职工的下列情形中，应当认定为工伤的是（　　）。

A. 因工外出期间，发生事故下落不明的

B. 因被单位领导批评，想不开自杀的

C. 因醉酒，上班期间摔伤的

D. 吸毒后，开车上班途中撞到前车受伤的

[解析] 职工有下列情形之一的，应当认定为工伤：①在工作时间和工作场所内，因工作原因受到事故伤害的；②工作时间前后在工作场所内，从事与工作有关的预备性或者收尾性工作受到事故伤害的；③在工作时间和工作场所内，因履行工作职责受到暴力等意外伤害的；④患职业病的；⑤因工外出期间，由于工作原因受到伤害或者发生事故下落不明的；⑥在上下班途中，受到非本人主要责任的交通事故或者城市轨道交通、客运轮渡、火车事故伤害的；⑦法律、行政法规规定应当认定为工伤的其他情形。不得认定为工伤或者视同工伤的情形：①故意犯罪的；②醉酒或者吸毒的；③自残或者自杀的。选项B、C、D不得认定为工伤。

[答案] A

[2023真题·单选] 根据《建筑法》和《工伤保险条例》，关于工程建设领域工伤保险的说法，正确的是（　　）。

A. 工伤保险是法定的鼓励性保险

B. 工伤保险是针对施工现场从事危险作业特殊群体的保险

C. 建设单位应当依法按时为施工人员缴纳工伤保险费

D. 工伤保险是面向施工企业全体职工的保险

[解析] 工伤保险是强制险。应当依照的《工伤保险条例》规定参加工伤保险，为本单位全部职工或者雇工缴纳工伤保险费。工伤保险应当由用人单位，即施工单位缴纳。

[答案] D

[2022真题·单选] 职工的下列情形中，不得认定为工伤的是（　　）。

A. 在工作时间和工作场所内，因工作原因受到事故伤害的

B. 工作时间之前在工作场所内，从事与工作有关的预备性工作受到事故伤害的

C. 在工作时间和工作场所内，自残的

D. 在工作时间和工作场所内，因履行工作职责受到暴力等意外伤害的

[解析] 有下列情形之一的，不得认定为工伤或者视同工伤：①故意犯罪的；②醉酒或者吸毒的；③自残或者自杀的。

[答案] C

[2014真题·单选] 职工认为是工伤，用人单位不认为是工伤的，由（　　）承担举证责任。

A. 职工　　B. 鉴定机构

C. 劳动部门　　D. 用人单位

[解析] 职工或者其近亲属认为是工伤，用人单位不认为是工伤的，由用人单位承担举证责任。

[答案] D

知识点 2 工伤保险待遇

中华人民共和国境内的企业、事业单位、社会团体、民办非企业单位、基金会、律师事务所、会计师事务所等组织和有雇工的个体工商户（以下称用人单位）应当依照《工伤保险

条例》规定参加工伤保险，为本单位全部职工或者雇工（以下称职工）缴纳工伤保险费。

中华人民共和国境内的企业、事业单位、社会团体、民办非企业单位、基金会、律师事务所、会计师事务所等组织的职工和个体工商户的雇工，均有依照《工伤保险条例》的规定享受工伤保险待遇的权利。

单位应当将参加工伤保险的有关情况在本单位内公示。职工发生工伤时，用人单位应当采取措施使工伤职工得到及时救治。

一、工伤医疗的待遇

《工伤保险条例》规定，职工因工作遭受事故伤害或者患职业病进行治疗，享受工伤医疗待遇。

职工治疗工伤应当在签订服务协议的医疗机构就医，情况紧急时可以先到就近的医疗机构急救。

治疗工伤所需费用符合工伤保险诊疗项目目录、工伤保险药品目录、工伤保险住院服务标准的，从工伤保险基金支付。工伤保险诊疗项目目录、工伤保险药品目录、工伤保险住院服务标准，由国务院社会保险行政部门会同国务院卫生行政部门、食品药品监督管理部门等部门规定。

职工住院治疗工伤的伙食补助费，以及经医疗机构出具证明，报经办机构同意，工伤职工到统筹地区以外就医所需的交通、食宿费用从工伤保险基金支付，基金支付的具体标准由统筹地区人民政府规定。

工伤职工治疗非工伤引发的疾病，不享受工伤医疗待遇，按照基本医疗保险办法处理。

工伤职工到签订服务协议的医疗机构进行工伤康复的费用，符合规定的，从工伤保险基金支付。

社会保险行政部门作出认定为工伤的决定后发生行政复议、行政诉讼的，行政复议和行政诉讼期间不停止支付工伤职工治疗工伤的医疗费用。

职工因工作遭受事故伤害或者患职业病需要暂停工作接受工伤医疗的，在停工留薪期内，原工资福利待遇不变，由所在单位按月支付。停工留薪期一般不超过 12 个月。伤情严重或者情况特殊，经设区的市级劳动能力鉴定委员会确认，可以适当延长，但延长不得超过 12 个月。工伤职工评定伤残等级后，停发原待遇，按照工伤保险待遇的有关规定享受伤残待遇。工伤职工在停工留薪期满后仍需治疗的，继续享受工伤医疗待遇。生活不能自理的工伤职工在停工留薪期需要护理的，由所在单位负责。

二、因工伤残的待遇

《工伤保险条例》规定，工伤职工已经评定伤残等级并经劳动能力鉴定委员会确认需要生活护理的，从工伤保险基金按月支付生活护理费。生活护理费按照生活完全不能自理、生活大部分不能自理或者生活部分不能自理 3 个不同等级支付，其标准分别为统筹地区上年度职工月平均工资的 50%、40%或者 30%。

根据《工伤保险条例》，职工因工致残等级及其待遇见表 9-4-2。

表 9-4-2　职工因工致残等级及其待遇

<table>
<tr><th>伤残等级</th><th>情形</th><th>待遇标准</th></tr>
<tr><td rowspan="4">一级至四级伤残</td><td colspan="2">保留劳动关系，退出工作岗位，享受相应的待遇</td></tr>
<tr><td>从工伤保险基金按伤残等级支付一次性伤残补助金</td><td>一级伤残为 27 个月的本人工资
二级伤残为 25 个月的本人工资
三级伤残为 23 个月的本人工资
四级伤残为 21 个月的本人工资</td></tr>
<tr><td>从工伤保险基金按月支付伤残津贴</td><td>一级伤残为本人工资的 90%
二级伤残为本人工资的 85%
三级伤残为本人工资的 80%
四级伤残为本人工资的 75%
注：伤残津贴实际金额低于当地最低工资标准的，由工伤保险基金补足差额</td></tr>
<tr><td colspan="2">工伤职工达到退休年龄并办理退休手续后，停发伤残津贴，按照国家有关规定享受基本养老保险待遇</td></tr>
<tr><td rowspan="4">五级、六级伤残</td><td>从工伤保险基金按伤残等级支付一次性伤残补助金</td><td>五级伤残为 18 个月的本人工资
六级伤残为 16 个月的本人工资</td></tr>
<tr><td colspan="2">保留与用人单位的劳动关系，由用人单位安排适当工作</td></tr>
<tr><td>难以安排工作的，用人单位按月发给伤残津贴</td><td>五级伤残为本人工资的 70%
六级伤残为本人工资的 60%
伤残津贴实际金额低于当地最低工资标准的，由用人单位补足差额</td></tr>
<tr><td>职工本人提出与用人单位解除或者终止劳动关系</td><td>由工伤保险基金支付一次性工伤医疗补助金，由用人单位支付一次性伤残就业补助金</td></tr>
<tr><td rowspan="2">七级至十级伤残</td><td>从工伤保险基金按伤残等级支付一次性伤残补助金</td><td>七级伤残为 13 个月的本人工资
八级伤残为 11 个月的本人工资
九级伤残为 9 个月的本人工资
十级伤残为 7 个月的本人工资</td></tr>
<tr><td>劳动、聘用合同期满终止，或者职工本人提出解除劳动、聘用合同</td><td>由工伤保险基金支付一次性工伤医疗补助金，由用人单位支付一次性伤残就业补助金</td></tr>
</table>

注：一次性工伤医疗补助金和一次性伤残就业补助金的具体标准由省、自治区、直辖市人民政府规定。

三、因工死亡与下落不明的待遇

根据《工伤保险条例》，职工因工死亡与下落不明的待遇见表 9-4-3。

表 9-4-3 职工因工死亡与下落不明的待遇

<table>
<tr><td rowspan="5">因工死亡</td><td colspan="2">其近亲属按照规定从工伤保险基金领取丧葬补助金、供养亲属抚恤金和一次性工亡补助金</td></tr>
<tr><td>(1) 丧葬补助金</td><td>为6个月的统筹地区上年度职工月平均工资</td></tr>
<tr><td>(2) 供养亲属抚恤金</td><td>按照职工本人工资的一定比例发给由因工死亡职工生前提供主要生活来源、无劳动能力的亲属。标准为：配偶每月40%，其他亲属每人每月30%，孤寡老人或者孤儿每人每月在上述标准的基础上增加10%；
各供养亲属的抚恤金之和不应高于因工死亡职工生前的工资</td></tr>
<tr><td>(3) 一次性工亡补助金</td><td>为上一年度全国城镇居民人均可支配收入的20倍</td></tr>
<tr><td colspan="2">伤残职工在停工留薪期内因工伤导致死亡的，其近亲属享受上述规定的待遇一级至四级伤残职工在停工留薪期满后死亡的，其近亲属可以享受上述第（1）项、第（2）项规定的待遇</td></tr>
<tr><td rowspan="3">下落不明</td><td rowspan="3">因工外出期间发生事故或者在抢险救灾中下落不明</td><td>从事故发生当月起3个月内照发工资，从第4个月起停发工资；
由工伤保险基金向其供养亲属按月支付供养亲属抚恤金</td></tr>
<tr><td>生活有困难的，可以预支一次性工亡补助金的50%</td></tr>
<tr><td>职工被人民法院宣告死亡的，按照上述职工因工死亡的规定处理</td></tr>
</table>

四、工伤保险的其他规定

（1）工伤职工有下列情形之一的，停止享受工伤保险待遇：①丧失享受待遇条件的；②拒不接受劳动能力鉴定的；③拒绝治疗的。

（2）用人单位分立、合并、转让的，承继单位应当承担原用人单位的工伤保险责任；原用人单位已经参加工伤保险的，承继单位应当到当地经办机构办理工伤保险变更登记。

用人单位实行承包经营的，工伤保险责任由职工劳动关系所在单位承担。

职工被借调期间受到工伤事故伤害的，由原用人单位承担工伤保险责任，但原用人单位与借调单位可以约定补偿办法。

企业破产的，在破产清算时依法拨付应当由单位支付的工伤保险待遇费用。

（3）职工被派遣出境工作，依据前往国家或者地区的法律应当参加当地工伤保险的，参加当地工伤保险，其国内工伤保险关系中止；不能参加当地工伤保险的，其国内工伤保险关系不中止。

（4）职工再次发生工伤，根据规定应当享受伤残津贴的，按照新认定的伤残等级享受伤残津贴待遇。

《最高人民法院关于审理工伤保险行政案件若干问题的规定》（法释〔2014〕9号）进一步规定，社会保险行政部门认定下列单位为承担工伤保险责任单位的，人民法院应予支持：①职工与2个或2个以上单位建立劳动关系，工伤事故发生时，职工为之工作的单位为承担工伤保险责任的单位；②劳务派遣单位派遣的职工在用工单位工作期间因工伤亡的，派遣单位为承担工伤保险责任的单位；③单位指派到其他单位工作的职工因工伤亡的，指派单位为承担工伤保险责任的单位；④用工单位违反法律、法规规定将承包业务转包给不具备用工主体资格的组织或者自然人，该组织或者自然人聘用的职工从事承包业务时因工伤亡的，用工单位为承担工伤保险责任的单位；⑤个人挂靠其他单位对外经营，其聘用的人员因工伤亡的，被挂靠单位为承担工伤保险责任的单位。

职工再次发生工伤，根据规定应当享受伤残津贴的，按照新认定的伤残等级享受伤残津贴待遇。

五、《关于进一步做好建筑业工伤保险工作的意见》(人社部发〔2014〕103号)的相关规定

(1) 完善符合建筑业特点的工伤保险参保政策，大力扩展建筑企业工伤保险参保覆盖面。

建筑施工企业应依法参加工伤保险。针对建筑行业的特点，建筑施工企业对相对固定的职工，应按用人单位参加工伤保险；对不能按用人单位参保、建筑项目使用的建筑业职工特别是农民工，按项目参加工伤保险。

(2) 完善工伤保险费计缴方式。

按用人单位参保的建筑施工企业应以工资总额为基数依法缴纳工伤保险费。以建设项目为单位参保的，可以按照项目工程总造价的一定比例计算缴纳工伤保险费。

(3) 科学确定工伤保险费率。

(4) 确保工伤保险费用来源。

建设单位要在工程概算中将工伤保险费用单独列支，作为不可竞争费，不参与竞标，并在项目开工前由施工总承包单位一次性代缴本项目工伤保险费，覆盖项目使用的所有职工，包括专业承包单位、劳务分包单位使用的农民工。

(5) 健全工伤认定所涉及劳动关系确认机制。

建筑施工企业应依法与其职工签订劳动合同，加强施工现场劳务用工管理。施工总承包单位应当在工程项目施工期内督促专业承包单位、劳务分包单位建立职工花名册、考勤记录、工资发放表等台账，对项目施工期内全部施工人员实行动态实名制管理。

(6) 规范和简化工伤认定和劳动能力鉴定程序。

职工发生工伤事故，应当由其所在用人单位在30日内提出工伤认定申请，施工总承包单位应当密切配合并提供参保证明等相关材料。用人单位未在规定时限内提出工伤认定申请的，职工本人或其近亲属、工会组织可以在1年内提出工伤认定申请，经社会保险行政部门调查确认工伤的，在此期间发生的工伤待遇等有关费用由其所在用人单位负担。

(7) 完善工伤保险待遇支付政策。

对认定为工伤的建筑业职工，各级社会保险经办机构和用人单位应依法按时足额支付各项工伤保险待遇。对在参保项目施工期间发生工伤、项目竣工时尚未完成工伤认定或劳动能力鉴定的建筑业职工，其所在用人单位要继续保证其医疗救治和停工期间的法定待遇，待完成工伤认定及劳动能力鉴定后，依法享受参保职工的各项工伤保险待遇；其中应由用人单位支付的待遇，工伤职工所在用人单位要按时足额支付，也可根据其意愿一次性支付。针对建筑业工资收入分配的特点，对相关工伤保险待遇中难以按本人工资作为计发基数的，可以参照统筹地区上年度职工平均工资作为计发基数。

（8）落实工伤保险先行支付政策。

未参加工伤保险的建设项目，职工发生工伤事故，依法由职工所在用人单位支付工伤保险待遇，施工总承包单位、建设单位承担连带责任；用人单位和承担连带责任的施工总承包单位、建设单位不支付的，由工伤保险基金先行支付，用人单位和承担连带责任的施工总承包单位、建设单位应当偿还；不偿还的，由社会保险经办机构依法追偿。

（9）建立健全工伤赔偿连带责任追究机制。

建设单位、施工总承包单位或具有用工主体资格的分包单位将工程（业务）发包给不具备用工主体资格的组织或个人，该组织或个人招用的劳动者发生工伤的，发包单位与不具备用工主体资格的组织或个人承担连带赔偿责任。

（10）加强工伤保险政策宣传和培训。

（11）严肃查处谎报瞒报事故的行为。

（12）积极发挥工会组织在职工工伤维权工作中的作用。

（13）齐抓共管合力维护建筑工人工伤权益。

实战演练

［2020 真题 · 单选］根据《关于进一步做好建筑业工伤保险工作的意见》，关于建筑施工企业参加工伤保险的说法，正确的是（　　）。

A. 按用人单位参保的建筑施工企业应当以社会保险总额为基数缴纳工伤保险费用

B. 以建设项目为单位参保的，可以按照招标控制价的一定比例计算缴纳工伤保险费

C. 建设项目的工伤保险费用由施工总承包单位在项目开工前一次性代缴

D. 建筑施工企业应当在投标报价中将工伤保险费用单独列支，作为可竞争费

［解析］选项 A 错误，按用人单位参保的建筑施工企业应以工资总额为基数依法缴纳工伤保险费。选项 B 错误，以建设项目为单位参保的，可以按照项目工程总造价的一定比例计算缴纳工伤保险费。选项 C 正确、选项 D 错误，建设单位要在工程概算中将工伤保险费用单独列支，作为不可竞争费，不参与竞标，并在项目开工前由施工总承包单位一次性代缴本项目工伤保险费，覆盖项目使用的所有职工，包括专业承包单位、劳务分包单位使用的农民工。

［答案］C

［2016 真题 · 单选］根据《工伤保险条例》，职工因工致残，应当保留劳动关系，退出工作岗位的伤残等级范围是（　　）伤残。

A. 九级至十级　　B. 七级至八级

C. 五级至六级　　D. 一级至四级

［解析］劳动者因工致残被鉴定为一级至四级伤残的，保留劳动关系，退出工作岗位，用人单位不得终止劳动合同。

第九章

[答案] D

[经典例题·单选] 关于工伤医疗停工留薪期的说法，正确的是（　　）。

A. 在停工留薪期内，原工资福利待遇适当减少

B. 停工留薪期一般不超过 12 个月

C. 工资由所在单位在停工留薪期结束后一次性支付

D. 停工留薪期满后仍需治疗的，工伤职工不再享受工伤医疗待遇

[解析] 职工因工作遭受事故伤害或者患职业病需要暂停工作接受工伤医疗的，在停工留薪期内，原工资福利待遇不变，由所在单位按月支付，选项 A、C 错误。工伤职工在停工留薪期满后仍需治疗的，继续享受工伤医疗待遇，选项 D 错误。

[答案] B

[经典例题·单选] 根据《最高人民法院关于审理工伤保险行政案件若干问题的规定》（法释〔2014〕9 号），关于承担工伤保险责任单位的说法，正确的是（　　）。

A. 职工与 2 个单位建立劳动关系，工伤事故发生时，该 2 个单位共同为承担工伤保险责任的单位

B. 劳务派遣单位派遣的职工在用工单位工作期间因工伤亡的，用工单位为承担工伤保险责任的单位

C. 单位指派到其他单位工作的职工因工伤亡的，职工为之工作的单位为承担工伤保险责任的单位

D. 个人挂靠其他单位对外经营，其聘用人员因工伤亡的，被挂靠单位为承担工伤保险责任的单位

[解析] 职工与 2 个或 2 个以上单位建立劳动关系，工伤事故发生时，职工为之工作的单位为承担工伤保险责任的单位，选项 A 错误。劳务派遣单位派遣的职工在用工单位工作期间因工伤亡的，派遣单位为承担工伤保险责任的单位，选项 B 错误。单位指派到其他单位工作的职工因工伤亡的，指派单位为承担工伤保险责任的单位，选项 C 错误。

[答案] D

第五节　劳动争议的解决

知识点 1　劳动争议的范围

第九章

劳动者与用人单位之间发生的纠纷，属于劳动争议。

一、劳动争议的范围

劳动争议范围的法律规定见表 9-5-1。

表 9-5-1　劳动争议范围的法律规定

《中华人民共和国劳动争议调解仲裁法》（以下简称《劳动争议调解仲裁法》）	《最高人民法院关于审理劳动争议案件适用法律问题的解释（一）》（法释〔2020〕26 号）
中华人民共和国境内的用人单位与劳动者发生的下列劳动争议，适用《劳动争议调解仲裁法》： (1) 因确认劳动关系发生的争议； (2) 因订立、履行、变更、解除和终止劳动合同发生的争议； (3) 因除名、辞退和辞职、离职发生的争议； (4) 因工作时间、休息休假、社会保险、福利、培训以及劳动保护发生的争议； (5) 因劳动报酬、工伤医疗费、经济补偿或者赔偿金等发生的争议； (6) 法律、法规规定的其他劳动争议	劳动者与用人单位之间发生的下列纠纷，属于劳动争议，当事人不服劳动争议仲裁机构作出的裁决，依法提起诉讼的，人民法院应予受理： (1) 劳动者与用人单位在履行劳动合同过程中发生的纠纷； (2) 劳动者与用人单位之间没有订立书面劳动合同，但已形成劳动关系后发生的纠纷； (3) 劳动者与用人单位因劳动关系是否已经解除或者终止，以及应否支付解除或者终止劳动关系经济补偿金发生的纠纷； (4) 劳动者与用人单位解除或者终止劳动关系后，请求用人单位返还其收取的劳动合同定金、保证金、抵押金、抵押物发生的纠纷，或者办理劳动者的人事档案、社会保险关系等移转手续发生的纠纷； (5) 劳动者以用人单位未为其办理社会保险手续，且社会保险经办机构不能补办导致其无法享受社会保险待遇为由，要求用人单位赔偿损失发生的纠纷； (6) 劳动者退休后，与尚未参加社会保险统筹的原用人单位因追索养老金、医疗费、工伤保险待遇和其他社会保险待遇而发生的纠纷； (7) 劳动者因为工伤、职业病，请求用人单位依法给予工伤保险待遇发生的纠纷； (8) 劳动者依据《劳动合同法》第八十五条规定，要求用人单位支付加付赔偿金发生的纠纷； (9) 因企业自主进行改制发生的纠纷

二、劳动争议的除外范围

《最高人民法院关于审理劳动争议案件适用法律问题的解释（一）》（法释〔2020〕26 号）规定，下列纠纷不属于劳动争议：①劳动者请求社会保险经办机构发放社会保险金的纠纷；②劳动者与用人单位因住房制度改革产生的公有住房转让纠纷；③劳动者对劳动能力鉴定委员会的伤残等级鉴定结论或者对职业病诊断鉴定委员会的职业病诊断鉴定结论的异议纠纷；④家庭或者个人与家政服务人员之间的纠纷；⑤个体工匠与帮工、学徒之间的纠纷；⑥农村承包经营户与受雇人之间的纠纷。

实战演练

[2021 真题·单选] 下列纠纷中，属于劳动争议范围的是（　　）。

A. 因工伤医疗费发生的纠纷

B. 劳动者请求社会保险经办机构发放社会保险金的纠纷

C. 劳动者对职业病诊断鉴定结论的异议纠纷

D. 农村承包经营户与受雇人之间的纠纷

第九章

[解析] 下列纠纷不属于劳动争议：①劳动者请求社会保险经办机构发放社会保险金的纠纷；②劳动者与用人单位因住房制度改革产生的公有住房转让纠纷；③劳动者对劳动能力鉴定委员会的伤残等级鉴定结论或者对职业病诊断鉴定委员会的职业病诊断鉴定结论的异议纠纷；④家庭或者个人与家政服务人员之间的纠纷；⑤个体工匠与帮工、学徒之间的纠纷；⑥农村承包经营户与受雇人之间的纠纷。

[答案] A

[**2020 真题·多选**] 下列纠纷中，属于劳动争议范围的有（　　）。

A. 家庭与家政服务人员之间的纠纷

B. 个体工匠与学徒之间的纠纷

C. 因劳动保护发生的纠纷

D. 劳动者请求社会保险经办机构发放社会保险金的纠纷

E. 劳动者与用人单位未订立书面劳动合同，但已经形成劳动关系后发生的纠纷

[解析] 下列纠纷不属于劳动争议：①劳动者请求社会保险经办机构发放社会保险金的纠纷；②劳动者与用人单位因住房制度改革产生的公有住房转让纠纷；③劳动者对劳动能力鉴定委员会的伤残等级鉴定结论或者对职业病诊断鉴定委员会的职业病诊断鉴定结论的异议纠纷；④家庭或者个人与家政服务人员之间的纠纷；⑤个体工匠与帮工、学徒之间的纠纷；⑥农村承包经营户与受雇人之间的纠纷。

[答案] CE

知识点 2 劳动争议调解

中华人民共和国境内的用人单位与劳动者发生的下列劳动争议，适用《劳动争议调解仲裁法》：

（1）因确认劳动关系发生的争议。

（2）因订立、履行、变更、解除和终止劳动合同发生的争议。

（3）因除名、辞退和辞职、离职发生的争议。

（4）因工作时间、休息休假、社会保险、福利、培训以及劳动保护发生的争议。

（5）因劳动报酬、工伤医疗费、经济补偿或者赔偿金等发生的争议。

（6）法律、法规规定的其他劳动争议。

解决劳动争议，应当根据事实，遵循合法、公正、及时、着重调解的原则，依法保护当事人的合法权益。

一、调解组织

《劳动争议调解仲裁法》规定，发生劳动争议，当事人可以到下列调解组织申请调解：

（1）企业劳动争议调解委员会。

（2）依法设立的基层人民调解组织。

（3）在乡镇、街道设立的具有劳动争议调解职能的组织。

企业劳动争议调解委员会由职工代表和企业代表组成。职工代表由工会成员担任或者由

全体职工推举产生，企业代表由企业负责人指定。企业劳动争议调解委员会主任由工会成员或者双方推举的人员担任。

劳动争议调解组织的调解员应当由公道正派、联系群众、热心调解工作，并具有一定法律知识、政策水平和文化水平的成年公民担任。

《企业劳动争议协商调解规定》进一步规定，调解委员会由劳动者代表和企业代表组成，人数由双方协商确定，双方人数应当对等。调解委员会履行下列职责：

（1）宣传劳动保障法律、法规和政策。

（2）对本企业发生的劳动争议进行调解。

（3）监督和解协议、调解协议的履行。

（4）聘任、解聘和管理调解员。

（5）参与协调履行劳动合同、集体合同、执行企业劳动规章制度等方面出现的问题。

（6）参与研究涉及劳动者切身利益的重大方案。

（7）协助企业建立劳动争议预防预警机制。

二、争议申请与受理

《劳动争议调解仲裁法》规定，发生劳动争议，当事人不愿协商、协商不成或者达成和解协议后不履行的，可以向调解组织申请调解；不愿调解、调解不成或者达成调解协议后不履行的，可以向劳动争议仲裁委员会申请仲裁；对仲裁裁决不服的，除《劳动争议调解仲裁法》另有规定的外，可以向人民法院提起诉讼。

当事人申请劳动争议调解可以书面申请，也可以口头申请。口头申请的，调解组织应当当场记录申请人基本情况、申请调解的争议事项、理由和时间。调解劳动争议，应当充分听取双方当事人对事实和理由的陈述，耐心疏导，帮助其达成协议。

《企业劳动争议协商调解规定》进一步规定，发生劳动争议，当事人可以口头或者书面形式向调解委员会提出调解申请。申请内容应当包括申请人基本情况、调解请求、事实与理由。

调解委员会接到调解申请后，对属于劳动争议受理范围且双方当事人同意调解的，应当在 3 个工作日内受理。对不属于劳动争议受理范围或者一方当事人不同意调解的，应当做好记录，并书面通知申请人。

发生劳动争议，当事人没有提出调解申请，调解委员会可以在征得双方当事人同意后主动调解。

调解委员会调解劳动争议一般不公开进行。但是，双方当事人要求公开调解的除外。

调解委员会根据案件情况指定调解员或者调解小组进行调解，在征得当事人同意后，也可以邀请有关单位和个人协助调解。调解员应当全面听取双方当事人的陈述，采取灵活多样的方式方法，开展耐心、细致的说服疏导工作，帮助当事人自愿达成调解协议。

调解委员会调解劳动争议，应当自受理调解申请之日起 15 日内结束。但是，双方当事人同意延期的可以延长。在上述规定期限内未达成调解协议的，视为调解不成。

三、调解协议书

《劳动争议调解仲裁法》规定，经调解达成协议的，应当制作调解协议书。调解协议书由双方当事人签名或者盖章，经调解员签名并加盖调解组织印章后生效，对双方当事人具有约束力，当事人应当履行。自劳动争议调解组织收到调解申请之日起15日内未达成调解协议的，当事人可以依法申请仲裁。

达成调解协议后，一方当事人在协议约定期限内不履行调解协议的，另一方当事人可以依法申请仲裁。

《企业劳动争议协商调解规定》进一步规定，经调解达成调解协议的，由调解委员会制作调解协议书。调解协议书应当写明双方当事人基本情况、调解请求事项、调解的结果和协议履行期限、履行方式等。调解协议书由双方当事人签名或者盖章，经调解员签名并加盖调解委员会印章后生效。调解协议书一式三份，双方当事人和调解委员会各执一份。

生效的调解协议对双方当事人具有约束力，当事人应当履行。双方当事人可以自调解协议生效之日起15日内共同向仲裁委员会提出仲裁审查申请。仲裁委员会受理后，应当对调解协议进行审查，并根据《劳动人事争议仲裁办案规则》第五十四条规定，对程序和内容合法有效的调解协议，出具调解书。

实战演练

[2024真题·单选] 关于劳动争议调解的说法，正确的是（　　）。

A. 劳动争议调解的原则是公平、公正、公开

B. 只有当事人提出申请，劳动争议调解程序才能启动

C. 企业劳动争议调解委员会由职工代表、企业代表和行政主管部门代表组成

D. 经调解达成调解协议的，调解委员会应当制作调解协议书

[解析] 选项A错误，解决劳动争议，应当根据事实，遵循合法、公正、及时、着重调解的原则，依法保护当事人的合法权益。劳动争议处理原则包括三个方面：①坚持根据事实、实事求是，一切从具体实际出发；②坚持合法处理、维护公平，依法保护当事人的合法权益；③坚持高效便捷、及时调解，提高劳动争议处理的质效。选项B错误，劳动争议调解程序的启动有两种方式：一是当事人申请；二是调解委员会主动调解。选项C错误，企业劳动争议调解委员会由职工代表和企业代表组成。选项D正确，经调解达成调解协议的，由调解委员会制作调解协议书。

[答案] D

[经典例题·单选] 根据《企业劳动争议协商调解规定》，调解委员会调解劳动争议，应当自受理调解申请之日起（　　）日内结束。

A. 10　　　　B. 15

C. 20　　　　D. 25

[解析] 调解委员会调解劳动争议，应当自受理调解申请之日起15日内结束。但是，双方当事人同意延期的可以延长。

[答案] B

[经典例题·多选] 关于劳动争议调解的说法，正确的有（　　）。

A. 企业劳动争议调解委员会职工代表应当由工会成员担任

B. 当事人应当书面申请劳动争议调解

C. 调解委员会调解劳动争议一般不公开进行，但双方当事人要求公开调解的除外

D. 经调解达成调解协议的，由调解委员会制作调解协议书

E. 一方当事人不履行调解协议，另一方当事人可以请求人民法院强制对方执行

[解析] 选项A，职工代表由工会成员担任或者由全体职工推举产生。选项B，当事人申请劳动争议调解可以书面申请也可以口头申请。选项E，不能请求人民法院强制对方执行，而只能依法申请仲裁。

[答案] CD

知识点 3　劳动争议仲裁

《劳动法》规定，劳动争议发生后，当事人可以向本单位劳动争议调解委员会申请调解；调解不成，当事人一方要求仲裁的，可以向劳动争议仲裁委员会申请仲裁。当事人一方也可以直接向劳动争议仲裁委员会申请仲裁。对仲裁裁决不服的，可以向人民法院提起诉讼。

一、劳动争议仲裁委员会

《劳动法》规定，劳动争议仲裁委员会由劳动行政部门代表、同级工会代表、用人单位方面的代表组成。劳动争议仲裁委员会主任由劳动行政部门代表担任。

《劳动争议调解仲裁法》规定，劳动争议仲裁委员会由劳动行政部门代表、工会代表和企业方面代表组成。劳动争议仲裁委员会组成人员应当是单数。

劳动争议仲裁委员会依法履行下列职责：

（1）聘任、解聘专职或者兼职仲裁员。

（2）受理劳动争议案件。

（3）讨论重大或者疑难的劳动争议案件。

（4）对仲裁活动进行监督。

劳动争议仲裁委员会下设办事机构，负责办理劳动争议仲裁委员会的日常工作。

劳动争议仲裁委员会应当设仲裁员名册。仲裁员应当公道正派并符合下列条件之一：

（1）曾任审判员的。

（2）从事法律研究、教学工作并具有中级以上职称的。

（3）具有法律知识、从事人力资源管理或者工会等专业工作满5年的。

（4）律师执业满3年的。

劳动争议仲裁委员会负责管辖本区域内发生的劳动争议。

二、仲裁申请与受理

《劳动争议调解仲裁法》规定，劳动争议申请仲裁的时效期间为1年。仲裁时效期间从当事人知道或者应当知道其权利被侵害之日起计算。上述规定的仲裁时效，因当事人一方向对方当事人主张权利，或者向有关部门请求权利救济，或者对方当事人同意履行义务而中

断。从中断时起，仲裁时效期间重新计算。因不可抗力或者有其他正当理由，当事人不能在规定的仲裁时效期间申请仲裁的，仲裁时效中止。从中止时效的原因消除之日起，仲裁时效期间继续计算。劳动关系存续期间因拖欠劳动报酬发生争议的，劳动者申请仲裁不受《劳动争议调解法》规定的仲裁时效期间（1年）的限制；但是，劳动关系终止的，应当自劳动关系终止之日起1年内提出。

申请人申请仲裁应当提交书面仲裁申请，并按照被申请人人数提交副本。仲裁申请书应当载明下列事项：

(1) 劳动者的姓名、性别、年龄、职业、工作单位和住所，用人单位的名称、住所和法定代表人或者主要负责人的姓名、职务；

(2) 仲裁请求和所根据的事实、理由；

(3) 证据和证据来源、证人姓名和住所。

书写仲裁申请确有困难的，可以口头申请，由劳动争议仲裁委员会记入笔录，并告知对方当事人。

劳动争议仲裁委员会收到仲裁申请之日起5日内，认为符合受理条件的，应当受理，并通知申请人；认为不符合受理条件的，应当书面通知申请人不予受理，并说明理由。对劳动争议仲裁委员会不予受理或者逾期未作出决定的，申请人可以就该劳动争议事项向人民法院提起诉讼。

劳动争议仲裁委员会受理仲裁申请后，应当在5日内将仲裁申请书副本送达被申请人。

被申请人收到仲裁申请书副本后，应当在10日内向劳动争议仲裁委员会提交答辩书。劳动争议仲裁委员会收到答辩书后，应当在5日内将答辩书副本送达申请人。被申请人未提交答辩书的，不影响仲裁程序的进行。

三、开庭

《劳动争议调解仲裁法》规定，劳动争议仲裁委员会裁决劳动争议案件实行仲裁庭制。仲裁庭由3名仲裁员组成，设首席仲裁员。简单劳动争议案件可以由1名仲裁员独任仲裁。劳动争议仲裁委员会应当在受理仲裁申请之日起五日内将仲裁庭的组成情况书面通知当事人。

根据《劳动争议调解仲裁法》，劳动争议仲裁开庭的规定见表9-5-2。

表9-5-2　劳动争议仲裁开庭的规定

项目	相关规定	
开庭通知	应当在开庭5日前，将开庭日期、地点书面通知双方当事人	
	当事人有正当理由的，可以在开庭3日前请求延期开庭	是否延期，由劳动争议仲裁委员会决定
	申请人收到书面通知，无正当理由拒不到庭或者未经仲裁庭同意中途退庭的	可以视为撤回仲裁申请
	被申请人收到书面通知，无正当理由拒不到庭或者未经仲裁庭同意中途退庭的	可以缺席裁决

续表

项目	相关规定	
鉴定	仲裁庭对专门性问题认为需要鉴定的，可以交由当事人约定的鉴定机构鉴定；当事人没有约定或者无法达成约定的，由仲裁庭指定的鉴定机构鉴定	
	根据当事人的请求或者仲裁庭的要求，鉴定机构应当派鉴定人参加开庭。当事人经仲裁庭许可，可以向鉴定人提问	
质证与辩论	当事人在仲裁过程中有权进行质证和辩论。质证和辩论终结时，首席仲裁员或者独任仲裁员应当征询当事人的最后意见	
证据	当事人提供的证据经查证属实的	作为认定事实的根据
	劳动者无法提供由用人单位掌握管理的与仲裁请求有关的证据，仲裁庭可以要求用人单位提供	用人单位在指定期限内不提供的，应当承担不利后果
笔录	仲裁庭应当将开庭情况记入笔录	
	当事人和其他仲裁参加人认为对自己陈述的记录有遗漏或者差错的，有权申请补正。如果不予补正，应当记录该申请	
	笔录由仲裁员、记录人员、当事人和其他仲裁参加人签名或者盖章	
和解与调解	当事人申请劳动争议仲裁后，可以自行和解。达成和解协议的，可以撤回仲裁申请	
	仲裁庭在作出裁决前，应当先行调解	
	调解达成协议的	仲裁庭应当制作调解书
	调解不成或者调解书送达前，一方当事人反悔的	仲裁庭应当及时作出裁决
调解书	（1）调解书应当写明仲裁请求和当事人协议的结果； （2）调解书由仲裁员签名，加盖劳动争议仲裁委员会印章，送达双方当事人； （3）调解书经双方当事人签收后，发生法律效力	

四、裁决

《劳动争议调解仲裁法》规定，仲裁庭裁决劳动争议案件，应当自劳动争议仲裁委员会受理仲裁申请之日起45日内结束。案情复杂需要延期的，经劳动争议仲裁委员会主任批准，可以延期并书面通知当事人，但是延长期限不得超过15日。逾期未作出仲裁裁决的，当事人可以就该劳动争议事项向人民法院提起诉讼。仲裁庭裁决劳动争议案件时，其中一部分事实已经清楚，可以就该部分先行裁决。

仲裁庭对追索劳动报酬、工伤医疗费、经济补偿或者赔偿金的案件，根据当事人的申请，可以裁决先予执行，移送人民法院执行。仲裁庭裁决先予执行的，应当符合下列条件：①当事人之间权利义务关系明确；②不先予执行将严重影响申请人的生活。劳动者申请先予执行的，可以不提供担保。

下列劳动争议，除《劳动争议调解仲裁法》另有规定的外，仲裁裁决为终局裁决，裁决书自作出之日起发生法律效力：①追索劳动报酬、工伤医疗费、经济补偿或者赔偿金，不超过当地月最低工资标准12个月金额的争议；②因执行国家的劳动标准在工作时间、休息休假、社会保险等方面发生的争议。

五、诉讼

《劳动法》规定，劳动争议当事人对仲裁裁决不服的，可以自收到仲裁裁决书之日起15日内向人民法院提起诉讼。一方当事人在法定期限内不起诉又不履行仲裁裁决的，另一方当事人可以申请人民法院强制执行。

《最高人民法院关于审理劳动争议案件适用法律问题的解释（一）》（法释〔2020〕26号）规定：

劳动争议案件由用人单位所在地或者劳动合同履行地的基层人民法院管辖。劳动合同履行地不明确的，由用人单位所在地的基层人民法院管辖。

当事人不服劳动争议仲裁机构作出的预先支付劳动者劳动报酬、工伤医疗费、经济补偿或者赔偿金的裁决，依法提起诉讼的，人民法院不予受理。

用人单位不履行上述裁决中的给付义务，劳动者依法申请强制执行的，人民法院应予受理。

劳动者以用人单位的工资欠条为证据直接提起诉讼，诉讼请求不涉及劳动关系其他争议的，视为拖欠劳动报酬争议，人民法院按照普通民事纠纷受理。

劳动争议仲裁机构作出仲裁裁决后，当事人对裁决中的部分事项不服，依法提起诉讼的，劳动争议仲裁裁决不发生法律效力。

实战演练

[经典例题·单选] 关于用人单位与劳动者发生争议申请劳动仲裁的说法，正确的是（　　）。

A. 劳动关系存续期间因拖欠劳动报酬发生争议的，不受仲裁时效期间的限制

B. 双方必须先经本单位劳动争议调解委员会调解，调解不成的，才可以向劳动仲裁委员会申请仲裁

C. 劳动争议申请仲裁的时效期间为2年

D. 仲裁时效期间从权利被侵害之日起计算

[解析]《劳动法》规定，用人单位与劳动者发生劳动争议，当事人可以依法申请调解、仲裁、提起诉讼，也可以协商解决，选项B错误。《劳动争议调解仲裁法》规定，劳动争议申请仲裁的时效期间为1年，选项C错误。仲裁时效期间从当事人知道或者应当知道其权利被侵害之日起计算，选项D错误。

[答案] A

[2024真题·多选] 某公司因工程款纠纷申请仲裁，仲裁申请书应当载明的事项有（　　）。

A. 该公司的名称、住所

B. 提出申请所依据的仲裁规则

C. 该公司的法定代表人姓名、职务

D. 仲裁请求和所根据的事实、理由

E. 证据和证据来源、证人姓名和住所

［解析］仲裁申请书应当载明下列事项：①劳动者的姓名、性别、年龄、职业、工作单位和住所，用人单位的名称、住所和法定代表人或者主要负责人的姓名、职务；②仲裁请求和所根据的事实、理由；③证据和证据来源、证人姓名和住所。

［答案］ACDE

［2023 真题改编·多选］根据《劳动争议调解仲裁法》，关于劳动争议仲裁的说法，正确的有（　　）。

A. 劳动争议仲裁庭不能形成多数意见时，裁决应当协商后作出

B. 劳动争议申请仲裁的时效期间为 1 年

C. 劳动争议仲裁时效期间从当事人知道或应当知道其权利被侵害之日起计算

D. 劳动争议仲裁委员会由劳动行政部门代表和用人单位方面的代表共同组成

E. 劳动争议仲裁是诉讼的前置程序

［解析］选项 A 错误，仲裁庭不能形成多数意见时，裁决应当按照首席仲裁员的意见作出。选项 AD 错误，劳动争议仲裁委员会由劳动行政部门代表、工会代表和企业方面代表组成。

［答案］BCE

［2020 真题·多选］关于劳动争议解决方式的说法，正确的有（　　）。

A. 劳动争议发生后，当事人可以向本单位劳动争议调解委员会申请调解

B. 经劳动争议调解委员会调解不成，当事人一方要求仲裁的，可以向劳动争议仲裁委员会申请劳动仲裁

C. 当事人一方可不经调解而直接向劳动争议仲裁委员会申请劳动仲裁

D. 当事人对劳动仲裁裁决不服的，可以向人民法院提起诉讼

E. 经劳动争议调解委员会调解达成协议，当事人一方不履行的，对方当事人可以向人民法院申请强制执行

［解析］劳动争议发生后，当事人可以向本单位劳动争议调解委员会申请调解。对于调解不成，当事人一方要求仲裁的，可以向劳动争议仲裁委员会申请仲裁。当事人一方也可以直接向劳动争议仲裁委员会申请仲裁。选项 E 错误，《劳动法》规定，劳动争议当事人对仲裁裁决不服的，可以自收到仲裁裁决书之日起 15 日内向人民法院提起诉讼。

［答案］ABCD

［经典例题·多选］企业拖欠劳动报酬，劳动者解决该争议的途径有（　　）。

A. 向企业调解委员会申请调解

B. 向用人单位所在地的劳动仲裁委员会申请仲裁

C. 向约定的仲裁委员会申请仲裁

D. 直接向人民法院起诉

E. 直接向人民法院申请支付令

[解析] 用人单位与劳动者发生劳动争议，当事人可以依法申请调解、仲裁、提起诉讼，也可以协商解决。劳动争议发生后，当事人可以向本单位劳动争议调解委员会申请调解。对于调解不成，当事人一方要求仲裁的，可以向劳动争议仲裁委员会申请仲裁。当事人一方也可以直接向劳动争议仲裁委员会申请仲裁。劳动争议当事人对仲裁裁决不服的，可以自收到仲裁裁决书之日起15日内向人民法院提起诉讼。用人单位拖欠或者未足额支付劳动报酬的，劳动者可以依法向当地人民法院申请支付令，人民法院应当依法发出支付令。

[答案] ABE

第十章

建设工程争议解决法律制度

本章导学

本章包括“建设工程争议和解、调解制度”“仲裁制度”“民事诉讼制度”“行政复议制度”“行政诉讼制度”五节内容。本章内容在考试大纲的基础上参照《中华人民共和国民事诉讼法》(以下简称《民事诉讼法》)、《中华人民共和国仲裁法》(以下简称《仲裁法》)、《中华人民共和国人民调解法》(以下简称《人民调解法》)、《中华人民共和国行政复议法》(以下简称《行政复议法》)、《中华人民共和国行政诉讼法》(以下简称《行政诉讼法》)等相关法律法规进行编写。本章考查涉及的法律法规较多，考试难度较大，需要考生在熟悉法律条文的基础上了解和掌握法律条文背后所蕴含的法理。备考时需要做到两个方面，一是扎实掌握相关的法学基础知识，二是多做习题、学会灵活运用。

第一节　建设工程争议和解、调解制度

知识点 1 和解

【关键词：自愿、无须借助第三人】

民事诉讼中的和解，指的是双方当事人经过协商，在平等、自愿的基础上解决相互之间民事纠纷的一种常见方式。日常生活中最常见的，是没有第三方介入的和解，仅有两方当事人，并且无须按照实体法上的规范和诉讼法上的程序去解决问题，而是完全凭借双方的意志。

根据《民事诉讼法》，人民法院审理民事案件，应当根据自愿和合法的原则进行调解；调解不成的，应当及时判决。

当事人有权在法律规定的范围内处分自己的民事权利和诉讼权利。

双方当事人可以自行和解。

在执行中，双方当事人自行和解达成协议的，执行员应当将协议内容记入笔录，由双方当事人签名或者盖章。

根据《仲裁法》，当事人申请仲裁后，可以自行和解。达成和解协议的，可以请求仲裁庭根据和解协议作出裁决书，也可以撤回仲裁申请。

根据《人民检察院民事行政抗诉案件办案规则》，当事人自行和解的，人民检察院应当终止审查。

由《民事诉讼法》《仲裁法》以及其他相关规定得出，和解可以发生在民事纠纷的任何阶段，无论是否已经进入诉讼或仲裁程序。

双方经过和解以后，签订和解协议书，对于争议的问题达成一致。和解协议是双方当事人自行达成的真实意思表示，且不违反国家有关禁止性规定，是有效合同，在双方当事人之间具有法律效力。但不具有强制执行依据的效力。和解达成协议，既可以是口头形式，也可以是书面形式。

实战演练

［2019 真题 · 单选］关于和解的说法，正确的是（　　）。

A. 和解达成的协议不具有法律效力　　B. 和解达成的协议不具有强制执行力

C. 和解协议必须采用书面形式　　D. 达成和解后当事人不得再行起诉

［解析］选项 A 错误、选项 B 正确，和解达成的协议不具有强制执行力，但是和解达成的协议在双方当事人之间具有法律效力。选项 C 错误，和解达成协议，在形式上既可以是口头的，也可以是书面的。和解的应用也很灵活，可以在各个阶段达成和解协议。选项 D 错误，和解达成的协议不具有强制执行力，如果一方当事人不按照和解协议履行，另一方当事人不可以请求人民法院强制履行，但可以向法院提起诉讼，也可以根据约定申请仲裁。

［答案］B

［2018 真题·单选］关于和解的说法，正确的是（　　）。

A. 和解只能发生在诉讼前

B. 当事人申请仲裁后，不可以自行和解

C. 和解达成协议，必须以书面形式作出

D. 和解达成的协议具有合同效力

［解析］选项 A、B 错误，和解可以在民事纠纷的任何阶段进行，无论是否已经进入诉讼或仲裁程序，只要终审裁判未生效或者仲裁裁决未作出，当事人均可自行和解。选项 C 错误，和解达成协议，在形式上既可以是口头的，也可以是书面的。

［答案］D

知识点 2　调解

【关键词：自愿，第三人的主持、协调】

一、人民调解

根据《人民调解法》，人民调解是指人民调解委员会通过说服、疏导等方法，促使当事人在平等协商基础上自愿达成调解协议，解决民间纠纷的活动。

（一）人民调解委员会

人民调解委员会是依法设立的调解民间纠纷的群众性组织。

村民委员会、居民委员会设立人民调解委员会。企业事业单位根据需要设立人民调解委员会。人民调解委员会由委员 3～9 人组成，设主任 1 人，必要时，可以设副主任若干人。人民调解委员会应当有妇女成员，多民族居住的地区应当有人数较少民族的成员。

人民调解委员会调解民间纠纷，不收取任何费用。

（二）人民调解员

人民调解员由人民调解委员会委员和人民调解委员会聘任的人员担任。

人民调解员应当由公道正派、热心人民调解工作，并具有一定文化水平、政策水平和法律知识的成年公民担任。县级人民政府司法行政部门应当定期对人民调解员进行业务培训。

人民调解员在调解工作中有下列行为之一的，由其所在的人民调解委员会给予批评教育、责令改正，情节严重的，由推选或者聘任单位予以罢免或者解聘：①偏袒一方当事人的；②侮辱当事人的；③索取、收受财物或者牟取其他不正当利益的；④泄露当事人的个人隐私、商业秘密的。

（三）调解程序

当事人可以向人民调解委员会申请调解；人民调解委员会也可以主动调解。当事人一方明确拒绝调解的，不得调解。

人民调解委员会根据调解纠纷的需要，可以指定一名或者数名人民调解员进行调解，也可以由当事人选择一名或者数名人民调解员进行调解。

人民调解员调解纠纷，调解不成的，应当终止调解，并依据有关法律、法规的规定，告知当事人可以依法通过仲裁、行政、司法等途径维护自己的权利。

人民调解员应当记录调解情况。人民调解委员会应当建立调解工作档案，将调解登记、调解工作记录、调解协议书等材料立卷归档。

（四）调解协议

经人民调解委员会调解达成调解协议的，可以制作调解协议书。当事人认为无须制作调解协议书的，可以采取口头协议方式，人民调解员应当记录协议内容。

调解协议书可以载明下列事项：①当事人的基本情况；②纠纷的主要事实、争议事项以及各方当事人的责任；③当事人达成调解协议的内容，履行的方式、期限。

调解协议书自各方当事人签名、盖章或者按指印，人民调解员签名并加盖人民调解委员会印章之日起生效。调解协议书由当事人各执一份，人民调解委员会留存一份。

口头调解协议自各方当事人达成协议之日起生效。

经人民调解委员会调解达成的调解协议，具有法律约束力，当事人应当按照约定履行。人民调解委员会应当对调解协议的履行情况进行监督，督促当事人履行约定的义务。

经人民调解委员会调解达成调解协议后，当事人之间就调解协议的履行或者调解协议的内容发生争议的，一方当事人可以向人民法院提起诉讼。

经人民调解委员会调解达成调解协议后，双方当事人认为有必要的，可以自调解协议生效之日起30日内共同向人民法院申请司法确认，人民法院应当及时对调解协议进行审查，依法确认调解协议的效力。

➢ **名师点拨：**根据《最高人民法院关于人民调解协议司法确认程序的若干规定》，当事人申请确认调解协议的，由主持调解的人民调解委员会所在地基层人民法院或者其派出的法庭管辖。人民法院在立案前委派人民调解委员会调解并达成调解协议，当事人申请司法确认的，由委派的人民法院管辖。

人民法院依法确认调解协议有效，一方当事人拒绝履行或者未全部履行的，对方当事人可以向人民法院申请强制执行。人民法院依法确认调解协议无效的，当事人可以通过人民调解方式变更原调解协议或者达成新的调解协议，也可以向人民法院提起诉讼。

二、法院调解

人民法院审理民事案件，根据当事人自愿的原则，在事实清楚的基础上，分清是非，进行调解。

关于法院调解，《民事诉讼法》规定如下：

（1）人民法院进行调解，可以由审判员一人主持，也可以由合议庭主持，并尽可能就地进行。人民法院进行调解，可以用简便方式通知当事人、证人到庭。

（2）人民法院进行调解，可以邀请有关单位和个人协助。被邀请的单位和个人，应当协助人民法院进行调解。

（3）调解达成协议，必须双方自愿，不得强迫。调解协议的内容不得违反法律规定。

（4）调解达成协议，人民法院应当制作调解书。调解书应当写明诉讼请求、案件的事实和调解结果。调解书由审判人员、书记员署名，加盖人民法院印章，送达双方当事人。调解书经双方当事人签收后，即具有法律效力。

（5）下列案件调解达成协议，人民法院可以不制作调解书：①调解和好的离婚案件；②调解维持收养关系的案件；③能够即时履行的案件；④其他不需要制作调解书的案件。

对不需要制作调解书的协议，应当记入笔录，由双方当事人、审判人员、书记员签名或者盖章后，即具有法律效力。

（6）调解未达成协议或者调解书送达前一方反悔的，人民法院应当及时判决。

关于法院调解，《最高人民法院关于适用〈中华人民共和国民事诉讼法〉的解释》（法释〔2022〕11号）规定如下：

（1）人民法院受理案件后，经审查，认为法律关系明确、事实清楚，在征得当事人双方同意后，可以径行调解。

（2）适用特别程序、督促程序、公示催告程序的案件，婚姻等身份关系确认案件以及其他根据案件性质不能进行调解的案件，不得调解。

（3）人民法院审理民事案件，发现当事人之间恶意串通，企图通过和解、调解方式侵害他人合法权益的，应当依照《民事诉讼法》第一百一十五条的规定处理。

（4）人民法院审理民事案件，应当根据自愿、合法的原则进行调解。当事人一方或者双方坚持不愿调解的，应当及时裁判。人民法院审理离婚案件，应当进行调解，但不应久调不决。

（5）人民法院审理民事案件，调解过程不公开，但当事人同意公开的除外。调解协议内容不公开，但为保护国家利益、社会公共利益、他人合法权益，人民法院认为确有必要公开的除外。主持调解以及参与调解的人员，对调解过程以及调解过程中获悉的国家秘密、商业秘密、个人隐私和其他不宜公开的信息，应当保守秘密，但为保护国家利益、社会公共利益、他人合法权益的除外。

（6）当事人自行和解或者调解达成协议后，请求人民法院按照和解协议或者调解协议的内容制作判决书的，人民法院不予准许。无民事行为能力人的离婚案件，由其法定代理人进行诉讼。法定代理人与对方达成协议要求发给判决书的，可根据协议内容制作判决书。

（7）调解书需经当事人签收后才发生法律效力的，应当以最后收到调解书的当事人签收的日期为调解书生效日期。

（8）人民法院调解民事案件，需由无独立请求权的第三人承担责任的，应当经其同意。该第三人在调解书送达前反悔的，人民法院应当及时裁判。

（9）根据《民事诉讼法》第一百零一条第一款第四项规定，当事人各方同意在调解协议上签名或者盖章后即发生法律效力的，经人民法院审查确认后，应当记入笔录或者将调解协议附卷，并由当事人、审判人员、书记员签名或者盖章后即具有法律效力。

上述规定情形，当事人请求制作调解书的，人民法院审查确认后可以制作调解书送交当事人。当事人拒收调解书的，不影响调解协议的效力。

➢ **名师点拨：**具有强制执行力的法律文书主要包括法院判决书、仲裁裁决书、司法确认的人民调解协议、双方签收的法院调解书/仲裁调解书。和解协议、人民/行政调解协议只具有法律约束力。

实战演练

[2021 真题·单选] 下列法律文书中，不具有强制执行效力的是（　　）。

A. 由行政主管部门主持达成的调解书

B. 仲裁委员会在仲裁程序中形成的调解书

C. 人民法院在民事案件审理中制作的调解书

D. 由人民调解委员会调解达成的并经人民法院司法确认的调解协议

[解析] 行政调解达成的协议不具有强制执行力。

[答案] A

[2021 真题改编·单选] 关于人民调解的说法，正确的是（　　）。

A. 经人民调解委员会调解达成调解协议后，双方当事人可以自调解协议生效之日起30日内共同向人民法院申请司法确认

B. 经人民调解委员会调解达成调解协议的，必须制作调解协议书

C. 经人民调解委员会调解达成的调解协议具有法律强制力

D. 调解协议的履行发生争议的，一方当事人可以向人民法院申请强制执行

[解析] 选项B错误，经人民调解委员会调解达成调解协议的，可以制作调解协议书。当事人认为无须制作调解协议的，可以采取口头协议的方式，人民调解员应当记录协议内容。选项C错误，经人民调解委员会调解达成的调解协议对当事人双方具有法律约束力，当事人应当履行。选项D错误，当事人就调解协议的履行或者调解协议的内容发生争议的，一方当事人可以向人民法院提起诉讼。

[答案] A

[经典例题·单选] 根据《民事诉讼法》，关于法院调解的说法，正确的是（　　）。

A. 调解书的效力低于判决书

B. 适用特别程序的案件，不得调解

C. 调解达成的所有协议，人民法院均应当制作调解书

D. 人民法院审理民事案件，调解过程一律不公开

[解析] 选项A错误，法院调解书经双方当事人签收后，即具有法律效力，效力与判决书相同。选项C错误，下列案件调解达成协议，人民法院可以不制作调解书：①调解和好的离婚案件；②调解维持收养关系的案件；③能够即时履行的案件；④其他不需要制作调解书的案件。选项D错误，人民法院审理民事案件，除当事人同意公开的外，调解过程不公开。

[答案] B

第二节　仲裁制度

知识点 1　仲裁的适用范围与特点

一、仲裁的应用范围

根据《仲裁法》，平等主体的公民、法人和其他组织之间发生的合同纠纷和其他财产权益纠纷，可以仲裁。

（1）下列纠纷不能仲裁（不具有可仲裁性的事项）：

①婚姻、收养、监护、扶养、继承纠纷。

②依法应当由行政机关处理的行政争议。

（2）劳动争议和农业集体经济组织内部的农业承包合同纠纷，可以仲裁，但不受《仲裁法》约束。

➤ **名师点拨：**劳动仲裁与民商事仲裁的区别见表 10-2-1。

表 10-2-1　劳动仲裁与民商事仲裁的区别

项目	劳动仲裁	民商事仲裁
依据	《劳动争议调解仲裁法》	《仲裁法》
对象	劳动者与用人单位	平等主体
协议	无协议，无须对方同意	书面协议
主管部门	劳动仲裁委员会	仲裁委员会
法律后果	必须先仲裁，再起诉	或裁或审

二、仲裁的特点

（1）当事人采用仲裁方式解决纠纷，应当双方自愿，达成仲裁协议。没有仲裁协议，一方申请仲裁的，仲裁委员会不予受理。

（2）当事人达成仲裁协议，一方向人民法院起诉的，人民法院不予受理，但仲裁协议无效的除外。

（3）仲裁委员会应当由当事人协议选定。仲裁不实行级别管辖和地域管辖。

（4）仲裁应当根据事实，符合法律规定，公平合理地解决纠纷。

（5）仲裁依法独立进行，不受行政机关、社会团体和个人的干涉。

（6）仲裁实行一裁终局的制度。裁决作出后，当事人就同一纠纷再申请仲裁或者向人民法院起诉的，仲裁委员会或者人民法院不予受理。裁决被人民法院依法裁定撤销或者不予执行的，当事人就该纠纷可以根据双方重新达成的仲裁协议申请仲裁，也可以向人民法院起诉。

知识点 2　仲裁协议

一、仲裁协议的形式

仲裁协议应当采用书面形式。

口头方式订立的仲裁协议无效，当事人以此申请仲裁的，仲裁机构不予受理。

➢ **名师点拨**：书面形式包括合同书、信件和数据电文（包括电报、电传、传真、电子数据交换和电子邮件）等。

二、仲裁协议的内容

根据《仲裁法》，仲裁协议包括合同中订立的仲裁条款和以其他书面方式在纠纷发生前或者纠纷发生后达成的请求仲裁的协议。

仲裁协议应当具有下列内容：

（1）请求仲裁的意思表示。该意思表示须协商一致、真实、自愿。

（2）仲裁事项。合同纠纷或其他财产权益纠纷。

（3）选定的仲裁委员会。

《最高人民法院关于适用〈中华人民共和国仲裁法〉若干问题的解释》（法释〔2006〕7号）进一步规定：

（1）当事人概括约定仲裁事项为合同争议的，基于合同成立、效力、变更、转让、履行、违约责任、解释、解除等产生的纠纷都可以认定为仲裁事项。

（2）仲裁协议约定的仲裁机构名称不准确，但能够确定具体的仲裁机构的，应当认定选定了仲裁机构。

（3）仲裁协议仅约定纠纷适用的仲裁规则的，视为未约定仲裁机构，但当事人达成补充协议或者按照约定的仲裁规则能够确定仲裁机构的除外。

（4）仲裁协议约定两个以上仲裁机构的，当事人可以协议选择其中的一个仲裁机构申请仲裁；当事人不能就仲裁机构选择达成一致的，仲裁协议无效。

（5）仲裁协议约定由某地的仲裁机构仲裁且该地仅有一个仲裁机构的，该仲裁机构视为约定的仲裁机构。该地有两个以上仲裁机构的，当事人可以协议选择其中的一个仲裁机构申请仲裁；当事人不能就仲裁机构选择达成一致的，仲裁协议无效。

三、仲裁协议的效力

关于仲裁协议的效力，《仲裁法》规定如下：

（1）有下列情形之一的，仲裁协议无效：①约定的仲裁事项超出法律规定的仲裁范围的；②无民事行为能力人或者限制民事行为能力人订立的仲裁协议；③一方采取胁迫手段，迫使对方订立仲裁协议的。

（2）仲裁协议对仲裁事项或者仲裁委员会没有约定或者约定不明确的，当事人可以补充协议；达不成补充协议的，仲裁协议无效。

（3）仲裁协议独立存在，合同的变更、解除、终止或者无效，不影响仲裁协议的效力。仲裁庭有权确认合同的效力。

（4）当事人对仲裁协议的效力有异议的，可以请求仲裁委员会作出决定或者请求人民法院作出裁定。一方请求仲裁委员会作出决定，另一方请求人民法院作出裁定的，由人民法院裁定。当事人对仲裁协议的效力有异议，应当在仲裁庭首次开庭前提出。

关于仲裁协议的效力，《最高人民法院关于适用〈中华人民共和国仲裁法〉若干问题的解释》规定如下：

（1）当事人约定争议可以向仲裁机构申请仲裁也可以向人民法院起诉的，仲裁协议无效。但一方向仲裁机构申请仲裁，另一方未在仲裁法规定期间内提出异议的除外。

（2）当事人订立仲裁协议后合并、分立的，仲裁协议对其权利义务的继受人有效。当事人订立仲裁协议后死亡的，仲裁协议对承继其仲裁事项中的权利义务的继承人有效。上述规定情形，当事人订立仲裁协议时另有约定的除外。

（3）当事人向人民法院申请确认仲裁协议效力的案件，由仲裁协议约定的仲裁机构所在地的中级人民法院管辖；仲裁协议约定的仲裁机构不明确的，由仲裁协议签订地或者被申请人住所地的中级人民法院管辖。

申请确认涉外仲裁协议效力的案件，由仲裁协议约定的仲裁机构所在地、仲裁协议签订地、申请人或者被申请人住所地的中级人民法院管辖。

涉及海事海商纠纷仲裁协议效力的案件，由仲裁协议约定的仲裁机构所在地、仲裁协议签订地、申请人或者被申请人住所地的海事法院管辖；上述地点没有海事法院的，由就近的海事法院管辖。

（4）依照《仲裁法》第二十条第二款的规定，当事人在仲裁庭首次开庭前没有对仲裁协议的效力提出异议，而后向人民法院申请确认仲裁协议无效的，人民法院不予受理。仲裁机构对仲裁协议的效力作出决定后，当事人向人民法院申请确认仲裁协议效力或者申请撤销仲裁机构的决定的，人民法院不予受理。

（5）当事人在仲裁程序中未对仲裁协议的效力提出异议，在仲裁裁决作出后以仲裁协议无效为由主张撤销仲裁裁决或者提出不予执行抗辩的，人民法院不予支持。

当事人在仲裁程序中对仲裁协议的效力提出异议，在仲裁裁决作出后又以此为由主张撤销仲裁裁决或者提出不予执行抗辩，经审查符合《仲裁法》第五十八条或者《民事诉讼法》第二百一十七条、第二百六十条规定的，人民法院应予支持。

实战演练

[2024 真题·单选] 下列纠纷中，可以申请仲裁的是（　　）。

A. 收养协议纠纷　　B. 工程合同纠纷

C. 遗产继承纠纷　　D. 监护资格纠纷

[解析]《仲裁法》规定，平等主体的公民、法人和其他组织之间发生的合同纠纷和其他财产权益纠纷，可以仲裁。下列纠纷不能仲裁：①婚姻、收养、监护、扶养、继承纠纷；②依法应当由行政机关处理的行政争议。

[答案] B

[2023 真题·单选] 关于仲裁协议效力的说法，正确的是（　　）。

A. 人民法院受理案件后，当事人可另行达成仲裁协议

B. 当事人在订立合同时就争议达成仲裁协议的，合同无效则仲裁协议无效

C. 当事人对仲裁协议效力有异议的，可以在仲裁裁决作出前提出

D. 仲裁协议是仲裁委员会受理案件的前提

[解析] 选项A，人民法院受理案件后，不得再申请仲裁。选项B，仲裁协议独立存在，合同的变更、解除、终止或者无效，以及合同成立后未生效、被撤销等，均不影响仲裁协议的效力。选项C，当事人对仲裁协议的效力有异议的，应当在仲裁庭首次开庭前提出。

[答案] D

[2021真题·单选] 关于仲裁协议效力确认的说法，正确的是（　　）.

A. 当事人对仲裁协议效力有异议的，应当在仲裁裁决作出前提出

B. 当事人既可以请求仲裁委员会作出决定，也可以请求人民法院裁定

C. 当事人对仲裁委员会就仲裁协议效力作出的决定不服的，可以向人民法院申请撤销该决定

D. 当事人向人民法院申请确认仲裁协议效力的案件，只能由仲裁协议约定的仲裁委员会所在地的中级人民法院管辖

[解析] 选项A错误，当事人对仲裁协议的效力有异议的，应当在仲裁庭首次开庭前提出。选项C错误，仲裁机构对仲裁协议的效力作出决定后，当事人向人民法院申请确认仲裁协议效力或者申请撤销仲裁机构的决定的，人民法院不予受理．选项D错误，当事人向人民法院申请确认仲裁协议效力的案件，由仲裁协议约定的仲裁机构所在地的中级人民法院管辖；仲裁协议约定的仲裁机构不明确的，由仲裁协议签订地或者被申请人住所地的中级人民法院管辖。

[答案] B

[2018真题·单选] 关于仲裁的说法，正确的是（　　）。

A. 没有仲裁协议或者仲裁协议无效的，法院对当事人的纠纷应当予以受理

B. 对于仲裁协议有效的仲裁案件，法院仍具有管辖权

C. 只要一方当事人申请仲裁，仲裁委员会都应当予以受理

D. 仲裁裁决作出后，当事人就同一纠纷向法院起诉的，法院应当予以受理

[解析] 选项B错误，有效的仲裁协议排除了人民法院对仲裁协议约定的争议事项的司法管辖权。选项C错误，《仲裁法》规定，没有仲裁协议，一方申请仲裁的，仲裁委员会不予受理。仲裁协议是当事人自愿原则的体现，当事人申请仲裁、仲裁委员会受理仲裁以及仲裁庭对仲裁案件的审理和裁决，都必须以当事人依法订立的仲裁协议为前提。选项D错误，仲裁实行一裁终局的制度。仲裁裁决作出后，当事人就同一纠纷再申请仲裁或者向人民法院起诉的，仲裁委员会或者人民法院不予受理。

[答案] A

[经典例题·多选] 关于仲裁协议的说法，正确的有（　　）。

A. 仲裁协议必须在纠纷发生前达成

B. 当事人对仲裁协议效力有异议的，应当在仲裁庭首次开庭前提出

C. 仲裁协议可以采用口头形式，但需双方认可

D. 合同解除后，合同中的仲裁条款仍然有效

E. 仲裁协议约定两个以上仲裁机构，当事人不能就其选择达成一致的，可以由司法行政主管部门指定

[解析] 仲裁协议是指当事人自愿将已经发生或者可能发生的争议通过仲裁解决的书面协议。仲裁协议包括合同中订立的仲裁条款和其他以书面形式在纠纷发生前或者纠纷发生后达成的请求仲裁的协议。仲裁协议应当采用书面形式，口头形式达成的仲裁意思表示无效。仲裁协议约定两个以上仲裁机构的，当事人可以协议选择其中的一个仲裁机构申请仲裁；当事人不能就仲裁机构选择达成一致的，仲裁协议无效。当事人对仲裁协议效力有异议的，应当在仲裁庭首次开庭前提出。仲裁协议独立存在，合同的变更、解除、终止或者无效，以及合同成立后未生效、被撤销等，均不影响仲裁协议的效力。当事人在订立合同时就争议解决达成仲裁协议的，合同未成立也不影响仲裁协议的效力。

[答案] BD

知识点 3 仲裁的申请和受理

一、仲裁的申请

《仲裁法》规定，当事人申请仲裁应当符合下列条件：

（1）有仲裁协议。

（2）有具体的仲裁请求和事实、理由。

（3）属于仲裁委员会的受理范围。

当事人申请仲裁，应当向仲裁委员会递交仲裁协议、仲裁申请书及副本。

仲裁申请书应当载明下列事项：

（1）当事人的姓名、性别、年龄、职业、工作单位和住所，法人或者其他组织的名称、住所和法定代表人或者主要负责人的姓名、职务。

（2）仲裁请求和所根据的事实、理由。

（3）证据和证据来源、证人姓名和住所。

二、仲裁的受理

《仲裁法》规定，仲裁委员会收到仲裁申请书之日起5日内，认为符合受理条件的，应当受理，并通知当事人；认为不符合受理条件的，应当书面通知当事人不予受理，并说明理由。

仲裁委员会受理仲裁申请后，应当在仲裁规则规定的期限内将仲裁规则和仲裁员名册送达申请人，并将仲裁申请书副本和仲裁规则、仲裁员名册送达被申请人。

被申请人收到仲裁申请书副本后，应当在仲裁规则规定的期限内向仲裁委员会提交答辩书。仲裁委员会收到答辩书后，应当在仲裁规则规定的期限内将答辩书副本送达申请人。被申请人未提交答辩书的，不影响仲裁程序的进行。

当事人达成仲裁协议，一方向人民法院起诉未声明有仲裁协议，人民法院受理后，另一方在首次开庭前提交仲裁协议的，人民法院应当驳回起诉，但仲裁协议无效的除外；另一方在首次开庭前未对人民法院受理该案提出异议的，视为放弃仲裁协议，人民法院应当继续审理。

申请人可以放弃或者变更仲裁请求。被申请人可以承认或者反驳仲裁请求，有权提出反请求。

一方当事人因另一方当事人的行为或者其他原因，可能使裁决不能执行或者难以执行的，可以申请财产保全。当事人申请财产保全的，仲裁委员会应当将当事人的申请依照民事诉讼法的有关规定提交人民法院。申请有错误的，申请人应当赔偿被申请人因财产保全所遭受的损失。

当事人、法定代理人可以委托律师和其他代理人进行仲裁活动。委托律师和其他代理人进行仲裁活动的，应当向仲裁委员会提交授权委托书。

知识点 4 仲裁庭的组成

仲裁庭可以由 3 名仲裁员或者 1 名仲裁员组成。根据《仲裁法》，仲裁庭的组成的相关内容如下。

一、合议仲裁庭

当事人约定由 3 名仲裁员组成仲裁庭的，应当各自选定或者各自委托仲裁委员会主任指定 1 名仲裁员，第三名仲裁员由当事人共同选定或者共同委托仲裁委员会主任指定。第三名仲裁员是首席仲裁员。

二、独任仲裁庭

当事人约定由 1 名仲裁员成立仲裁庭的，应当由当事人共同选定或者共同委托仲裁委员会主任指定仲裁员。

当事人没有在仲裁规则规定的期限内约定仲裁庭的组成方式或者选定仲裁员的，由仲裁委员会主任指定。

三、仲裁员的回避

（一）回避的理由

仲裁员有下列情形之一的，必须回避，当事人也有权提出回避申请：①是本案当事人或者当事人、代理人的近亲属；②与本案有利害关系；③与本案当事人、代理人有其他关系，可能影响公正仲裁的；④私自会见当事人、代理人，或者接受当事人、代理人的请客送礼的。

（二）回避申请的提出时间

当事人提出回避申请，应当说明理由，在首次开庭前提出。回避事由在首次开庭后知道的，可以在最后一次开庭终结前提出。

（三）回避的决定权

仲裁员是否回避，由仲裁委员会主任决定；仲裁委员会主任担任仲裁员时，由仲裁委员会集体决定。

（四）回避的后果

仲裁员因回避或者其他原因不能履行职责的，应当依照《仲裁法》规定重新选定或者指定仲裁员。因回避而重新选定或者指定仲裁员后，当事人可以请求已进行的仲裁程序重新进行，是否准许，由仲裁庭决定；仲裁庭也可以自行决定已进行的仲裁程序是否重新进行。

知识点 5　开庭和裁决

一、开庭和审理

根据《仲裁法》，仲裁应当开庭进行。当事人协议不开庭的，仲裁庭可以根据仲裁申请书、答辩书以及其他材料作出裁决。

关于开庭审理的规定，如图 10-2-1 所示。

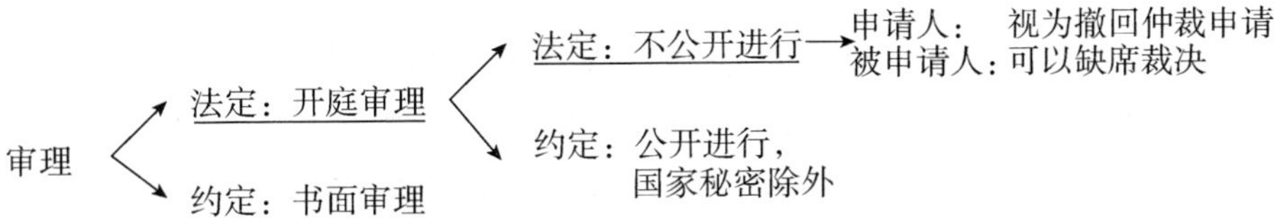

图 10-2-1　开庭审理的相关规定

《仲裁法》规定，当事人应当对自己的主张提供证据。仲裁庭认为有必要收集的证据，可以自行收集。

仲裁庭对专门性问题认为需要鉴定的，可以交由当事人约定的鉴定部门鉴定，也可以由仲裁庭指定的鉴定部门鉴定。根据当事人的请求或者仲裁庭的要求，鉴定部门应当派鉴定人参加开庭。当事人经仲裁庭许可，可以向鉴定人提问。

证据应当在开庭时出示，当事人可以质证。

在证据可能灭失或者以后难以取得的情况下，当事人可以申请证据保全。当事人申请证据保全的，仲裁委员会应当将当事人的申请提交证据所在地的基层人民法院。

当事人在仲裁过程中有权进行辩论。辩论终结时，首席仲裁员或者独任仲裁员应当征询当事人的最后意见。

仲裁庭应当将开庭情况记入笔录。当事人和其他仲裁参与人认为对自己陈述的记录有遗漏或者差错的，有权申请补正。如果不予补正，应当记录该申请。笔录由仲裁员、记录人员、当事人和其他仲裁参与人签名或者盖章。

二、和解与调解

根据《仲裁法》，当事人申请仲裁后，可以自行和解。仲裁庭在作出裁决前，可以先行调解。

关于仲裁和解与调解的规定，见表 10-2-2。

表 10-2-2　仲裁和解与调解的相关规定

<table>
<tr><th>项目</th><th colspan="3">相关规定</th></tr>
<tr><td rowspan="2">和解</td><td colspan="2">请求根据和解协议作出裁决书</td><td>不能再次仲裁或诉讼</td></tr>
<tr><td colspan="2">撤回仲裁申请</td><td>反悔的，可以根据仲裁协议申请仲裁</td></tr>
<tr><td rowspan="4">调解
（裁决前）</td><td colspan="3">当事人自愿调解的，仲裁庭应当调解</td></tr>
<tr><td colspan="2">调解不成的</td><td>及时裁决</td></tr>
<tr><td rowspan="2">达成协议</td><td>制作调解书</td><td>双方签收生效；拒绝签收或反悔，及时裁决</td></tr>
<tr><td>制作裁决书</td><td>作出之日生效</td></tr>
</table>

➢ **注意：** 调解书与裁决书具有同等法律效力。

三、裁决

《仲裁法》规定，裁决应当按照多数仲裁员的意见作出，少数仲裁员的不同意见可以记入笔录。仲裁庭不能形成多数意见时，裁决应当按照首席仲裁员的意见作出。

裁决书应当写明仲裁请求、争议事实、裁决理由、裁决结果、仲裁费用的负担和裁决日期。当事人协议不愿写明争议事实和裁决理由的，可以不写。裁决书由仲裁员签名，加盖仲裁委员会印章。对裁决持不同意见的仲裁员，可以签名，也可以不签名。

仲裁庭仲裁纠纷时，其中一部分事实已经清楚，可以就该部分先行裁决。

对裁决书中的文字、计算错误或者仲裁庭已经裁决但在裁决书中遗漏的事项，仲裁庭应当补正；当事人自收到裁决书之日起 30 日内，可以请求仲裁庭补正。

裁决书自作出之日起发生法律效力。

知识点 6 申请撤销/不予执行裁决

一、撤销仲裁裁决或不予执行的法定情形

根据《仲裁法》，当事人提出证据证明裁决有下列情形之一的，可以向仲裁委员会所在地的中级人民法院申请撤销裁决：

（1）没有仲裁协议的。

➢ **名师点拨：** 仲裁协议被认定无效或者被撤销的，视为没有仲裁协议。

（2）裁决的事项不属于仲裁协议的范围或者仲裁委员会无权仲裁的。

（3）仲裁庭的组成或者仲裁的程序违反法定程序的。

➢ **名师点拨：** 违反《仲裁法》规定的仲裁程序和当事人选择的仲裁规则可能影响案件正确裁决的情形。

（4）裁决所根据的证据是伪造的。

（5）对方当事人隐瞒了足以影响公正裁决的证据的。

（6）仲裁员在仲裁该案时有索贿受贿，徇私舞弊，枉法裁决行为的。

根据《民事诉讼法》，被申请人提出证据证明仲裁裁决有下列情形之一的，经人民法院组成合议庭审查核实，裁定不予执行：

（1）当事人在合同中没有订有仲裁条款或者事后没有达成书面仲裁协议的。

（2）裁决的事项不属于仲裁协议的范围或者仲裁机构无权仲裁的。

（3）仲裁庭的组成或者仲裁的程序违反法定程序的。

（4）裁决所根据的证据是伪造的。

（5）对方当事人向仲裁机构隐瞒了足以影响公正裁决的证据的。

（6）仲裁员在仲裁该案时有贪污受贿，徇私舞弊，枉法裁决行为的。

二、撤销仲裁裁决的申请期限

根据《仲裁法》，当事人申请撤销裁决的，应当自收到裁决书之日起 6 个月内提出。

人民法院应当在受理撤销裁决申请之日起 2 个月内作出撤销裁决或者驳回申请的裁定。

三、撤销仲裁裁决的法律后果

根据《仲裁法》，裁决被人民法院依法裁定撤销或者不予执行的，当事人就该纠纷可以根据双方重新达成的仲裁协议申请仲裁，也可以向人民法院起诉。

知识点 7　仲裁的执行

《仲裁法》规定，当事人应当履行裁决。一方当事人不履行的，另一方当事人可以依照《民事诉讼法》的有关规定向人民法院申请执行。受申请的人民法院应当执行。

➤ **名师点拨：** 根据《民事诉讼法》，申请执行的期间为 2 年。该期间，从法律文书规定履行期间的最后一日起计算；法律文书规定分期履行的，从最后一期履行期限届满之日起计算；法律文书未规定履行期间的，从法律文书生效之日起计算。

一方当事人申请执行裁决，另一方当事人申请撤销裁决的，人民法院应当裁定中止执行。人民法院裁定撤销裁决的，应当裁定终结执行。撤销裁决的申请被裁定驳回的，人民法院应当裁定恢复执行。

《最高人民法院关于适用〈中华人民共和国仲裁法〉若干问题的解释》（法释〔2006〕7 号）规定，当事人请求不予执行仲裁调解书或者根据当事人之间的和解协议作出的仲裁裁决书的，人民法院不予支持。当事人申请执行仲裁裁决案件，由被执行人住所地或者被执行的财产所在地的中级人民法院管辖。

实战演练

[2023 真题·单选] 根据《仲裁法》，仲裁员具有下列情形，无须回避的是（　　）。

A. 曾经仲裁过本案代理人的其他案件的

B. 是本案代理人近亲属的

C. 与本案当事人有其他关系，可能影响公正仲裁的

D. 私自会见本案代理人的

[解析] 仲裁员有下列情形之一的，必须回避，当事人也有权提出回避申请：①是本案当事人或者当事人、代理人的近亲属；②与本案有利害关系；③与本案当事人、代理人有其他关系，可能影响公正仲裁的；④私自会见当事人、代理人，或者接受当事人、代理人的请客送礼的。

[答案] A

[2022 真题·单选] 根据《仲裁法》，关于仲裁庭组成的说法，正确的是（　　）。

A. 当事人未在仲裁规则规定的期限内选定仲裁员的，由仲裁委员会主任指定

B. 采用简易程序审理仲裁案件，由 3 名仲裁员组成仲裁庭

C. 首席仲裁员必须由仲裁委员会主任指定

D. 当事人约定 3 名仲裁员组成仲裁庭的，必须各自选定 1 名仲裁员

[解析] 选项B，采用简易程序审理仲裁案件，由1名仲裁员组成独任仲裁庭。选项C、D，当事人约定由3名仲裁员组成仲裁庭的，应当各自选定1名或者各自委托仲裁委员会主任指定1名仲裁员。第三名仲裁员由当事人共同选定或者共同委托仲裁委员会主任指定。第三名仲裁员是首席仲裁员。

[答案] A

[2021真题·单选] 关于仲裁裁决的不予执行和撤销，说法正确的是（　　）。

A. 仲裁的程序违反法定程序的，当事人只能申请撤销仲裁裁决，不得申请不予执行仲裁裁决

B. 当事人申请撤销仲裁裁决的，应当在收到裁决书之日起3个月内提出

C. 当事人可以向仲裁委员会所在地的中级人民法院申请撤销仲裁裁决

D. 仲裁裁决被人民法院依法撤销后，当事人就该纠纷不得再行申请仲裁，只能向人民法院起诉

[解析] 选项A错误，当事人可以申请撤销裁决或不予执行仲裁裁决。选项B错误，当事人申请撤销裁决的，应当在收到裁决书之日起6个月内提出。选项D错误，仲裁裁决被人民法院依法撤销后，当事人就该纠纷可以根据双方重新达成的仲裁协议申请仲裁，也可以向人民法院起诉。

[答案] C

[2021真题·单选] 关于仲裁调解的说法，正确的是（　　）。

A. 仲裁调解书经双方当事人签收后，即发生法律效力

B. 仲裁裁决书的法律效力高于仲裁调解书

C. 仲裁调解达成协议的，仲裁庭应当根据协议的内容制作裁决书

D. 仲裁调解书签收前当事人反悔的，当事人应当重新申请仲裁

[解析] 调解达成协议的，当事人可以撤回仲裁申请，也可以请求仲裁庭根据调解协议的内容制作调解书或者裁决书。调解书经双方当事人签收后即与裁决书具有同等法律效力。在调解书签收前当事人反悔的，仲裁庭应当及时作出裁决。调解不成的，仲裁庭应当及时作出裁决。

[答案] A

[2020真题·单选] 某建设工程施工合同纠纷案件在仲裁过程中，首席仲裁员甲认为应该裁决合同无效，仲裁员乙和仲裁员丙认为应裁决合同继续履行，则仲裁应（　　）作出裁决。

A. 重新组成仲裁庭经评议后

B. 请示仲裁委员会主任并按其意见

C. 按乙和丙的意见

D. 按甲的意见

[解析] 裁决应当按照多数仲裁员的意见作出，少数仲裁员的不同意见可以记入笔录。

[答案] C

[2017真题·单选] 关于仲裁裁决执行的说法，正确的是（　　）。

A. 一方当事人不履行仲裁裁决的，另一方当事人可以向仲裁机构申请执行

B. 申请仲裁裁决强制执行的期间为2年，不能中止、中断

C. 仲裁裁决作出后，当事人不服裁决，可以就裁决的事项提起诉讼

D. 仲裁裁决被法院裁定不予执行后，当事人就该纠纷可以重新达成仲裁协议，申请仲裁

［解析］选项 A 错误，仲裁委员会没有司法强制执行权。当事人申请执行仲裁裁决案件，由被执行人所在地或者被执行财产所在地的中级人民法院管辖。选项 B 错误，申请仲裁裁决强制执行的期间为 2 年，适用法律有关诉讼时效中止、中断的规定。选项 C 错误，仲裁实行一裁终局的制度，仲裁裁决作出后，当事人不得针对同一纠纷再次申请仲裁，也不得向法院起诉。

［答案］D

［2015 真题·单选］某施工合同纠纷案经仲裁裁决，将已经竣工工程的部分楼层折价给施工单位抵偿工程欠款，但建设单位拒绝履行裁决。因此，施工单位决定申请执行仲裁裁决。关于申请执行仲裁裁决的说法，正确的是（　　）。

A. 施工单位申请执行的期间为 1 年

B. 申请执行本案的仲裁裁决，由施工单位所在地的中级人民法院管辖

C. 申请执行本案的仲裁裁决，由本案工程合同签订地的中级人民法院管辖

D. 施工单位有权向人民法院申请执行

［解析］选项 A 错误，申请仲裁裁决强制执行的期间是 2 年。选项 B、C 错误，当事人申请执行仲裁裁决案件，由被执行人住所地或者被执行的财产所在地的中级人民法院管辖。

［答案］D

［2024 真题·多选］关于仲裁程序的说法，正确的有（　　）。

A. 当事人可以委托律师和其他代理人进行仲裁活动

B. 申请人未提交答辩书的，仲裁程序延期进行

C. 当事人达成有效仲裁协议，一方向人民法院起诉未声明有仲裁协议，人民法院受理后，另一方在首次开庭前提交仲裁协议的，人民法院应当驳回起诉

D. 仲裁委员会收到仲裁申请书后认为不符合受理条件的，可以口头通知当事人并说明理由

E. 当事人达成有效仲裁协议，一方向人民法院起诉未声明有仲裁协议，人民法院受理后，另一方在首次开庭前未对人民法院受理该案提出异议的，视为放弃仲裁协议

［解析］选项 B 错误，仲裁委员会应当在仲裁规则规定的期限内将开庭日期通知双方当事人。当事人有正当理由的，可以在仲裁规则规定的期限内请求延期开庭。是否延期，由仲裁庭决定。申请人经书面通知，无正当理由不到庭或者未经仲裁庭许可中途退庭的，可以视为撤回仲裁申请。被申请人经书面通知，无正当理由不到庭或者未经仲裁庭许可中途退庭的，可以缺席裁决。选项 D 错误，仲裁委员会收到仲裁申请书之日起 5 日内，认为符合受理条件的，应当受理，并通知当事人；认为不符合受理条件的，应当书面通知当事人不予受理，并说明理由。

［答案］ACE

［经典例题·多选］当事人有证据证明仲裁裁决存在（　　）情形的，可以向人民法院申请撤销该仲裁裁决。

A. 双方当事人均不满意仲裁结果

B. 没有仲裁协议

C. 仲裁员隐瞒了应该回避的事由

D. 没有对另一方当事人形成强制作用

E. 裁决事项超出仲裁委员会权限

［解析］当事人提出证据证明裁决有下列情形之一的，可以向仲裁委员会所在地的中级人民法院申请撤销裁决：①没有仲裁协议的；②裁决的事项不属于仲裁协议的范围或者仲裁委员会无权仲裁的；③仲裁庭的组成或者仲裁的程序违反法定程序的；④裁决所依据的证据是伪造的；⑤对方当事人隐瞒了足以影响公正裁决的证据的；⑥仲裁员在仲裁该案时有索贿受贿，徇私舞弊，枉法裁决行为的。

［答案］BCE

第三节　民事诉讼制度

民事诉讼是指法院在当事人和其他诉讼参与人的参加下，以审理、判决、执行等方式解决民事纠纷的活动以及由这些活动产生的各种诉讼关系的总和。

人民法院受理公民之间、法人之间、其他组织之间以及他们相互之间因财产关系和人身关系提起的民事诉讼，适用《民事诉讼法》的规定。民事案件的审判权由人民法院行使。人民法院依照法律规定对民事案件独立进行审判，不受行政机关、社会团体和个人的干涉。

人民法院审理民事案件，必须以事实为根据，以法律为准绳。

人民法院审理民事案件，应当根据自愿和合法的原则进行调解；调解不成的，应当及时判决。

人民法院审理民事诉讼案件的程序如图 10-3-1 所示。

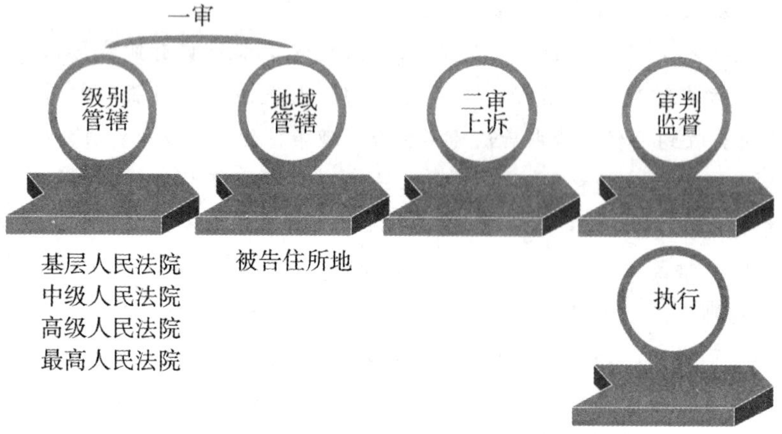

图 10-3-1　人民法院审理民事诉讼案件的程序

知识点 1　民事诉讼的法院管辖

一、法定管辖（立法者角度）

（一）级别管辖

级别管辖是指人民法院系统内划分上下级人民法院之间受理第一审案件的分工和权限（纵向坐标）。我国法院级别分为基层人民法院、中级人民法院、高级人民法院和最高人民法院（最高审判机关）。

根据《民事诉讼法》，级别管辖的规定如下：

1. 基层人民法院管辖

基层人民法院管辖第一审民事案件，但《民事诉讼法》另有规定的除外。

2. 中级人民法院管辖

中级人民法院管辖下列第一审民事案件：①重大涉外案件；②在本辖区有重大影响的案件；③最高人民法院确定由中级人民法院管辖的案件。

➢ **名师点拨：** 重大涉外案件包括争议标的额大的案件、案情复杂的案件，或者一方当事人人数众多等具有重大影响的案件。

3. 高级人民法院管辖

高级人民法院管辖在本辖区有重大影响的第一审民事案件。

4. 最高人民法院管辖

最高人民法院管辖下列第一审民事案件：

（1）在全国有重大影响的案件。

（2）认为应当由本院审理的案件。

综上所述，每一级人民法院均受理第一审民事案件，如何选择级别法院取决于案件的性质、影响和诉讼标的金额。

（二）地域管辖

地域管辖是指同级人民法院之间受理第一审民事案件的分工和权限（横向坐标）。从体系类型方面来看，地域管辖分为一般地域管辖、特殊地域管辖、专属管辖、共同管辖、选择管辖、协议管辖和合并管辖。

1. 一般地域管辖（原告就被告，被告住所地）

（1）被告是公民。

对公民提起的民事诉讼，由被告住所地人民法院管辖；被告住所地与经常居住地不一致的，由经常居住地人民法院管辖。

根据《最高人民法院关于适用〈中华人民共和国民事诉讼法〉的解释》（法释〔2022〕11号），公民的住所地是指公民的户籍所在地。

（2）被告是法人或者其他组织。

对法人或者其他组织提起的民事诉讼，由被告住所地人民法院管辖。

根据《最高人民法院关于适用〈中华人民共和国民事诉讼法〉的解释》（法释〔2022〕11号），法人或者其他组织的住所地是指法人或者其他组织的主要办事机构所在地。法人或者其他组织的主要办事机构所在地不能确定的，法人或者其他组织的注册地或者登记地为住所地。

（3）同一诉讼的几个被告住所地、经常居住地在2个以上人民法院辖区的，各辖区人民法院都有管辖权，也就是说，原告可以向任何一个被告住所地或经常居住地人民法院起诉。

（4）《民事诉讼法》规定，下列民事诉讼，由原告住所地人民法院管辖；原告住所地与经常居住地不一致的，由原告经常居住地人民法院管辖：

①对不在中华人民共和国领域内居住的人提起的有关身份关系的诉讼。

②对下落不明或者宣告失踪的人提起的有关身份关系的诉讼。

③对被采取强制性教育措施的人提起的诉讼。

④对被监禁的人提起的诉讼。

2. 特殊地域管辖

根据《民事诉讼法》，特殊地域管辖的相关规定见表 10-3-1。

表 10-3-1 特殊地域管辖的相关规定

<table>
<tr><th>诉讼起因</th><th colspan="2">相关规定</th></tr>
<tr><td rowspan="3">合同纠纷</td><td colspan="2">由被告住所地或者合同履行地人民法院管辖</td></tr>
<tr><td>保险合同</td><td>由被告住所地或者保险标的物所在地人民法院管辖</td></tr>
<tr><td>运输合同</td><td>由运输始发地、目的地或者被告住所地人民法院管辖</td></tr>
<tr><td>票据纠纷</td><td colspan="2">由票据支付地或者被告住所地人民法院管辖</td></tr>
<tr><td>公司设立、分配利润等纠纷</td><td colspan="2">由公司住所地人民法院管辖</td></tr>
<tr><td>侵权行为</td><td colspan="2">由侵权行为地（行为实施地＋结果发生地）或者被告住所地人民法院管辖</td></tr>
</table>

关于表 10-3-1 中的合同纠纷提起的诉讼，《最高人民法院关于适用〈中华人民共和国民事诉讼法〉的解释》（法释〔2022〕11 号）进一步规定，见表 10-3-2。

表 10-3-2 合同纠纷提起的诉讼管辖

<table>
<tr><th>合同情形</th><th colspan="2">合同履行地</th></tr>
<tr><td>合同有约定</td><td colspan="2">约定的履行地点</td></tr>
<tr><td rowspan="4">合同没有约定或者约定不明确</td><td>争议标的为给付货币</td><td>接收货币一方所在地</td></tr>
<tr><td>争议标的为交付不动产</td><td>不动产所在地</td></tr>
<tr><td>争议标的为其他标的</td><td>履行义务一方所在地</td></tr>
<tr><td>即时结清的合同</td><td>交易行为地</td></tr>
<tr><td>合同没有实际履行</td><td colspan="2">当事人双方住所地都不在合同约定的履行地的，由被告住所地人民法院管辖</td></tr>
<tr><td>财产租赁合同、融资租赁合同</td><td colspan="2">租赁物使用地。合同对履行地有约定的，从其约定</td></tr>
<tr><td rowspan="2">以信息网络方式订立的买卖合同</td><td>通过信息网络交付标的</td><td>买受人住所地</td></tr>
<tr><td>通过其他方式交付标的</td><td>收货地</td></tr>
<tr><td>财产保险合同（运输工具或者运输中的货物）</td><td colspan="2">由运输工具登记注册地、运输目的地、保险事故发生地人民法院管辖</td></tr>
<tr><td>人身保险合同</td><td colspan="2">由被保险人住所地人民法院管辖</td></tr>
</table>

3. 专属管辖

根据《民事诉讼法》，表 10-3-3 规定的案件，由人民法院专属管辖。

表 10-3-3　规定的案件

诉讼起因	管辖法院	示例
不动产纠纷	不动产所在地	农村土地承包经营合同纠纷、房屋租赁合同纠纷、建设工程施工合同纠纷、政策性房屋买卖合同纠纷 已登记：不动产登记簿记载的所在地为不动产所在地 未登记：不动产实际所在地为不动产所在地
港口作业中发生纠纷	港口所在地	—
继承遗产纠纷	被继承人死亡时住所地或者主要遗产所在地	

4. 其他规定

（1）合同或者其他财产权益纠纷的当事人可以书面协议选择被告住所地、合同履行地、合同签订地、原告住所地、标的物所在地等与争议有实际联系的地点的人民法院管辖，但不得违反《民事诉讼法》对级别管辖和专属管辖的规定。

（2）两个以上人民法院都有管辖权的诉讼，原告可以向其中一个人民法院起诉；原告向两个以上有管辖权的人民法院起诉的，由最先立案的人民法院管辖。

二、裁定管辖（法院角度）

裁定管辖，是指根据人民法院的裁定来确定诉讼的管辖法院，主要有移送管辖、管辖权转移和指定管辖。

（一）移送管辖

《民事诉讼法》规定，人民法院发现受理的案件不属于本院管辖的，应当移送有管辖权的人民法院，受移送的人民法院应当受理。受移送的人民法院认为受移送的案件依照规定不属于本院管辖的，应当报请上级人民法院指定管辖，不得再自行移送。

根据《最高人民法院关于适用〈中华人民共和国民事诉讼法〉的解释》（法释〔2022〕11号），当事人在答辩期间届满后未应诉答辩，人民法院在一审开庭前，发现案件不属于本院管辖的，应当裁定移送有管辖权的人民法院。

两个以上人民法院都有管辖权的诉讼，先立案的人民法院不得将案件移送给另一个有管辖权的人民法院。人民法院在立案前发现其他有管辖权的人民法院已先立案的，不得重复立案；立案后发现其他有管辖权的人民法院已先立案的，裁定将案件移送给先立案的人民法院。

➢ **名师点拨：**移送管辖属于“无权转有权”，只能转1次。

（二）管辖权转移

根据《民事诉讼法》，上级人民法院有权审理下级人民法院管辖的第一审民事案件；确有必要将本院管辖的第一审民事案件交下级人民法院审理的，应当报请其上级人民法院批准。下级人民法院对它所管辖的第一审民事案件，认为需要由上级人民法院审理的，可以报请上级人民法院审理。

➢ **名师点拨：**管辖权转移属于“有权转无权”，下向上移或上向下移。移送管辖与管辖权转移的区别见表 10-3-4。

表 10-3-4 移送管辖与管辖权转移的区别

项目	移送管辖	管辖权转移
功能	纠错	微调和变通
性质	无权转有权，移送的仅限案件	有权转无权，移送案件＋管辖权
主体	地域管辖：同级法院（主要） 级别管辖：上下级法院之间	级别管辖：上下级法院之间

（三）指定管辖

根据《民事诉讼法》，指定管辖是指：

（1）有管辖权的人民法院由于特殊原因，不能行使管辖权的，由上级人民法院指定管辖。

（2）人民法院之间因管辖权发生争议，由争议双方协商解决；协商解决不了的，报请它们的共同上级人民法院指定管辖。

（3）移送管辖，受移送的人民法院认为自己对该案件没有管辖权，报请上级人民法院指定管辖。

三、管辖权异议

管辖权异议，是指人民法院受理案件后，被告在答辩期间向受诉人民法院提出的认为人民法院对受诉的案件无管辖权的意见或主张。

根据《民事诉讼法》，人民法院受理案件后，当事人对管辖权有异议的，应当在提交答辩状期间提出。人民法院对当事人提出的异议，应当审查。异议成立的，裁定将案件移送有管辖权的人民法院；异议不成立的，裁定驳回。当事人未提出管辖异议，并应诉答辩的，视为受诉人民法院有管辖权，但违反级别管辖和专属管辖规定的除外。

（1）主体：通常管辖权异议由被告提出。

（2）时间限制：应当在提交答辩状期间提出（对方当事人在收到上诉状副本之日起 15 日提出答辩状）。

实战演练

［2024 真题·单选］建设工程施工合同纠纷的管辖法院是（　　）。

A. 建设工程所在地人民法院　　B. 发包人住所地人民法院

C. 承包人住所地人民法院　　D. 发包人和承包人约定的人民法院

［解析］因不动产纠纷提起的诉讼，由不动产所在地人民法院管辖；农村土地承包经营合同纠纷、房屋租赁合同纠纷、建设工程施工合同纠纷、政策性房屋买卖合同纠纷，按照不动产纠纷确定管辖。不动产已登记的，以不动产登记簿记载的所在地为不动产所在地；不动产未登记的，以不动产实际所在地为不动产所在地。

［答案］A

[**2022 真题·单选**] 关于民事诉讼中移送管辖的说法，正确的是（　　）。

A. 移送管辖是没有管辖权的法院把案件移送给有管辖权的法院管理

B. 移送管辖限于上下级法院之间

C. 受移送的人民法院认为受移送的案件不属于本院管辖的，可以再自行移送

D. 移送管辖与管辖权转移的程序完全相同

[**解析**] 选项 B，移送管辖可以在上下级法院之间进行，也可以在同级法院之间进行。选项 C，受移送的人民法院认为受移送的案件依照规定不属于本院管辖的，应当报请上级人民法院指定管辖，不得再自行移送。选项 D，移送管辖为“无权转有权”，管辖权转移为“有权转无权”。

[**答案**] A

[**2016 真题·单选**] 关于人民法院管辖权的说法，正确的是（　　）。

A. 原告向两个以上有管辖权的人民法院起诉的，由最先受理的人民法院管辖

B. 有管辖权的人民法院由于特殊原因，不能行使管辖权的，移送上级人民法院直接管辖

C. 两个以上人民法院都有管辖权的诉讼，原告可以向其中一个人民法院起诉

D. 人民法院之间因管辖权发生争议，报请共同上级人民法院直接管辖

[**解析**] 选项 A，原告向两个以上有管辖权的人民法院起诉的，由最先立案的人民法院管辖。选项 B，有管辖权的人民法院由于特殊原因，不能行使管辖权的，由上级人民法院指定管辖。选项 D，人民法院之间因管辖权发生争议，由争议双方协商解决；协商解决不了的，报请上级共同人民法院指定管辖。

[**答案**] C

[**经典例题·单选**] 建设工程施工合同纠纷的合同履行地是指（　　）。

A. 施工行为地　　　　B. 施工合同签订地

C. 施工单位所在地　　　　D. 施工项目业主住所地

[**解析**] 建设工程施工合同纠纷的合同履行地是指施工行为地。

[**答案**] A

[**2023 真题·多选**] 根据《民事诉讼法》，合同纠纷的当事人可以书面协议选择管辖的法院有（　　）。

A. 被告住所地　　　　B. 合同履行地

C. 合同签订地　　　　D. 原告住所地

E. 第三人住所地

[**解析**] 合同的当事人可以在书面合同中协议选择被告住所地、合同履行地、合同签订地、原告住所地、标的物所在地人民法院管辖，但不得违反《民事诉讼法》对级别管辖和专属管辖的规定。

[**答案**] ABCD

[**经典例题·多选**] 民事诉讼特殊地域管辖中，合同当事人对履行地点没有约定时，关于履行地确定的说法正确的有（　　）。

A. 交付不动产时，不动产所在地为合同履行地

B. 争议标的为给付货币的，给付货币一方所在地

C. 即时结清的合同，标的物所在地为合同履行地

D. 其他标的，履行义务一方所在地为合同履行地

E. 合同没有实际履行地，当事人双方住所地为合同履行地

[**解析**] 选项B，争议标的为给付货币的，接收货币一方所在地为合同履行地；选项C，即时结清的合同，交易行为地为合同履行地。选项E，合同没有实际履行，当事人双方住所地都不在合同约定的履行地的，由被告住所地人民法院管辖。

[**答案**] AD

[**经典例题·多选**] 根据《民事诉讼法》，下列民事纠纷中，应当适用专属管辖的有（　　）。

A. 不动产纠纷

B. 土地所有权转让纠纷

C. 建设工程设计合同纠纷

D. 建设工程施工合同纠纷

E. 港口作业纠纷

[**解析**] 下列案件由人民法院专属管辖：①因不动产纠纷提起的诉讼；农村土地承包经营合同纠纷、房屋租赁合同纠纷、建设工程施工合同纠纷、政策性房屋买卖合同纠纷，按照不动产纠纷确定管辖。②因港口作业中发生纠纷提起的诉讼。③因继承遗产纠纷提起的诉讼。

[**答案**] ADE

[**经典例题·多选**] 关于民事诉讼管辖制度的说法中，正确的有（　　）。

A. 甲区基层法院受理某技术转让合同纠纷案后，发现自己没有级别管辖权，将案件移送至甲市中级人民法院审理，属于管辖权转移

B. 因政策性房屋买卖合同纠纷提起的诉讼能由房屋所在地人民法院管辖

C. 政策性房屋买卖合同纠纷案件不可约定管辖法院

D. 移送管辖有可能是因为受理法院违反了级别管辖的规定所导致

E. 当事人可以通过协议变更案件的级别管辖

[**解析**] 选项A属于移送管辖，故错。所谓管辖权转移，是指上级人民法院有权审理下级人民法院管辖的第一审民事案件；确有必要将本院管辖的第一审民事案件交下级人民法院审理的，应当报请其上级人民法院批准。选项E应为不可以。

[**答案**] BCD

知识点 2 民事审判组织

《民事诉讼法》规定，人民法院审理民事案件，依照法律规定实行合议、回避、公开审判和两审终审制度。

一、合议制度

《民事诉讼法》第四十条规定，人民法院审理第一审民事案件，由审判员、人民陪审员共同组成合议庭或者由审判员组成合议庭。合议庭的成员人数，必须是单数。

适用简易程序审理的民事案件，由审判员一人独任审理。基层人民法院审理的基本事实清楚、权利义务关系明确的第一审民事案件，可以由审判员一人适用普通程序独任审理。

由此可见，人民法院审理案件的组织形式有两种，即合议（基本形式：审判员＋人民陪审员；审判员）和独任（审判员一人）。

根据《民事诉讼法》，适用于审判员一人独任审理和不得独任审理的情形见表 10-3-5。

表 10-3-5 可以独任审理和不得独任审理的情形

可以独任审理的情形	不得独任审理的情形
(1) 适用简易程序审理的民事案件； (2) 基层法院审理的基本事实清楚、权利义务关系明确的第一审民事案件； (3) 中级人民法院对第一审适用简易程序审结或者不服裁定提起上诉的第二审民事案件，事实清楚、权利义务关系明确，经双方当事人同意	(1) 涉及国家利益、社会公共利益的案件； (2) 涉及群体性纠纷，可能影响社会稳定的案件； (3) 人民群众广泛关注或者其他社会影响较大的案件； (4) 属于新类型或者疑难复杂的案件； (5) 法律规定应当组成合议庭审理的案件； (6) 其他不宜由审判员一人独任审理的案件

人民法院在审理过程中，发现案件不宜由审判员一人独任审理的，应当裁定转由合议庭审理。当事人认为案件由审判员一人独任审理违反法律规定的，可以向人民法院提出异议。人民法院对当事人提出的异议应当审查，异议成立的，裁定转由合议庭审理；异议不成立的，裁定驳回。

合议庭的审判长由院长或者庭长指定审判员一人担任；院长或者庭长参加审判的，由院长或者庭长担任。

合议庭评议案件，实行少数服从多数的原则。评议应当制作笔录，由合议庭成员签名。评议中的不同意见，必须如实记入笔录。

审判人员应当依法秉公办案。审判人员不得接受当事人及其诉讼代理人请客送礼。审判人员有贪污受贿，徇私舞弊，枉法裁判行为的，应当追究法律责任；构成犯罪的，依法追究刑事责任。

二、回避制度

审判人员包括参与本案审理的人民法院院长、副院长、审判委员会委员、庭长、副庭长、审判员和人民陪审员。人民法院应当依法告知当事人对合议庭组成人员、独任审判员和书记员等人员有申请回避的权利。

根据《最高人民法院关于适用〈中华人民共和国民事诉讼法〉的解释》（法释〔2022〕11 号），审判员回避制度包括自行回避和申请回避两种情况，见表 10-3-6。

表 10-3-6　自行回避和申请回避

自行回避	申请回避
审判人员有下列情形之一的，应当自行回避，当事人有权申请其回避： (1) 是本案当事人或者当事人近亲属的； (2) 本人或者其近亲属与本案有利害关系的； (3) 担任过本案的证人、鉴定人、辩护人、诉讼代理人、翻译人员的； (4) 是本案诉讼代理人近亲属的； (5) 本人或者其近亲属持有本案非上市公司当事人的股份或者股权的； (6) 与本案当事人或者诉讼代理人有其他利害关系，可能影响公正审理的	审判人员有下列情形之一的，当事人有权申请其回避： (1) 接受本案当事人及其受托人宴请，或者参加由其支付费用的活动的； (2) 索取、接受本案当事人及其受托人财物或者其他利益的； (3) 违反规定会见本案当事人、诉讼代理人的； (4) 为本案当事人推荐、介绍诉讼代理人，或者为律师、其他人员介绍代理本案的； (5) 向本案当事人及其受托人借用款物的； (6) 有其他不正当行为，可能影响公正审理的
审判人员有应当回避的情形，没有自行回避，当事人也没有申请其回避的，由院长或者审判委员会决定其回避。书记员和执行员适用审判人员回避的有关规定	

➢ **知识拓展：**《民事诉讼法》第四十七条规定，审判人员有下列情形之一的，应当自行回避，当事人有权用口头或者书面方式申请他们回避：①是本案当事人或者当事人、诉讼代理人近亲属的；②与本案有利害关系的；③与本案当事人、诉讼代理人有其他关系，可能影响对案件公正审理的。

当事人提出回避申请，应当说明理由，在案件开始审理时提出；回避事由在案件开始审理后知道的，也可以在法庭辩论终结前提出。

被申请回避的人员在人民法院作出是否回避的决定前，应当暂停参与本案的工作，但案件需要采取紧急措施的除外。

院长担任审判长或者独任审判员时的回避，由审判委员会决定；审判人员的回避，由院长决定；其他人员的回避，由审判长或者独任审判员决定。

人民法院对当事人提出的回避申请，应当在申请提出的 3 日内，以口头或者书面形式作出决定。申请人对决定不服的，可以在接到决定时申请复议一次。复议期间，被申请回避的人员，不停止参与本案的工作。人民法院对复议申请，应当在 3 日内作出复议决定，并通知复议申请人。

三. 公开审判制度

人民法院审理民事案件应当公开进行，但也有例外情况，如图 10-3-2 所示。

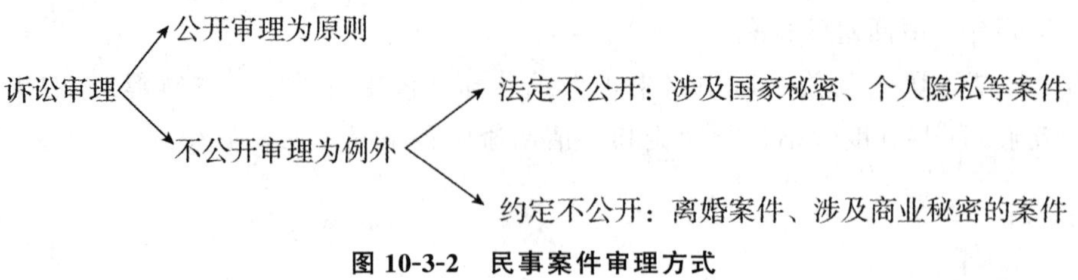

图 10-3-2　民事案件审理方式

《民事诉讼法》规定，人民法院审理民事案件，应当在开庭 3 日前通知当事人和其他诉讼参与人。人民法院对公开审理或者不公开审理的案件，一律公开宣告判决。当庭宣判的，应当在 10 日内发送判决书；定期宣判的，宣判后立即发给判决书。

四、两审终审制度

（一）一般规定

《民事诉讼法》规定，当事人不服地方人民法院第一审判决的，有权在判决书送达之日起 15 日内向上一级人民法院提起上诉。当事人不服地方人民法院第一审裁定的，有权在裁定书送达之日起 10 日内向上一级人民法院提起上诉。可以提起上诉的裁定包括不予受理、对管辖权有异议的、驳回起诉三种情形。

上诉应当递交上诉状。上诉状的内容，应当包括当事人的姓名，法人的名称及其法定代表人的姓名或者其他组织的名称及其主要负责人的姓名；原审人民法院名称、案件的编号和案由；上诉的请求和理由。

上诉状应当通过原审人民法院提出，并按照对方当事人或者代表人的人数提出副本。当事人直接向第二审人民法院上诉的，第二审人民法院应当在 5 日内将上诉状移交原审人民法院。

（二）除外情况

《民事诉讼法》规定，人民法院审理选民资格案件、宣告失踪或者宣告死亡案件、指定遗产管理人案件、认定公民无民事行为能力或者限制民事行为能力案件、认定财产无主案件、确认调解协议案件和实现担保物权案件等审理，适用特别程序，实行一审终审。

人民法院审理小额诉讼案件，适用《民事诉讼法》第一百六十五条的规定，实行一审终审。

实战演练

［2020 真题·单选］关于民事案件开庭审理的说法，正确的是（　　）。

A. 除涉及国家秘密、商业秘密或者个人隐私的案件外，人民法院均应当公开审理

B. 原告无正当理由拒不到庭的，人民法院应当缺席判决

C. 人民法院对公开审理或者不公开审理的案件，一律公开宣告判决

D. 人民法院宣判前，原告申请撤诉的，一律不予准许

［解析］选项 A 错误，人民法院审理民事案件，除涉及国家秘密、个人隐私或者法律另有规定的以外，应当公开进行。选项 B 错误，经人民法院传票传唤，原告无正当理由拒不到庭，或者未经法庭许可中途退庭的，可以按照撤诉处理。选项 D 错误，宣判前，原告申请撤诉的，是否准许，由人民法院裁定。

［答案］C

[**2020 真题改编·单选**] 关于民事诉讼管辖权异议的说法，正确的是（　　）。

A. 人民法院受理案件后，当事人对管辖权有异议的，应当在法庭辩论终结前提出

B. 人民法院对当事人提出的异议，审查后认为异议成立的，裁定驳回起诉

C. 当事人未提出管辖权异议并应诉答辩的，视为受诉人民法院有管辖权

D. 当事人未提出管辖异议，视为受诉人民法院有管辖权

[**解析**] 选项 A 错误，人民法院受理案件后，当事人对管辖权有异议的，应当在提交答辩状期间提出。选项 B 错误，人民法院对当事人提出的异议，应当审查。异议成立的，裁定将案件移交有管辖权的人民法院；异议不成立的，裁定驳回。选项 D 错误，当事人未提出管辖异议，并应诉答辩或者提出反诉的，视为受诉人民法院有管辖权，但违反级别管辖和专属管辖规定的除外。

[**答案**] C

[**2016 真题改编·单选**] 关于民事诉讼上诉的说法，正确的是（　　）。

A. 上诉期为 10 日

B. 小额诉讼案件，实行一审终审

C. 上诉状应当向第二审人民法院提出

D. 确认调解协议案件，实行两审终审

[**解析**] 选项 A 错误，当事人不服地方人民法院第一审判决的，有权在判决书送达之日起 15 日内向上一级人民法院提起上诉。当事人对人民法院作出不予受理、对管辖权有异议的和驳回起诉的裁定不服的，有权在裁定书送达之日起 10 日内向上一级人民法院提起上诉。选项 C 错误，上诉状应当通过原审人民法院提出。选项 D 错误，确认调解协议案件和实现担保物权案件等适用特别程序的案件，实行一审终审。

[**答案**] B

[**经典例题·多选**] 根据《民诉法解释》，审判人员应当自行回避，当事人有权申请其回避的情形有（　　）。

A. 违反规定会见本案当事人、诉讼代理人的

B. 本人或者其近亲属持有本案非上市公司当事人的股份或者股权的

C. 向本案当事人及其受托人借用款物的

D. 是本案诉讼代理人近亲属的

E. 担任过本案的证人、鉴定人、辩护人、诉讼代理人、翻译人员的

[**解析**] 选项 A、C 属于当事人有权申请其回避的情形。

[**答案**] BDE

知识点 3 诉讼参加人

诉讼参加人是指在诉讼过程中，除了公安机关、人民检察院和人民法院以外，所有依法参与诉讼的公民、法人和其他组织，如图 10-3-3 所示。

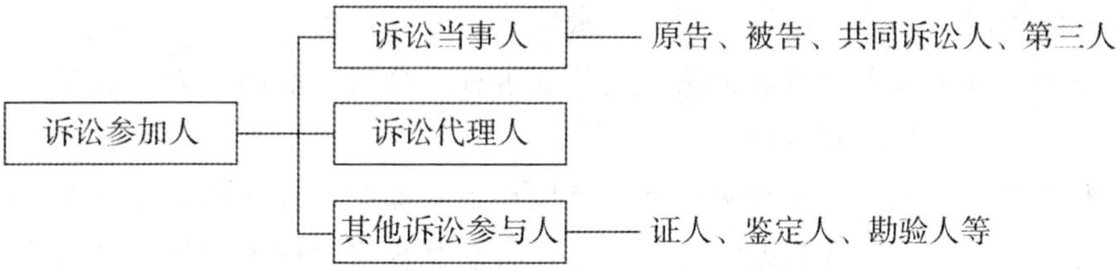

图 10-3-3　诉讼参加人

一、当事人

根据《民事诉讼法》，公民、法人和其他组织可以作为民事诉讼的当事人。法人由其法定代表人进行诉讼。其他组织由其主要负责人进行诉讼。

民事诉讼当事人，是请求或被请求对自己作出裁决，接受法院为解决民事纠纷行使民事审判权并接受法院裁判约束的人。简言之，是因民事权利义务发生争议，以自己名义进行诉讼，要求法院行使民事裁判权的人。广义的民事诉讼当事人有原告、被告、共同诉讼人、第三人等。

（一）原告与被告

原告：依法向人民法院提起诉讼，认为自己的民事权益受到侵害或者与他人发生争议，请求人民法院保护其合法权益的公民、法人和其他组织。

被告：被原告起诉，因涉嫌侵害原告的民事权益或者与原告发生争议而被要求出庭应诉的公民、法人和其他组织。

（二）共同诉讼人

根据《民事诉讼法》，当事人一方或者双方为 2 人以上，其诉讼标的是共同的，或者诉讼标的是同一种类、人民法院认为可以合并审理并经当事人同意的，为共同诉讼。

（1）必要共同诉讼，指当事人一方或双方为 2 人以上，诉讼标的是共同的，人民法院必须合并审理的诉讼。例如，以挂靠形式从事民事活动，当事人请求由挂靠人和被挂靠人依法承担民事责任的，该挂靠人和被挂靠人为共同诉讼人。

（2）普通共同诉讼，指当事人一方或双方为 2 人以上，其诉讼标的为同一种类，经当事人同意，法院认为可以合并审理而将其合并审理的。例如，数个业主欠缴物业管理费，物业管理人向业主提起缴纳管理费的诉讼。

当事人一方人数众多的共同诉讼，可以由当事人推选代表人进行诉讼。代表人的诉讼行为对其所代表的当事人发生效力，但代表人变更、放弃诉讼请求或者承认对方当事人的诉讼请求，进行和解，必须经被代表的当事人同意。

诉讼标的是同一种类、当事人一方人数众多在起诉时人数尚未确定的，人民法院可以发出公告，说明案件情况和诉讼请求，通知权利人在一定期间向人民法院登记。

向人民法院登记的权利人可以推选代表人进行诉讼；推选不出代表人的，人民法院可以与参加登记的权利人商定代表人。

代表人的诉讼行为对其所代表的当事人发生效力，但代表人变更、放弃诉讼请求或者承认对方当事人的诉讼请求，进行和解，必须经被代表的当事人同意。

人民法院作出的判决、裁定，对参加登记的全体权利人发生效力。未参加登记的权利人在诉讼时效期间提起诉讼的，适用该判决、裁定。

对污染环境、侵害众多消费者合法权益等损害社会公共利益的行为，法律规定的机关和有关组织可以向人民法院提起诉讼。

人民检察院在履行职责中发现破坏生态环境和资源保护、食品药品安全领域侵害众多消费者合法权益等损害社会公共利益的行为，在没有前款规定的机关和组织或者前款规定的机关和组织不提起诉讼的情况下，可以向人民法院提起诉讼。前款规定的机关或者组织提起诉讼的，人民检察院可以支持起诉。

（三）第三人

我国民事诉讼第三人分为两类，一是有独立请求权的第三人，二是无独立请求权的第三人。

1. 有独立请求权的第三人

对当事人双方的诉讼标的，第三人认为有独立请求权的，有权提起诉讼。例如，第三人参加诉讼，将以正在进行诉讼的双方当事人为共同被告。

2. 无独立请求权的第三人

对当事人双方的诉讼标的，第三人虽然没有独立请求权，但案件处理结果同他有法律上的利害关系的，可以申请参加诉讼，或者由人民法院通知他参加诉讼。例如，债权人转让合同权利后，债务人与受让人之间因履行合同发生纠纷诉至人民法院，债务人对债权人的权利提出抗辩的，可以将债权人列为第三人。

二、诉讼代理人

民事诉讼代理人是指以当事人的名义，根据法律规定或当事人授权，为当事人的利益进行诉讼活动的人。因代理权的不同可分为法定诉讼代理人和委托诉讼代理人。

（一）法定代理人

根据《民事诉讼法》，无诉讼行为能力人由他的监护人作为法定代理人代为诉讼。法定代理人之间互相推诿代理责任的，由人民法院指定其中一人代为诉讼。

（二）委托代理人

根据《民事诉讼法》，当事人、法定代理人可以委托1～2人作为诉讼代理人。下列人员可以被委托为诉讼代理人：

（1）律师、基层法律服务工作者。

（2）当事人的近亲属或者工作人员。

（3）当事人所在社区、单位以及有关社会团体推荐的公民。

➢ **名师点拨：**与当事人有夫妻、直系血亲、三代以内旁系血亲、近姻亲关系以及其他有抚养、赡养关系的亲属，可以当事人近亲属的名义作为诉讼代理人。

（三）授权委托书

《民事诉讼法》规定，委托他人代为诉讼，必须向人民法院提交由委托人签名或者盖章的授权委托书。授权委托书必须记明委托事项和权限。诉讼代理人代为承认、放弃、变更诉讼请求，进行和解、提起反诉或者上诉，必须有委托人的特别授权。

《最高人民法院关于适用〈中华人民共和国民事诉讼法〉的解释》（法释〔2022〕11号）进一步规定，当事人向人民法院提交的授权委托书，应当在开庭审理前送交人民法院。授权委托书仅写“全权代理”而无具体授权的，诉讼代理人无权代为承认、放弃、变更诉讼请求，进行和解，提出反诉或者提起上诉。

《民事诉讼法》规定，诉讼代理人的权限如果变更或者解除，当事人应当书面告知人民法院，并由人民法院通知对方当事人。

代理诉讼的律师和其他诉讼代理人有权调查收集证据，可以查阅本案有关材料。查阅本案有关材料的范围和办法由最高人民法院规定。

离婚案件有诉讼代理人的，本人除不能表达意思的以外，仍应出庭；确因特殊情况无法出庭的，必须向人民法院提交书面意见。

实战演练

［2023 真题·单选］小赵有一个借款纠纷需要委托代理人进行诉讼，没有委托律师及基层法律服务工作者。下列人员中，可以被委托为诉讼代理人的是（　　）。

A. 朋友小李　　　　B. 邻居小江

C. 同事小黄　　　　D. 哥哥大赵

［解析］下列人员可以被委托为诉讼代理人：①律师、基层法律服务工作者；②当事人的近亲属或者工作人员；③当事人所在社区、单位以及有关社会团体推荐的公民。

［答案］D

［2021 真题·单选］关于民事诉讼中第三人，下列说法正确的是（　　）。

A. 第三人属于狭义的民事诉讼当事人

B. 人民法院判决承担民事责任的第三人，有当事人的诉讼权利和义务

C. 对当事人双方的诉讼标的，第三人认为有独立请求权的，只能参加诉讼，不得提起诉讼

D. 对当事人双方的诉讼标的，第三人虽然没有独立请求权，但案件处理结果同他有法律上的利害关系的，只能由人民法院通知其参加诉讼

［解析］选项A错误，第三人属于广义的民事诉讼当事人。选项C错误，对当事人双方的诉讼标的，第三人认为有独立请求权的，有权提起诉讼。选项D错误，第三人虽然没有独立请求权，但案件处理结果同他有法律上的利害关系的，可以申请参加诉讼，或者由人民法院通知他参加诉讼。

［答案］B

［2018 真题·单选］施工企业向某律师出具的民事诉讼授权委托书中仅写明代理权限是“全权代理”。下列与诉讼有关的行为中该律师享有代理权的是（　　）。

A. 放弃诉讼请求　　　　B. 与对方当时进行和解

C. 提起上诉　　　　D. 提供证据

［解析］诉讼代理人代为承认、放弃、变更诉讼请求，进行和解，提起反诉或者上诉，必须有委托人的特别授权。

［答案］D

［**2015 真题·单选**］甲装饰公司拖欠某劳务公司 10 万元工程款，劳务公司多次索要无果，当决定起诉时发现，甲装饰公司已经分立为乙装饰公司和丙运输公司，而乙、丙两个公司对 10 万元工程欠款的偿还事宜并未做明确约定，劳务公司便以乙装饰公司为被告诉至法院，法院受理后通知丙公司应诉。此时，丙公司作为当事人属于（　　）。

A. 原告　　B. 有独立请求权的第三人

C. 共同诉讼人　　D. 无独立请求权的第三人

［**解析**］甲公司分立为乙、丙两公司后，乙、丙两公司对分立前对劳务公司的债务向乙、丙公司承担责任，在诉讼中，甲状告乙公司，法院又追加了丙公司，丙公司的身份应等同于乙公司，因此，乙、丙为共同被告，共同诉讼人。

［**答案**］C

知识点 4　民事诉讼证据的种类、保全和应用

一、民事诉讼证据的种类

根据《民事诉讼法》，证据包括当事人的陈述、书证、物证、视听资料、电子数据、证人证言、鉴定意见、勘验笔录。此外，结合《最高人民法院关于适用〈中华人民共和国民事诉讼法〉的解释》可得，民事诉讼证据的种类及相关规定见表 10-3-7。证据必须查证属实，才能作为认定事实的根据。

表 10-3-7　民事诉讼证据的种类及相关规定

种类	相关规定
当事人的陈述	(1) 人民法院对当事人的陈述，应当结合本案的其他证据，审查确定能否作为认定事实的根据； (2) 当事人拒绝陈述的，不影响人民法院根据证据认定案件事实； (3) 具有专门知识的人在法庭上就专业问题提出的意见，视为当事人的陈述
书证	(1) 书证应当提交原件，物证应当提交原物； (2) 提交原件或者原物确有困难的，可以提交复制品、照片、副本、节录本； (3) 提交外文书证，必须附有中文译本
物证	
视听资料	包括录音资料和影像资料；人民法院对视听资料，应当辨别真伪，并结合本案的其他证据，审查确定能否作为认定事实的根据
电子数据	指通过电子邮件、电子数据交换、网上聊天记录、博客、微博客、手机短信、电子签名、域名等形成或者存储在电子介质中的信息；存储在电子介质中的录音资料和影像资料，适用电子数据的规定
证人证言	凡是知道案件情况的单位和个人，都有义务出庭作证
鉴定意见	(1) 当事人申请鉴定的，由双方当事人协商确定具备资格的鉴定人；协商不成的，由人民法院指定； (2) 当事人对鉴定意见有异议或者人民法院认为鉴定人有必要出庭的，鉴定人应当出庭作证； (3) 经人民法院通知，鉴定人拒不出庭作证的，鉴定意见不得作为认定事实的根据

续表

种类	相关规定
勘验笔录	勘验物证或者现场，勘验人必须出示人民法院的证件，并邀请当地基层组织或者当事人所在单位派人参加。当事人或者当事人的成年家属应当到场，拒不到场的，不影响勘验的进行

《民事诉讼法》规定，有下列情形之一的，经人民法院许可，可以通过书面证言、视听传输技术或者视听资料等方式作证：①因健康原因不能出庭的；②因路途遥远，交通不便不能出庭的；③因自然灾害等不可抗力不能出庭的；④其他有正当理由不能出庭的。

二、民事诉讼证据的保全

根据《民事诉讼法》，民事诉讼证据保全的内容如下：

（一）民事诉讼中的证据保全

在证据可能灭失或者以后难以取得的情况下，当事人可以在诉讼过程中向人民法院申请保全证据，人民法院也可以主动采取保全措施。因情况紧急，在证据可能灭失或者以后难以取得的情况下，利害关系人可以在提起诉讼或者申请仲裁前向证据所在地、被申请人住所地或者对案件有管辖权的人民法院申请保全证据。

（二）保全的适用条件和程序

人民法院对于可能因当事人一方的行为或者其他原因，使判决难以执行或者造成当事人其他损害的案件，根据对方当事人的申请，可以裁定对其财产进行保全、责令其作出一定行为或者禁止其作出一定行为；当事人没有提出申请的，人民法院在必要时也可以裁定采取保全措施。人民法院采取保全措施，可以责令申请人提供担保，申请人不提供担保的，裁定驳回申请。人民法院接受申请后，对情况紧急的，必须在 48 h 内作出裁定；裁定采取保全措施的，应当立即开始执行。

（三）诉前财产保全

利害关系人因情况紧急，不立即申请保全将会使其合法权益受到难以弥补的损害的，可以在提起诉讼或者申请仲裁前向被保全财产所在地、被申请人住所地或者对案件有管辖权的人民法院申请采取保全措施。申请人应当提供担保，不提供担保的，裁定驳回申请。人民法院接受申请后，必须在 48 h 内作出裁定；裁定采取保全措施的，应当立即开始执行。申请人在人民法院采取保全措施后 30 日内不依法提起诉讼或者申请仲裁的，人民法院应当解除保全。

（四）保全方式

财产保全采取查封、扣押、冻结或者法律规定的其他方法。人民法院保全财产后，应当立即通知被保全财产的人。财产已被查封、冻结的，不得重复查封、冻结。

根据《最高人民法院关于民事诉讼证据的若干规定》（法释〔2019〕19 号），人民法院进行证据保全，可以要求当事人或者诉讼代理人到场。根据当事人的申请和具体情况，人民法院可以采取查封、扣押、录音、录像、复制、鉴定、勘验等方法进行证据保全，并制作笔录。

三、民事诉讼证据的应用

（一）收集证据

《民事诉讼法》规定，当事人对自己提出的主张应当及时提供证据。人民法院根据当事人的主张和案件审理情况，确定当事人应当提供的证据及其期限。

当事人对自己提出的主张，有责任提供证据。当事人及其诉讼代理人因客观原因不能自行收集的证据，或者人民法院认为审理案件需要的证据，人民法院应当调查收集。人民法院应当按照法定程序，全面地、客观地审查核实证据。

根据《最高人民法院关于适用〈中华人民共和国民事诉讼法〉的解释》，关于当事人及其诉讼代理人因客观原因不能自行收集的证据，以及人民法院认为审理案件需要的证据，见表10-3-8。

表10-3-8　不能自行收集的证据与审理案件需要的证据

因客观原因不能自行收集的证据	人民法院认为审理案件需要的证据
（1）证据由国家有关部门保存，当事人及其诉讼代理人无权查阅调取的； （2）涉及国家秘密、商业秘密或者个人隐私的； （3）当事人及其诉讼代理人因客观原因不能自行收集的其他证据； 当事人及其诉讼代理人因客观原因不能自行收集的证据，可以在举证期限届满前书面申请人民法院调查收集	（1）涉及可能损害国家利益、社会公共利益的； （2）涉及身份关系的； （3）涉及民事诉讼法第五十八条规定诉讼的； （4）当事人有恶意串通损害他人合法权益可能的； （5）涉及依职权追加当事人、中止诉讼、终结诉讼、回避等程序性事项的； 除上述规定外，人民法院调查收集证据，应当依照当事人的申请进行

《最高人民法院关于适用〈中华人民共和国民事诉讼法〉的解释》（法释〔2022〕11号）进一步规定，下列事实，当事人无须举证证明：

（1）自然规律以及定理、定律。

（2）众所周知的事实。

（3）根据法律规定推定的事实。

（4）根据已知的事实和日常生活经验法则推定出的另一事实。

（5）已为人民法院发生法律效力的裁判所确认的事实。

（6）已为仲裁机构生效裁决所确认的事实。

（7）已为有效公证文书所证明的事实。

上述第（2）项至第（4）项规定的事实，当事人有相反证据足以反驳的除外；第（5）项至第（7）项规定的事实，当事人有相反证据足以推翻的除外。

（二）质证

质证指的是当事人、诉讼代理人及第三人在法庭的主持下，对当事人及第三人提出的证据就其真实性、合法性、关联性以及证明力的有无、大小予以说明和质辩的活动或过程。

1. 主体的特定性

质证是当事人的活动，法院不是质证的主体。

2. 质证的方式

以公开质证为原则，不公开质证为例外。

《民事诉讼法》规定，证据应当在法庭上出示，并由当事人互相质证。对涉及国家秘密、商业秘密和个人隐私的证据应当保密，需要在法庭出示的，不得在公开开庭时出示。

➤ **名师点拨**：不公开质证是指不在公开开庭时质证、出示证据，仍需要质证。

3. 质证的内容

证据的真实性、合法性、关联性以及证明力的有无、大小。

4. 质证的法律后果

未经当事人质证的证据，不得作为认定案件事实的根据。

（三）认证

认证是指法官在审判过程中对诉讼双方提供的证据，或者法官自行收集的证据进行审查判断，确认其证据能力和证据效力的活动。简言之，认证就是对证据的认定。

根据《最高人民法院关于民事诉讼证据的若干规定》（法释〔2019〕19号），审判人员对单一证据可以从以下几方面进行审核认定：①证据是否为原件、原物，复制件、复制品与原件、原物是否相符；②证据与本案事实是否相关；③证据的形式、来源是否符合法律规定；④证据的内容是否真实；⑤证人或者提供证据的人与当事人有无利害关系。

根据《最高人民法院关于民事诉讼证据的若干规定》（法释〔2019〕19号），下列证据不能单独作为认定案件事实的根据：①当事人的陈述；②无民事行为能力人或者限制民事行为能力人所作的与其年龄、智力状况或者精神健康状况不相当的证言；③与一方当事人或者其代理人有利害关系的证人陈述的证言；④存有疑点的视听资料、电子数据；⑤无法与原件、原物核对的复制件、复制品。

实战演练

[**2024真题·单选**] 根据《最高人民法院关于民事诉讼证据的若干规定》，下列证据中，不能单独作为认定案件事实根据的是（　　）。

A. 当事人陈述　　B. 书证　　C. 物证　　D. 鉴定意见

[**解析**] 根据《最高人民法院关于民事诉讼证据的若干规定》，下列证据不能单独作为认定案件事实的根据：①当事人的陈述；②无民事行为能力人或者限制民事行为能力人所作的与其年龄、智力状况或者精神健康状况不相当的证言；③与一方当事人或者其代理人有利害关系的证人陈述的证言；④存有疑点的视听资料、电子数据；⑤无法与原件、原物核对的复制件、复制品。

[**答案**] A

[**2016真题·单选**] 根据《民事诉讼法》，关于证据的说法，正确的是（　　）。

A. 书证只能提交原件

B. 涉及商业秘密的证据需要在法庭出示的，应当在公开开庭时出示

C. 经过公证证明的文书，人民法院可以作为认定事实的根据

D. 证据应当在法庭上出示，并由当事人互相质证

［解析］书证应当提交原件，提交原件或者原物确有困难的，可以提交复制品、照片、副本、节录本，选项A错误。对涉及国家秘密、商业秘密和个人隐私的证据应当保密，需要在法庭出示的，不得在公开开庭时出示，选项B错误。经过法定程序公证证明的法律行为、法律事实和文书，人民法院应当作为认定事实的根据，选项C错误。

［答案］D

［经典例题·单选］经人民法院许可，可以通过书面证言、视听传输技术或者视听资料等方式作证的情形不包括（　）。

A. 因健康原因不能出庭的　　B. 因路途遥远不能出庭的

C. 因天气原因不能出庭的　　D. 因交通不便不能出庭的

［解析］经人民法院通知，证人应当出庭作证。有下列情形之一的，经人民法院许可，可以通过书面证言、视听传输技术或者视听资料等方式作证：①因健康原因不能出庭的；②因路途遥远，交通不便不能出庭的；③因自然灾害等不可抗力不能出庭的；④其他有正当理由不能出庭的。

［答案］C

［经典例题·单选］关于民事诉讼证据的说法，正确的是（　）。

A. 在民事诉讼中，书证可以只提交复印件

B. 凡是知道案件情况的单位和个人，都有义务出庭作证

C. 未经过当事人同意私自录制的谈话资料不能作为证据使用

D. 当事人对鉴定结论有异议，鉴定人可以书面答复而不必出庭作证

［解析］选项A错误，提交原件或者原物确有困难的，可以提交复制品、照片、副本、节录本。选项C错误，未经过当事人同意私自录制的谈话资料，只要不是以侵害他人合法权益（如侵害隐私）或者违反法律禁止性规定的方法（如窃听）取得的，仍可以作为认定案件事实的依据。选项D错误，当事人对鉴定意见有异议或者人民法院认为鉴定人有必要出庭的，鉴定人应当出庭作证。

［答案］B

［2021真题·多选］下列当事人提交的证据中，可以单独作为认定案件事实的有（　）。

A. 与书证原件核对无误的复印件

B. 有其他证据佐证并以合法手段取得的、无疑点的视听资料

C. 与一方当事人或者其代理人有利害关系的证人出具的证言

D. 无法与原件、原物核对的复印件、复制品

E. 无正当理由未出庭作证的证人证言

［解析］不能单独作为认定案件事实根据的证据：①当事人的陈述；②无民事行为能力人或者限制民事行为能力人所作的与其年龄、智力状况或者精神健康状况不相当的证言；③与一方当事人或者其代理人有利害关系的证人陈述的证言；④存有疑点的视听资料、电子数据；⑤无法与原件、原物核对的复制件、复制品。无正当理由未出庭的证人以书面等方式提供的证言，不得作为认定案件事实的根据。

［答案］AB

［2018 真题·多选］在施工合同纠纷的诉讼中，能作为证据的有（　　）。

A. 法律规定　　B. 当事人的陈述

C. 施工企业偷录的谈判录音　　D. 工程设计图纸

E. 工程质量司法鉴定机构出具的鉴定报告

［解析］根据《民事诉讼法》，证据包括当事人的陈述、书证、物证、视听资料、电子数据、证人证言、鉴定意见、勘验笔录。证据必须查证属实，才能作为认定事实的根据。

［答案］BCDE

［2015 真题·多选］无独立请求权的第三人，其诉讼权利包括（　　）。

A. 申请提起诉讼　　B. 申请参加诉讼

C. 提起反诉　　D. 由法院通知参加诉讼

E. 申请提起公益诉讼

［解析］无独立请求权的第三人无权提出诉讼，但是由于案件处理结果与其有法律上的利害关系，因此，无独立请求权第三人可以加入诉讼中，方式包括两种，即申请参加诉讼或由人民法院通知其参加诉讼。因此，只能选择选项 B、D。

［答案］BD

知识点 5 民事诉讼时效

一、诉讼时效概念

诉讼时效是指民事权利受到侵害的权利人在法定的时效期间内不行使权利，当时效期间届满时，义务人获得诉讼时效抗辩权，即诉讼时效届满后，义务人可拒绝履行其义务，但权利人请求权的行使仅发生障碍，权利本身及请求权并不消灭。当事人超过诉讼时效后起诉的，人民法院应当受理。

➤ **名师点拨：**权利人的起诉权不消灭，消灭的是胜诉权。

《民法典》规定，诉讼时效期间届满的，义务人可以提出不履行义务的抗辩。诉讼时效期间届满后，义务人同意履行的，不得以诉讼时效期间届满为由抗辩；义务人已经自愿履行的，不得请求返还。

人民法院不得主动适用诉讼时效的规定。

诉讼时效的期间、计算方法以及中止、中断的事由由法律规定，当事人约定无效。当事人对诉讼时效利益的预先放弃无效。

《最高人民法院关于审理民事案件适用诉讼时效制度若干问题的规定》（法释〔2020〕17号）进一步规定，当事人违反法律规定，约定延长或者缩短诉讼时效期间、预先放弃诉讼时效利益的，人民法院不予认可。

当事人未提出诉讼时效抗辩，人民法院不应对诉讼时效问题进行释明及主动适用诉讼时效的规定进行裁判。

二、诉讼时效的相关规定

（一）诉讼时效的期间及起算

根据《民法典》及其他相关规定，诉讼时效的期间及起算见表10-3-9。

表10-3-9 诉讼时效的期间及起算

诉讼时效	期间及起算
最长诉讼时效期间	自权利受到损害之日起超过20年的，人民法院不予保护；有特殊情况的，人民法院可以根据权利人的申请决定延长
普通诉讼时效	期间：3年
	起算时间：自权利人知道或者应当知道权利受到损害以及义务人之日起计算
特殊诉讼时效	因国际货物买卖合同和技术进出口合同争议提起诉讼或者申请仲裁的时效期间为4年
	人寿保险以外的其他保险的被保险人或者受益人，向保险人请求赔偿或者给付保险金的诉讼时效期间为2年，自其知道或者应当知道保险事故发生之日起计算；人寿保险的被保险人或者受益人向保险人请求给付保险金的诉讼时效期间为5年，自其知道或者应当知道保险事故发生之日起计算

（二）诉讼时效期间的起算规则

普通诉讼时效自权利人知道或者应当知道权利受到损害以及义务人之日起计算。换言之，从权利人"能够"行使权利之日需要同时满足两个条件：

（1）知道或者应当知道权利受到损害。

（2）知道义务人。

诉讼时效期间的起算规则见表10-3-10。

表10-3-10 诉讼时效期间的起算规则

法律法规	诉讼时效期间的起算规则
《民法典》	（1）当事人约定同一债务分期履行的，诉讼时效期间自最后一期履行期限届满之日起计算； （2）无民事行为能力人或者限制民事行为能力人对其法定代理人的请求权的诉讼时效期间，自该法定代理终止之日起计算； （3）未成年人遭受性侵害的损害赔偿请求权的诉讼时效期间，自受害人年满18周岁之日起计算
《最高人民法院关于审理民事案件适用诉讼时效制度若干问题的规定》（法释〔2020〕17号）	（1）合同被撤销，返还财产、赔偿损失请求权的诉讼时效期间从合同被撤销之日起计算； （2）返还不当得利请求权的诉讼时效期间，从当事人一方知道或者应当知道不当得利事实及对方当事人之日起计算； （3）管理人因无因管理行为产生的给付必要管理费用、赔偿损失请求权的诉讼时效期间，从无因管理行为结束并且管理人知道或者应当知道本人之日起计算。本人因不当无因管理行为产生的赔偿损失请求权的诉讼时效期间，从其知道或者应当知道管理人及损害事实之日起计算

（三）不适用诉讼时效的请求权

不适用诉讼时效的请求权见表 10-3-11。

表 10-3-11　不适用诉讼时效的请求权

法律法规	不适用诉讼时效的请求权
《民法典》	（1）下列请求权不适用诉讼时效的规定： ①请求停止侵害、排除妨碍、消除危险； ②不动产物权和登记的动产物权的权利人请求返还财产； ③请求支付抚养费、赡养费或者扶养费； ④依法不适用诉讼时效的其他请求权； （2）人格权受到侵害的，受害人有权依照《民法典》和其他法律的规定请求行为人承担民事责任。受害人的停止侵害、排除妨碍、消除危险、消除影响、恢复名誉、赔礼道歉请求权，不适用诉讼时效的规定
《最高人民法院关于审理民事案件适用诉讼时效制度若干问题的规定》（法释〔2020〕17 号）	当事人可以对债权请求权提出诉讼时效抗辩，但对下列债权请求权提出诉讼时效抗辩的，人民法院不予支持： （1）支付存款本金及利息请求权； （2）兑付国债、金融债券以及向不特定对象发行的企业债券本息请求权； （3）基于投资关系产生的缴付出资请求权； （4）其他依法不适用诉讼时效规定的债权请求权

（四）诉讼时效中止与中断

根据《民法典》，诉讼时效中止与中断见表 10-3-12。

表 10-3-12　诉讼时效中止与中断

中止与中断	事由	特征		限制	届满时间
中止（暂停）	不可抗力	客观外界因素	想行使却不能行使请求权	最后 6 个月	自中止时效的原因消除之日起满 6 个月，诉讼时效期间届满
	权利被侵害的无民事行为能力人或者限制民事行为能力人没有法定代理人，或者法定代理人死亡、丧失民事行为能力、丧失代理权				
	继承开始后未确定继承人或者遗产管理人				
	权利人被义务人或者其他人控制				
中断（归零）	权利人向义务人提出履行请求	当事人之间主观因素	已行使请求权	—	重新算 3 年
	义务人同意履行义务				
	权利人提起诉讼或者申请仲裁				

第十章

实战演练

[2021 真题·单选] 关于诉讼时效的说法，正确的是（　　）。

A. 人民法院应当主动适用诉讼时效的规定

B. 超过诉讼时效期间后权利人起诉的，人民法院不予受理

C. 诉讼时效期间届满后，义务人已经自愿履行的，可以请求返还

D. 当事人对诉讼时效利益的预先放弃无效

[解析] 选项 A 错误，《民法典》规定，人民法院不得主动适用诉讼时效的规定。选项 B 错误，超过诉讼时效期间权利人起诉的，如果符合《民事诉讼法》规定的起诉条件，法院仍然应当受理。选项 C 错误，诉讼时效期间届满后，义务人同意履行的，不得以诉讼时效期间届满为由抗辩；义务人已经自愿履行的，不得请求返还。

[答案] D

[经典例题·单选] 某建设工程合同约定，建设单位应于工程验收合格交付后两个月内支付工程款。2018 年 9 月 1 日，该工程经验收合格交付使用，但建设单位迟迟不予支付工程款。按照最新规定，下列情形中，会导致诉讼时效中止的是（　　）。

A. 2020 年 8 月，施工单位所在地突发洪灾，一个月后恢复生产

B. 2021 年 6 月，施工单位所在地发生强烈的地震，一个月后恢复生产

C. 2021 年 7 月，施工单位法定代表人生病住院，一个月后痊愈出院

D. 2021 年 9 月，施工单位向人民法院提起诉讼，但随后撤诉

[解析] 本题时效从知道自身利益受损时开始，即 2018 年 11 月 1 日起算。选项 A，没有发生在时效期间最后 6 个月，不适用中止。选项 B，诉讼时效为 3 年，地震属于不可抗力且发生在最后 6 个月，诉讼时效中止。选项 C，不属于中止事由。选项 D，属于中断。

[答案] B

[2021 真题·多选] 下列情形中，可以引起诉讼时效中断的有（　　）。

A. 权利人申请仲裁

B. 义务人同意履行义务

C. 不可抗力

D. 权利人被义务人或者其他人控制

E. 权利人向义务人提出履行请求

[解析] 有下列情形之一的，诉讼时效中断，从中断、有关程序终结时起，诉讼时效期间重新计算：①权利人向义务人提出履行请求；②义务人同意履行义务；③权利人提起诉讼或者申请仲裁；④与提起诉讼或者申请仲裁具有同等效力的其他情形。

[答案] ABE

[2020 真题·多选] 导致民事诉讼时效中止的事由有（　　）。

A. 权利人向义务人提出履行请求

B. 继承开始后未确定继承人或者遗产管理人

C. 权利人被义务人或者其他人控制

D. 义务人同意履行义务

E. 不可抗力

［**解析**］《民法典》规定，在诉讼时效期间的最后6个月内，因下列障碍不能行使请求权的，诉讼时效中止：①不可抗力；②无民事行为能力人或者限制民事行为能力人没有法定代理人，或者法定代理人死亡、丧失民事行为能力、丧失代理权；③继承开始后未确定继承人或者遗产管理人；④权利人被义务人或者其他人控制；⑤其他导致权利人不能行使请求权的障碍。自中止时效的原因消除之日起满6个月，诉讼时效期间届满。选项A、D属于诉讼时效中断的情形。

［**答案**］BCE

知识点 6　民事诉讼的审判程序

民事诉讼的审判程序分为民事诉讼程序和民事非诉程序两大类，如图10-3-4所示。此知识点主要对其中的第一审民事诉讼程序、第二审民事诉讼程序、特别程序、监督程序进行讲解。

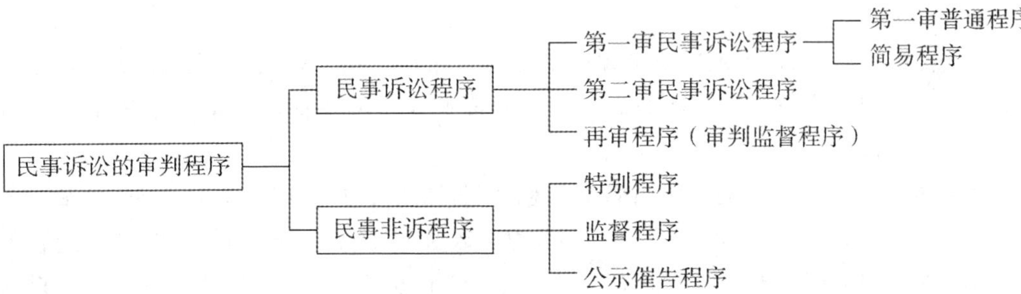

图10-3-4　民事诉讼的审判程序

一、第一审普通程序

（一）起诉和受理

根据《民事诉讼法》，起诉必须符合下列条件：①原告是与本案有直接利害关系的公民、法人和其他组织；②有明确的被告；③有具体的诉讼请求和事实、理由；④属于人民法院受理民事诉讼的范围和受诉人民法院管辖。

➢ **名师点拨：**起诉不要求证据完整充分，符合具体的要求即可。

起诉应当向人民法院递交起诉状，并按照被告人数提出副本。书写起诉状确有困难的，可以口头起诉，由人民法院记入笔录，并告知对方当事人。

起诉状应当记明下列事项：①原告的姓名、性别、年龄、民族、职业、工作单位、住所、联系方式，法人或者其他组织的名称、住所和法定代表人或者主要负责人的姓名、职务、联系方式；②被告的姓名、性别、工作单位、住所等信息，法人或者其他组织的名称、住所等信息；③诉讼请求和所根据的事实与理由；④证据和证据来源，证人姓名和住所。

➢ **名师点拨：**原告起诉的方式有两种，书面方式和口头方式。为了充分保障当事人的诉权，对于原告书写起诉状确有困难的，也可以允许当事人用口述的方式起诉，即以书面起诉为原则，口头起诉为例外。

当事人起诉到人民法院的民事纠纷，适宜调解的，先行调解，但当事人拒绝调解的除外。

人民法院应当保障当事人依照法律规定享有的起诉权利。对符合条件的起诉，必须受理。符合起诉条件的，应当在7日内立案，并通知当事人；不符合起诉条件的，应当在7日内作出裁定书，不予受理；原告对裁定不服的，可以提起上诉。

（二）审理前的准备

根据《民事诉讼法》，人民法院应当在立案之日起5日内将起诉状副本发送被告，被告应当在收到之日起15日内提出答辩状。答辩状应当记明被告的姓名、性别、年龄、民族、职业、工作单位、住所、联系方式；法人或者其他组织的名称、住所和法定代表人或者主要负责人的姓名、职务、联系方式。人民法院应当在收到答辩状之日起5日内将答辩状副本发送原告。被告不提出答辩状的，不影响人民法院审理。

人民法院对决定受理的案件，应当在受理案件通知书和应诉通知书中向当事人告知有关的诉讼权利义务，或者口头告知。

（三）开庭审理

1. 审理

根据《民事诉讼法》，人民法院审理民事案件，除涉及国家秘密、个人隐私或者法律另有规定的以外，应当公开进行。离婚案件、涉及商业秘密的案件，当事人申请不公开审理的，可以不公开审理。

法庭调查按照下列顺序进行：①当事人陈述；②告知证人的权利义务，证人作证，宣读未到庭的证人证言；③出示书证、物证、视听资料和电子数据；④宣读鉴定意见；⑤宣读勘验笔录。

当事人在法庭上可以提出新的证据。当事人经法庭许可，可以向证人、鉴定人、勘验人发问。当事人要求重新进行调查、鉴定或者勘验的，是否准许，由人民法院决定。

原告增加诉讼请求，被告提出反诉，第三人提出与本案有关的诉讼请求，可以合并审理。

法庭辩论按照下列顺序进行：①原告及其诉讼代理人发言；②被告及其诉讼代理人答辩；③第三人及其诉讼代理人发言或者答辩；④互相辩论。

法庭辩论终结，由审判长或者独任审判员按照原告、被告、第三人的先后顺序征询各方最后意见。

2. 宣判

根据《民事诉讼法》，原告经传票传唤，无正当理由拒不到庭的，或者未经法庭许可中途退庭的，可以按撤诉处理；被告反诉的，可以缺席判决。被告经传票传唤，无正当理由拒不到庭的，或者未经法庭许可中途退庭的，可以缺席判决。

宣判前，原告申请撤诉的，是否准许，由人民法院裁定。人民法院裁定不准许撤诉的，原告经传票传唤，无正当理由拒不到庭的，可以缺席判决。

书记员应当将法庭审理的全部活动记入笔录，由审判人员和书记员签名。法庭笔录应当当庭宣读，也可以告知当事人和其他诉讼参与人当庭或者在5日内阅读。当事人和其他诉讼参与人认为对自己的陈述记录有遗漏或者差错的，有权申请补正。如果不予补正，应当将申请记录在案。法庭笔录由当事人和其他诉讼参与人签名或者盖章。拒绝签名盖章的，记明情况附卷。

3. 审理期限要求

根据《民事诉讼法》，人民法院适用普通程序审理的案件，应当在立案之日起 6 个月内审结。有特殊情况需要延长的，经本院院长批准，可以延长 6 个月；还需要延长的，报请上级人民法院批准。

(四) 诉讼的中止和终结

根据《民事诉讼法》，诉讼的中止和终结见表 10-3-13。

表 10-3-13　诉讼的中止和终结

中止诉讼	终结诉讼
有下列情形之一的，中止诉讼： (1) 一方当事人死亡，需要等待继承人表明是否参加诉讼的； (2) 一方当事人丧失诉讼行为能力，尚未确定法定代理人的； (3) 作为一方当事人的法人或者其他组织终止，尚未确定权利义务承受人的； (4) 一方当事人因不可抗拒的事由，不能参加诉讼的； (5) 本案必须以另一案的审理结果为依据，而另一案尚未审结的； (6) 其他应当中止诉讼的情形 中止诉讼的原因消除后，恢复诉讼	有下列情形之一的，终结诉讼： (1) 原告死亡，没有继承人，或者继承人放弃诉讼权利的； (2) 被告死亡，没有遗产，也没有应当承担义务的人的； (3) 离婚案件一方当事人死亡的； (4) 追索赡养费、扶养费、抚养费以及解除收养关系案件的一方当事人死亡的

(五) 判决和裁定

《民事诉讼法》规定，判决书应当写明判决结果和作出该判决的理由。判决书内容包括：①案由、诉讼请求、争议的事实和理由；②判决认定的事实和理由、适用的法律和理由；③判决结果和诉讼费用的负担；④上诉期间和上诉的法院。判决书由审判人员、书记员署名，加盖人民法院印章。

人民法院审理案件，其中一部分事实已经清楚，可以就该部分先行判决。

裁定适用于下列范围：①不予受理；②对管辖权有异议的；③驳回起诉；④保全和先予执行；⑤准许或者不准许撤诉；⑥中止或者终结诉讼；⑦补正判决书中的笔误；⑧中止或者终结执行；⑨撤销或者不予执行仲裁裁决；⑩不予执行公证机关赋予强制执行效力的债权文书；⑪其他需要裁定解决的事项。

裁定书应当写明裁定结果和作出该裁定的理由。裁定书由审判人员、书记员署名，加盖人民法院印章。口头裁定的，记入笔录。

最高人民法院的判决、裁定，以及依法不准上诉或者超过上诉期没有上诉的判决、裁定，是发生法律效力的判决、裁定。

公众可以查阅发生法律效力的判决书、裁定书，但涉及国家秘密、商业秘密和个人隐私的内容除外。

二、简易程序

根据《民事诉讼法》，简易程序内容如下：

（一）适用对象

基层人民法院和它派出的法庭审理事实清楚、权利义务关系明确、争议不大的简单的民事案件。

基层人民法院和它派出的法庭审理上述规定以外的民事案件，当事人双方也可以约定适用简易程序。

（二）起诉方式

对简单的民事案件，原告可以口头起诉。当事人双方可以同时到基层人民法院或者它派出的法庭，请求解决纠纷。基层人民法院或者它派出的法庭可以当即审理，也可以另定日期审理。

（三）时间限制

人民法院适用简易程序审理案件，应当在立案之日起3个月内审结。有特殊情况需要延长的，经本院院长批准，可以延长1个月。

（四）小额诉讼的规定

《民事诉讼法》规定，基层人民法院和它派出的法庭审理事实清楚、权利义务关系明确、争议不大的简单金钱给付民事案件，标的额为各省、自治区、直辖市上年度就业人员年平均工资50%以下的，适用小额诉讼的程序审理，实行一审终审。基层人民法院和它派出的法庭审理前款规定的民事案件，标的额超过各省、自治区、直辖市上年度就业人员年平均工资50%但在2倍以下的，当事人双方也可以约定适用小额诉讼的程序。

人民法院审理下列民事案件，不适用小额诉讼的程序：①人身关系、财产确权案件；②涉外案件；③需要评估、鉴定或者对诉前评估、鉴定结果有异议的案件；④一方当事人下落不明的案件；⑤当事人提出反诉的案件；⑥其他不宜适用小额诉讼的程序审理的案件。

人民法院适用小额诉讼的程序审理案件，可以一次开庭审结并且当庭宣判。人民法院适用小额诉讼的程序审理案件，应当在立案之日起2个月内审结。有特殊情况需要延长的，经本院院长批准，可以延长1个月。

人民法院在审理过程中，发现案件不宜适用小额诉讼的程序的，应当适用简易程序的其他规定审理或者裁定转为普通程序。

当事人认为案件适用小额诉讼的程序审理违反法律规定的，可以向人民法院提出异议。人民法院对当事人提出的异议应当审查，异议成立的，应当适用简易程序的其他规定审理或者裁定转为普通程序；异议不成立的，裁定驳回。

人民法院在审理过程中，发现案件不宜适用简易程序的，裁定转为普通程序。

➢ **名师点拨：** 简易程序与小额诉讼的区别与联系见表10-3-14。

表10-3-14　简易程序与小额诉讼的区别与联系

	简易程序	小额诉讼
对象	基层人民法院和它派出的法庭审理事实清楚、权利义务关系明确、争议不大的简单（金钱给付）的民事案件	
	—	标的额为各省、自治区、直辖市上年度就业人员年平均工资50%以下的； 超过50%但在2倍以下的

第十章

续表

	简易程序	小额诉讼
关系	小额诉讼是适用简易程序的情形之一	
时间	立案之日起3个月内审结。经本院院长批准，可以延长1个月	立案之日起2个月内审结。经本院院长批准，可以延长1个月
审理	两审终审	一审终审

三、第二审程序

根据《民事诉讼法》，第二审程序内容如下：

（一）上诉时限要求

1. 对判决的上诉期限

在判决书送达之日起15日内向上一级人民法院提起上诉。

2. 对裁定的上诉期限

在裁定书送达之日起10日内向上一级人民法院提起上诉。

➤ **名师点拨：** 判决是结果，裁定是程序。

可以上诉的裁定有：①不予受理；②对管辖权有异议的；③驳回起诉。

（二）上诉状

根据《民事诉讼法》，上诉应当递交上诉状。上诉状的内容，应当包括当事人的姓名，法人的名称及其法定代表人的姓名或者其他组织的名称及其主要负责人的姓名；原审人民法院名称、案件的编号和案由；上诉的请求和理由。

上诉状应当通过原审人民法院提出，并按照对方当事人或者代表人的人数提出副本。当事人直接向第二审人民法院上诉的，第二审人民法院应当在5日内将上诉状移交原审人民法院。

原审人民法院收到上诉状，应当在5日内将上诉状副本送达对方当事人，对方当事人在收到之日起15日内提出答辩状。人民法院应当在收到答辩状之日起5日内将副本送达上诉人。对方当事人不提出答辩状的，不影响人民法院审理。原审人民法院收到上诉状、答辩状，应当在5日内连同全部案卷和证据，报送第二审人民法院。

（三）审理方式

根据《民事诉讼法》，第二审人民法院对上诉案件应当开庭审理。经过阅卷、调查和询问当事人，对没有提出新的事实、证据或者理由，人民法院认为不需要开庭审理的，可以不开庭审理。

第二审人民法院审理上诉案件，可以在本院进行，也可以到案件发生地或者原审人民法院所在地进行。

（四）调解

根据《民事诉讼法》，第二审人民法院审理上诉案件，可以进行调解。调解达成协议，应当制作调解书，由审判人员、书记员署名，加盖人民法院印章。调解书送达后，原审人民法院的判决即视为撤销。

（五）裁判

根据《民事诉讼法》，二审案件的裁判见表10-3-15。

表 10-3-15　二审案件的裁判

原判决、裁定的情况	二审案件的裁判
认定事实清楚、适用法律正确	驳回上诉，维持原判决
认定事实错误	依法改判、撤销或变更
适用法律错误	
认定事实不清	撤销原判决，发回重审
	查清事实后改判
严重违反法定程序的，裁定撤销原判决，发回原审人民法院重审	

原审人民法院对发回重审的案件作出判决后，当事人提起上诉的，第二审人民法院不得再次发回重审。

（六）时限

根据《民事诉讼法》，人民法院审理对判决的上诉案件，应当在第二审立案之日起 3 个月内审结。有特殊情况需要延长的，由本院院长批准。人民法院审理对裁定的上诉案件，应当在第二审立案之日起 30 日内作出终审裁定。

四、特别程序

（一）适用范围

根据《民事诉讼法》，选民资格案件、宣告失踪或者宣告死亡案件、认定公民无民事行为能力或者限制民事行为能力案件、认定财产无主案件、确认调解协议案件和实现担保物权案件，适用特别程序。

（二）时限要求

实行一审终审。

五、审判监督程序

审判监督程序又称再审程序，是指对已经发生法律效力的判决、裁定、调解书，人民法院认为确有错误，对案件进行再审的程序。审判监督程序只是纠正生效裁判错误的法定程序，不是案件审理的必经程序。

（一）再审的对象

根据《民事诉讼法》，再审的对象见表 10-3-16。

表 10-3-16　再审的对象

对象	特殊规定
已经发生法律效力的判决书	特别程序、公示催告程序、督促程序不适用再审
已经发生法律效力的裁定书	不予受理、驳回起诉的裁定可以再审
已经发生法律效力的调解书	—

（二）审判监督程序的启动主体和方式

1. 人民法院启动审判监督程序

（1）本院自行启动再审。

《民事诉讼法》规定，各级人民法院院长对本院已经发生法律效力的判决、裁定、调解书，发现确有错误，认为需要再审的，应当提交审判委员会讨论决定。

➤ **名师点拨：**本院院长提交＋审判委员会讨论决定。

（2）上级法院启动再审。

《民事诉讼法》规定，最高人民法院对地方各级人民法院已经发生法律效力的判决、裁定、调解书，上级人民法院对下级人民法院已经发生法律效力的判决、裁定、调解书，发现确有错误的，有权提审或者指令下级人民法院再审。

➤ **名师点拨：**上级法院提审（谁启动、谁再审）。

2. 当事人申请再审

当事人申请再审的程序如图 10-3-5 所示。

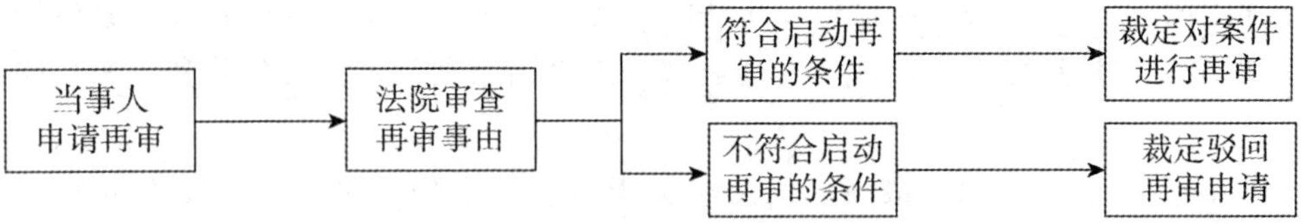

图 10-3-5　当事人申请再审的程序

根据《民事诉讼法》，当事人申请再审的内容如下：

（1）再审法定事由。

当事人的申请符合下列情形之一的，人民法院应当再审：①有新的证据，足以推翻原判决、裁定的；②原判决、裁定认定的基本事实缺乏证据证明的；③原判决、裁定认定事实的主要证据是伪造的；④原判决、裁定认定事实的主要证据未经质证的；⑤对审理案件需要的主要证据，当事人因客观原因不能自行收集，书面申请人民法院调查收集，人民法院未调查收集的；⑥原判决、裁定适用法律确有错误的；⑦审判组织的组成不合法或者依法应当回避的审判人员没有回避的；⑧无诉讼行为能力人未经法定代理人代为诉讼或者应当参加诉讼的当事人，因不能归责于本人或者其诉讼代理人的事由，未参加诉讼的；⑨违反法律规定，剥夺当事人辩论权利的；⑩未经传票传唤，缺席判决的；⑪原判决、裁定遗漏或者超出诉讼请求的；⑫据以作出原判决、裁定的法律文书被撤销或者变更的；⑬审判人员审理该案件时有贪污受贿，徇私舞弊，枉法裁判行为的。

（2）当事人申请再审法院的管辖。

当事人对已经发生法律效力的判决、裁定，认为有错误的，可以向上一级人民法院申请再审；当事人一方人数众多或者当事人双方为公民的案件，也可以向原审人民法院申请再审。当事人申请再审的，不停止判决、裁定的执行。

（3）当事人申请再审的期限。

当事人申请再审，应当在判决、裁定发生法律效力后 6 个月内提出。

当事人有权自知道或者应当知道之日起 6 个月内提出：①有新的证据，足以推翻原判决、裁定的；②原判决、裁定认定事实的主要证据是伪造的；③据以作出原判决、裁定的法律文书被撤销或者变更的；④审判人员审理该案件时有贪污受贿，徇私舞弊，枉法裁判行为的。

第十章

（4）申请再审的效力和法律后果。

人民法院应当自收到再审申请书之日起3个月内审查，有特殊情况需要延长的，由本院院长批准。

根据《最高人民法院关于适用〈中华人民共和国民事诉讼法〉的解释》，审查后的处理如下：①再审事由成立且符合法定情形，裁定再审；②再审事由不成立或者当事人申请再审超过法定申请再审期限、超出法定再审事由范围等，裁定驳回再审申请。

3. 检察机关启动再审

（1）检察机关启动再审的方式。

根据《民事诉讼法》，最高人民检察院对各级人民法院已经发生法律效力的判决、裁定，上级人民检察院对下级人民法院已经发生法律效力的判决、裁定，发现有《民事诉讼法》中再审法定事由规定情形之一的，或者发现调解书损害国家利益、社会公共利益的，应当提出抗诉。

根据《民事诉讼法》和《最高人民法院关于适用〈中华人民共和国民事诉讼法〉的解释》，地方各级人民检察院对同级人民法院已经发生法律效力的判决、裁定，发现有《民事诉讼法》中再审法定事由规定情形之一的，或者发现调解书损害国家利益、社会公共利益的，可以向同级人民法院提出检察建议，并报上级人民检察院备案；也可以提请上级人民检察院向同级人民法院提出抗诉。

根据《民事诉讼法》，各级人民检察院对审判监督程序以外的其他审判程序中审判人员的违法行为，有权向同级人民法院提出检察建议。

有下列情形之一的，当事人可以向人民检察院申请检察建议或者抗诉：①人民法院驳回再审申请的；②人民法院逾期未对再审申请作出裁定的；③再审判决、裁定有明显错误的。

人民检察院对当事人的申请应当在3个月内进行审查，作出提出或者不予提出检察建议或者抗诉的决定。当事人不得再次向人民检察院申请检察建议或者抗诉。

（2）检察机关的调查核实权。

根据《民事诉讼法》，人民检察院因履行法律监督职责提出检察建议或者抗诉的需要，可以向当事人或者案外人调查核实有关情况。

根据《最高人民法院关于适用〈中华人民共和国民事诉讼法〉的解释》，人民检察院因履行法律监督职责向当事人或者案外人调查核实的情况，应当向法庭提交并予以说明，由双方当事人进行质证。

实战演练

[**2023 真题·单选**] 关于小额诉讼程序的说法，正确的是（　　）。

A. 小额诉讼程序适用于审理事实清楚、权利义务关系明确、争议不大的简单金钱给付民事案件

B. 小额诉讼程序是普通程序的一种

C. 小额诉讼程序适用于标的额为全国上年度就业人员年平均工资50%以下的案件

D. 小额诉讼程序实行两审终审

［解析］选项B错误，小额诉讼程序是简易程序的一种；选项C错误，标的额为各省、自治区、直辖市上年度就业人员年平均工资50%以下的案件；选项D错误，实行一审终审。

［答案］A

［2015真题·单选］关于民事诉讼审判程序的说法，正确的是（　　）。

A. 原告必须与案件有直接利害关系

B. 一审程序包括普通程序和特别程序

C. 必须以书面形式起诉

D. 提交起诉状的同时提交全部证据

［解析］选项A正确，《民事诉讼法》规定，起诉必须符合下列条件：①原告是与本案有直接利害关系的公民、法人和其他组织；②有明确的被告；③有具体的诉讼请求和事实、理由；④属于人民法院受理民事诉讼的范围和受诉人民法院管辖。选项B错误，一审程序包括普通程序和简易程序。选项C错误，起诉方式应当以书面起诉为原则，口头起诉为例外。选项D错误，举证时限是指法律规定或法院、仲裁机构指定的当事人能够有效举证的期限。当事人在举证时限内提交证据皆可。

［答案］A

［经典例题·单选］各级人民检察院对审判监督程序以外的其他审判程序中审判人员的违法行为（　　）。

A. 必须向同级人民法院提出检察建议

B. 有权向同级人民法院提出检察建议

C. 必须向上一级人民法院提出检察建议

D. 有权向上一级人民法院提出检察建议

［解析］可以向同级人民法院提出检察建议，并报上级人民检察院备案；也可以提请上级人民检察院向同级人民法院提出抗诉。

［答案］B

［经典例题·单选］在诉讼过程中，人民法院应当裁定中止诉讼的情形是（　　）。

A. 被告死亡，没有遗产，也没有应当承担义务的人的

B. 离婚案件一方当事人死亡的

C. 一方当事人因不可抗拒的事由，不能参加诉讼的

D. 追索赡养费、扶养费、抚育费案件的一方当事人死亡的

［解析］选项A、B、D属于终结诉讼的情形。

［答案］C

［经典例题·单选］关于民事诉讼中简易程序的说法，正确的是（　　）。

A. 第一审民事案件和第二审民事案件的审理均可适用简易程序

B. 基层人民法院审理的民事案件，当事人双方可以约定适用简易程序

C. 简易程序应当在立案之日起6个月内审结

D. 简易程序的审理期限由本院院长批准可以延长

[解析] 只有一审程序包括普通程序和简易程序，选项A错误。适用简易程序审理的案件，应当在立案之日起3个月内审结，选项C错误。适用普通程序审理的案件，根据《民事诉讼法》的规定，应当在立案之日起6个月内审结。有特殊情况需要延长的，由本院院长批准，可以延长6个月；还需要延长的，报请上级法院批准，选项D错误。

[答案] B

[2024真题·多选] 下列情形中，应当中止民事诉讼程序的有（　　）。

A. 原告死亡，继承人放弃诉讼权利的

B. 作为一方当事人的法人终止，尚未确定权利义务承受人的

C. 一方当事人死亡，需要等待继承人表明是否参加诉讼的

D. 离婚案件一方当事人死亡的

E. 被告死亡，没有遗产，也没有应当承担义务的人的

[解析] 根据《民事诉讼法》，有下列情形之一的，中止诉讼：①一方当事人死亡，需要等待继承人表明是否参加诉讼的（选项C正确）；②一方当事人丧失诉讼行为能力，尚未确定法定代理人的；③作为一方当事人的法人或者其他组织终止，尚未确定权利义务承受人的（选项B正确）；④一方当事人因不可抗拒的事由，不能参加诉讼的；⑤本案必须以另一案的审理结果为依据，而另一案尚未审结的；⑥其他应当中止诉讼的情形。选项A、D、E属于终结诉讼的情形。

[答案] BC

[2024真题·多选] 张某与甲建筑公司发生劳务纠纷，准备起诉甲公司。根据《民事诉讼法》，下列人员中，可以作为张某诉讼代理人的有（　　）。

A. 其在中学工作的同学B. 其做公务员的邻居

C. 其所在街道的基层法律服务工作者D. 其从事送外卖工作的哥哥

E. 其在甲公司工作的工友

[解析]《民事诉讼法》规定，当事人、法定代理人可以委托1至2人作为诉讼代理人。下列人员可以被委托为诉讼代理人：①律师、基层法律服务工作者；②当事人的近亲属或者工作人员；③当事人所在社区、单位以及有关社会团体推荐的公民。

[答案] CD

[经典例题·多选] 根据《民法典》，起诉必须符合的条件有（　　）。

A. 原告是与本案有直接利害关系的公民、法人和其他组织

B. 有明确的被告

C. 有具体的诉讼请求和理由

D. 事实清楚，证据确实充分

E. 属于人民法院受理民事诉讼的范围和受诉人民法院管辖

[解析] 起诉必须符合下列条件：①原告是与本案有直接利害关系的公民、法人和其他组织；②有明确的被告；③有具体的诉讼请求、事实和理由；④属于人民法院受理民事诉讼的范围和受诉人民法院管辖。

［答案］ ABCE

［经典例题·多选］ 当事人对债权请求权提出的诉讼时效抗辩中，不能得到法院支持的请求权有（　　）。

A. 延付或拒付租金请求权

B. 寄存财物被丢失的赔偿请求权

C. 兑付国债本息请求权

D. 基于投资关系产生的缴付出资请求权

E. 支付工程款请求权

［解析］ 当事人可以对债权请求权提出诉讼时效抗辩，但对下列债权请求权提出诉讼时效抗辩的，法院不予支持：①支付存款本金及利息请求权；②兑付国债、金融债券以及向不特定对象发行的企业债券本息请求权；③基于投资关系产生的缴付出资请求权；④其他依法不适用诉讼时效规定的债权请求权。

［答案］ CD

第四节　行政复议制度

行政复议是与行政行为具有法律上利害关系的人认为行政机关所作出的行政行为侵犯其合法权益，依法向具有法定权限的行政机关申请复议，由复议机关依法对被申请行政行为的合法性和合理性进行审查并作出决定的活动和制度。

知识点 1　行政复议范围

一、可行政复议事项

有下列情形之一的，公民、法人或者其他组织可以依照《行政复议法》申请行政复议：

（1）对行政机关作出的行政处罚决定不服。

（2）对行政机关作出的行政强制措施、行政强制执行决定不服。

（3）申请行政许可，行政机关拒绝或者在法定期限内不予答复，或者对行政机关作出的有关行政许可的其他决定不服。

（4）对行政机关作出的确认自然资源的所有权或者使用权的决定不服。

（5）对行政机关作出的征收征用决定及其补偿决定不服。

（6）对行政机关作出的赔偿决定或者不予赔偿决定不服。

（7）对行政机关作出的不予受理工伤认定申请的决定或者工伤认定结论不服。

（8）认为行政机关侵犯其经营自主权或者农村土地承包经营权、农村土地经营权。

（9）认为行政机关滥用行政权力排除或者限制竞争。

（10）认为行政机关违法集资、摊派费用或者违法要求履行其他义务。

（11）申请行政机关履行保护人身权利、财产权利、受教育权利等合法权益的法定职责，行政机关拒绝履行、未依法履行或者不予答复。

（12）申请行政机关依法给付抚恤金、社会保险待遇或者最低生活保障等社会保障，行政机关没有依法给付。

（13）认为行政机关不依法订立、不依法履行、未按照约定履行或者违法变更、解除政府特许经营协议、土地房屋征收补偿协议等行政协议。

（14）认为行政机关在政府信息公开工作中侵犯其合法权益。

（15）认为行政机关的其他行政行为侵犯其合法权益。

公民、法人或者其他组织认为行政机关的行政行为所依据的下列规范性文件不合法，在对行政行为申请行政复议时，可以一并向行政复议机关提出对该规范性文件的附带审查申请：

（1）国务院部门的规范性文件。

（2）县级以上地方各级人民政府及其工作部门的规范性文件。

（3）乡、镇人民政府的规范性文件。

（4）法律、法规、规章授权的组织的规范性文件。

上述所列规范性文件不含规章。规章的审查依照法律、行政法规办理。

二、不可行政复议事项

《行政复议法》规定，下列事项不属于行政复议范围：

（1）国防、外交等国家行为。

（2）行政法规、规章或者行政机关制定、发布的具有普遍约束力的决定、命令等规范性文件。

（3）行政机关对行政机关工作人员的奖惩、任免等决定。

（4）行政机关对民事纠纷作出的调解。

实战演练

[2024 真题·单选] 下列情形中，属于行政复议受案范围的是（　　）。

A. 认为行政机关制定、发布的具有普遍约束力的规范性文件侵犯其合法权益的

B. 对行政机关作出的人事任免决定不服的

C. 对行政机关作出的民事纠纷调解不服的

D. 对行政机关作出的不予受理工伤认定申请的决定不服的

[解析] 下列事项不属于行政复议范围：①国防、外交等国家行为；②行政法规、规章或者行政机关制定、发布的具有普遍约束力的决定、命令等规范性文件（选项 A 不属于）；③行政机关对行政机关工作人员的奖惩、任免等决定（选项 B 不属于）；④行政机关对民事纠纷作出的调解（选项 C 不属于）。

[答案] D

［**2016 真题改编·单选**］行政机关作出的下列决定中，当事人不能申请行政复议的是（　　）。

A. 对行政机关工作人员的奖惩、任免等决定

B. 限制人身自由的行政强制措施决定

C. 罚款、没收非法财物等行政处罚措施

D. 有关许可证、执照等证书变更、中止、撤销的决定

［**解析**］下列事项不属于行政复议范围：①国防、外交等国家行为；②行政法规、规章或者行政机关制定、发布的具有普遍约束力的决定、命令等规范性文件；③行政机关对行政机关工作人员的奖惩、任免等决定；④行政机关对民事纠纷作出的调解。

［**答案**］A

［**2015 真题·单选**］某市质量监督站一科长李某因涉嫌制假被公安机关拘留，处以5 000元罚款，没收其全部违法所得财产。市质量监督站知道此事将李某开除，李某不服公安机关和质量监督站的做法，就以下事项提出行政复议，其中超出行政复议范围的事项是（　　）。

A. 被拘留　　B. 被罚款 5 000 元

C. 被质量监督站开除　　D. 被没收违法所得

［**解析**］下列事项不属于行政复议范围：①国防、外交等国家行为；②行政法规、规章或者行政机关制定、发布的具有普遍约束力的决定、命令等规范性文件；③行政机关对行政机关工作人员的奖惩、任免等决定；④行政机关对民事纠纷作出的调解。

［**答案**］C

知识点 2　行政复议的申请与受理

一、行政复议申请

（一）申请期限

《行政复议法》规定，公民、法人或者其他组织认为行政行为侵犯其合法权益的，可以自知道或者应当知道该行政行为之日起 60 日内提出行政复议申请；但是法律规定的申请期限超过 60 日的除外。因不可抗力或者其他正当理由耽误法定申请期限的，申请期限自障碍消除之日起继续计算。

行政机关作出行政行为时，未告知公民、法人或者其他组织申请行政复议的权利、行政复议机关和申请期限的，申请期限自公民、法人或者其他组织知道或者应当知道申请行政复议的权利、行政复议机关和申请期限之日起计算，但是自知道或者应当知道行政行为内容之日起最长不得超过 1 年。

因不动产提出的行政复议申请自行政行为作出之日起超过 20 年，其他行政复议申请自行政行为作出之日起超过 5 年的，行政复议机关不予受理。

（二）申请方式

《行政复议法》规定，申请人申请行政复议，可以书面申请；书面申请有困难的，也可以口头申请。

1. 书面申请

书面申请的，可以通过邮寄或者行政复议机关指定的互联网渠道等方式提交行政复议申请书，也可以当面提交行政复议申请书。行政机关通过互联网渠道送达行政行为决定书的，应当同时提供提交行政复议申请书的互联网渠道。

2. 口头申请

口头申请的，行政复议机关应当当场记录申请人的基本情况、行政复议请求、申请行政复议的主要事实、理由和时间。

➢ **注意：** 申请人对两个以上行政行为不服的，应当分别申请行政复议。

（三）行政复议参加人

根据《行政复议法》，行政复议参加人的相关规定见表 10-4-1。

表 10-4-1　行政复议参加人

参加人	相关规定	
申请人	申请行政复议的公民、法人或者其他组织是申请人	
	公民死亡的	其近亲属可以申请行政复议
	法人或者其他组织终止的	其权利义务承受人可以申请行政复议
	公民为无民事行为能力人或者限制民事行为能力人的	其法定代理人可以代为申请行政复议
	同一行政复议案件申请人人数众多的	可以由申请人推选代表人参加行政复议
第三人	申请人以外的同被申请行政复议的行政行为或者行政复议案件处理结果有利害关系的公民、法人或者其他组织，可以作为第三人申请参加行政复议，或者由行政复议机构通知其作为第三人参加行政复议	
	第三人不参加行政复议，不影响行政复议案件的审理	
代理人	申请人、第三人可以委托一至二名律师、基层法律服务工作者或者其他代理人代为参加行政复议	
	委托代理人的	应向行政复议机构提交授权委托书、委托人及被委托人的身份证明文件
	变更或者解除代理人权限的	应书面告知行政复议机构
被申请人	公民、法人或者其他组织对行政行为不服申请行政复议的，作出行政行为的行政机关或者法律、法规、规章授权的组织	
	两个以上行政机关以共同的名义作出同一行政行为	共同作出行政行为的行政机关是被申请人
	行政机关委托的组织作出行政行为的	委托的行政机关是被申请人
	作出行政行为的行政机关被撤销或者职权变更的	继续行使其职权的行政机关是被申请人

（四）复议机关

《行政复议法》规定，有下列情形之一的，申请人应当先向行政复议机关申请行政复议，对行政复议决定不服的，可以再依法向人民法院提起行政诉讼：

（1）对当场作出的行政处罚决定不服。

（2）对行政机关作出的侵犯其已经依法取得的自然资源的所有权或者使用权的决定不服。

（3）认为行政机关存在《行政复议法》第十一条规定的未履行法定职责情形。

（4）申请政府信息公开，行政机关不予公开。

（5）法律、行政法规规定应当先向行政复议机关申请行政复议的其他情形。

对上述规定的情形，行政机关在作出行政行为时应当告知公民、法人或者其他组织先向行政复议机关申请行政复议。

（五）行政复议管辖

根据《行政复议法》，行政复议管辖的相关规定见表 10-4-2。

表 10-4-2　行政复议管辖的相关规定

<table>
<tr><th>行政复议案件</th><th>管辖机关</th></tr>
<tr><td>对本级政府工作部门的行政行为不服的</td><td rowspan="4">县级以上地方各级人民政府</td></tr>
<tr><td>对下一级政府的行政行为不服的</td></tr>
<tr><td>对本级政府设立的派出机关作出的行政行为不服的</td></tr>
<tr><td>对授权的组织行政行为不服的</td></tr>
<tr><td>对本机关作出的行政行为不服的行政复议案件</td><td>省、自治区、直辖市人民政府</td></tr>
<tr><td colspan="2">对县级以上地方各级人民政府工作部门依法设立的派出机构依照法律、法规、规章规定，以派出机构的名义作出的行政行为不服的行政复议案件，由本级人民政府管辖；其中，对直辖市、设区的市政府设立的派出机构作出的行政行为不服的，也可以由其所在地的人民政府管辖</td></tr>
<tr><td>对本部门作出的行政行为不服的</td><td rowspan="3">国务院部门</td></tr>
<tr><td>对本部门依法设立的派出机构依照法律、法规、规章规定，以派出机构的名义作出的行政行为不服的</td></tr>
<tr><td>对本部门管理的法律、行政法规、部门规章授权的组织作出的行政行为不服的</td></tr>
<tr><td>对海关、金融、外汇管理等实行垂直领导的行政机关、税务和国家安全机关的行政行为不服的</td><td>上一级主管部门</td></tr>
<tr><td rowspan="2">对履行行政复议机构职责的地方人民政府司法行政部门的行政行为不服的</td><td>本级人民政府</td></tr>
<tr><td>上一级司法行政部门</td></tr>
</table>

公民、法人或者其他组织申请行政复议，行政复议机关已经依法受理的，在行政复议期间不得向人民法院提起行政诉讼。

公民、法人或者其他组织向人民法院提起行政诉讼，人民法院已经依法受理的，不得申请行政复议。

二、行政复议受理

《行政复议法》规定，行政复议机关收到行政复议申请后，应当在5日内进行审查。对符合下列规定的，行政复议机关应当予以受理：①有明确的申请人和符合《行政复议法》规定的被申请人；②申请人与被申请行政复议的行政行为有利害关系；③有具体的行政复议请求和理由；④在法定申请期限内提出；⑤属于《行政复议法》规定的行政复议范围；⑥属于本机关的管辖范围；⑦行政复议机关未受理过该申请人就同一行政行为提出的行政复议申请，并且人民法院未受理过该申请人就同一行政行为提起的行政诉讼。

对不符合上述规定的行政复议申请，行政复议机关应当在审查期限内决定不予受理并说明理由；不属于本机关管辖的，还应当在不予受理决定中告知申请人有管辖权的行政复议机关。行政复议申请的审查期限届满，行政复议机关未作出不予受理决定的，审查期限届满之日起视为受理。

行政复议申请材料不齐全或者表述不清楚，无法判断行政复议申请是否符合《行政复议法》第三十条第一款规定的，行政复议机关应当自收到申请之日起5日内书面通知申请人补正。补正通知应当一次性载明需要补正的事项。申请人应当自收到补正通知之日起10日内提交补正材料。有正当理由不能按期补正的，行政复议机关可以延长合理的补正期限。无正当理由逾期不补正的，视为申请人放弃行政复议申请，并记录在案。

法律、行政法规规定应当先向行政复议机关申请行政复议、对行政复议决定不服再向人民法院提起行政诉讼的，行政复议机关决定不予受理、驳回申请或者受理后超过行政复议期限不作答复的，公民、法人或者其他组织可以自收到决定书之日起或者行政复议期限届满之日起15日内，依法向人民法院提起行政诉讼。

公民、法人或者其他组织依法提出行政复议申请，行政复议机关无正当理由不予受理、驳回申请或者受理后超过行政复议期限不作答复的，申请人有权向上级行政机关反映，上级行政机关应当责令其纠正；必要时，上级行政复议机关可以直接受理。

实战演练

[2019真题改编·单选] 某施工企业对某市辖区建筑工程质量监督站以该区建设行政主管部门名义作出的通报批评结果不服而申请复议，该复议可以向（　　）提出。

A. 市质量监督站　　B. 市建设行政主管部门

C. 区质量监督站　　D. 区人民政府

[解析] 县级以上地方各级人民政府管辖下列行政复议案件：①对本级人民政府工作部门作出的行政行为不服的；②对下一级人民政府作出的行政行为不服的；③对本级人民政府依法设立的派出机关作出的行政行为不服的；④对本级人民政府或者其工作部门管理的法律、法规、规章授权的组织作出的行政行为不服的。

[答案] D

[经典例题·单选] 关于行政复议申请的说法，正确的是（　　）。

A. 公民、法人或者其他组织认为具体行政行为侵犯其合法权益的，可以自知道该具体行政行为之日起90日内提出行政复议申请

B. 对县级以上地方各级人民政府工作部门的具体行政行为不服的，应当向上一级主管部门申请行政复议

C. 公民、法人或者其他组织向人民法院提起行政诉讼，人民法院已经受理的，仍可以申请行政复议

D. 申请人可以口头提出行政复议申请

［解析］选项A错误，公民、法人或者其他组织认为具体行政行为侵犯其合法权益的，可以自知道该具体行政行为之日起60日内提出行政复议申请；但法律规定的申请期限超过60日的除外。选项B错误，县级以上地方各级人民政府管辖下列行政复议案件：①对本级人民政府工作部门作出的行政行为不服的；…… 选项C错误，公民、法人或者其他组织向人民法院提起行政诉讼，人民法院已经依法受理的，不得申请行政复议。

［答案］D

［经典例题·多选］关于行政复议参加人的说法，正确的有（　　）。

A. 变更或者解除代理人权限的，应当书面告知行政复议机构

B. 有权申请行政复议的公民死亡的，其亲属可以申请行政复议

C. 申请人委托一至二名律师代为参加行政复议

D. 同一行政复议案件申请人人数众多的，可以由申请人推选代表人参加行政复议

E. 第三人不参加行政复议，不影响行政复议案件的审理

［解析］有权申请行政复议的公民死亡的，其近亲属可以申请行政复议，选项B错误。

［答案］ACDE

［经典例题·多选］申请人对县级以上地方各级人民政府工作部门的具体行政行为不服的，可以申请行政复议。关于该行政复议的说法，正确的有（　　）。

A. 申请人可以向该部门的本级人民政府申请行政复议

B. 申请人可以向上一级主管部门申请行政复议

C. 申请人申请行政复议不可以口头申请

D. 申请人应当自知道该具体行政行为之日起60日内提出行政复议申请

E. 行政复议机关应当在收到行政复议申请后15日内进行审查，决定是否受理

［解析］选项C错误，申请人申请行政复议，可以书面申请，也可以口头申请。选项E错误，行政复议机关应当在收到行政复议申请后5日内进行审查，决定是否受理。

［答案］ABD

知识点 3 行政复议审理与决定

一、行政复议审理

（一）一般规定

《行政复议法》规定，行政复议机关受理行政复议申请后，依照《行政复议法》适用普通程序或者简易程序进行审理。行政复议机构应当指定行政复议人员负责办理行政复议案件。

上级行政复议机关根据需要，可以审理下级行政复议机关管辖的行政复议案件。下级行政复议机关对其管辖的行政复议案件，认为需要由上级行政复议机关审理的，可以报请上级行政复议机关决定。

根据《行政复议法》，行政复议中止和终止的情形见表 10-4-3。

表 10-4-3　行政复议中止和终止

行政复议中止的情形	行政复议终止的情形
(1) 作为申请人的公民死亡，其近亲属尚未确定是否参加行政复议； (2) 作为申请人的公民丧失参加行政复议的行为能力，尚未确定法定代理人参加行政复议； (3) 作为申请人的公民下落不明； (4) 作为申请人的法人或者其他组织终止，尚未确定权利义务承受人； (5) 申请人、被申请人因不可抗力或者其他正当理由，不能参加行政复议； (6) 依照《行政复议法》规定进行调解、和解，申请人和被申请人同意中止； (7) 行政复议案件涉及的法律适用问题需要有权机关作出解释或者确认； (8) 行政复议案件审理需要以其他案件的审理结果为依据，而其他案件尚未审结； (9) 有《行政复议法》第五十六条或者第五十七条规定的情形； (10) 需要中止行政复议的其他情形	(1) 申请人撤回行政复议申请，行政复议机构准予撤回； (2) 作为申请人的公民死亡，没有近亲属或者其近亲属放弃行政复议权利； (3) 作为申请人的法人或者其他组织终止，没有权利义务承受人或者其权利义务承受人放弃行政复议权利； (4) 申请人对行政拘留或者限制人身自由的行政强制措施不服申请行政复议后，因同一违法行为涉嫌犯罪，被采取刑事强制措施； (5) 依照《行政复议法》第三十九条第一款第一项、第二项、第四项的规定中止行政复议满 60 日，行政复议中止的原因仍未消除

《行政复议法》第四十二条规定，行政复议期间行政行为不停止执行；但是有下列情形之一的，应当停止执行：

(1) 被申请人认为需要停止执行。

(2) 行政复议机关认为需要停止执行。

(3) 申请人、第三人申请停止执行，行政复议机关认为其要求合理，决定停止执行。

(4) 法律、法规、规章规定停止执行的其他情形。

(二) 普通程序和简易程序

1. 普通程序

适用普通程序审理的行政复议案件，行政复议机构应当当面或者通过互联网、电话等方式听取当事人的意见，并将听取的意见记录在案。因当事人原因不能听取意见的，可以书面审理。

审理重大、疑难、复杂的行政复议案件，行政复议机构应当组织听证。行政复议机构认为有必要听证，或者申请人请求听证的，行政复议机构可以组织听证。

2. 简易程序

行政复议机关审理下列行政复议案件，认为事实清楚、权利义务关系明确、争议不大的，可以适用简易程序：①被申请行政复议的行政行为是当场作出；②被申请行政复议的行政行为是警告或者通报批评；③案件涉及款额 3 000 元以下；④属于政府信息公开案件。除上述规定以外的行政复议案件，当事人各方同意适用简易程序的，可以适用简易程序。

适用简易程序审理的行政复议案件，行政复议机构应当自受理行政复议申请之日起 3 日内，将行政复议申请书副本或者行政复议申请笔录复印件发送被申请人。被申请人应当自收到行政复议申请书副本或者行政复议申请笔录复印件之日起 5 日内，提出书面答复，并提交作出行政行为的证据、依据和其他有关材料。适用简易程序审理的行政复议案件，可以书面审理。

二、行政复议决定

（一）行政复议决定的作出

《行政复议法》规定，行政复议机关依照《行政复议法》审理行政复议案件，由行政复议机构对行政行为进行审查，提出意见，经行政复议机关的负责人同意或者集体讨论通过后，以行政复议机关的名义作出行政复议决定。经过听证的行政复议案件，行政复议机关应当根据听证笔录、审查认定的事实和证据，依照《行政复议法》作出行政复议决定。提请行政复议委员会提出咨询意见的行政复议案件，行政复议机关应当将咨询意见作为作出行政复议决定的重要参考依据。

适用普通程序审理的行政复议案件，行政复议机关应当自受理申请之日起 60 日内作出行政复议决定；但是法律规定的行政复议期限少于 60 日的除外。情况复杂，不能在规定期限内作出行政复议决定的，经行政复议机构的负责人批准，可以适当延长，并书面告知当事人；但是延长期限最多不得超过 30 日。

适用简易程序审理的行政复议案件，行政复议机关应当自受理申请之日起 30 日内作出行政复议决定。

（二）行政行为的变更

行政行为有下列情形之一的，行政复议机关决定变更该行政行为：

（1）事实清楚，证据确凿，适用依据正确，程序合法，但是内容不适当。

（2）事实清楚，证据确凿，程序合法，但是未正确适用依据。

（3）事实不清、证据不足，经行政复议机关查清事实和证据。

行政复议机关不得作出对申请人更为不利的变更决定，但是第三人提出相反请求的除外。

（三）行政行为的撤销

行政行为有下列情形之一的，行政复议机关决定撤销或者部分撤销该行政行为，并可以责令被申请人在一定期限内重新作出行政行为：

（1）主要事实不清、证据不足。

（2）违反法定程序。

（3）适用的依据不合法。

（4）超越职权或者滥用职权。

行政复议机关责令被申请人重新作出行政行为的，被申请人不得以同一事实和理由作出与被申请行政复议的行政行为相同或者基本相同的行政行为，但是行政复议机关以违反法定程序为由决定撤销或者部分撤销的除外。

行政行为有下列情形之一的，行政复议机关不撤销该行政行为，但是确认该行政行为违法：

（1）依法应予撤销，但是撤销会给国家利益、社会公共利益造成重大损害。

（2）程序轻微违法，但是对申请人权利不产生实际影响。

行政行为有下列情形之一，不需要撤销或者责令履行的，行政复议机关确认该行政行为违法：

（1）行政行为违法，但是不具有可撤销内容。

（2）被申请人改变原违法行政行为，申请人仍要求撤销或者确认该行政行为违法。

（3）被申请人不履行或者拖延履行法定职责，责令履行没有意义。

（四）行政复议的结果

《行政复议法》规定，被申请人不履行法定职责的，行政复议机关决定被申请人在一定期限内履行。行政行为有实施主体不具有行政主体资格或者没有依据等重大且明显违法情形，申请人申请确认行政行为无效的，行政复议机关确认该行政行为无效。

行政行为认定事实清楚，证据确凿，适用依据正确，程序合法，内容适当的，行政复议机关决定维持该行政行为。

行政复议机关受理申请人认为被申请人不履行法定职责的行政复议申请后，发现被申请人没有相应法定职责或者在受理前已经履行法定职责的，决定驳回申请人的行政复议请求。

被申请人不按照《行政复议法》第四十八条、第五十四条的规定提出书面答复、提交作出行政行为的证据、依据和其他有关材料的，视为该行政行为没有证据、依据，行政复议机关决定撤销、部分撤销该行政行为，确认该行政行为违法、无效或者决定被申请人在一定期限内履行，但是行政行为涉及第三人合法权益，第三人提供证据的除外。

（五）补偿和赔偿

《行政复议法》规定，被申请人不依法订立、不依法履行、未按照约定履行或者违法变更、解除行政协议的，行政复议机关决定被申请人承担依法订立、继续履行、采取补救措施或者赔偿损失等责任。

被申请人变更、解除行政协议合法，但是未依法给予补偿或者补偿不合理的，行政复议机关决定被申请人依法给予合理补偿。

申请人在申请行政复议时一并提出行政赔偿请求，行政复议机关对依照《中华人民共和国国家赔偿法》的有关规定应当不予赔偿的，在作出行政复议决定时，应当同时决定驳回行政赔偿请求；对符合《中华人民共和国国家赔偿法》的有关规定应当给予赔偿的，在决定撤销或者部分撤销、变更行政行为或者确认行政行为违法、无效时，应当同时决定被申请人依法给予赔偿；确认行政行为违法的，还可以同时责令被申请人采取补救措施。

申请人在申请行政复议时没有提出行政赔偿请求的，行政复议机关在依法决定撤销或者部分撤销、变更罚款，撤销或者部分撤销违法集资、没收财物、征收征用、摊派费用以及对财产的查封、扣押、冻结等行政行为时，应当同时责令被申请人返还财产，解除对财产的查封、扣押、冻结措施，或者赔偿相应的价款。

（六）行政复议相关文件

1. 调解书

当事人经调解达成协议的，行政复议机关应当制作行政复议调解书，经各方当事人签字或者签章，并加盖行政复议机关印章，即具有法律效力。

调解未达成协议或者调解书生效前一方反悔的，行政复议机关应当依法审查或者及时作出行政复议决定。

2. 和解协议

当事人在行政复议决定作出前可以自愿达成和解，和解内容不得损害国家利益、社会公共利益和他人合法权益，不得违反法律、法规的强制性规定。

当事人达成和解后，由申请人向行政复议机构撤回行政复议申请。行政复议机构准予撤回行政复议申请、行政复议机关决定终止行政复议的，申请人不得再以同一事实和理由提出行政复议申请。但是，申请人能够证明撤回行政复议申请违背其真实意愿的除外。

3. 行政复议决定书

行政复议机关作出行政复议决定，应当制作行政复议决定书，并加盖行政复议机关印章。行政复议决定书一经送达，即发生法律效力。

行政复议机关在办理行政复议案件过程中，发现被申请人或者其他下级行政机关的有关行政行为违法或者不当的，可以向其制发行政复议意见书。有关机关应当自收到行政复议意见书之日起 60 日内，将纠正相关违法或者不当行政行为的情况报送行政复议机关。

（七）行政复议的履行

《行政复议法》规定，被申请人应当履行行政复议决定书、调解书、意见书。被申请人不履行或者无正当理由拖延履行行政复议决定书、调解书、意见书的，行政复议机关或者有关上级行政机关应当责令其限期履行，并可以约谈被申请人的有关负责人或者予以通报批评。

申请人、第三人逾期不起诉又不履行行政复议决定书、调解书的，或者不履行最终裁决的行政复议决定的，按照下列规定分别处理：

（1）维持行政行为的行政复议决定书，由作出行政行为的行政机关依法强制执行，或者申请人民法院强制执行。

（2）变更行政行为的行政复议决定书，由行政复议机关依法强制执行，或者申请人民法院强制执行。

（3）行政复议调解书，由行政复议机关依法强制执行，或者申请人民法院强制执行。

行政复议机关根据被申请行政复议的行政行为的公开情况，按照国家有关规定将行政复议决定书向社会公开。

县级以上地方各级人民政府办理以本级人民政府工作部门为被申请人的行政复议案件，应当将发生法律效力的行政复议决定书、意见书同时抄告被申请人的上一级主管部门。

实战演练

[2021 真题·单选] 关于行政复议决定的说法，正确的是（　　）。

A. 行政复议决定书一经作出，即发生法律效力

B. 行政复议决定作出前，申请人不得撤回行政复议申请

C. 行政复议机关决定撤销该具体行政行为的，可以责令被申请人在一定期限内重新作出具体行政行为

D. 申请人不得在申请行政复议时一并提出行政赔偿请求

[解析] 选项A错误，行政复议决定书一经送达，即发生法律效力。选项B错误，当事人达成和解后，由申请人向行政复议机构撤回行政复议申请。选项D错误，申请人在申请行政复议时一并提出行政赔偿请求，……对符合《国家赔偿法》的有关规定应当给予赔偿的，在决定撤销或者部分撤销、变更行政行为或者确认行政行为违法、无效时，应当同时决定被申请人依法给予赔偿；……

[答案] C

[经典例题·单选] 下列行政行为中，行政复议机关不撤销但确认该行政行为违法的是（　　）。

A. 主要事实不清，证据不足

B. 适用依据错误

C. 程序轻微违法，但是对申请人权利不产生实际影响

D. 超越或者滥用职权

[解析] 行政行为有下列情形之一的，行政复议机关不撤销该行政行为，但是确认该行政行为违法：①依法应予撤销，但是撤销会给国家利益、社会公共利益造成重大损害；②程序轻微违法，但是对申请人权利不产生实际影响。

[答案] C

[经典例题·多选] 具体行政行为在行政复议期间不停止执行，但（　　）可以停止执行。

A. 申请人申请停止执行

B. 申请人提供担保的

C. 被申请人认为需要停止执行的

D. 被申请人被撤销的

E. 行政复议机关认为需要停止执行的

[解析] 行政复议期间行政行为不停止执行；但是有下列情形之一的，应当停止执行：①被申请人认为需要停止执行；②行政复议机关认为需要停止执行；③申请人、第三人申请停止执行，行政复议机关认为其要求合理，决定停止执行；④法律、法规、规章规定停止执行的其他情形。

[答案] CE

[经典例题·多选] 行政复议期间有下列情形中，行政复议机关决定终止行政复议的有（　　）。

A. 申请人撤回行政复议申请，行政复议机构准予撤回的

B. 作为申请人的公民死亡，没有近亲属或者其近亲属放弃行政复议权利的

C. 作为申请人的其他组织终止，没有权利义务承受人或者其权利义务承受人放弃行政复议权利的

D. 申请人对限制人身自由的行政强制措施不服申请行政复议后，因同一违法行为涉嫌犯罪，被采取刑事强制措施的

E. 行政复议案件涉及的法律适用问题需要有权机关作出解释或者确认

[解析] 行政复议终止的情形：①申请人撤回行政复议申请，行政复议机构准予撤回；②作为申请人的公民死亡，没有近亲属或者其近亲属放弃行政复议权利；③作为申请人的法人或者其他组织终止，没有权利义务承受人或者其权利义务承受人放弃行政复议权利；④申请人对行政拘留或者限制人身自由的行政强制措施不服申请行政复议后，因同一违法行为涉嫌犯罪，被采取刑事强制措施；⑤依照《行政复议法》第三十九条第一款第一项、第二项、第四项的规定中止行政复议满 60 日，行政复议中止的原因仍未消除。

[答案] ABCD

[经典例题·多选] 材料供应商钱某对工商局违法扣押其货物的行为提起行政复议。在复议期间，工商局具体行政行为可以停止执行的情形有（　　）。

A. 钱某申请停止执行，行政复议机关认为其要求合理

B. 工商局将扣押改为查封

C. 工商局认为需要停止执行

D. 行政复议机关认为需要停止执行

E. 钱某提起行政诉讼

[解析] 行政复议期间行政行为不停止执行；但是有下列情形之一的，应当停止执行：①被申请人认为需要停止执行；②行政复议机关认为需要停止执行；③申请人、第三人申请停止执行，行政复议机关认为其要求合理，决定停止执行。④法律、法规、规章规定停止执行的其他情形。

[答案] ACD

第五节　行政诉讼制度

行政诉讼，是指公民、法人或者其他组织认为行使国家行政权的机关和组织及其工作人员所实施的具体行政行为侵犯了其合法权利，依法向人民法院起诉，人民法院在当事人及其他诉讼参与人的参加下，依法对被诉具体行政行为进行审查并作出裁判，从而解决行政争议的制度。

知识点 1 行政诉讼的受案范围和法院管辖

一、行政诉讼受案范围

（一）可以提起行政诉讼的事项

根据《行政诉讼法》，人民法院受理公民、法人或者其他组织提起的下列诉讼：

（1）对行政拘留、暂扣或者吊销许可证和执照、责令停产停业、没收违法所得、没收非法财物、罚款、警告等行政处罚不服的

（2）对限制人身自由或者对财产的查封、扣押、冻结等行政强制措施和行政强制执行不服的。

（3）申请行政许可，行政机关拒绝或者在法定期限内不予答复，或者对行政机关作出的有关行政许可的其他决定不服的。

（4）对行政机关作出的关于确认土地、矿藏、水流、森林、山岭、草原、荒地、滩涂、海域等自然资源的所有权或者使用权的决定不服的。

（5）对征收、征用决定及其补偿决定不服的。

（6）申请行政机关履行保护人身权、财产权等合法权益的法定职责，行政机关拒绝履行或者不予答复的。

（7）认为行政机关侵犯其经营自主权或者农村土地承包经营权、农村土地经营权的。

（8）认为行政机关滥用行政权力排除或者限制竞争的。

（9）认为行政机关违法集资、摊派费用或者违法要求履行其他义务的。

（10）认为行政机关没有依法支付抚恤金、最低生活保障待遇或者社会保险待遇的。

（11）认为行政机关不依法履行、未按照约定履行或者违法变更、解除政府特许经营协议、土地房屋征收补偿协议等协议的。

（12）认为行政机关侵犯其他人身权、财产权等合法权益的。

（二）不可以提起行政诉讼的事项

不可以提起行政诉讼的事项见表 10-5-1。

表 10-5-1　不可以提起行政诉讼的事项

法律法规	不可以行政诉讼的事项
《行政诉讼法》	人民法院不受理公民、法人或者其他组织对下列事项提起的诉讼： （1）国防、外交等国家行为； （2）行政法规、规章或者行政机关制定、发布的具有普遍约束力的决定、命令； （3）行政机关对行政机关工作人员的奖惩、任免等决定； （4）法律规定由行政机关最终裁决的行政行为

第十章

续表

法律法规	不可以行政诉讼的事项
《最高人民法院关于适用〈中华人民共和国行政诉讼法〉的解释》	下列行为不属于人民法院行政诉讼的受案范围： （1）公安、国家安全等机关依照刑事诉讼法的明确授权实施的行为； （2）调解行为以及法律规定的仲裁行为；【可以民事诉讼】 （3）行政指导行为；【无强制力，自愿配合】 （4）驳回当事人对行政行为提起申诉的重复处理行为；【没有形成新事实】 （5）行政机关作出的不产生外部法律效力的行为； （6）行政机关为作出行政行为而实施的准备、论证、研究、层报、咨询等过程性行为；【无结论】 （7）行政机关根据人民法院的生效裁判、协助执行通知书作出的执行行为，但行政机关扩大执行范围或者采取违法方式实施的除外；【协助执行，司法行为】 （8）上级行政机关基于内部层级监督关系对下级行政机关作出的听取报告、执法检查、督促履责等行为； （9）行政机关针对信访事项作出的登记、受理、交办、转送、复查、复核意见等行为；【非行政机关行使“首次判断权”，不产生新影响】 （10）对公民、法人或者其他组织权利义务不产生实际影响的行为

➢ **名师点拨**：行政诉讼与行政复议的区别见表10-5-2。

表10-5-2　行政诉讼与行政复议的区别

项目	行政复议	行政诉讼
监督的性质	行政监督	司法监督
权利救济的属性	行政救济	司法救济
审查的内容	合法性、适当性	合法性

二、行政诉讼的法院管辖

（一）级别管辖

根据《行政诉讼法》及《最高人民法院关于适用〈中华人民共和国行政诉讼法〉的解释》，各级别法院及其管辖案件范围见表10-5-3。

表10-5-3　各级别法院及其管辖案件范围

各级别法院	管辖案件范围
基层人民法院	第一审行政案件
中级人民法院	（1）对国务院部门或者县级以上地方人民政府所作的行政行为提起诉讼的案件； （2）海关处理的案件； （3）本辖区内重大、复杂的案件（包括：社会影响重大的共同诉讼案件；涉外或者涉及香港特别行政区、澳门特别行政区、台湾地区的案件；其他重大、复杂案件）； （4）其他法律规定由中级人民法院管辖的案件
高级人民法院	本辖区内重大、复杂的第一审行政案件
最高人民法院	全国范围内重大、复杂的第一审行政案件

第十章

根据《行政诉讼法》，行政案件地域管辖的相关规定见表 10-5-4。

表 10-5-4　行政案件的地域管辖

类别	管辖	
一般地域管辖	最初作出行政行为的行政机关所在地法院	
特殊地域管辖	经复议的案件	最初作出行政行为的行政机关所在地或复议机关所在地人民法院
	针对限制人身自由的行政强制措施不服提起的诉讼	被告所在地或原告所在地人民法院
	因不动产提起的行政诉讼	不动产所在地人民法院管辖
原告向两个以上有管辖权的人民法院提起诉讼的，由最先立案的人民法院管辖		

➤ **注意：**针对“因不动产提起的行政诉讼”，《最高人民法院关于适用〈中华人民共和国行政诉讼法〉的解释》进一步规定，其是指因行政行为导致不动产物权变动而提起的诉讼。不动产已登记的，以不动产登记簿记载的所在地为不动产所在地；不动产未登记的，以不动产实际所在地为不动产所在地。

（二）移送管辖

《行政诉讼法》规定，人民法院发现受理的案件不属于本院管辖的，应当移送有管辖权的人民法院，受移送的人民法院应当受理。受移送的人民法院认为受移送的案件按照规定不属于本院管辖的，应当报请上级人民法院指定管辖，不得再自行移送。

（三）指定管辖

有管辖权的人民法院由于特殊原因不能行使管辖权的，由上级人民法院指定管辖。人民法院对管辖权发生争议，由争议双方协商解决。协商不成的，报它们的共同上级人民法院指定管辖。

《行政诉讼法》规定，上级人民法院有权审理下级人民法院管辖的第一审行政案件。下级人民法院对其管辖的第一审行政案件，认为需要由上级人民法院审理或者指定管辖的，可以报请上级人民法院决定。

➤ **知识拓展：**对于行政诉讼的法院管辖，《最高人民法院关于适用〈中华人民共和国行政诉讼法〉的解释》进一步规定，人民法院受理案件后，被告提出管辖异议的，应当在收到起诉状副本之日起 15 日内提出。对当事人提出的管辖异议，人民法院应当进行审查。异议成立的，裁定将案件移送有管辖权的人民法院；异议不成立的，裁定驳回。人民法院对管辖异议审查后确定有管辖权的，不因当事人增加或者变更诉讼请求等改变管辖，但违反级别管辖、专属管辖规定的除外。

实战演练

[**2024 真题·单选**] 下列情形中，属于人民法院行政诉讼受案范围的是（　　）。

A. 对行政机关为作出行政行为而实施的论证行为不服的

B. 对行政机关就信访事项作出的受理行为不服的

C. 对行政指导行为不服的

D. 对吊销许可证行政处罚不服的

［解析］《最高人民法院关于适用〈中华人民共和国行政诉讼法〉的解释》（法释〔2018〕1号）规定，公民、法人或者其他组织对行政机关及其工作人员的行政行为不服，依法提起诉讼的，属于人民法院行政诉讼的受案范围。下列行为不属于人民法院行政诉讼的受案范围：①公安、国家安全等机关依照刑事诉讼法的明确授权实施的行为；②调解行为以及法律规定的仲裁行为；③行政指导行为（选项C错误）；④驳回当事人对行政行为提起申诉的重复处理行为；⑤行政机关作出的不产生外部法律效力的行为；⑥行政机关为作出行政行为而实施的准备、论证、研究、层报、咨询等过程性行为（选项A错误）；⑦行政机关根据人民法院的生效裁判、协助执行通知书作出的执行行为，但行政机关扩大执行范围或者采取违法方式实施的除外；⑧上级行政机关基于内部层级监督关系对下级行政机关作出的听取报告、执法检查、督促履责等行为；⑨行政机关针对信访事项作出的登记、受理、交办、转送、复查、复核意见等行为（选项B错误）；⑩对公民、法人或者其他组织权利义务不产生实际影响的行为。

［答案］D

［2021真题·单选］下列属于人民法院行政诉讼受理范围的是（　　）。

A. 行政机关为作出行政行为而实施的准备、论证、研究、层报、咨询等过程性行为

B. 驳回当事人对行政行为提起申诉的重复处理行为

C. 认为行政机关滥用行政权力排除或者限制竞争的行为

D. 调解行为以及法律规定的仲裁行为

［解析］下列行为不属于人民法院行政诉讼的受案范围：①公安、国家安全等机关依照刑事诉讼法的明确授权实施的行为；②调解行为以及法律规定的仲裁行为；③行政指导行为；④驳回当事人对行政行为提起申诉的重复处理行为；⑤行政机关作出的不产生外部法律效力的行为；⑥行政机关为作出行政行为而实施的准备、论证、研究、层报、咨询等过程性行为；⑦行政机关根据人民法院的生效裁判、协助执行通知书作出的执行行为，但行政机关扩大执行范围或采取违法方式实施的除外；⑧上级行政机关基于内部层级监督关系对下级行政机关作出的听取报告、执法检查、督促履责等行为；⑨行政机关针对信访事项作出的登记、受理、交办、转送、复查、复核意见等行为；⑩对公民、法人或者其他组织权利义务不产生实际影响的行为。

［答案］C

［经典例题·单选］根据《行政诉讼法》，因不动产提起的行政诉讼，由（　　）人民法院管辖。

A. 原告住所地

B. 被告住所地

C. 原告选择被告住所地或不动产所在地

D. 不动产所在地

［解析］因不动产纠纷提起的诉讼，由不动产所在地人民法院管辖。

［答案］D

[经典例题·多选] 下列一审行政案件中，应当由中级人民法院管辖的有（　　）。

A. 对国务院部门所作的行政行为提起诉讼的

B. 对某市生态环境局所作的行政处罚提起诉讼的

C. 对某市人民政府所作的行政行为提起诉讼的

D. 对海关所作的行政行为提起诉讼的

E. 某省内辖区内重大、复杂的案件

[解析] 中级人民法院管辖下列第一审行政案件：①对国务院部门或者县级以上地方人民政府所作的行政行为提起诉讼的案件；②海关处理的案件；③本辖区内重大、复杂的案件；④其他法律规定由中级人民法院管辖的案件。

[答案] ACDE

知识点 2 行政诉讼参加人

根据《行政诉讼法》，行政诉讼参加人包括原告、被告、共同诉讼人、第三人和代理人（法定、委托），具体规定见表 10-5-5。

表 10-5-5 行政诉讼参加人

参加人	相关规定	
原告	行政行为的相对人以及其他与行政行为有利害关系的公民、法人或者其他组织，有权提起诉讼	
	有权提起诉讼的公民死亡	其近亲属可以提起诉讼
	有权提起诉讼的法人或者其他组织终止	承受其权利的法人或者其他组织可以提起诉讼
被告	公民、法人或者其他组织直接向人民法院提起诉讼的，作出行政行为的行政机关是被告	
	经复议的案件，复议机关决定维持原行政行为的，作出原行政行为的行政机关和复议机关是共同被告；复议机关改变原行政行为的，复议机关是被告	
	复议机关在法定期限内未作出复议决定，公民、法人或者其他组织起诉原行政行为的，作出原行政行为的行政机关是被告；起诉复议机关不作为的，复议机关是被告	
	两个以上行政机关作出同一行政行为的	共同作出行政行为的行政机关是共同被告
	行政机关委托的组织所作的行政行为	委托的行政机关是被告
	行政机关被撤销或者职权变更的	继续行使其职权的行政机关是被告
共同诉讼人	当事人一方或者双方为二人以上，因同一行政行为发生的行政案件，或者因同类行政行为发生的行政案件、人民法院认为可以合并审理并经当事人同意的，为共同诉讼	

续表

<table>
<tr><th>参加人</th><th colspan="2">相关规定</th></tr>
<tr><td rowspan="2">第三人</td><td colspan="2">公民、法人或者其他组织同被诉行政行为有利害关系但没有提起诉讼，或者同案件处理结果有利害关系的，可以作为第三人申请参加诉讼，或者由人民法院通知参加诉讼</td></tr>
<tr><td colspan="2">人民法院判决第三人承担义务或者减损第三人权益的，第三人有权依法提起上诉</td></tr>
<tr><td rowspan="2">法定代理人</td><td colspan="2">没有诉讼行为能力的公民，由其法定代理人代为诉讼</td></tr>
<tr><td>法定代理人互相推诿代理责任的</td><td>由人民法院指定其中一人代为诉讼</td></tr>
<tr><td>委托代理人</td><td colspan="2">当事人、法定代理人，可以委托一至二人作为诉讼代理人。下列人员可以被委托为诉讼代理人：
（1）律师、基层法律服务工作者；
（2）当事人的近亲属或者工作人员；
（3）当事人所在社区、单位以及有关社会团体推荐的公民</td></tr>
</table>

知识点 3 行政诉讼证据的种类和举证责任

一、行政诉讼证据的种类

《行政诉讼法》规定，证据包括：

（1）书证。

（2）物证。

（3）视听资料。

（4）电子数据。

（5）证人证言。

（6）当事人的陈述。

（7）鉴定意见。

（8）勘验笔录、现场笔录。以上证据经法庭审查属实，才能作为认定案件事实的根据。

与本案有关的下列证据，原告或者第三人不能自行收集的，可以申请人民法院调取：

（1）由国家机关保存而须由人民法院调取的证据。

（2）涉及国家秘密、商业秘密和个人隐私的证据。

（3）确因客观原因不能自行收集的其他证据。

➤ **知识拓展：** 人民法院有权要求当事人提供或者补充证据。证据应当在法庭上出示，并由当事人互相质证。对涉及国家秘密、商业秘密和个人隐私的证据，不得在公开开庭时出示。人民法院应当按照法定程序，全面、客观地审查核实证据。对未采纳的证据应当在裁判文书中说明理由。以非法手段取得的证据，不得作为认定案件事实的根据。

非法手段取得的证据包括：①严重违反法定程序收集的证据材料；②以违反法律强制性规定的手段获取且侵害他人合法权益的证据材料；③以利诱、欺诈、胁迫、暴力等手段获取的证据材料。

二、举证责任

根据《行政诉讼法》，举证责任的相关规定如下：

（1）被告对作出的行政行为负有举证责任，应当提供作出该行政行为的证据和所依据的规范性文件。被告不提供或者无正当理由逾期提供证据，视为没有相应证据。但是，被诉行政行为涉及第三人合法权益，第三人提供证据的除外。

（2）在诉讼过程中，被告及其诉讼代理人不得自行向原告、第三人和证人收集证据。

（3）被告在作出行政行为时已经收集了证据，但因不可抗力等正当事由不能提供的，经人民法院准许，可以延期提供。原告或者第三人提出了其在行政处理程序中没有提出的理由或者证据的，经人民法院准许，被告可以补充证据。

（4）原告可以提供证明行政行为违法的证据。原告提供的证据不成立的，不免除被告的举证责任。

（5）在起诉被告不履行法定职责的案件中，原告应当提供其向被告提出申请的证据。但有下列情形之一的除外：①被告应当依职权主动履行法定职责的；②原告因正当理由不能提供证据的。

在行政赔偿、补偿的案件中，原告应当对行政行为造成的损害提供证据。因被告的原因导致原告无法举证的，由被告承担举证责任。

实战演练

［经典例题·单选］关于行政诉讼中被告举证责任的说法，正确的是（　　）。

A. 被告不提供或者无正当理由逾期提供证据，由法院收集证据

B. 在诉讼过程中，被告可以向第三人和证人收集证据

C. 被告对作出的行政行为负有举证责任，但不必提供作出该行政行为的证据和所依据的规范性文件

D. 被告在作出行政行为时已经收集了证据，但因不可抗力等正当事由不能提供的，经人民法院准许，可以延期提供

［解析］被告对作出的行政行为负有举证责任，应当提供作出该行政行为的证据和所依据的规范性文件（选项C错误）。被告不提供或者无正当理由逾期提供证据，视为没有相应证据（选项A错误）。但是被诉行政行为涉及第三人合法权益，第三人提供证据的除外。在诉讼过程中，被告及其诉讼代理人不得自行向原告、第三人和证人收集证据（选项B错误）。

［答案］D

［经典例题·多选］关于行政诉讼参与人的说法，错误的有（　　）。

A. 公民、法人或者其他组织直接向人民法院提起诉讼的，作出行政行为的行政机关是被告

B. 有权提起诉讼的公民死亡，其亲属可以提起诉讼

C. 当事人一方人数众多的共同诉讼，可以由当事人推选代表人进行诉讼

D. 当事人、法定代理人，只能委托一人作为诉讼代理人

E. 两个以上行政机关作出同一行政行为的，共同作出行政行为的行政机关是共同被告

［解析］有权提起诉讼的公民死亡，其近亲属可以提起诉讼。当事人、法定代理人，可以委托一至二人作为诉讼代理人。

［答案］BD

知识点 4　行政诉讼的起诉和受理

一、行政诉讼的起诉

（一）起诉条件

根据《行政诉讼法》，提起诉讼应当符合下列条件：①原告是符合《行政诉讼法》规定的公民、法人或者其他组织；②有明确的被告；③有具体的诉讼请求和事实根据；④属于人民法院受案范围和受诉人民法院管辖。

（二）起诉期限

对属于人民法院受案范围的行政案件，公民、法人或者其他组织可以先向行政机关申请复议，对复议决定不服的，再向人民法院提起诉讼；也可以直接向人民法院提起诉讼。

1. 直接起诉的期限

根据《行政诉讼法》，公民、法人或者其他组织直接向人民法院提起诉讼的，应当自知道或者应当知道作出行政行为之日起 6 个月内提出。法律另有规定的除外。

因不动产提起诉讼的案件自行政行为作出之日起超过 20 年，其他案件自行政行为作出之日起超过 5 年提起诉讼的，人民法院不予受理。

2. 经过复议程序不服复议决定的起诉期限

根据《行政诉讼法》，公民、法人或者其他组织不服复议决定的，可以在收到复议决定书之日起 15 日内向人民法院提起诉讼。

复议机关逾期不作决定的，申请人可以在复议期满之日起 15 日内向人民法院提起诉讼。法律另有规定的除外。

（三）起诉方式

根据《行政诉讼法》，起诉应当向人民法院递交起诉状，并按照被告人数提出副本。书写起诉状确有困难的，可以口头起诉，由人民法院记入笔录，出具注明日期的书面凭证，并告知对方当事人。

二、行政诉讼的受理

（一）起诉条件要求

《行政诉讼法》规定，人民法院在接到起诉状时对符合《行政诉讼法》规定的起诉条件的，应当登记立案。对当场不能判定是否符合《行政诉讼法》规定的起诉条件的，应当接收起诉状，出具注明收到日期的书面凭证，并在 7 日内决定是否立案。不符合起诉条件的，作出不予立案的裁定。裁定书应当载明不予立案的理由。原告对裁定不服的，可以提起上诉。

（二）起诉状要求

起诉状内容欠缺或者有其他错误的，应当给予指导和释明，并一次性告知当事人需要补正的内容。不得未经指导和释明即以起诉不符合条件为由不接收起诉状。

对于不接收起诉状、接收起诉状后不出具书面凭证，以及不一次性告知当事人需要补正的起诉状内容的，当事人可以向上级人民法院投诉，上级人民法院应当责令改正，并对直接负责的主管人员和其他直接责任人员依法给予处分。

（三）特殊情况处理

人民法院既不立案，又不作出不予立案裁定的，当事人可以向上一级人民法院起诉。上一级人民法院认为符合起诉条件的，应当立案、审理，也可以指定其他下级人民法院立案、审理。

公民、法人或者其他组织认为行政行为所依据的国务院部门和地方人民政府及其部门制定的规范性文件不合法，在对行政行为提起诉讼时，可以一并请求对该规范性文件进行审查。

实战演练

[经典例题·单选] 公民、法人或者其他组织直接向人民法院提起诉讼的，应当自知道或者应当知道作出行政行为之日起（　　）内提出。

A. 3 个月　　B. 6 个月

C. 1 年　　D. 30 日

[解析] 公民、法人或者其他组织直接向人民法院提起诉讼的，应当自知道或者应当知道作出行政行为之日起 6 个月内提出。法律另有规定的除外。

[答案] B

[经典例题·单选] 因不动产提起诉讼的案件自行政行为作出之日起超过（　　）年，

A. 5　　B. 10

C. 20　　D. 25

[解析] 因不动产提起诉讼的案件自行政行为作出之日起超过 20 年，其他案件自行政行为作出之日起超过 5 年提起诉讼的，人民法院不予受理。

[答案] C

[经典例题·多选] 根据《行政诉讼法》，提起行政诉讼应符合的条件有（　　）。

A. 申请行政复议后对复议决定不服

B. 原告是诉讼人的近亲属

C. 有明确的被告

D. 有具体的诉讼请求和事实根据

E. 属于人民法院受案范围和受诉人民法院管辖

[解析] 提起诉讼应当符合下列条件：①原告是《行政诉讼法》规定的公民、法人或者其他组织；②有明确的被告；③有具体的诉讼请求和事实根据；④属于人民法院受案范围和受诉人民法院管辖。有权提起诉讼的公民死亡，其近亲属可以提起诉讼，选项 B 错误。

[答案] CDE

知识点 5 行政诉讼的审理、判决和执行

一、审理

（一）庭审方式

《行政诉讼法》规定，人民法院公开审理行政案件。

（1）法定不公开：涉及国家秘密、个人隐私和法律另有规定的。

（2）申请不公开：涉及商业秘密的案件，当事人申请不公开审理的，可以不公开审理。

（二）回避

当事人认为审判人员与本案有利害关系或者有其他关系可能影响公正审判，有权申请审判人员回避。

审判人员认为自己与本案有利害关系或者有其他关系，应当申请回避。

院长担任审判长时的回避，由审判委员会决定；审判人员的回避，由院长决定；其他人员的回避，由审判长决定。当事人对决定不服的，可以申请复议一次。

（三）调解

人民法院审理行政案件，不适用调解。但是，行政赔偿、补偿以及行政机关行使法律、法规规定的自由裁量权的案件可以调解。

（四）行政行为在复议期间的执行力

诉讼期间，不停止行政行为的执行。但有下列情形之一的，裁定停止执行：

（1）被告认为需要停止执行的。

（2）原告或者利害关系人申请停止执行，人民法院认为该行政行为的执行会造成难以弥补的损失，并且停止执行不损害国家利益、社会公共利益的。

（3）人民法院认为该行政行为的执行会给国家利益、社会公共利益造成重大损害的。

（4）法律、法规规定停止执行的。

当事人对停止执行或者不停止执行的裁定不服的，可以申请复议一次。

（五）诉讼依据

人民法院审理行政案件，以法律和行政法规、地方性法规为依据。地方性法规适用于本行政区域内发生的行政案件。人民法院审理民族自治地方的行政案件，并以该民族自治地方的自治条例和单行条例为依据。人民法院审理行政案件，参照规章。

二、判决

（一）一审判决

1. 被告胜诉、原告败诉的判决

根据《行政诉讼法》，行政行为证据确凿，适用法律、法规正确，符合法定程序的，或者原告申请被告履行法定职责或者给付义务理由不成立的，人民法院判决驳回原告的诉讼请求。

2. 原告胜诉、被告败诉的判决

（1）重新作出行政行为。

根据《行政诉讼法》，行政行为有下列情形之一的，人民法院判决撤销或者部分撤销，

并可以判决被告重新作出行政行为：①主要证据不足的；②适用法律、法规错误的；③违反法定程序的；④超越职权的；⑤滥用职权的；⑥明显不当的。

（2）不撤销行政行为。

行政行为有下列情形之一的，人民法院判决确认违法，但不撤销行政行为：①行政行为依法应当撤销，但撤销会给国家利益、社会公共利益造成重大损害的；②行政行为程序轻微违法，但对原告权利不产生实际影响的。

行政行为有下列情形之一，不需要撤销或者判决履行的，人民法院判决确认违法：①行政行为违法，但不具有可撤销内容的；②被告改变原违法行政行为，原告仍要求确认原行政行为违法的；③被告不履行或者拖延履行法定职责，判决履行没有意义的。

（二）简易程序

《行政诉讼法》规定，人民法院审理下列第一审行政案件，认为事实清楚、权利义务关系明确、争议不大的，可以适用简易程序：①被诉行政行为是依法当场作出的；②案件涉及款额 2 000 元以下的；③属于政府信息公开案件的。

除上述规定以外的第一审行政案件，当事人各方同意适用简易程序的，可以适用简易程序。发回重审、按照审判监督程序再审的案件不适用简易程序。

用简易程序审理的行政案件，由审判员一人独任审理，并应当在立案之日起 45 日内审结。

人民法院在审理过程中，发现案件不宜适用简易程序的，裁定转为普通程序。

当事人不服人民法院第一审判决的，有权在判决书送达之日起 15 日内向上一级人民法院提起上诉。当事人不服人民法院第一审裁定的，有权在裁定书送达之日起 10 日内向上一级人民法院提起上诉。逾期不提起上诉的，人民法院的第一审判决或者裁定发生法律效力。

（三）二审判决

根据《行政诉讼法》，人民法院审理上诉案件，按照下列情形，分别处理：①原判决、裁定认定事实清楚，适用法律、法规正确的，判决或者裁定驳回上诉，维持原判决、裁定；②原判决、裁定认定事实错误或者适用法律、法规错误的，依法改判、撤销或者变更；③原判决认定基本事实不清、证据不足的，发回原审人民法院重审，或者查清事实后改判；④原判决遗漏当事人或者违法缺席判决等严重违反法定程序的，裁定撤销原判决，发回原审人民法院重审。

原审人民法院对发回重审的案件作出判决后，当事人提起上诉的，第二审人民法院不得再次发回重审。

人民法院审理上诉案件，需要改变原审判决的，应当同时对被诉行政行为作出判决。

《行政诉讼法》规定，当事人必须履行人民法院发生法律效力的判决、裁定、调解书。公民、法人或者其他组织拒绝履行判决、裁定、调解书的，行政机关或者第三人可以向第一审人民法院申请强制执行，或者由行政机关依法强制执行。

行政机关拒绝履行判决、裁定、调解书的，第一审人民法院可以采取下列措施：

（1）对应当归还的罚款或者应当给付的款额，通知银行从该行政机关的账户内划拨；

（2）在规定期限内不履行的，从期满之日起，对该行政机关负责人按日处 50 元至 100 元的罚款；

（3）将行政机关拒绝履行的情况予以公告；

（4）向监察机关或者该行政机关的上一级行政机关提出司法建议。接受司法建议的机关，根据有关规定进行处理，并将处理情况告知人民法院；

（5）拒不履行判决、裁定、调解书，社会影响恶劣的，可以对该行政机关直接负责的主管人员和其他直接责任人员予以拘留；情节严重，构成犯罪的，依法追究刑事责任。

公民、法人或者其他组织对行政行为在法定期限内不提起诉讼又不履行的，行政机关可以申请人民法院强制执行，或者依法强制执行。

实战演练

[2024 真题·单选] 根据《行政诉讼法》，下列情形中，法院应当判决撤销或部分撤销行政行为的是（ ）。

A. 行政行为证据确凿，适用法律、法规正确，符合法定程序的

B. 行政机关超越职权作出行政行为的

C. 行政行为程序轻微违法，但对原告权利不产生实际影响的

D. 行政行为对款额的确定确有错误的

[解析] 选项 A 错误，行政行为证据确凿，适用法律、法规正确，符合法定程序的，或者原告申请被告履行法定职责或者给付义务理由不成立的，人民法院判决驳回原告的诉讼请求。选项 B 正确，行政行为有下列情形之一的，人民法院判决撤销或者部分撤销，并可以判决被告重新作出行政行为：①主要证据不足的；②适用法律、法规错误的；③违反法定程序的；④超越职权的；⑤滥用职权的；⑥明显不当的。人民法院判决被告重新作出行政行为的，被告不得以同一的事实和理由作出与原行政行为基本相同的行政行为。选项 C 错误，行政行为有下列情形之一的，人民法院判决确认违法，但不撤销行政行为：①行政行为依法应当撤销，但撤销会给国家利益、社会公共利益造成重大损害的；②行政行为程序轻微违法，但对原告权利不产生实际影响的。选项 D 错误，行政处罚明显不当，或者其他行政行为涉及对款额的确定、认定确有错误的，人民法院可以判决变更。

[答案] B

[2024 真题·单选] 下列行政诉讼案件中，可以适用调解的是（ ）。

A. 对行政机关作出的关于确认山岭使用权的决定不服的

B. 认为行政机关侵犯其经营自主权的

C. 认为行政机关限制竞争的

D. 请求行政赔偿的

[解析] 人民法院审理行政案件，不适用调解。但是，行政赔偿、补偿以及行政机关行使法律、法规规定的自由裁量权的案件可以调解。

[答案] D

[经典例题·单选] 人民法院审理行政案件，不适用（ ）。

A. 调解
B. 开庭审理
C. 公开审理
D. 两审终审制

[解析] 人民法院审理行政案件，不适用调解。但是，行政赔偿、补偿以及行政机关行使法律、法规规定的自由裁量权的案件可以调解。

[答案] A

[经典例题·单选] 关于行政诉讼简易程序的说法，正确的是（ ）。

A. 适用简易程序审理的行政案件，由审判员一人独任审理

B. 适用简易程序审理的行政案件，应当在立案之日起 30 日内审结

C. 人民法院在审理过程中，发现案件不宜适用简易程序的，判决转为普通程序

D. 案件涉及款额 3 000 元以下的第一审行政案件，适用简易程序

[解析] 适用简易程序审理的行政案件，由审判员一人独任审理，并应当在立案之日起 45 日内审结。人民法院在审理过程中，发现案件不宜适用简易程序的，裁定转为普通程序。人民法院审理下列第一审行政案件，认为事实清楚、权利义务关系明确、争议不大的，可以适用简易程序：①被诉行政行为是依法当场作出的；②案件涉及款额 2 000 元以下的；③属于政府信息公开案件的。

[答案] A

[经典例题·单选] 关于行政诉讼案件审理的说法，正确的是（ ）。

A. 行政诉讼期间，被诉行政行为停止执行

B. 涉及商业秘密的行政诉讼案件一律不得公开审理

C. 人民法院对行政案件宣告判决前原告申请撤诉的，是否准许，由人民法院裁定

D. 人民法院审理行政赔偿案件不适用调解

[解析] 选项 A 错误，行政诉讼期间，被诉行政行为不停止执行。选项 B 错误，“一律”说法太绝对，人民法院公开审理行政案件，但涉及国家秘密、个人隐私和法律另有规定的除外；涉及商业秘密的案件，当事人申请不公开审理的，可以不公开审理。选项 D 错误，行政赔偿、补偿以及行政机关行使法律、法规规定的自由裁量权的案件可以调解。

[答案] C

参考文献

［1］中国法制出版社．中华人民共和国宪法：实用版［M］. 北京：中国法制出版社，2023.

［2］中国法制出版社．中华人民共和国民法典［M］. 北京：中国法制出版社，2021.

［3］法律出版社．中华人民共和国立法法［M］. 北京：法律出版社，2015.

［4］中华人民共和国建设部．建筑施工企业项目经理资质管理办法［EB/OL］.（1995-01-07）［2021-10-18］. https：//www. mohurd. gov. cn/gongkai/zhengce/zhengce-filelib/200109/20010927 _ 153308. html.

［5］中国法制出版社．中华人民共和国土地管理法：实用版［M］. 北京：中国法制出版社，2021.

［6］中国法制出版社．中华人民共和国专利法［M］. 北京：中国法制出版社，2021.

［7］中国法制出版社．中华人民共和国商标法［M］. 北京：中国法制出版社，2019.

［8］中国法制出版社．中华人民共和国著作权法［M］. 北京：中国法制出版社，2020.

［9］中国法制出版社．中华人民共和国保险法：实用版［M］. 4 版．北京：中国法制出版社，2015.

［10］中国法制出版社．中华人民共和国行政处罚法：实用版［M］. 3 版．北京：中国法制出版社，2021.

［11］国务院法制办公室．行政机关公务员处分条例［M］. 北京：中国法制出版社，2007.

［12］中国法制出版社．中华人民共和国刑法：实用版［M］. 9 版．北京：中国法制出版社，2021.

［13］李恒，马凤玲．建设工程法：法律制度与实务技能［M］. 2 版．北京：法律出版社，2014.

［14］中华人民共和国住房和城乡建设部．建筑工程施工许可管理办法［EB/OL］.（2021-03-30）［2021-10-28］. https：//www. mohurd. gov. cn/gongkai/zhengce/zhengceguizhang/201409/20140902 _ 763815. html.

［15］中国法制出版社．中华人民共和国建筑法：2019 年最新修订［M］. 北京：中国法制出版社，2019.

［16］中国法制出版社．中华人民共和国城乡规划法：2019 年最新修订［M］. 北京：中国法制出版社，2019.

［17］中华人民共和国国务院．建设工程质量管理条例［EB/OL］.（2019-04-23）［2021-10-28］. http：//www. gov. cn/gongbao/content/2019/content _ 5468867. htm.

［18］中国法制出版社．中华人民共和国消防法：2021 年最新修订［M］. 北京：中国法制出版社，2021.

[19] 中华人民共和国国务院．民用建筑节能条例 [EB/OL]．(2008-08-01) [2021-10-30]. https://www.gov.cn/gongbao/content/2008/content_1071844.htm.

[20] 中华人民共和国住房和城乡建设部．建筑业企业资质管理规定 [EB/OL]．(2015-01-22) [2021-10-31]. https://jjc.chd.edu.cn/2017/0612/c829a27392/page.htm.

[21] 中华人民共和国住房和城乡建设部．住房城乡建设部关于印发《建筑业企业资质标准》的通知 [EB/OL]．(2014-11-06) [2021-10-31]. https://www.mohurd.gov.cn/gongkai/zhengce/zhengcefilelib/201411/20141106_219511.html.

[22] 中华人民共和国住房和城乡建设部．住房城乡建设部关于简化建筑业企业资质标准部分指标的通知 [EB/OL]．(2016-10-14) [2021-10-31]. https://www.mohurd.gov.cn/gongkai/zhengce/zhengcefilelib/201610/20161019_229198.html.

[23] 中华人民共和国国务院办公厅．国务院办公厅关于开展工程建设项目审批制度改革试点的通知 [EB/OL]．(2018-05-18) [2021-10-31]. http://www.gov.cn/zhengce/content/2018-05/18/content_5291843.htm.

[24] 中华人民共和国住房和城乡建设部．住房和城乡建设部关于取消部分部门规章和规范性文件设定的证明事项的决定 [EB/OL]．(2019-09-16) [2021-10-31]. https://www.mohurd.gov.cn/gongkai/zhengce/zhengcefilelib/201909/20190925_241970.html.

[25] 中华人民共和国最高人民法院．最高人民法院关于审理建设工程施工合同纠纷案件适用法律问题的解释（一）[EB/OL]．(2020-12-29) [2021-11-03]. https://baijiahao.baidu.com/s?id=1687520814336713462&wfr=spider&for=pc.

[26] 中华人民共和国住房和城乡建设部．房屋建筑和市政基础设施工程施工分包管理办法 [EB/OL]．(2019-03-13) [2021-11-12]. http://jw.changchun.gov.cn/jssxw/zcfg/202012/t20201210_2642934.html.

[27] 中华人民共和国建设部．注册建造师管理规定 [EB/OL]．(2006-12-28) [2021-10-30]. http://www.fujian.gov.cn/zcwjk/szjt/202110/t20211022_5748141.htm.

[28] 中华人民共和国建设部．注册建造师执业管理办法（试行）[EB/OL]．(2008-02-26) [2021-10-30]. http://jst.sc.gov.cn/scjst/zzbz/2020/8/4/24ecd99d72ad4d42921291d53aac426a.shtml.

[29] 中华人民共和国住房和城乡建设部．关于印发《注册建造师继续教育管理暂行办法》的通知 [EB/OL]．(2010-11-15) [2021-10-30]. https://www.mohurd.gov.cn/gongkai/zhengce/zhengcefilelib/201011/20101119_201949.html.

[30] 中华人民共和国人事部，中华人民共和国建设部．关于印发《建造师执业资格制度暂行规定》的通知 [EB/OL]．(2002-12-09) [2021-10-30]. http://www.mohrss.gov.cn/xxgk2020/fdzdgknr/zcfg/gfxwj/rcrs/201407/t20140717_136378.html.

[31] 中华人民共和国住房和城乡建设部．住房和城乡建设部办公厅关于做好工程建设领域专业技术人员职业资格"挂证"等违法违规行为专项整治工作的补充通知 [EB/OL]．(2019-02-02) [2021-11-02]. http://www.tjxzf.gov.cn/xxgk/zdxxgk/zfbz/8679911.html.

[32] 法律出版社．中华人民共和国招标投标法：最新修正版 [M]．北京：法律出版

社，2017.

[33] 中华人民共和国国家发展和改革委员会．必须招标的工程项目规定 [EB/OL]．(2018-03-27) [2021-11-05]. https：//www. gov. cn/gongbao/content/2018/content _ 5296544. htm.

[34] 中华人民共和国国务院．中华人民共和国招标投标法实施条例 [EB/OL]．(2019-03-02) [2021-11-10]. https：//www. gov. cn/gongbao/content/2019/content _ 5468831. htm.

[35] 中华人民共和国住房和城乡建设部．建筑工程施工发包与承包计价管理办法 [EB/OL]．(2013-12-11) [2021-11-12]. http：//www. fuding. gov. cn/ztzl/zwgkbzhgfhjsgz/bzml/cszhzf/gcjsgl/202010/t20201025 _ 1378127. htm.

[36] 中华人民共和国国家发展和改革委员会．招标公告和公示信息发布管理办法 [EB/OL]．(2017-11-23) [2021-11-12]. https：//www. ndrc. gov. cn/xxgk/zcfb/fzggwl/201712/W020190905495106208689. pdf.

[37] 中华人民共和国国家发展和改革委员会，中华人民共和国财政部，中华人民共和国建设部，等．《标准施工招标资格预审文件》和《标准施工招标文件》试行规定 [EB/OL]．(2007-11-01) [2021-11-15]. https：//www. gov. cn/gongbao/content/2008/content _ 1018948. htm.

[38] 中华人民共和国国家发展和改革委员会，中华人民共和国工业和信息化部，中华人民共和国财政部，等．工程建设项目施工招标投标办法 [EB/OL]．(2013-03-11) [2021-11-15]. https：//www. gov. cn/zhengce/2013-03/11/content _ 5713206. htm.

[39] 中华人民共和国住房和城乡建设部，中华人民共和国国家发展和改革委员会，中华人民共和国财政部，等．住房和城乡建设部等部门关于加快推进房屋建筑和市政基础设施工程实行工程担保制度的指导意见 [EB/OL]．(2019-06-20) [2021-11-18]. http：//www. gov. cn/zhengce/zhengceku/2019-06/20/content _ 5454280. htm.

[40] 中华人民共和国国务院办公厅．国务院办公厅关于清理规范工程建设领域保证金的通知 [EB/OL]．(2016-06-23) [2021-11-16]. http：//www. gov. cn/gongbao/content/2016/content _ 5088773. htm.

[41] 中华人民共和国国务院办公厅．国务院办公厅关于促进建筑业持续健康发展的意见 [EB/OL]．(2017-02-21) [2021-11-18]. https：//www. gov. cn/gongbao/content/2017/content _ 5178192. htm.

[42] 中华人民共和国住房和城乡建设部．住房和城乡建设部关于印发建筑工程施工发包与承包违法行为认定查处管理办法的通知 [EB/OL]．(2019-01-03) [2021-11-15]. http：//drc. cngy. gov. cn/New/show/20211210113644838. html.

[43] 中华人民共和国住房和城乡建设部，中华人民共和国国家发展和改革委员会．住房和城乡建设部 国家发展改革委关于印发房屋建筑和市政基础设施项目工程总承包管理办法的通知 [EB/OL]．(2019-12-23) [2021-11-15]. https：//ggzyjy. qxn. gov. cn/zwgk _ 500593/fgwj/202202/t20220208 _ 72478185. html.

[44] 中华人民共和国国务院．建设工程质量管理条例 [EB/OL]．(2019-04-23) [2021-11-15]. http：//www. gov. cn/gongbao/content/2019/content _ 5468867. htm.

［45］中华人民共和国住房和城乡建设部．住房城乡建设部关于印发建筑市场信用管理暂行办法的通知［EB/OL］．（2017-12-11）［2021-11-18］．https：//www. mohurd. gov. cn/gongkai/zhengce/zhengcefilelib/201712/20171215_234394. html.

［46］中华人民共和国住房和城乡建设部，中华人民共和国国家工商行政管理总局．建设工程施工合同（示范文本）［M］．北京：中国建筑工业出版社，2017.

［47］中华人民共和国国务院．保障中小企业款项支付条例［EB/OL］．（2020-07-05）［2021-11-21］．http：//www. gov. cn/zhengce/content/2020-07/14/content_5526768. htm.

［48］全国人大常委会法工委．中华人民共和国消费者权益保护法：最新修正版［M］．北京：法律出版社，2013.

［49］中国法制出版社．中华人民共和国产品质量法：实用版［M］．2 版．北京：中国法制出版社，2018.

［50］中国法制出版社．中华人民共和国劳动合同法［M］．北京：中国法制出版社，2012.

［51］中国法制出版社．中华人民共和国劳动法：实用版［M］．2 版．北京：中国法制出版社，2018.

［52］中华人民共和国人力资源和社会保障部．劳务派遣暂行规定［EB/OL］．（2014-01-24）［2021-11-20］．http：//www. mohrss. gov. cn/xxgk2020/gzk/gz/202112/t20211228_431639. html.

［53］中华人民共和国国务院．保障农民工工资支付条例［EB/OL］．（2020-01-07）［2021-11-21］．http：//www. gov. cn/zhengce/content/2020-01/07/content_5467278. htm.

［54］中华人民共和国人力资源和社会保障部．最低工资规定［EB/OL］．（2004-03-01）［2021-11-21］．http：//www. mohrss. gov. cn/xxgk2020/gzk/gz/202112/t20211228_431587. html.

［55］中华人民共和国国务院．女职工劳动保护特别规定［EB/OL］．（2012-04-28）［2021-11-25］．https：//www. gov. cn/gongbao/content/2012/content_2136749. htm.

［56］中国法制出版社．中华人民共和国未成年人保护法：实用版［M］．北京：中国法制出版社，2021.

［57］中国法制出版社．中华人民共和国社会保险法：实用版［M］．4 版．北京：中国法制出版社，2018.

［58］中华人民共和国人力资源和社会保障部．人力资源社会保障部关于印发《拖欠农民工工资“黑名单”管理暂行办法》的通知［EB/OL］．（2017-09-25）［2021-11-21］．http：//www. mohrss. gov. cn/wap/zc/zcwj/201709/t20170930_278573. html.

［59］中国法制出版社．中华人民共和国劳动争议调解仲裁法：实用版［M］．北京：中国法制出版社，2008.

［60］中华人民共和国最高人民法院．最高人民法院关于审理劳动争议案件适用法律问题的解释（一）［EB/OL］．（2020-12-29）［2021-11-23］．https：//www. court. gov. cn/fabu/xiangqing/282121. html.

［61］法律出版社法规出版中心．中华人民共和国海商法［M］．北京：法律出版

社，1998.

[62] 中华人民共和国环境保护部，中华人民共和国国家质量监督检验检疫总局．建筑施工场界环境噪声排放标准：GB 12523—2011 [S]. 北京：中国环境科学出版社，2012.

[63] 中国法制出版社．中华人民共和国大气污染防治法：2018 年最新修订 [M]. 北京：中国法制出版社，2018.

[64] 中华人民共和国住房和城乡建设部办公厅．住房和城乡建设部办公厅关于进一步加强施工工地和道路扬尘管控工作的通知 [EB/OL].（2019-04-09）[2021-11-25]. http：//www. gov. cn/zhengce/zhengceku/2019-09/29/content _ 5434651. htm.

[65] 全国人大常委会办公厅．中华人民共和国水污染防治法 [M]. 北京：中国民主法制出版社，2008.

[66] 中华人民共和国国务院．城镇排水与污水处理条例 [EB/OL].（2013-10-02）[2021-11-25]. https：//www. gov. cn/gongbao/content/2013/content _ 2514891. htm.

[67] 人民出版社法律与国际编辑部．中华人民共和国固体废物污染环境防治法 [M]. 北京：人民出版社，2020.

[68] 中华人民共和国住房和城乡建设部．住房和城乡建设部关于推进建筑垃圾减量化的指导意见 [EB/OL].（2020-05-08） [2021-11-25]. http：//www. gov. cn/zhengce/zhengceku/2020-05/19/content _ 5512923. htm.

[69] 中华人民共和国国务院．民用建筑节能条例 [EB/OL].（2008-08-01）[2021-11-25]. http：//www. gdqy. gov. cn/xxgk/zzjg/zfjg/qyszjj/xxgk/flfg/content/post _ 62829. html.

[70] 法律出版社．中华人民共和国文物保护法·中华人民共和国文物保护法实施条例 [M]. 北京：法律出版社，2017.

[71] 中华人民共和国国务院．中华人民共和国水下文物保护管理条例 [EB/OL].（2022-01-23）[2022-1-23]. https：//www. gov. cn/gongbao/content/2022/content _ 5679685. htm.

[72] 中华人民共和国国务院．中华人民共和国文物保护法实施条例 [EB/OL].（2017-10-07）[2021-11-28]. https：//www. gov. cn/gongbao/content/2019/content _ 5468876. htm.

[73] 中华人民共和国国务院．历史文化名城名镇名村保护条例 [EB/OL].（2017-10-07）[2021-11-28]. https：//www. mnr. gov. cn/zt/zh/gtkjgh/zcfg/flxzfg/202201/t20220110 _ 2717101. html.

[74] 中华人民共和国住房和城乡建设部．建筑施工企业安全生产许可证管理规定 [EB/OL].（2015-02-26）[2021-11-18]. https：//www. gov. cn/zhengce/2022-01/25/content _ 5712013. htm.

[75] 中国法制出版社．中华人民共和国安全生产法：2021 年最新修订 [M]. 北京：中国法制出版社，2021.

[76] 中华人民共和国国务院．建设工程安全生产管理条例 [EB/OL].（2008-03-28）[2021-11-18]. https：//www. gov. cn/zhengce/content/2008-03/28/content _ 4443. htm.

[77] 中华人民共和国住房和城乡建设部．住房和城乡建设部关于印发《建筑施工企业负责人及项目负责人施工现场带班暂行办法》的通知 [EB/OL].（2011-07-22） [2021-11-

20]. http://www. gov. cn/gongbao/content/2012/content _ 2101197. htm.

[78] 中华人民共和国住房和城乡建设部．关于印发《建筑施工企业安全生产管理机构设置及专职安全生产管理人员配备办法》的通知 [EB/OL]. (2008-05-13) [2021-11-20]. http://www. gd. gov. cn/zwgk/wjk/zcfgk/content/post _ 2938449. html.

[79] 中华人民共和国住房和城乡建设部．建筑施工企业主要负责人、项目负责人和专职安全生产管理人员安全生产管理规定 [EB/OL]. (2014-06-25) [2021-11-20]. http://www. gd. gov. cn/zwgk/wjk/zcfgk/content/post _ 2524562. html.

[80] 中华人民共和国国务院．国务院关于进一步加强企业安全生产工作的通知 [EB/OL]. (2010-07-19) [2021-11-21]. http://www. gov. cn/zwgk/2010-07/23/content _ 1662499. htm.

[81] 中华人民共和国住房和城乡建设部．转发住房和城乡建设部《房屋市政工程生产安全重大隐患排查治理挂牌督办暂行办法》的通知 [EB/OL]. (2011-10-08) [2021-11-21]. https://js. shaanxi. gov. cn/zixun/2011/12/48599. shtml.

[82] 中华人民共和国住房和城乡建设部．关于印发《建筑施工特种作业人员管理规定》的通知 [EB/OL]. (2008-04-18) [2021-11-20]. https://www. mohurd. gov. cn/gongkai/zhengce/zhengcefilelib/200804/20080429 _ 167480. html.

[83] 中华人民共和国住房和城乡建设部．危险性较大的分部分项工程安全管理规定 [EB/OL]. (2019-03-13) [2021-11-20]. https://www. mohurd. gov. cn/gongkai/zhengce/zhengceguizhang/201803/20180320 _ 763794. html.

[84] 中华人民共和国财政部，中华人民共和国应急管理部．关于印发《企业安全生产费用提取和使用管理办法》的通知 [EB/OL]. (2022-11-21) [2022-11-21]. https://www. gov. cn/zhengce/zhengceku/2022-12/14/content _ 5731902. htm.

[85] 中华人民共和国住房和城乡建设部，中华人民共和国财政部. 住房城乡建设部、财政部关于印发《建筑安装工程费用项目组成》的通知 [EB/OL]. (2013-03-21) [2021-11-30]. http://jsj. yueyang. gov. cn/54027/54028/54044/54179/content _ 1405999. html.

[86] 中华人民共和国国务院办公厅．国务院办公厅关于印发消防安全责任制实施办法的通知 [EB/OL]. (2017-10-29) [2021-11-30]. http://www. gov. cn/zhengce/content/2017-11/09/content _ 5238316. htm.

[87] 中华人民共和国最高人民法院．最高人民法院关于审理工伤保险行政案件若干问题的规定 [EB/OL]. (2014-06-18) [2021-12-02]. http://cq5zy. cqfygzfw. gov. cn/article/detail/2014/08/id/1368237. shtml.

[88] 中华人民共和国人力资源和社会保障部，中华人民共和国住房和城乡建设部，国家安全生产监督管理总局，等．关于进一步做好建筑业工伤保险工作的意见 [EB/OL]. (2014-12-29) [2021-12-02]. http://www. mohrss. gov. cn/xxgk2020/fdzdgknr/zcfg/gfxwj/shbx/201501/t20150105 _ 148141. html.

[89] 中华人民共和国国务院．生产安全事故报告和调查处理条例 [EB/OL]. (2008-03-28) [2021-11-22]. https://www. gov. cn/zhengce/content/2008-03/28/content _ 4363. htm.

［90］ 中华人民共和国国务院．生产安全事故应急条例［EB/OL］．（2019-02-17）［2021-11-22］. https：//www. gov. cn/gongbao/content/2019/content _ 5374087. htm.

［91］ 全国安全生产标准化技术委员会．生产经营单位生产安全事故应急预案编制导则：GB/T 29639—2020［S］. 北京：中国质检出版社，2021.

［92］ 中华人民共和国建设部．建筑起重机械安全监督管理规定［EB/OL］．（2008-01-28）［2021-12-02］. http：//www. xinhuaqu. gov. cn/upload/files/2022/4/221752521. pdf.

［93］ 中国法制出版社．中华人民共和国标准化法（2017 年最新修订）：含草案说明［M］. 北京：中国法制出版社，2017.

［94］ 国家市场监督管理总局．强制性国家标准管理办法［EB/OL］．（2020-01-06）［2021-12-02］. http：//www. standardcnjc. com/index/news/detail/id/117. html.

［95］ 中华人民共和国建设部．工程建设行业标准管理办法［EB/OL］．（1992-12-30）［2021-12-05］. https：//www. mohurd. gov. cn/gongkai/zhengce/zhengcefilelib/200012/20001215 _ 775550. html.

［96］ 中华人民共和国建设部．房屋建筑工程和市政基础设施工程实行见证取样和送检的规定［EB/OL］．（2000-09-26）［2021-12-06］. http：//www. nanhai. gov. cn/fsnhq/bmdh/zfbm/qzjhslj/zcfg/gcjc/content/post _ 1062679. html.

［97］ 中华人民共和国住房和城乡建设部．建设工程质量检测管理办法［EB/OL］.（2022-12-29）［2022-12-29］. https：//www. gov. cn/gongbao/content/2023/content _ 5745292. htm.

［98］ 中华人民共和国住房和城乡建设部．城市建设档案管理规定［EB/OL］．（2019-03-13）［2021-12-02］. https：//www. gov. cn/zhengce/2022-01/25/content _ 5712047. htm.

［99］ 中华人民共和国住房和城乡建设部，中华人民共和国国家质量监督检验检疫总局．建设工程文件归档规范（2019 年版）：GB/T 50328—2014［S］. 北京：中国建筑工业出版社，2019.

［100］ 中华人民共和国住房和城乡建设部，国家市场监督管理总局．建筑节能工程施工质量验收标准：GB 50411—2019［S］. 北京：中国建筑工业出版社，2019.

［101］ 中国法制出版社．中华人民共和国环境保护法［M］. 北京：中国法制出版社，2014.

［102］ 中华人民共和国国务院．建设项目环境保护管理条例［EB/OL］．（2017-07-16）［2021-12-02］. http：//jtt. sc. gov. cn/jtt/c101526/2022/3/25/979e0c4d9ab34a51807831f2a617a661. shtml.

［103］ 中华人民共和国住房和城乡建设部．房屋建筑和市政基础设施工程竣工验收备案管理办法［EB/OL］．（2009-10-19）［2021-12-12］. http：//jw. changchun. gov. cn/jssxw/zcfg/202012/t20201210 _ 2642812. html.

［104］ 中华人民共和国住房和城乡建设部，中华人民共和国财政部．住房城乡建设部 财政部关于印发建设工程质量保证金管理办法的通知［EB/OL］．（2017-06-20）［2021-12-12］. http：//www. gov. cn/gongbao/content/2017/content _ 5244884. htm.

［105］ 黄晶．浅谈民事诉讼中的和解制度［J］. 职工法律天地，2017（9）：226，228.

［106］ 中国法制出版社．中华人民共和国民事诉讼法：实用版［M］. 2 版．北京：中国法制出版社，2020.

［107］ 中华人民共和国最高人民检察院．人民检察院民事行政抗诉案件办案规则［EB/OL］.

(2001-09-30) [2021-12-15]. http://www. ahlinquan. jcy. gov. cn/jwgk/gzlc/201807/t20180713 _ 2289867. shtml.

[108] 中国法制出版社．中华人民共和国仲裁法：2017 年最新修订 [M]. 北京：中国法制出版社，2017.

[109] 丁洁．试论我国民事纠纷及解决机制 [J]. 新校园（中旬刊），2013 (8)：57-58.

[110] 徐黄华，赵昌平．人民调解与民间调解之间的关系 [J]. 法制与经济（中旬），2013 (4)：103-104.

[111] 中国法制出版社．中华人民共和国人民调解法 [M]. 北京：中国法制出版社，2010.

[112] 韩心怡．韩心怡讲民事诉讼法之精讲 [M]. 北京：中国商务出版社，2021.

[113] 中华人民共和国最高人民法院．最高人民法院关于适用《中华人民共和国仲裁法》若干问题的解释 [EB/OL]. (2006-08-23) [2021-12-15]. http://www. gov. cn/ziliao/flfg/2006-09/08/content _ 382267. htm.

[114] 中华人民共和国最高人民法院. 最高人民法院关于适用《中华人民共和国民事诉讼法》的解释 [EB/OL]. (2022-04-02) [2022-6-15]. https://www. court. gov. cn/zixun/xiangqing/353651. html.

[115] 中华人民共和国最高人民法院．最高人民法院关于民事诉讼证据的若干规定 [EB/OL]. (2019-12-25) [2021-12-13]. https://www. court. gov. cn/fabu/ xiangqing/212721. html.

[116] 钟秀勇．钟秀勇讲民法之精讲 [M]. 北京：中国商务出版社，2021.

[117] 中华人民共和国最高人民法院．最高人民法院关于审理民事案件适用诉讼时效制度若干问题的规定（2020 年修正）[EB/OL]. (2020-12-29) [2021-12-15]. http://www. 0543168. com/msss2/14068. html.

[118] 中华人民共和国最高人民法院．最高人民法院关于适用《中华人民共和国民事诉讼法》执行程序若干问题的解释 [EB/OL]. (2020-12-29) [2021-12-13]. http://www. nbhsfy. cn/art/2021/3/29/art _ 1229571855 _ 1316. html.

[119] 中华人民共和国最高人民法院．最高人民法院关于限制被执行人高消费及有关消费的若干规定（2015 年修正）[EB/OL]. (2015-07-20) [2021-12-16]. http://credit. jms. gov. cn/378/20850. html.

[120] 法律出版社．中华人民共和国行政许可法：最新修正版 [M]. 北京：法律出版社，2019.

[121] 全国人大常委会办公厅．中华人民共和国行政强制法 [M]. 北京：中国民主法制出版社，2011.

[122] 中国法制出版社．中华人民共和国行政复议法 [M]. 北京：中国法制出版社，2023.

[123] 中国法制出版社．中华人民共和国行政诉讼法 [M]. 北京：中国法制出版社，2023.

[124] 中华人民共和国最高人民法院．最高人民法院关于适用《中华人民共和国行政诉讼法》的解释 [EB/OL]．(2018-02-06) [2021-12-16]. http：//gongbao. court. gov. cn/Details/ff963094d7a6d678980d4972b5961e. html.

[125] 中国法制出版社．中华人民共和国国家赔偿法 [M]. 北京：中国法制出版社，2012.

[126] 国家发展和改革委员会法规司，国务院法制办公室财金司，监察部执法监察司．中华人民共和国招标投标法实施条例释义 [M]. 北京：中国计划出版社，2012.

[127] 陈津生．建设工程责任保险与案例评析 [M]. 北京：中国建筑工业出版社，2011.

[128] 李慧民，盛金喜，马海聘．建设工程保险概论 [M]. 北京：科学出版社，2016.

[129] 王东明．建筑工程法律法规 [M]. 北京：清华大学出版社，2019.

亲爱的读者：

如果您对本书有任何感受、建议、纠错，都可以告诉我们。我们会精益求精，为您提供更好的产品和服务。

祝您顺利通过考试！

扫码参与调查

建造师考试研究院